大数据科学丛书

PySpark 大数据分析实战

伍鲜　常丽娟　编著

PYSPARK BIG DATA ANALYTICS IN ACTION

本书是 PySpark 大数据分析的入门读物，适合有一定 Python 基础的读者学习使用。本书基于最新版本的 PySpark 3.4.x 编写，全书共 11 章，系统地介绍了 PySpark 大数据分析的方法和技巧，内容涵盖了大数据的相关技术、PySpark 的基本概念、Spark 环境搭建、数据分析的基本概念及相关工具、开发工具的选择、Spark 核心编程和 Spark SQL 操作等基础知识和核心技术，以及 Spark 流式数据处理、Spark 机器学习库 MLlib 和基于协同过滤的图书推荐系统等高级主题。本书通过多个实战案例，带领读者掌握使用 Python 和 Spark 进行大数据分析的方法和技巧，从而提高读者的数据处理能力和业务价值。

本书内容全面、示例丰富、讲解清晰，读者可以直接应用书中的案例。本书适合自学，也可作为计算机、软件工程、数据科学与大数据等专业的教学参考书，用于指导大数据分析编程实践，还可供相关技术人员参考。

图书在版编目（CIP）数据

PySpark 大数据分析实战/伍鲜，常丽娟编著．—北京：机械工业出版社，2023.12

（大数据科学丛书）

ISBN 978-7-111-73959-3

Ⅰ.①P… Ⅱ.①伍… ②常… Ⅲ.①数据处理 Ⅳ.①TP274

中国国家版本馆 CIP 数据核字（2023）第 186005 号

机械工业出版社（北京市百万庄大街 22 号　邮政编码 100037）
策划编辑：张淑谦　　责任编辑：张淑谦
责任校对：郑　婕　张　薇　　责任印制：张　博
保定市中画美凯印刷有限公司印刷
2023 年 12 月第 1 版第 1 次印刷
184mm×240mm · 24 印张 · 602 千字
标准书号：ISBN 978-7-111-73959-3
定价：119.00 元

电话服务　　网络服务
客服电话：010-88361066　机　工　官　网：www.cmpbook.com
010-88379833　机　工　官　博：weibo.com/cmp1952
010-68326294　金　书　网：www.golden-book.com
封底无防伪标均为盗版　机工教育服务网：www.cmpedu.com

前 言

PREFACE

随着互联网和科技的发展，每天都会出现大量的数据，这些数据包含了丰富的信息，大数据处理分析已经成为全球范围内的重要议题。大数据分析是当今时代的重要技能，它可以帮助我们从海量的数据中发现规律、洞察趋势、优化决策。然而，随着数据量爆炸式的增长和复杂度的提高，传统的数据分析工具已经难以满足需求。我们需要一种更强大、更灵活、更高效的大数据处理平台来应对各种数据挑战。

Spark 是目前最流行的大数据处理框架之一，可以处理大规模的数据集，它具有快速、易用、通用和兼容等特点，支持批处理、流式处理、交互式查询和机器学习等多种场景，对于大数据分析非常有用。Python 是一种广泛使用的优雅、易学的编程语言，因其简洁明了的语法和强大的数据处理能力，受到广大数据分析师和数据科学家的喜爱，它拥有丰富的数据科学库和社区资源，可以与 Spark 无缝集成，实现大数据分析的全栈开发。PySpark 是 Spark 的 Python 接口，它允许我们使用 Python 语言进行大数据分析。系统地学习 PySpark，掌握大数据处理的技能，能够处理和分析大规模的数据集，这对于数据科学家和数据工程师来说是非常重要的。此外，由于 PySpark 是开源的，因此它也为我们提供了一个学习和分享知识的平台。

在阅读本书的过程中，可以对照源代码按章节顺序进行学习。当然，如果对书中某些章节比较熟悉，也可以跳过，直接学习需要了解的章节。本书源代码主要使用 PyCharm 社区版开发，数据分析中的可视化、交互式开发、交互式查询等可以使用 JupyterLab 或 Databricks 进行操作，因此本书也提供基于 JupyterLab 和 Databricks 开发的源代码。当然读者也可以选择自己喜欢的工具进行开发。

本书内容共分为 11 章。第 1~4 章是基础知识介绍；第 5、6 章是 Spark 的核心知识，其核心数据抽象 RDD 和 DataFrame 及相关的转换操作是后续章节的基础，对整个 Spark 的学习都非常重要；第 7 章是整合大数据仓库 Hive，让 Spark 可以轻松处理已有数据仓库中的数据；第 8~10章是 Spark 中的高级主题，包括流式数据处理和机器学习，其底层数据依然是 RDD 和 DataFrame；第 11 章是一个综合案例。各章节内容说明如下：

第 1 章主要介绍了大数据的发展以及相关的技术，包括 Spark 的发展历程、特点、架构、PySpark 库等，让读者对大数据技术及 Spark 有一个大致的了解。

第 2 章主要介绍了 Spark 环境的搭建，包括操作系统基础环境准备、单机环境搭建、独立集群环境搭建、YARN 集群环境搭建以及云服务模式 Databricks 介绍等，让我们开发的代码有运行的地方。

第 3 章主要介绍了数据分析的基础知识，包括数据分析流程、数据分析的常用工具库和可视化库等。

第 4 章主要介绍了几种开发工具，包括 Databricks、JupyterLab、PyCharm 和 PyCharm 插件等，并且用每种工具都完成一个数据分析案例的开发，让读者对各种开发工具的开发流程及特点有所了解。

第 5 章主要介绍了 Spark 的核心功能 Spark Core，包括 Spark 程序入口 SparkContext、核心数据抽象 RDD，以及 RDD 的创建、转换、持久化等功能，并用案例展示了如何在数据分析中使用 RDD。

第 6 章主要介绍了 Spark 的结构化数据处理 Spark SQL，包括统一的 Spark 程序入口 Spark Session、核心数据抽象 DataFrame，以及 DataFrame 的创建、转换、SQL 操作和自定义函数等功能，并用案例展示了 DataFrame 在数据分析中的应用。

第 7 章主要介绍了使用 Spark 操作大数据仓库 Hive 中的数据，无需数据迁移，即可让 Spark 轻松处理 Hive 中已有的海量数据，并用案例展示了 Spark 如何直接操作 Hive 数据进行数据分析。

第 8 章和第 9 章主要介绍了两种不同的流式数据处理，包括创建、数据处理、结果输出等。第 8 章 Spark Streaming 中的数据抽象是 DStream，底层数据是 RDD；第 9 章 Structured Streaming 的底层数据是 DataFrame。

第 10 章主要介绍了机器学习库 MLlib，包括机器学习的基础知识、机器学习流程、模型评估、机器学习算法等。对机器学习感兴趣的读者可以了解到如何在 Spark 集群中完成机器学习，解决单机环境下的机器学习无法解决的问题。

第 11 章主要介绍了一个综合案例，基于协同过滤的图书推荐系统，综合运用 Spark SQL、Structured Streaming、Spark MLlib、Kafka、MySQL、Flask、Flask-Admin 等相关技术，实现大数据分析的全栈开发。

本书读者对象

本书适合有一定 Python 基础的读者，包括 Python 开发人员、大数据开发人员、数据分析师、数据科学爱好者等。

本书技术支持

非常感谢大家选择本书，希望本书可以给读者带来有价值的东西。在本书创作过程中，作者尽力做好每个知识点的呈现，但由于作者的精力和能力有限，在创作过程中难免有疏漏和不足之处，希望大家不吝指正。关于本书的任何问题都可发送邮件至 wux_labs@outlook.com 与作者交流。

本书配套资料

本书提供完整源代码及视频讲解，读者可以下载使用（具体方法详见本书封底）。

关于作者

本书作者拥有多年金融领域大数据处理实战经验，曾负责多家银行的数据仓库、大数据仓库、营销客户集市建设，热爱各种主流技术，对大数据技术栈 Hadoop、Hive、Spark、Kafka 等有深入研究，热爱数据科学、机器学习、云计算，通过了微软 Azure 数据工程师、解决方案架构师认证，对 Databricks 的使用有丰富的经验。

致谢

本书能够面市，需要感谢机械工业出版社的时静老师给予我这样一个创作机会，感谢机械工业出版社的张淑谦老师在本书选题、编写、出版过程中的辛勤付出，感谢机械工业出版社所有参与本书审校、编辑、出版的老师们，感谢大家对本书的帮助。

伍 鲜

2023 年 6 月

CONTENTS 目录

第3章 CHAPTER.3 数据分析基础 / 63

第4章 CHAPTER.4 选择合适的开发工具 / 85

第5章 CHAPTER.5 核心功能 Spark Core / 135

初识 PySpark

你好，PySpark！Apache Spark 是一个分布式处理引擎，用于在大规模数据集上执行数据工程、数据科学和机器学习任务。作为数据科学爱好者，您可能熟悉在本地机器上存储文件并使用 Python 对其进行处理，但是，本地机器有其局限，无法处理规模非常大的数据集。要处理 PB 级的大规模数据集，仅了解 Python 框架是不够的。分布式处理是一种使用多台计算机来运行应用程序的方式，无需尝试在单台计算机上处理大型数据集，而是可以在相互通信的多台计算机之间分配任务。借助 Spark，可以实现单台计算机不可能做到的事情，实现对 PB 级数据运行查询和机器学习，这就是 Spark 的用武之地。如果您想成为一名数据科学家，在大规模数据集上分析数据和训练机器学习模型是一项宝贵的技能。

1.1 关于数据

随着互联网的发展，我们进入了一个数据大爆炸的时代。由于互联网整合资源的能力在不断提高，越来越多的社会资源被网络化和数字化，数据可以承载的价值在不断提高，大数据正在成为整个互联网技术发展的重要动力，正在成为企业重要的生产资料之一。大数据主要呈现出几个层面的特点：

1）体量大（Volume）。普通人日常接触到的数字化信息往往体量很小，一本小说的大小只有几百 KB，一首 MP3 歌曲的大小只有几 MB，一部电影的大小有几百 MB 到几 GB，想要存储日常生活、工作中的资料，几 TB 就已经能满足大部分人的需求。但是在企业中就不同了，淘宝网每天的商品交易数据能够达到几十 TB，Facebook 用户每天产生的数据能达到几百 TB。互联网企业的数据已经达到 PB、EB 甚至 ZB 级别。

2）种类多（Variety）。广泛的数据来源决定了大数据种类的多样性，任何形式的数据都可以产生作用。这其中包括存储在关系型数据库中的结构化数据，也包括文本、图片、音频、视频等非结构化数据。

3）速度快（Velocity）。大数据的产生非常迅速，这些数据都需要快速及时地处理，因为这些海量数据中大部分数据的价值并不高，花费大量的资本去存储这些数据并不划算。而对于有价值的数据则需要快速地生成分析结果，用于指导生产生活实践。

4）价值密度低（Value）。在这些海量的数据中，有价值的数据所占的比例很小，并且很分散，其价值密度远低于传统关系型数据库中已有的数据。大数据的最大价值在于从海量数据中挖掘出对未来趋势与预测分析有价值的数据。

5）真实性（Veracity）。大数据的真实性由 IBM 提出，IBM 认为互联网上留下的都是人类行为的真实电子踪迹，能真实地反映人们的行为。但是人们后来发现，互联网的虚拟性和隐匿性导致互联网上存在大量虚假的、错误的数据。不同领域、不同来源的数据，可靠性是有差异的，舆情数据的真实性尤其值得考量。因此，这个特点在后来被悄然隐去了。大数据中存在一定程度的噪声和不确定性，在处理和分析时需要考虑数据的真实性和可靠性。

6）可视化（Visualization）。大数据所面临的数据量大、数据来源多样、数据复杂多变等问题，都使得人们难以直接了解和处理数据。因此，大数据分析需要注重结果的可视化，这也是大数据与传统数据分析不同的一个重要特点。可视化结果更直观、更易懂、更能形象地解释数据内在联系。大数据可视化需要呈现出高质量的图形和直观的视觉效果，使得数据分析和决策更加精准和有力。

要从海量数据中提取有价值的数据，就必须想方设法来存储和分析这些数据。大数据的基本处理流程，主要包括数据采集、存储管理、处理分析、结果呈现等环节。

谷歌作为一个搜索引擎，每天要爬取海量的数据，因此需要解决数据的存储问题。数据通常使用硬盘来进行存储，一块硬盘的容量总是有限的，虽然硬盘的存储容量多年来一直在提升，但海量的数据依然无法用一块硬盘来存储。虽然可以提高硬盘的存储容量，但更大的容量意味着需要更长的数据读取时间，减少数据读取时间的办法是减少一块硬盘上存储的数据量。当无法用一块硬盘来存储所有数据时，没有必要想方设法打造一块超级硬盘，而是应该千方百计综合利用更多的硬盘来进行存储。每一块硬盘存储一部分数据，更多的硬盘一起就可以存储下海量的数据，而且读取数据的时候还可以同时从多块硬盘上读取，缩短了读取所有数据需要的时间。数据存储的问题是有解决方案了，但是对于这种存储方案还有更多的问题需要解决：当需要读取一个文件的时候，需要从哪块硬盘进行读取？当遇到一个超大文件，以至于一块硬盘存放不下而将其拆分到多块硬盘进行存储时，需要从哪几块硬盘进行读取才能获得一个完整的文件？当某一块硬盘发生故障，硬盘上的数据无法读取时，如何保证数据不丢失？为了满足谷歌迅速增长的数据处理需求，谷歌实现了一个谷歌分布式文件系统（Google File System，GFS），并于 2003 年发表了论文“The Google File System”专门描述了 GFS 的产品架构。

对于如何将爬取回来的海量数据呈现给用户，这就涉及海量数据的运算，例如需要对数据进行聚合、排序等。为了解决其搜索引擎中的大规模网页数据的并行化处理，谷歌提出了分布式计算模型 MapReduce。MapReduce 的灵感来源于函数式编程语言中的内置函数 map( ) 和 reduce( )。在函数式编程语言中，map( ) 函数对集合中的每个元素做计算，reduce( ) 函数对集合中的每个元素做迭代。集合中的元素能够做迭代，说明集合中的元素是相关的，比如具有相同的数据类型，并且 reduce( ) 函数的返回值也与集合中的元素具有相同的数据类型。将 map( ) 函数和 reduce( ) 函数结合起来，就可以理解为 map( ) 函数将杂乱无章的原始数据经过计算后得到具有相关性的数据，这些数据再由 reduce( ) 函数进行迭代得到最终的结果。在 MapReduce 计算模型里，Map 阶段将杂乱无章的原始数据按照某种特征归纳起来，Reduce 阶段就可以对具有相同特征的数据进行迭代计算，得到最终的结果。在 2004 年，谷歌发表了一篇论文“MapReduce：Simplified Data Processing on Large Clusters”，向全世界介绍了他们的 MapReduce 系统。

1.2 了解 Hadoop

2002 年，Doug Cutting 和 Mike Cafarella 等几位程序员决定建立一个优化搜索引擎算法的平台，重新打造一个网络搜索引擎，于是一个可以运行的网页爬取工具和搜索引擎系统 Nutch 就面世了。Nutch 项目以 Doug Cutting 的文本搜索系统 Apache Lucene 为基础，Nutch 本身也是 Lucene 的一部分。后来，开发者认为 Nutch 的灵活性不够，不足以解决数十亿网页的搜索问题，刚好谷歌于 2003 年发表的关于 GFS 的论文以及 GFS 的架构可以满足他们对于网页爬取和索引过程中产生的超大文件的需求。2004 年他们开始实现开源版本的 Nutch 分布式文件系统（NDFS）。2005 年，Nutch 的开发人员基于谷歌关于 MapReduce 的论文在 Nutch 上实现了一个 MapReduce 系统，并且将 Nutch 的主要算法全部移植，使用 NDFS 和 MapReduce 来运行。2006 年，开发人员将 NDFS 和 MapReduce 移出 Nutch，形成一个 Lucene 的子项目，并用 Doug Cutting 的小孩的毛绒象玩具的名字 Hadoop 进行命名。至此，Hadoop 便诞生了，其核心便是 Hadoop 分布式文件系统 HDFS 和分布式计算框架 MapReduce，集群资源调度管理框架是 YARN。

1.2.1 分布式文件系统 HDFS

HDFS 提供了在廉价服务器集群中进行大规模文件存储的能力，并且具有很好的容错能力，还能兼容廉价的硬件设备。HDFS 采用了主从模型，一个 HDFS 集群包括一个 NameNode 和若干个 DataNode，NameNode 负责管理文件系统的命名空间和客户端对文件的访问，DataNode 负责处理文件系统客户端的读写请求，在 NameNode 的统一调度下进行数据块（Block）的创建、删除、复制等操作。HDFS 的容错能力体现在可以对数据块保存至少 3 份以上的副本数据，并且同时分布在相同机架和不同机架的节点上，即便一个数据块损坏，也可以从其他副本中恢复数据。HDFS 的体系结构如图 1-1 所示。

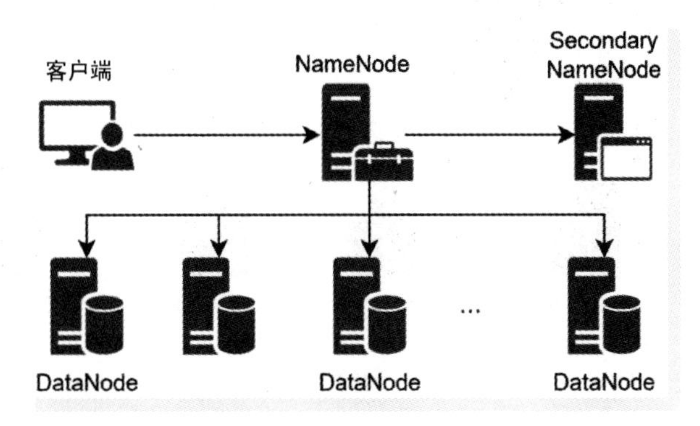

● 图 1-1 HDFS 体系结构

当客户端需要向 HDFS 写入文件的时候，首先需要与 NameNode 进行通信，以确认可以写文件并获得接收文件的 DataNode，然后客户端依顺序将文件按数据块逐个传递给 DataNode，由接收到数据块的 DataNode 向其他 DataNode 复制指定副本数的数据块。HDFS 文件的写入流程如图 1-2 所示。

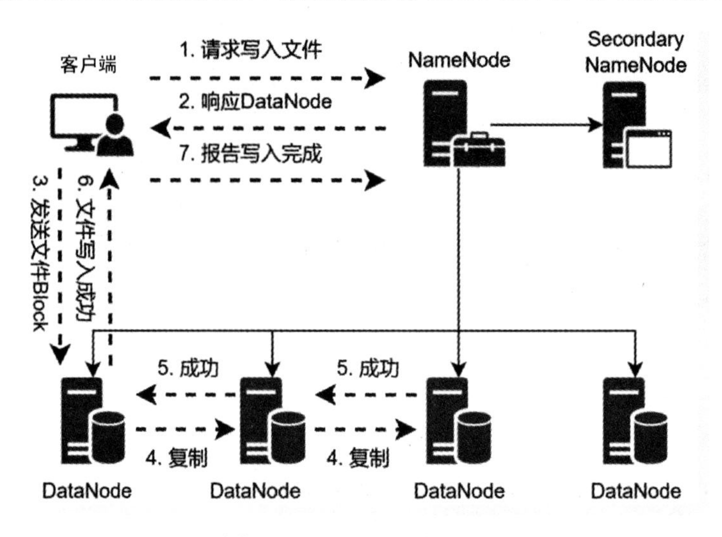

● 图 1-2 HDFS 文件写入流程

当客户端需要从 HDFS 读取文件的时候，客户端需要将文件的路径发送给 NameNode，由 NameNode 返回文件的元数据信息给客户端，客户端根据元数据信息中的数据块号、数据块位置等找到相应的 DataNode 逐个获取文件的数据块并完成合并，从而获得整个文件。从 HDFS 读取文件的流程如图 1-3 所示。

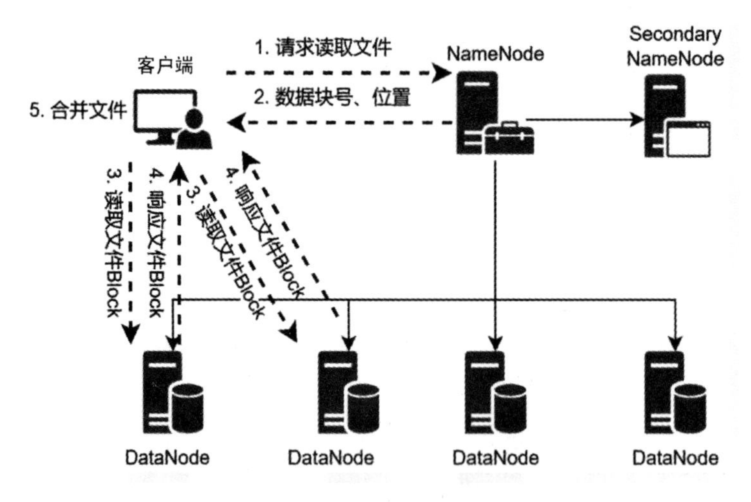

● 图 1-3 HDFS 文件读取流程

1.2.2 分布式计算框架 MapReduce

一个存储在 HDFS 的大规模数据集，会被切分成许多独立的小数据块，并分布在 HDFS 的不同的 DataNode 上，这些小数据块可以被 MapReduce 中的多个 Map 任务并行处理。MapReduce 框架会为每个

Map 任务输入一个数据子集，通常是一个数据块，并在数据块所在的 DataNode 节点上启动 Map 任务，Map 任务生成的结果会继续作为 Reduce 任务的输入，最终由 Reduce 任务输出最后的结果到 HDFS。MapReduce 的设计理念是移动计算而不是移动数据，也就是说，数据在哪个节点就将在哪个节点上执行计算任务，而不是将一个节点的数据复制到另一个计算节点上，因为移动数据需要大量的网络传输开销，在大规模数据的环境下，这种开销太大，移动计算比移动数据要经济实惠。

使用 MapReduce 框架编程，简单实现一些接口就可以完成一个分布式程序，这个分布式程序可以分布到大量廉价的个人计算机上运行。以经典的 WordCount 程序为例，统计一个文件中每个单词出现的次数，准备一个文本文件 words.txt。文件内容如下：

```
Hello Python
Hello Spark You
Hello Python Spark
You know PySpark
```

Map 任务对读取的文件进行单词拆分，StringTokenizer 按照空格、制表符、换行符等将文本拆分成一个一个的单词，循环迭代对拆分的每个单词赋予初始计数为 1，并将结果以键值对的形式组织用于 Map 任务的输出。Map 任务的代码如下：

```
public class WordMapper extends
              Mapper<Object, Text, Text, IntWritable>{

  private final static IntWritable one = new IntWritable(1);
  private Text word = new Text();

  public void map(Object key, Text value, Context context
                ) throws IOException, InterruptedException {
    StringTokenizer itr = new StringTokenizer(value.toString());
    while (itr.hasMoreTokens()) {
      word.set(itr.nextToken());
      context.write(word, one);
    }
  }
}
```

对 Map 输出的键值对按照键分组，相同键的数据在同一个分组。Reduce 任务对分组后的数据进行迭代，取出 Map 任务中赋予的初始值 1 进行累加，最终得到单词出现的次数。Reduce 任务代码如下：

```
public class WordReducer extends
              Reducer<Text,IntWritable,Text,IntWritable> {
  private IntWritable result = new IntWritable();

  public void reduce(Text key, Iterable<IntWritable> values,
              Context context
              ) throws IOException, InterruptedException {
    int sum = 0;
    for (IntWritable val : values) {
      sum += val.get();
```

```
    }
    result.set(sum);
    context.write(key, result);
  }
}
```

在主任务中，需要将 Map 任务和 Reduce 任务串联起来，并指定 Map 任务的输入文件和 Reduce 任务的输出，主任务代码如下：

```
public class WordCount {
  public static void main(String[] args) throws Exception {
    Configuration conf = new Configuration();
    Job job = Job.getInstance(conf, "WordCount");
    job.setJarByClass(WordCount.class);
    job.setMapperClass(WordMapper.class);
    job.setReducerClass(WordReducer.class);
    job.setOutputKeyClass(Text.class);
    job.setOutputValueClass(IntWritable.class);
    FileInputFormat.addInputPath(job, new Path("words.txt"));
    FileOutputFormat.setOutputPath(job, new Path("count"));
    System.exit(job.waitForCompletion(true) ? 0 : 1);
  }
}
```

将程序打包、提交运行，运行结束后在 count 目录下生成最终的结果，结果如下：

```
Hello 3
Python 2
Spark 2
You 2
know 1
PySpark 1
```

MapReduce 的工作流程如图 1-4 所示。

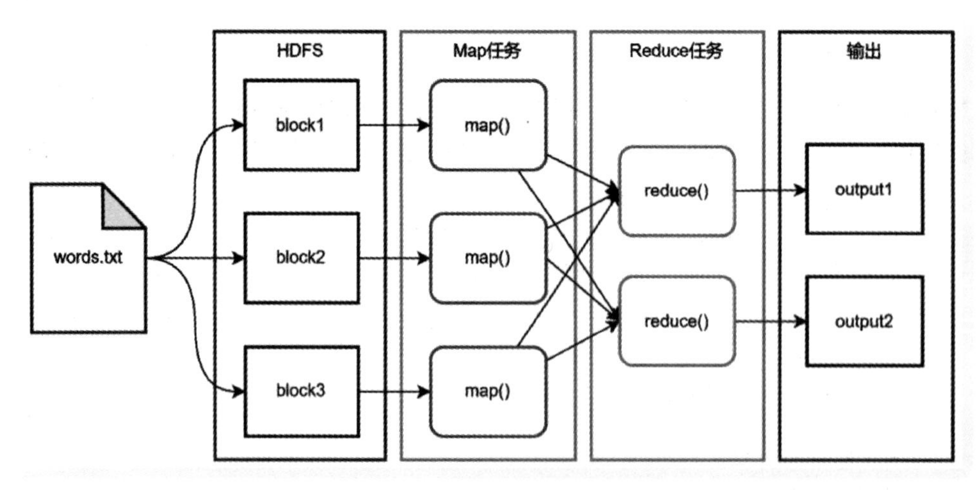

图 1-4 MapReduce 工作流程

1.2.3 资源调度管理框架 YARN

Hadoop 的两个组件 HDFS 和 MapReduce 是由批量处理驱动的，JobTracker 必须处理任务调度和资源管理，这容易导致资源利用率低或者作业失败等问题。由于数据处理是分批完成的，因此获得结果的等待时间通常会比较长。为了满足更快速、更准确的处理数据需求，YARN 诞生了。YARN 代表的是 Yet Another Resource Negotiator，最初被命名为 MapReduce2，是 Hadoop 的主要组件之一，用于分配和管理资源。YARN 整体上属于 Master/Slave 模型，采用 3 个主要组件来实现功能：第 1 个是 ResourceManager，是整个集群资源的管理者，负责对整个集群资源进行管理；第 2 个是 NodeManager，集群中的每个节点都运行着 1 个 NodeManager，负责管理当前节点的资源，并向 ResourceManager 报告节点的资源信息、运行状态、健康信息等；第 3 个是 ApplicationMaster，是用户应用生命周期的管理者，负责向 ResourceManager 申请资源并和 NodeManager 交互来执行和监控具体的 Task。YARN 不仅做资源管理，还提供作业调度，用户的应用在 YARN 中的执行过程如图 1-5 所示。

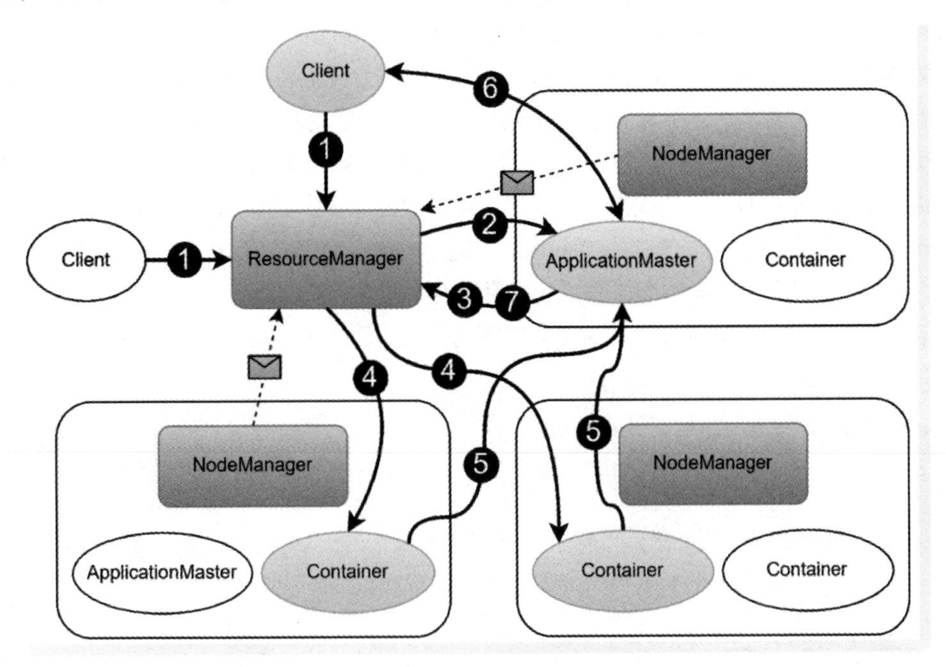

● 图 1-5　YARN 作业调度流程

图 1-5 中图标及序号的功能释义如下。

✉：在 YARN 集群中，NodeManager 定期向 ResourceManager 汇报节点的资源信息、任务运行状态、健康信息等。

❶：客户端程序向 ResourceManager 提交应用并请求一个 ApplicationMaster 实例。

❷：ResourceManager 根据集群的资源情况，找到一个可用的节点，在节点上启动一个 Container，在 Container 中启动 ApplicationMaster。

❸：ApplicationMaster 启动之后，反向向 ResourceManager 进行注册，注册之后客户端通过 ResourceManager 就可以获得 ApplicationMaster 的信息。

❹：ResourceManager 根据客户端提交的应用情况，为 ApplicationMaster 分配 Container。

❺：Container 分配成功并启动后，可以与 ApplicationMaster 交互，ApplicationMaster 可以检查它们的状态，并分配 Task，Container 运行 Task 并把运行进度、状态等信息汇报给 ApplicationMaster。

❻：在应用程序运行期间，客户端可以和 ApplicationMaster 交流获得应用的运行状态、进度信息等。

❼：一旦应用程序执行完成，ApplicationMaster 向 ResourceManager 取消注册然后关闭，ResourceManager 会通知 NodeManager 进行 Container 资源的回收、日志清理等。

1.3 了解 Hive

Hadoop 生态系统是为了处理大数据而产生的解决方案，MapReduce 框架将计算作业切分为多个小单元分布到各个节点去执行，从而降低计算成本并提供高可扩展性。但是使用 MapReduce 进行数据处理分析，需要使用 MapReduce 的 API 编写 Java 代码，这对不熟悉 Java 的开发人员、数据分析人员以及运维人员等人群来说门槛高、不易学。为了方便用户从现有的数据基础架构转移到 Hadoop 上来，Hive 诞生了。Hive 是一个基于 Hadoop 的数据仓库工具，可以对存储在 HDFS 的数据集进行特殊查询和分析处理。Hive 的学习门槛比较低，它提供了类似于关系型数据库 SQL 的查询语言 HiveQL，通过 HiveQL 执行类 SQL 语句可以快速地实现简单的 MapReduce 统计，Hive 底层会将 HiveQL 转换成 MapReduce 任务并运行，不需要用户开发 MapReduce 程序，非常适合数据仓库的统计分析。

在 Hive 中要完成 WordCount 程序，实现对单词出现次数的统计，首先需要在 Hive 中创建一张表，建表语句如下：

```
create table wordsTable(line String);
```

然后将文件内容加载到 Hive 的表中，语句如下：

```
load data local inpath 'words.txt' into table wordsTable;
```

最后只需要执行一条 SQL 语句就可以完成对单词出现次数的统计，语句如下：

```
select word, count(1)
  from (select explode(split(line,' ')) as word from wordsTable) tmp
 group by word;
```

1.4 了解 Spark

在 Hadoop 1.x 版本中，采用的是 MRv1 版本的 MapReduce 编程模型，包括 3 个部分：运行时环境（JobTracker 和 TaskTracker）、编程模型（MapReduce）、数据处理引擎（MapTask 和 ReduceTask）。但是 MRv1 存在以下不足：

1）可扩展性差。在运行时，JobTracker 既负责资源管理，又负责任务调度，当集群繁忙时

JobTracker很容易成为瓶颈，最终导致它的可扩展性问题。

2）可用性差。采用了单节点的 Master，没有备用 Master 及选举操作，这就存在单点故障的问题，一旦 Master 出现故障，整个集群将不可用。

3）资源利用率低。TaskTracker 使用 slot 来划分节点上的 CPU、内存等资源，并将空闲的 slot 分配给 Task 使用，一个 Task 只有在获得 slot 后才有机会运行。但是一些 Task 并不能充分利用获得的 slot，导致 slot 有空闲，而其他 Task 又无法使用这些空闲资源。

Apache 为了解决 MRv1 的缺陷，对 Hadoop 进行了升级改造及重构，就有了 MRv2。MRv2 重构了 MRv1 中的运行时环境，将原来的 JobTracker 拆分成集群资源调度平台（ResourceManager）、节点资源管理者（NodeManager）和任务管理者（ApplicationMaster），这就是后来 Hadoop 中的 YARN。除了运行时环境，编程模型和数据处理引擎变成了可插拔的，可以用其他框架模型来替换，比如 Spark。

1.4.1　Spark 是什么

官方网站表明 Spark 是一个用于大规模数据（Large-scala Data）分析的统一引擎（Unified Engine）。Apache Spark™是一个多语言引擎，用于在单节点机器或集群上执行数据工程、数据科学和机器学习。如图 1-6 所示。

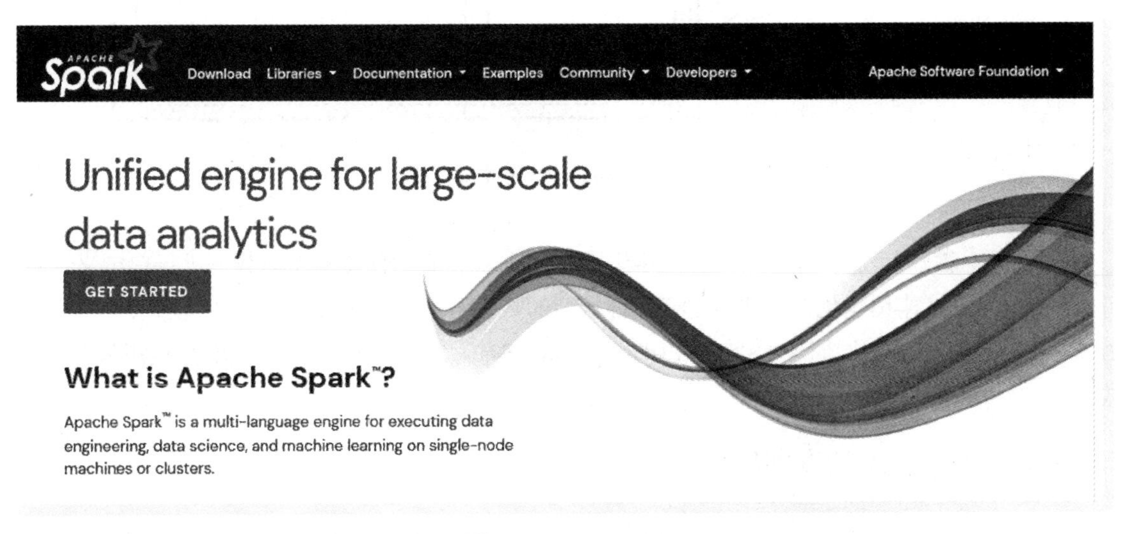

● 图 1-6　Spark 是什么

Spark 最早源于加州大学柏克利分校的 Matei Zaharia 等人发表的一篇论文“Resilient Distributed Datasets: A Fault-Tolerant Abstraction for In-Memory Cluster Computing”。Spark 借鉴了 MapReduce 的思想，保留了分布式并行计算的优点并改进了其明显的缺陷，对 MapReduce 做了大量的优化，例如减少磁盘 I/O、增加并行度、避免重新计算，以及采用内存计算及灵活的内存管理策略等。Spark 提出了一种弹性分布式数据集（Resilient Distributed Datasets，RDD）的概念，RDD 是一种分布式内存数据抽象，使得程序员能够在大规模集群中做内存运算，并且有一定的容错方式，而这也是整个 Spark 的核心数据结构，Spark 整个平台都围绕着 RDD 进行。中间数据存储在内存中提高了运行速度，并且 Spark 提供丰富的操作数据的 API，提高了开发速度。

Spark 是如何处理数据的？Spark 会将 HDFS 中文件的每个数据块读取为 RDD 的一个分区（Partition），每个分区会启动一个计算任务（Task），以实现大规模数据集的并行计算，过程如图 1-7 所示。

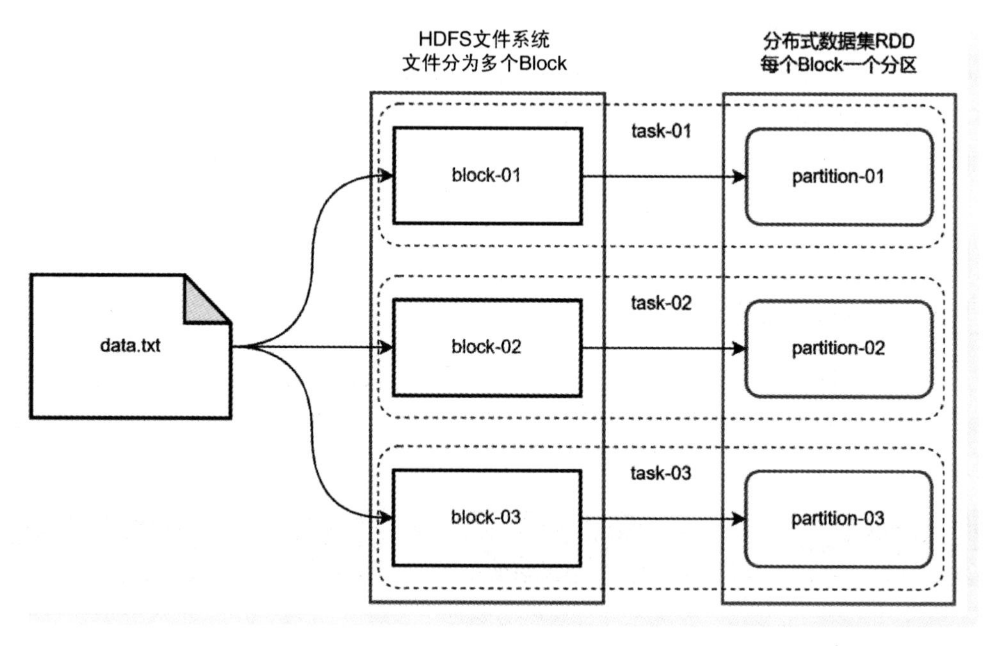

● 图 1-7　Spark 如何处理数据

Spark 是一款分布式内存计算的统一分析引擎，其特点就是对任意类型的数据进行自定义计算，可以计算结构化、半结构化、非结构化等各种类型的数据结构。Spark 的适用面比较广，所以被称为统一的分析引擎，它同时支持使用 Python、Java、Scala、R 以及 SQL 语言开发应用程序处理数据。

1.4.2　Spark 的发展历程

Spark 在 2009 年作为加州大学伯克利分校 AMPLab（Algorithms Machines and People Lab）的一个研究项目而问世。Spark 的目标是打造一个全新的针对快速迭代处理（如机器学习和交互式数据分析）进行优化的框架，与此同时保留 Hadoop MapReduce 的可扩展性和容错能力。2010 年 6 月第一篇与 Spark 有关的论文“Spark：Cluster Computing with Working Sets”发表，并且通过 BSD 许可协议正式对外开源发布 Spark。2013 年 6 月，Spark 在 Apache Software Foundation（ASF）进入孵化状态，并于 2014 年 2 月被确定作为 Apache 顶级项目之一。Spark 的主要发展历程如下：

- 2009 年，Spark 由加州大学伯克利分校 AMPLab 实验室的研究人员开发。最初，它是为了解决 Hadoop 的内存不足和磁盘 I/O 等问题而开发的。

- 2010 年，第一篇相关论文发布，Spark 通过 BSD 许可协议正式对外开源发布。
- 2012 年，Spark 0.6 版本发布。
- 2014 年，Spark 1.0 版本发布，成为 Apache 顶级项目，包括 Spark Core、Spark SQL、Spark Streaming 和 MLlib 等。
- 2015 年，Spark 1.3 版本发布，引入了 DataFrame 和 SparkR 等新特性。
- 2016 年，Spark 2.0 版本发布，引入了 Datasets 和 SparkSession 等新特性。
- 2017 年，Spark 2.2 版本发布，引入了 Structured Streaming 流处理。
- 2018 年，Spark 2.4 版本发布，成为全球最大的开源项目。
- 2019 年，Spark 3.0 版本发布，支持 Python 3 和 Scala 2.12。
- 2020 年，Spark 3.1 版本发布，引入了 Delta Lake，提供了事务性的数据湖功能，并支持 ACID 事务和版本控制。
- 2022 年，Spark 3.3 版本发布，获得 SIGMOD 系统奖。
- 2023 年，Spark 3.4 版本发布。

1.4.3 Spark 的特点

Spark 具有运行速度快、易用性好、通用性强和随处运行等特点。

1）速度快。由于 Apache Spark 支持内存计算，并且通过有向无环图（DAG）执行引擎支持无环数据流，所以官方宣称其在内存中的运算速度要比 Hadoop 的 MapReduce 快 100 倍，在硬盘中要快 10 倍。Spark 处理数据与 MapReduce 处理数据相比，有两个不同点：其一，Spark 处理数据时，可以将中间处理结果数据存储到内存中；其二，Spark 提供了非常丰富的算子（API），可以做到复杂任务在一个 Spark 程序中完成。

2）易用性好。Spark 的版本已经更新到 3.4.0（截至 2023 年 4 月 13 日），支持包括 Java、Scala、Python、R 和 SQL 语言在内的多种语言。为了兼容 Spark 2.x 企业级应用场景，Spark 仍然持续更新 Spark 2.x 版本。

3）通用性强。在 Spark 核心基础上，Spark 还提供了包括 Spark SQL、Spark Streaming、MLlib 及 GraphX 在内的多个工具库，可以在一个应用中无缝地使用这些工具库。

4）随处运行。Spark 支持多种运行方式，包括在 YARN 和 Mesos 上支持独立集群运行模式，同时也可以运行在云 Kubernetes（Spark 2.3 开始支持）和云环境上。

5）批处理/流数据。可以使用首选语言（Python、SQL、Scala、Java 或 R）以批处理和实时流的方式统一数据处理。

6）SQL 分析。执行快速、分布式的 ANSI SQL 查询，用于仪表板和即席报告。运行速度比大多数数据仓库都快。

7）大规模数据科学。对 PB 级数据执行探索性数据分析（EDA），而无须采用缩减采样。

8）机器学习。在笔记本电脑上训练机器学习算法，并使用相同的代码扩展到数千台计算机的容错集群。

1.4.4 Spark 的生态系统

Spark 有一套自己的生态体系，以 Spark 为核心（Spark Core），并提供支持 SQL 语句操作的 Spark SQL 模块、支持流式计算的 Spark Streaming 模块、支持机器学习的 MLlib 模块、支持图计算的 GraphX 模块。在资源调度方面，Spark 支持自身独立集群的资源调度、YARN 及 Mesos 等资源调度框架。Spark 的体系架构如图 1-8 所示。

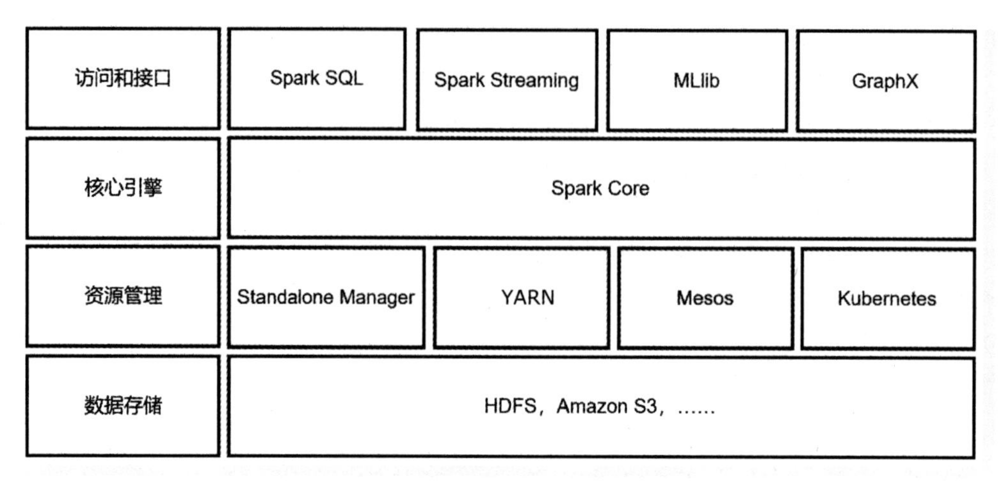

● 图 1-8 Spark 的体系架构

1）Spark Core。包含 Spark 的基本功能，如任务调度、内存管理、容错机制等，内部采用 RDD 数据抽象，并提供了很多 API 来创建和操作这些 RDD。为其他组件提供底层的服务。

2）Spark SQL。用来操作结构化数据的核心组件，通过 Spark SQL 可以直接查询 Hive、HBase 等多种外部数据源中的数据。Spark SQL 能够统一处理关系表，在处理结构化数据时，开发人员无须编写 MapReduce 程序，直接使用 SQL 命令就能完成更复杂的数据查询操作。

3）Spark Streaming。Spark 提供的流式计算框架，支持高吞吐量、可容错处理的实时流式数据处理，其核心原理是将流式数据分解成一系列微小的批处理作业，每个微小的批处理作业都可以使用 Spark Core 进行快速处理。Spark Streaming 支持多种数据来源，如文件、Socket、Kafka、Kinesis 等。

4）MLlib。Spark 提供的关于机器学习功能的算法程序库，包括分类、回归、聚类、协同过滤算法等，还提供了模型评估、数据导入等额外的功能，开发人员只需了解一定的机器学习算法知识就能进行机器学习方面的开发，降低了学习成本。

5）GraphX。Spark 提供的分布式图处理框架，拥有图计算和图挖掘算法的 API 接口以及丰富的功能和运算符，极大地方便了对分布式图的处理，能在海量数据上运行复杂的图算法。

1.4.5 Spark 的部署模式

Spark 提供多种部署模式，包括：

1）本地模式（单机模式）。本地模式就是以一个独立的进程，通过其内部的多个线程来模拟整个

Spark 运行时环境。本地模式不适合用于生产环境，仅用于本地程序开发、代码验证等。

2）独立集群模式（集群模式）。Spark 中的各个角色以独立进程的形式存在，并组成 Spark 集群环境，这种模式下 Spark 自己独立管理集群的资源。

3）Spark on YARN 模式（集群模式）。Spark 中的各个角色运行在 YARN 的容器内部，并组成 Spark 集群环境，这种模式下 Spark 不再管理集群的资源，而由 YARN 进行集群资源管理。

4）Kubernetes 模式（容器集群）。Spark 中的各个角色运行在 Kubernetes 的容器内部，并组成 Spark 集群环境。

5）云服务模式（运行在云平台上）。Spark 的商业版本 Databricks 就运行在谷歌、微软、亚马逊云服务提供商的云平台上。

1.4.6 Spark 的运行架构

从物理部署层面上看，如果是独立集群模式部署的集群，则 Spark 主要包含两种类型的节点：Master 节点和 Worker 节点。Master 节点负责管理集群资源，分配 Application 到 Worker 节点，维护 Worker 节点、Driver 和 Application 的状态。Worker 节点负责具体的任务运行。如果是运行在 YARN 环境下，则不需要 Master 节点和 Worker 节点。

从程序运行层面上看，Spark 主要分为 Driver 和 Executor。Driver 充当单个 Spark 任务运行过程中的管理者，Executor 充当单个 Spark 任务运行过程中的执行者。

Spark 中的 4 类角色组成了 Spark 的整个运行时（Runtime）环境。这些角色与 YARN 中的各个角色有类似的地方。在集群资源管理层面，整个集群的管理者，在 YARN 中是 ResourceManager，在 Spark 中是 Master；单个节点的管理者，在 YARN 中是 NodeManager，在 Spark 中是 Worker。在任务执行层面，单个任务的管理者，在 YARN 中是 ApplicationMaster，在 Spark 中是 Driver；单个任务的执行者，在 YARN 中是 Task，在 Spark 中是 Executor。Spark 官方提供的运行结构如图 1-9 所示。

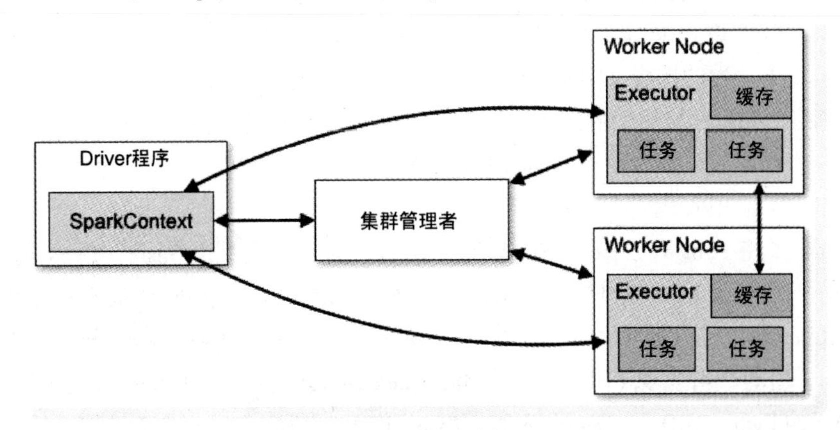

图 1-9 Spark 的运行结构

在 Spark 的运行结构中涉及一些关键概念：

1）Master Node。集群中的主节点，负责集群的资源管理。

2）Worker Node。可以在集群中运行应用程序代码的任何节点。

3）Application。基于 Spark 构建的用户应用程序。由集群上的 Driver 程序和 Executor 执行。

4）Driver 程序。运行应用程序的 main( )函数，并创建 SparkContext 的过程。

5）Executor。为 Worker 节点上的应用程序启动的进程，用于运行任务并将数据保存在内存中或跨磁盘存储。每个 Application 都分配有自己的 Executor。

6）Cluster Manager（集群管理者）。用于获取、管理集群上的资源，如果是独立集群模式部署的集群则是 Standalone Manager，否则就是外部服务，例如 Mesos、YARN、Kubernetes。

7）Job。Spark 的数据抽象是 RDD，RDD 提供了很多算子（API），这些算子被划分为 Transformation 和 Action 算子两种类型。Transformation 算子只构建程序的执行计划，但并不会执行；Action 算子的作用是触发 Spark 程序的真正执行。为了响应 Action 算子，当程序中遇到一个 Action 算子时，Spark 会提交一个 Job，用来真正执行前面的一系列操作。通常一个 Application 会包含多个 Job，Job 之间按串行方式依次执行。

8）Stage。每个 Job 会根据 Shuffle 依赖划分为更小的任务集，称为 Stage（阶段），Stage 之间具有依赖关系及执行的先后顺序，比如 MapReduce 中的 map stage 和 reduce stage。

9）Task。Stage 再细分就是 Task（任务），Task 是发送给一个 Executor 的最细执行单元，RDD 的每个 Partition 都会启动一个 Task，因此每个 Stage 中 Task 的数量就是当前 Stage 的并行度。

1.5 PySpark 库介绍

Spark 是用 Scala 语言编写的，运行在 JVM 上，即 Spark 的任务都是以 JVM 的进程来运行的。Python 是机器学习的首选语言，Python 编写的代码运行在 Python 进程里面。在 Python 代码中想要调用 Spark 的 API，就涉及 Python 进程与 JVM 进程之间的通信与交互，想要实现这样不同进程之间的交互，就需要用到远程过程调用（RPC）。Py4j 是一个非常有趣的 RPC 库，它可以在 JVM 进程端开辟一个 ServerSocket 来监听客户端的连接，在 Python 进程端启动一个连接池连接到 JVM，所有的远程调用都被封装成消息指令，通过连接池中的连接将消息指令发送到 JVM 远程执行。Py4j 实现了让 Python 自由操纵 Java，借助 Py4j 就可以实现在 Python 代码中调用 Spark 的 API，但是，每次调用 Spark 的 API 都让开发人员自己编写 RPC 代码，效率低下且不易使用。

为了让 Spark 支持 Python，Apache Spark 社区发布了一个工具库 PySpark，PySpark 是 Python 中 Apache Spark 的接口。SparkContext 作为 Spark 应用程序的入口，执行 Spark 应用程序时会优先在 Driver 端创建 SparkContext。在 Python Driver 端，SparkContext 利用 Py4j 启动一个 JVM 并创建 JavaSparkContext，借助 Py4j 实现 Python 代码与 JavaSparkContext 的通信。Python 环境下的 RDD 会被映射成 Java 环境下的 PythonRDD。在 Executor 端，PythonRDD 对象会启动一些子进程，并与这些子进程通信，以此来发送数据和执行代码。PySpark 的架构如图 1-10 所示。

大多数数据科学家和数据分析师都熟悉 Python，并使用它来实现机器学习，PySpark 允许他们在大规模分布式数据集上使用自己最熟悉的语言。

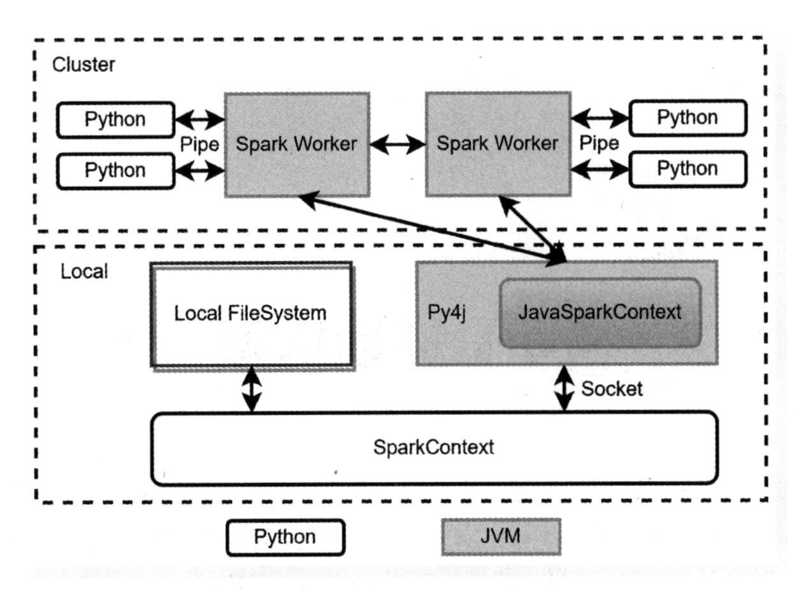

● 图 1-10　PySpark 架构

1.6 本章小结

本章从大数据的发展入手，介绍了 Hadoop 的由来和架构体系，以及 Spark 的由来、发展历程、特点、生态系统、部署模式、运行架构和 Spark 中的关键概念等，使读者对大数据及 Spark 有了一个初步的认识。

Spark 环境搭建

现在已经初步认识了 Spark，但这些都只是在理论层面，想要学会 Spark，还需要让它真正运行起来，而要运行 Spark 应用程序，先要有一个可以运行程序的 Spark 集群。本章将介绍 Spark 服务器环境的搭建，一步步地实现从本地模式、独立集群模式到 Spark on YARN 模式、云服务模式的环境搭建；再以经典的 WordCount 应用程序来验证各种模式的搭建结果、分析运行原理。

2.1 安装环境准备

Spark 运行在 JVM 上，而 JVM 是跨平台的，所以 Spark 可以跨平台运行在各种类型的操作系统上。但是在实际使用中，通常都将 Spark 安装部署在 Linux 服务器上，所以需要准备好用来安装 Spark 的 Linux 服务器，本书以 Ubuntu 20.04 作为目标操作系统。本地模式下，需要 1 台服务器；独立集群模式下，至少需要 3 台服务器；Spark on YARN 模式下，至少需要 3 台服务器；云环境模式下，不需要自己准备服务器，在创建集群的时候可以选择集群规模需要多少节点。

准备 3 台服务器，用来安装 Hadoop、Hive、Spark 等集群，主机名称以及 IP 地址分别是 node1（10.0.0.5）、node2（10.0.0.6）、node3（10.0.0.7），并在 3 台服务器上完成基础配置，所有服务器按统一规划配置，供后续安装配置集群使用。

再准备 1 台服务器，用来安装后续会使用到的 MySQL、Kafka 等其他组件，主机名称以及 IP 地址是 node4（10.0.0.8）。

【说明】以下环境准备步骤，需要在 3 台服务器上同步进行，保证 3 台服务器的环境信息一致。

2.1.1 操作系统准备

安装 Spark 环境的操作系统需要统一完成最基本的设置，包括创建统一用户、配置域名解析及设置免密登录。

1. 创建安装用户

操作系统用户统一使用 hadoop、软件安装目录统一使用 ${HOME}/apps，所以需要在系统中创建 hadoop 用户并在 hadoop 用户的 home 目录下创建 apps 目录。使用 root 用户创建 hadoop 用户，命令

如下：

```
# 创建 hadoop 用户
useradd -m hadoop -s /bin/bash
# 修改密码
passwd hadoop
# 增加管理员权限
adduser hadoop sudo
```

使用 hadoop 用户登录，创建 apps 目录，命令如下：

```
$ mkdir -p apps
```

2. 配置域名解析

Spark 集群的配置文件中涉及节点的配置都使用主机名称进行配置，为了保证 3 台服务器能够正确识别每个主机名称对应的正确 IP 地址，需要为每台服务器配置域名解析。域名解析配置在/etc/hosts 文件中，在 3 台服务器上分别编辑该文件，输入 IP 与主机名称的映射关系，命令如下：

```
$ sudo vi /etc/hosts
```

域名解析配置内容如下：

```
10.0.0.5 node1
10.0.0.6 node2
10.0.0.7 node3
10.0.0.8 node4
```

3. 配置免密登录

在集群模式下，多台服务器共同协作，需要配置各个节点之间的免密登录，避免节点之间交互时输入密码。在 node1 上生成密钥对，将密钥对复制到所有节点上，确保执行 ssh 连接到任意节点时不会要求输入密码。配置免密登录及密钥对复制的命令如下：

```
$ ssh-keygen -t rsa
$ cp ~/.ssh/id_rsa.pub ~/.ssh/authorized_keys

$ ssh node1
$ ssh node2
$ ssh node3

$ scp -r .ssh hadoop@node1:~/
$ scp -r .ssh hadoop@node2:~/
$ scp -r .ssh hadoop@node3:~/
```

2.1.2 Java 环境准备

Spark 是用 Scala 语言编写的，运行在 JVM 环境上，需要在安装 Spark 的服务器上安装并配置 Java。根据集群的规划，给集群中的每一个节点都安装 Java 环境，安装版本需要是 Java 8 及以上的版本。在 Ubuntu 操作系统中，可以通过如下命令来安装 Java 8：

```
$ sudo apt-get update
$ sudo apt-get install -y openjdk-8-jdk
```

安装完成后需要配置环境变量，命令如下：

```
$ vi .bashrc
```

环境变量配置内容如下：

```
export JAVA_HOME=/usr/lib/jvm/java-8-openjdk-amd64
```

2.1.3 Python 环境准备

Spark 提供了对 Python 的支持，提供了 PySpark 库，本书以 Python 作为主要开发语言，需要在服务器环境中安装 Python 3。Linux 服务器通常自带 Python 环境，低版本的 Linux 自带的 Python 环境通常是 Python 2，高版本的 Linux 自带的 Python 环境有可能是 Python 3。如果自带的环境是 Python 2，需要重新安装 Python 3，命令如下：

```
$ sudo apt-get install -y python3.8
```

如果使用其他方式安装 Python 3，推荐使用 Anaconda 3 安装。Anaconda 3 的安装过程，参考官方文档 https://docs.anaconda.com/anaconda/install/linux/。

安装完成以后，确保服务器上执行 python3 命令不会报错。

2.1.4 Spark 安装包下载

在安装 Spark 之前，需要通过官方网站下载 Spark 的安装包，Spark 的官方下载地址是 https://spark.apache.org/downloads.html，下载页面如图 2-1 所示。

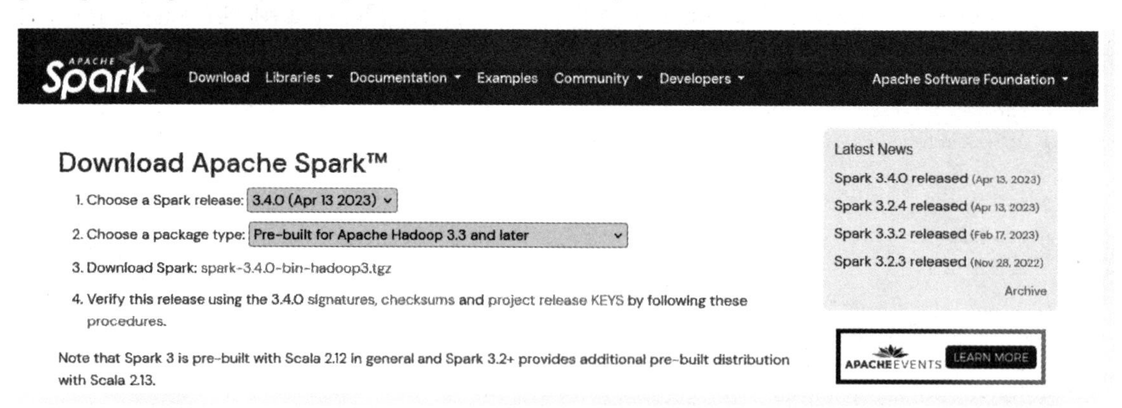

● 图 2-1 Spark 官方下载页面

直接单击下载链接将安装包下载到本地，再将安装包上传到需要安装 Spark 的 Linux 服务器上。

除了直接下载，还可以复制下载链接，在安装 Spark 的 Linux 服务器上通过 wget 等命令进行安装包的下载，wget 下载命令如下：

```
$ wget https://dlcdn.apache.org/spark/spark-3.4.0/spark-3.4.0-bin-hadoop3.tgz
```

也可以通过国内镜像下载，命令如下：

```
$ wget https://mirrors.tuna.tsinghua.edu.cn/apache/spark/spark-3.4.0/spark-3.4.0-bin-ha-
doop3.tgz
```

下载完成的安装包存放在用户目录下。

2.1.5 Hadoop 安装包下载

数据文件的存放依赖于 HDFS，Spark on YARN 模式的部署依赖于 YARN，这些都需要用到 Hadoop 集群，所以需要下载 Hadoop 安装包。通过 Hadoop 的官方网站下载 Hadoop 3.3.x 的安装包，Hadoop 的官方下载地址是 https://hadoop.apache.org/releases.html，下载页面如图 2-2 所示。

Apache Hadoop　Download　Documentation　Community　Development　Help　Apache Software Foundation

Download

Hadoop is released as source code tarballs with corresponding binary tarballs for convenience. The downloads are distributed via mirror sites and should be checked for tampering using GPG or SHA-512.

Version	Release date	Source download	Binary download	Release notes
3.3.5	2023 Mar 22	source (checksum signature)	binary (checksum signature) binary-aarch64 (checksum signature)	Announcement
3.2.4	2022 Jul 22	source (checksum signature)	binary (checksum signature)	Announcement
2.10.2	2022 May 31	source (checksum signature)	binary (checksum signature)	Announcement

● 图 2-2　Hadoop 官方下载页面

直接单击下载链接将安装包下载到本地，再将安装包上传到需要安装 Hadoop 的 Linux 服务器上。

除了直接下载，还可以复制下载链接，在安装 Hadoop 的 Linux 服务器上通过 wget 等命令进行安装包的下载，wget 下载命令如下：

```
$ wget https://dlcdn.apache.org/hadoop/common/hadoop-3.3.5/hadoop-3.3.5.tar.gz
```

也可以通过国内镜像下载，命令如下：

```
$ wget https://mirrors.tuna.tsinghua.edu.cn/apache/hadoop/common/hadoop-3.3.5/hadoop-3.
3.5.tar.gz
```

下载完成的安装包存放在用户目录下。

2.2 Spark 本地模式安装

Spark 本地模式即单机模式，是以一个独立的进程，通过其内部的多个线程来模拟整个 Spark 运行时环境，只需要在 1 台服务器上安装 Spark。本地模式的安装非常简单，将下载的 Spark 软件安装包解压到目标位置即安装完成，解压安装包的命令如下：

```
$ tar -xzf spark-3.4.0-bin-hadoop3.tgz -C apps
```

解压后的 Spark 目录结构如图 2-3 所示。

```
hadoop@node1:~$ ls -l apps/spark-3.4.0-bin-hadoop3/
total 152
-rw-r--r-- 1 hadoop hadoop 22982 Apr  7 02:43 LICENSE
-rw-r--r-- 1 hadoop hadoop 57842 Apr  7 02:43 NOTICE
drwxr-xr-x 3 hadoop hadoop  4096 Apr  7 02:43 R
-rw-r--r-- 1 hadoop hadoop  4605 Apr  7 02:43 README.md
-rw-r--r-- 1 hadoop hadoop   165 Apr  7 02:43 RELEASE
drwxr-xr-x 2 hadoop hadoop  4096 Apr  7 02:43 bin
drwxr-xr-x 2 hadoop hadoop  4096 Apr  7 02:43 conf
drwxr-xr-x 5 hadoop hadoop  4096 Apr  7 02:43 data
drwxr-xr-x 4 hadoop hadoop  4096 Apr  7 02:43 examples
drwxr-xr-x 2 hadoop hadoop 16384 Apr  7 02:43 jars
drwxr-xr-x 4 hadoop hadoop  4096 Apr  7 02:43 kubernetes
drwxr-xr-x 2 hadoop hadoop  4096 Apr  7 02:43 licenses
drwxr-xr-x 9 hadoop hadoop  4096 Apr  7 02:43 python
drwxr-xr-x 2 hadoop hadoop  4096 Apr  7 02:43 sbin
drwxr-xr-x 2 hadoop hadoop  4096 Apr  7 02:43 yarn
hadoop@node1:~$
```

图 2-3　解压后的 Spark 目录结构

- bin 目录存放的是提交 Spark 应用程序需要用到的命令，例如 pyspark、spark-submit 等命令。
- conf 目录存放的是 Spark 的配置文件，这里可以配置 Spark 的部署模式，例如独立集群信息、YARN 信息。
- jars 目录存放的是 Spark 的依赖软件包，Spark 各个组件的核心代码都存放在这里，与第三方框架集成，例如 MySQL、Kafka 等，用到的依赖包也需要添加到 jars 目录下。
- sbin 目录下存放的是 Spark 集群管理相关的可执行命令，例如启动、停止集群的相关命令。

2.2.1 使用交互式 pyspark 运行代码

解压安装完成后，验证安装结果，在没有配置相关的环境变量时，pyspark 不能直接在任意路径执行，将工作目录切换到 Spark 的安装目录，在此执行相关命令。命令如下：

```
$ cd apps/spark-3.4.0-bin-hadoop3/
$ bin/pyspark
```

pyspark 命令执行后，会进入交互式解释器环境，如图 2-4 所示。

从交互式解释器环境可以知道：

- Spark 的版本是 version 3.4.0。
- Python 的版本是 version 3.8.10。
- Spark Driver Web UI 的地址是 http://node1.internal.cloudapp.net:4040。

```
hadoop@node1:~$ cd apps/spark-3.4.0-bin-hadoop3/
hadoop@node1:~/apps/spark-3.4.0-bin-hadoop3$ bin/pyspark
Python 3.8.10 (default, Mar 13 2023, 10:26:41)
[GCC 9.4.0] on linux
Type "help", "copyright", "credits" or "license" for more information.
Setting default log level to "WARN".
To adjust logging level use sc.setLogLevel(newLevel). For SparkR, use setLogLevel(newLevel).
23/05/15 06:25:10 WARN NativeCodeLoader: Unable to load native-hadoop library for your platform... using builtin-java classes where applicable
Welcome to
      ____              __
     / __/__  ___ _____/ /__
    _\ \/ _ \/ _ `/ __/  '_/
   /__ / .__/\_,_/_/ /_/\_\   version 3.4.0
      /_/

Using Python version 3.8.10 (default, Mar 13 2023 10:26:41)
Spark context Web UI available at http://node1.internal.cloudapp.net:4040
Spark context available as 'sc' (master = local[*], app id = local-1684131912083).
SparkSession available as 'spark'.
>>>
```

● 图 2-4　pyspark 交互式解释器环境

- 环境实例化了一个 SparkContext 对象，名为 sc。
- 当前环境的 master 是 local[*]。
- 环境实例化了一个 SparkSession 对象，名为 spark。

通过浏览器访问 Spark Driver Web UI 地址，打开的界面如图 2-5 所示。

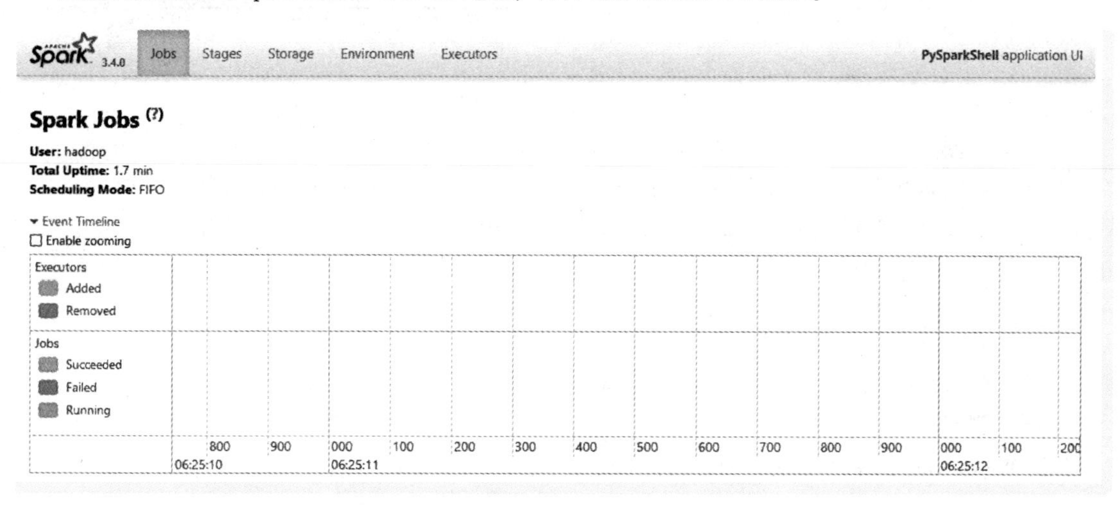

● 图 2-5　Spark Driver Web UI

在 Spark Driver Web UI 中：

- Jobs 页面可以查看根据 Spark 应用程序创建的 Job 信息，当前没有任何 Job 在运行。
- Stages 页面可以查看每个任务的 Stage 的划分。
- Storage 页面可以查看 Spark 应用程序缓存在内存或磁盘中数据的详细信息，包括缓存级别、大小、分区数等信息。

- Environment 页面可以查看 Spark 的环境信息。
- Executors 页面可以查看 Spark 环境中 Executors 的列表信息。

本地模式环境下，只有一个 driver，不含其他 Executor，如图 2-6 所示。

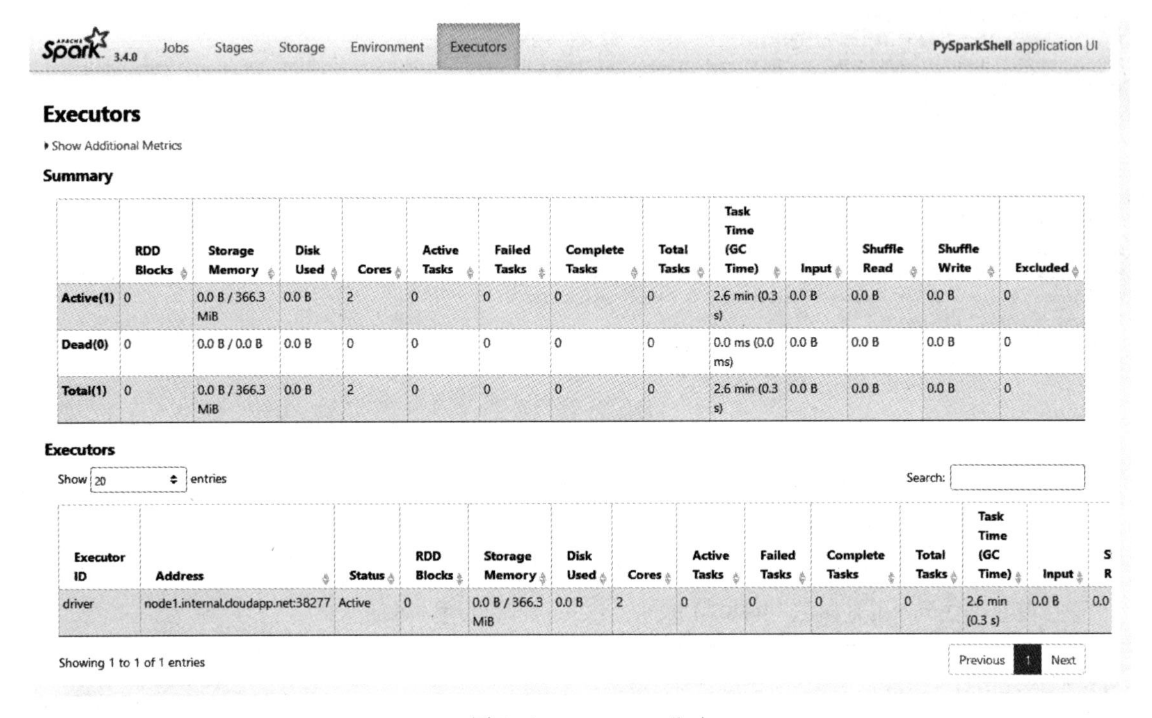

● 图 2-6 Executors 信息

下面通过 pyspark 交互式命令行提交 Spark 代码来执行，以经典的 WordCount 程序来验证 Spark 环境。将文件 words.txt 放到服务器上，目前还没有部署 HDFS，如果有额外的 HDFS 也可以上传到 HDFS。文件内容如下：

```
Hello Python
Hello Spark You
Hello Python Spark
You know PySpark
```

编写 WordCount 的程序代码，实现文件的读取，统计相同单词在文件中出现的次数。代码如下：

```
count = sc.textFile("/home/hadoop/words.txt") \
.flatMap(lambda x: x.split('')) \
.map(lambda x: (x, 1)) \
.reduceByKey(lambda a,b: a + b).collect()
print(count)
```

代码运行完成，统计出 words.txt 文件中的单词出现的次数，统计结果为 3 个 Hello、2 个 Python、2 个 Spark、1 个 know、1 个 PySpark 和 2 个 You，如图 2-7 所示。

代码执行完成，Spark Driver Web UI 中的数据会发生变化。提交的 Spark 应用程序的 Job 列表中，当前运行完成的 Job 有 1 个，如图 2-8 所示。

```
>>> count = sc.textFile("/home/hadoop/words.txt") \
... .flatMap(lambda x: x.split(' ')) \
... .map(lambda x: (x, 1)) \
... .reduceByKey(lambda a,b: a + b).collect()
>>> print(count)
[('Hello', 3), ('Python', 2), ('Spark', 2), ('know', 1), ('PySpark', 1), ('You', 2)]
>>>
```

● 图 2-7　WordCount 运行结果

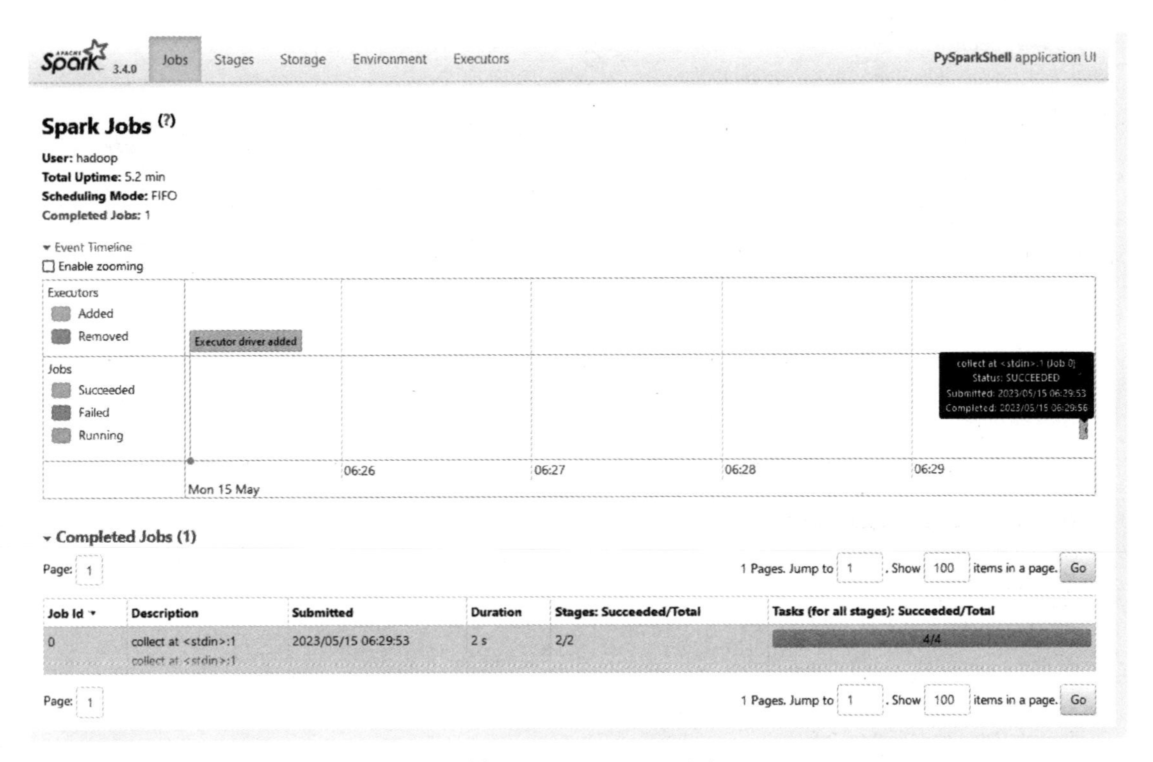

● 图 2-8　Spark Jobs 列表

单击 Job 列表中的链接，可以看到 Job 的详细信息，包括 Job 的执行流程 DAG 图、Stage 的划分、Stage 列表等，当前 Job 被划分成两个 Stage，如图 2-9 所示。

单击 Stage 列表中的链接，可以看到 Stage 的详细信息，包括 Stage 概览信息、执行流程 DAG 图、Task 列表等，如图 2-10 所示。

在页面底部可以看到 Stage 中 Task 的划分情况，当前 Stage 包含两个 Task，如图 2-11 所示。

Details for Job 0

Status: SUCCEEDED
Submitted: 2023/05/15 06:29:53
Duration: 2 s
Completed Stages: 2

▸ Event Timeline
▾ DAG Visualization

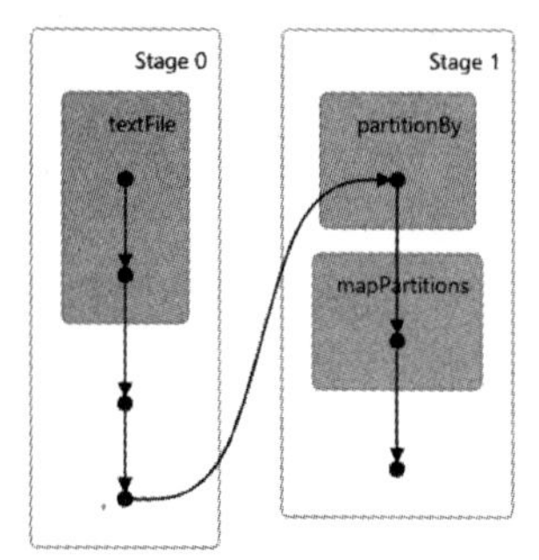

▾ **Completed Stages (2)**

Page: 1 　　　　1 Pages. Jump to 1 . Show 100 items in a page. Go

Stage Id ▾	Description	Submitted	Duration	Tasks: Succeeded/Total	Input	Output	Shuffle Read	Shuffle Write
1	collect at <stdin>:1 +details	2023/05/15 06:29:56	0.2 s	2/2			340.0 B	
0	reduceByKey at <stdin>:1 +details	2023/05/15 06:29:53	2 s	2/2	104.0 B			340.0 B

Page: 1 　　　　1 Pages. Jump to 1 . Show 100 items in a page. Go

图 2-9 Job 详细信息

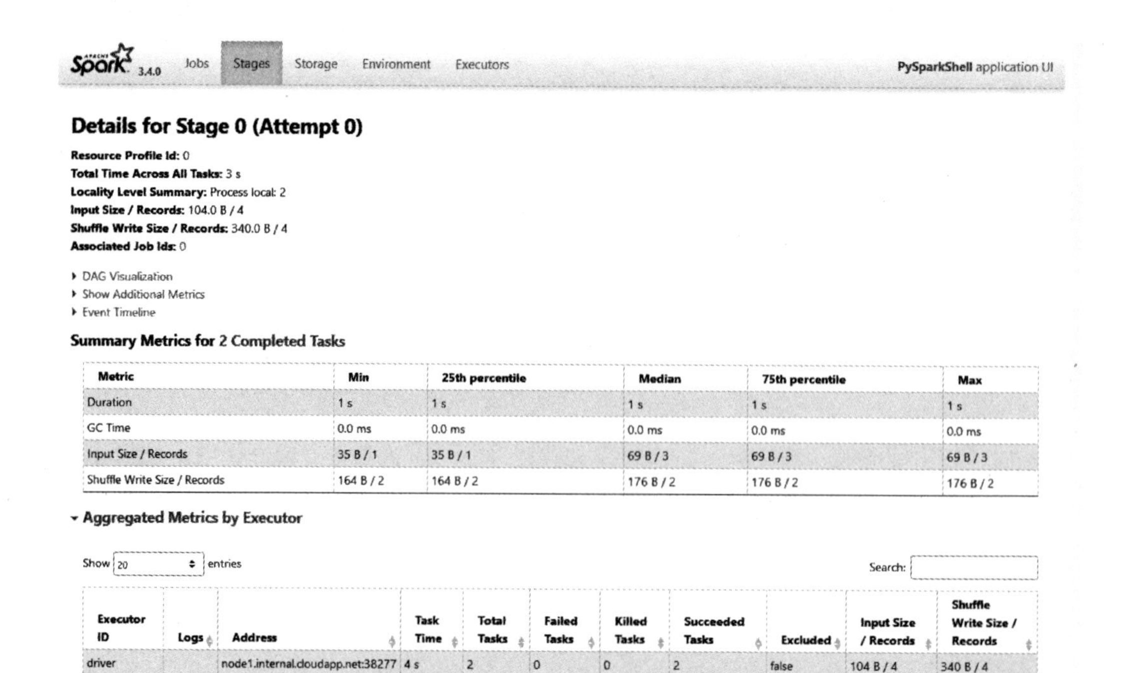
Spark 3.4.0 Jobs Stages Storage Environment Executors PySparkShell application UI

Details for Stage 0 (Attempt 0)

Resource Profile Id: 0
Total Time Across All Tasks: 3 s
Locality Level Summary: Process local: 2
Input Size / Records: 104.0 B / 4
Shuffle Write Size / Records: 340.0 B / 4
Associated Job Ids: 0

▸ DAG Visualization
▸ Show Additional Metrics
▸ Event Timeline

Summary Metrics for 2 Completed Tasks

Metric	Min	25th percentile	Median	75th percentile	Max
Duration	1 s	1 s	1 s	1 s	1 s
GC Time	0.0 ms	0.0 ms	0.0 ms	0.0 ms	0.0 ms
Input Size / Records	35 B / 1	35 B / 1	69 B / 3	69 B / 3	69 B / 3
Shuffle Write Size / Records	164 B / 2	164 B / 2	176 B / 2	176 B / 2	176 B / 2

▾ **Aggregated Metrics by Executor**

Show 20 entries 　　　　Search:

Executor ID	Logs	Address	Task Time	Total Tasks	Failed Tasks	Killed Tasks	Succeeded Tasks	Excluded	Input Size / Records	Shuffle Write Size / Records
driver		node1.internal.cloudapp.net:38277	4 s	2	0	0	2	false	104 B / 4	340 B / 4

图 2-10 Stage 详细信息

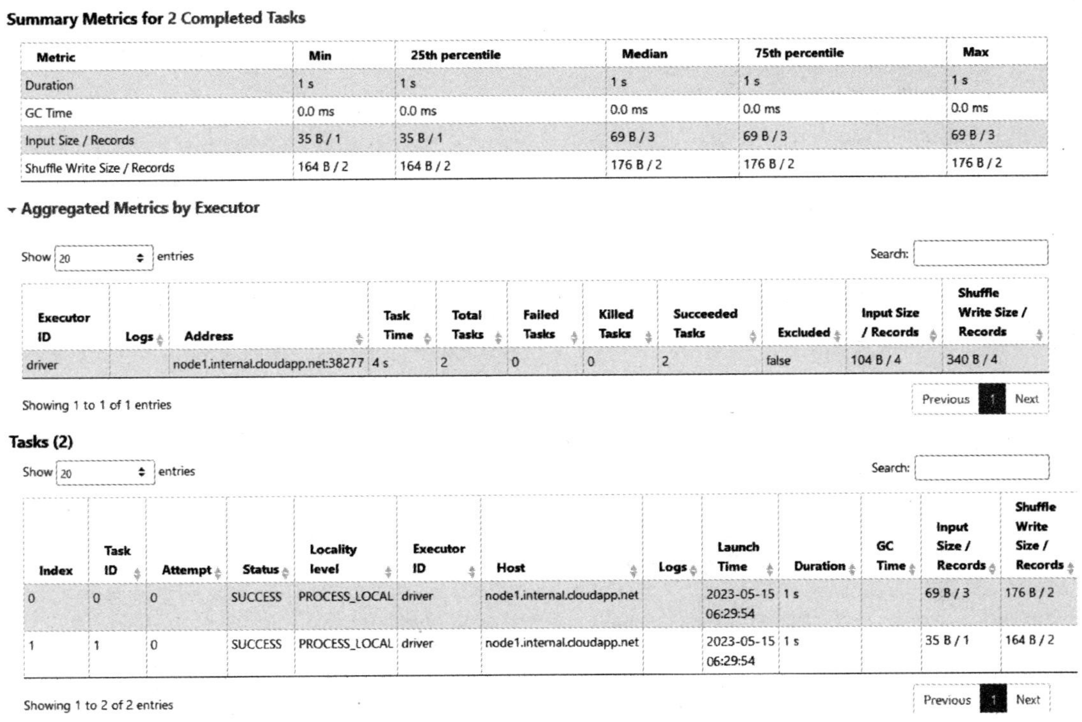

Summary Metrics for 2 Completed Tasks

Metric	Min	25th percentile	Median	75th percentile	Max
Duration	1 s	1 s	1 s	1 s	1 s
GC Time	0.0 ms	0.0 ms	0.0 ms	0.0 ms	0.0 ms
Input Size / Records	35 B / 1	35 B / 1	69 B / 3	69 B / 3	69 B / 3
Shuffle Write Size / Records	164 B / 2	164 B / 2	176 B / 2	176 B / 2	176 B / 2

Aggregated Metrics by Executor

Show 20 entries Search:

Executor ID	Logs	Address	Task Time	Total Tasks	Failed Tasks	Killed Tasks	Succeeded Tasks	Excluded	Input Size / Records	Shuffle Write Size / Records
driver		node1.internal.cloudapp.net:38277	4 s	2	0	0	2	false	104 B / 4	340 B / 4

Showing 1 to 1 of 1 entries Previous 1 Next

Tasks (2)

Show 20 entries Search:

Index	Task ID	Attempt	Status	Locality level	Executor ID	Host	Logs	Launch Time	Duration	GC Time	Input Size / Records	Shuffle Write Size / Records
0	0	0	SUCCESS	PROCESS_LOCAL	driver	node1.internal.cloudapp.net		2023-05-15 06:29:54	1 s		69 B / 3	176 B / 2
1	1	0	SUCCESS	PROCESS_LOCAL	driver	node1.internal.cloudapp.net		2023-05-15 06:29:54	1 s		35 B / 1	164 B / 2

Showing 1 to 2 of 2 entries Previous 1 Next

● 图 2-11 Stage Task 划分

2.2.2 宽窄依赖和阶段划分

前面介绍过 Stage 中 Task 的数量就是 Stage 的并行度，也是 RDD 的分区数，从 Spark Driver Web UI 中可以看到每个 Stage 有两个 Task，意味着程序中处理的 RDD 有两个分区。在 Spark 中，RDD 的数据是只读的，不支持修改操作，如果要更新 RDD 中的数据，则只能将原有的 RDD 经过转换生成一个新的 RDD，这个过程中新 RDD 与原有的 RDD 存在依赖关系。现在来了解一下任务执行的详细情况，将任务按代码拆分开来看，并使用 glom 算子为分区数据添加嵌套。

textFile( )加载文件后的分区数是两个，第 1 个分区的数据是 ['Hello Python', 'Hello Spark You', 'Hello Python Spark']，第 2 个分区的数据是 ['You know PySpark']，如图 2-12 所示。

```
>>> sc.textFile("/home/hadoop/words.txt") \
... .glom().collect()
[['Hello Python', 'Hello Spark You', 'Hello Python Spark'], ['You know PySpark']]
>>>
```

● 图 2-12 textFile 数据分区

flatMap( )扁平化数据之后的分区数是两个，第 1 个分区的数据是 ['Hello', 'Python', 'Hello', 'Spark', 'You', 'Hello', 'Python', 'Spark']，第 2 个分区的数据是 ['You', 'know', 'PySpark']，如

图 2-13 所示。

```
>>> sc.textFile("/home/hadoop/words.txt") \
... .flatMap(lambda x: x.split(' ')) \
... .glom().collect()
[['Hello', 'Python', 'Hello', 'Spark', 'You', 'Hello', 'Python', 'Spark'], ['You', 'know', 'PySpark']]
>>>
```

● 图 2-13 flatMap 数据分区

map()转换数据之后的分区数是两个，第 1 个分区的数据是[('Hello', 1), ('Python', 1), ('Hello', 1), ('Spark', 1), ('You', 1), ('Hello', 1), ('Python', 1), ('Spark', 1)]，第 2 个分区的数据是 [('You', 1), ('know', 1), ('PySpark', 1)]，如图 2-14 所示。

```
>>> sc.textFile("/home/hadoop/words.txt") \
... .flatMap(lambda x: x.split(' ')) \
... .map(lambda x: (x, 1)) \
... .glom().collect()
[[('Hello', 1), ('Python', 1), ('Hello', 1), ('Spark', 1), ('You', 1), ('Hello', 1), ('Python', 1), ('Spark',
1)], [('You', 1), ('know', 1), ('PySpark', 1)]]
>>>
```

● 图 2-14 map 数据分区

在整个过程中，分区数都保持两个不变，注意每个单词所在的分区情况，无论数据如何变化，Hello、Python、Spark、You 这 4 个单词总是保持在第 1 个分区，You、know、PySpark 这 3 个单词总是保持在第 2 个分区。reduceByKey(...) 根据 key 值进行聚合后的数据分区情况为：第 1 个分区的数据是 [('Hello', 3), ('Python', 2), ('Spark', 2), ('know', 1), ('PySpark', 1)]，第 2 个分区的数据是[('You', 2)]，如图 2-15 所示。

```
>>> sc.textFile("/home/hadoop/words.txt") \
... .flatMap(lambda x: x.split(' ')) \
... .map(lambda x: (x, 1)) \
... .reduceByKey(lambda a,b: a + b) \
... .glom().collect()
[[('Hello', 3), ('Python', 2), ('Spark', 2), ('know', 1), ('PySpark', 1)], [('You', 2)]]
>>>
```

● 图 2-15 reduceByKey 数据分区

从分区数据可以看出，reduceByKey 依然是两个分区，但是 know、PySpark 两个单词已经不再包含在第 2 个分区，而是到了第 1 个分区，第 1 个分区中的单词 You 则到了第 2 个分区。数据在 RDD 中的流转过程如图 2-16 所示。

textFile 将文件加载成包含两个分区的 RDD，在 filterMap 和 map 过程中，每个分区的数据总是保留在自己所在的分区进行流转，上一个 RDD 的一个分区的数据完全流转到下一个 RDD 的一个分区，下一个 RDD 的一个分区的数据完全来自上一个 RDD 的一个分区，也就是子 RDD 的一个分区的数据仅依赖于父 RDD 的一个分区。在 reduceByKey 过程中，上一个 RDD 的一个分区的数据分别流向了下一个 RDD 的两个分区，而下一个 RDD 的一个分区的数据则同时来自上一个 RDD 的两个分区，也就是子 RDD 的一个分区的数据依赖于父 RDD 的所有分区。

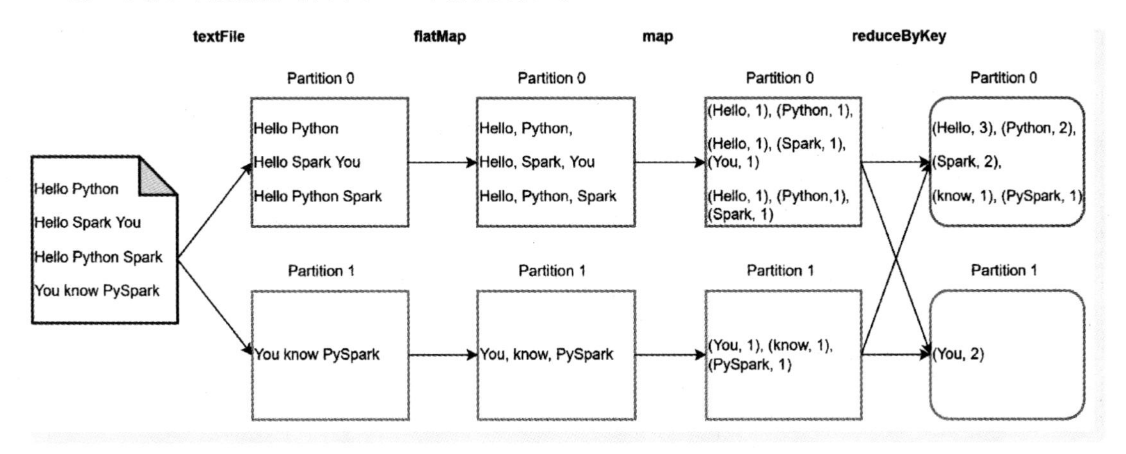

● 图 2-16 RDD 数据流转过程

1. 窄依赖

当父 RDD 的一个分区的数据仅流向子 RDD 的一个分区时，在 Spark 中被称为窄依赖，filterMap、map 算子是窄依赖的算子。窄依赖过程简单，不同分区的数据互不影响，可以并行执行，是最容易进行优化的部分。

2. 宽依赖

当父 RDD 的一个分区的数据流向子 RDD 的多个分区时，在 Spark 中被称为宽依赖，reduceByKey 算子是宽依赖的算子。宽依赖涉及 Shuffle，子 RDD 的数据需要在所有父 RDD 的 Shuffle 过程完成后才能继续往下处理，因此过程复杂，优化相对复杂。

3. Shuffle 洗牌

Hadoop 中的 MapReduce 是计算向数据靠拢的，数据块在 HDFS 的哪个节点上，就会在哪个节点上启动计算任务，但有些计算需要将各个节点上的同一类数据汇集到某一个节点进行计算，把这些分布在不同节点的数据按照一定的规则汇集到一起的过程称为 Shuffle。在 Hadoop 中 Shuffle 是连接 Map 任务和 Reduce 任务的桥梁，Map 任务的输出需要经过 Shuffle 过程才被作为 Reduce 过程的输入。Spark 中的 Shuffle 过程与 Hadoop 的 Shuffle 过程十分类似，案例中的单词 You 存在于 RDD 的两个分区，也就有可能存在于 HDFS 的两个节点上，而最终输出结果单词 You 汇集在了同一个分区，这个过程就涉及 Shuffle，Shuffle 过程会产生宽依赖。reduceByKey 算子就需要进行 Shuffle。

4. Stage 划分

Spark 应用程序提交后，Spark 引擎会根据提交的代码先生成一个有向无环图（DAG），即代码的执行计划，Spark 基于 DAG 进行流程的调度。在进行调度之前，Spark 会对整个流程做 Stage 的划分，根据 DAG 中 RDD 的依赖关系从后往前推，当遇到 Shuffle 过程，也就是宽依赖时，就拆分出一个新的

Stage，当遇到窄依赖时，就将父 RDD 加入到当前的 Stage 中，Spark 划分 Stage 的依据就是宽依赖。案例代码中，Spark 中 Stage 的划分情况如图 2-17 所示。

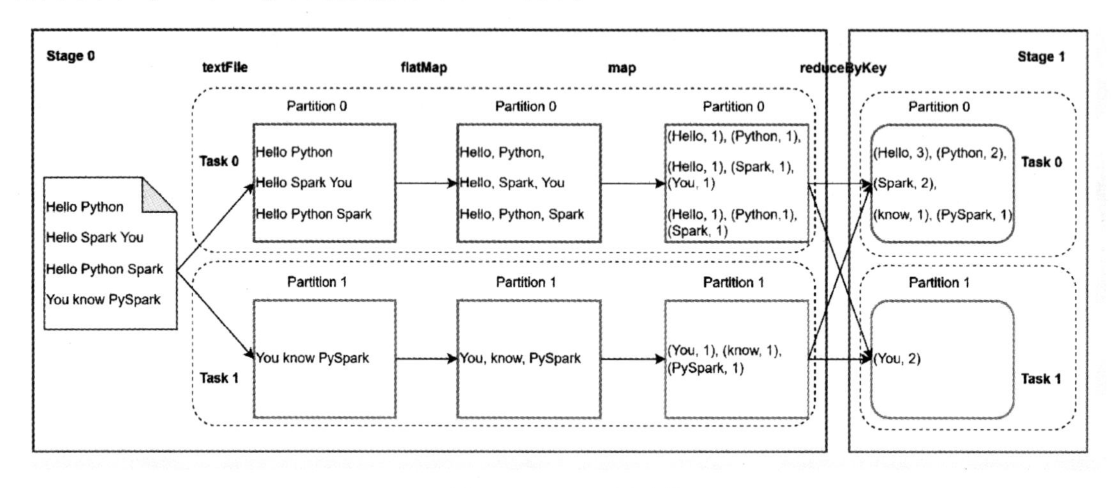

图 2-17　Stage 划分情况

2.2.3　使用 spark-submit 提交代码

交互式 pyspark 命令行并不适合用于生产环境提交代码执行，在生产环境中运行 Spark 应用程序，需要将开发代码写入 Python 文件，将文件保存到系统中的某个路径下，比如/home/hadoop/WordCount.py。WordCount.py 的代码如下：

```
from pyspark import SparkConf, SparkContext

if __name__ =='__main__':
    conf = SparkConf().setAppName("WordCount")
    # 通过 SparkConf 对象构建 SparkContext 对象
    sc = SparkContext(conf=conf)
    # 通过 SparkContext 对象读取文件
    fileRdd = sc.textFile("/home/hadoop/words.txt")
    # 将文件中的每一行按照空格拆分成单词
    wordsRdd = fileRdd.flatMap(lambda line: line.split(" "))
    # 将每一个单词转换为元组
    wordRdd = wordsRdd.map(lambda x: (x, 1))
    # 根据元组的 key 分组,将 value 相加
    resultRdd = wordRdd.reduceByKey(lambda a, b: a + b)
    # 将结果收集到 Driver 并打印输出
    print(resultRdd.collect())
```

使用 spark-submit 命令进行提交运行。spark-submit 命令如下：

```
spark-submit [options] <app jar | python file | R file> [app arguments]
```

将其中的参数替换为具体的值，在不设置任何选项或者参数的情况下，则只需要指定 python file。

具体执行命令如下：

```
$ bin/spark-submit /home/hadoop/WordCount.py
```

执行命令后，Spark 启动相关的进程，进行数据文件处理，输出处理过程中的日志，日志内容如下：

```
INFO SparkContext: Running Spark version 3.4.0
...
INFO SparkContext: Submitted application: WordCount
...
INFO Utils: Successfully started service 'SparkUI' on port 4040.
INFO Executor: Starting executor ID driver on host node1.internal.cloudapp.net
...
INFO SparkContext: Starting job: collect at /home/hadoop/WordCount.py:16
INFO DAGScheduler: Registering RDD 3 (reduceByKey at /home/hadoop/WordCount.py:14) as input
to shuffle 0
INFO DAGScheduler: Got job 0 (collect at /home/hadoop/WordCount.py:16) with 2 output parti-
tions
INFO DAGScheduler: Final stage: ResultStage 1 (collect at /home/hadoop/WordCount.py:16)
...
INFO Executor: Running task 0.0 in stage 0.0 (TID 0)
INFO Executor: Running task 1.0 in stage 0.0 (TID 1)
INFO HadoopRDD: Input split: file:/home/hadoop/words.txt:32+33
INFO HadoopRDD: Input split: file:/home/hadoop/words.txt:0+32
...
INFO Executor: Finished task 1.0 in stage 0.0 (TID 1). 1678 bytes result sent to driver
INFO Executor: Finished task 0.0 in stage 0.0 (TID 0). 1678 bytes result sent to driver
...
INFO DAGScheduler: looking for newly runnable stages
...
INFO Executor: Running task 0.0 in stage 1.0 (TID 2)
INFO Executor: Running task 1.0 in stage 1.0 (TID 3)
...
INFO Executor: Finished task 0.0 in stage 1.0 (TID 2). 1732 bytes result sent to driver
INFO Executor: Finished task 1.0 in stage 1.0 (TID 3). 1628 bytes result sent to driver
...
INFO DAGScheduler: Job 0 finished: collect at /home/hadoop/WordCount.py:16, took 2.965328 s
[('Hello', 3), ('Python', 2), ('Spark', 2), ('know', 1), ('PySpark', 1), ('You', 2)]
INFO SparkContext: Invoking stop() from shutdown hook
INFO SparkUI: Stopped Spark web UI at http://node1.internal.cloudapp.net:4040
...
INFO SparkContext: Successfully stopped SparkContext
...
```

通过输出的日志可以了解到 Spark 应用程序的执行情况：

- 应用名称是 WordCount。
- Spark Driver Web UI 端口是 4040。
- collect 算子触发 job 的创建执行，首先会构建 DAG 图及划分 Stage。

- Stage 按顺序执行，Stage 0 中实现了将文件拆分成两个分区。
- collect 输出最终的执行结果。
- 应用程序执行完成后会停止 Spark Driver Web UI 和 SparkContext。

由于 Spark Driver Web UI 已经停止，所以无法通过浏览器查看应用程序的执行情况。

2.3 Spark 独立集群安装

Spark 独立集群的安装，至少需要 3 台服务器，在安装 Spark 之前，按照本章第 1 节步骤准备好 3 台服务器。解压 Spark 安装软件到目标位置，命令如下：

```
$ tar -xzf spark-3.4.0-bin-hadoop3.tgz -C apps
```

2.3.1 配置并启动 Spark 集群

Spark 软件安装好以后，每台服务器节点上的 Spark 软件都是独立的，还未组成集群，需要对其进行配置，让所有节点组合成 Spark 集群，Spark 的配置文件全部存放在安装路径的 conf 目录下。确保 Spark 的配置信息在所有节点上都是一样的，可以在每个节点上分别修改配置文件，也可以在一个节点上修改好配置文件后复制到其他节点。

1. 配置环境变量

在集群模式下，涉及各个节点之间的一些命令交互，所以需要配置环境变量，主要是在每个节点上都配置 SPARK_HOME 和 PATH。在 node1 上配置环境变量，命令如下：

```
$ vi ~/.bashrc
```

环境变量配置内容如下：

```
export SPARK_HOME=/home/hadoop/apps/spark-3.4.0-bin-hadoop3
PATH=$PATH:$SPARK_HOME/bin:$SPARK_HOME/sbin
export PATH
```

环境变量配置完成后，执行命令，使新配置的环境变量生效，命令如下：

```
$ source ~/.bashrc
```

2. 配置 workers

workers 文件配置了当前 Spark 独立集群环境下有哪些 worker 节点，将规划的 3 个节点都添加进去，每个节点占一行，可以使用主机名称，也可以使用 IP 地址。在 node1 上配置 workers，命令如下：

```
$ cd ~/apps/spark-3.4.0-bin-hadoop3/conf/
$ cp workers.template workers
$ vi workers
```

workers 配置内容如下：

```
node1
node2
node3
```

3. 配置 spark-default.conf

spark-submit 提交的应用程序运行完成后，Spark Driver Web UI 就会关闭，无法继续访问，为了能够查看已运行完成的应用程序的执行情况，Spark 提供了 History Server 服务，可在 spark-defaults.conf 配置文件中进行 History Server 的配置。在 node1 上配置 spark-defaults.conf，命令如下：

```
$ cd ~/apps/spark-3.4.0-bin-hadoop3/conf/
$ cp spark-defaults.conf.template spark-defaults.conf
$ vi spark-defaults.conf
```

spark-default.conf 配置内容如下：

```
# 指定启用 eventLog
spark.eventLog.enabled                true
# 指定 eventLog 的存储目录
spark.eventLog.dir                    /tmp/spark-events
```

4. 配置 spark-env.sh

spark-env.sh 文件主要是配置集群的环境信息，如 Java 的路径、集群中 Master 节点是哪个、Master 通信端口是多少、Spark Master Web UI 端口是多少、Spark 日志路径和工作路径等。复制模板文件并在里面追加配置信息，配置文件中的 SPARK_MASTER_HOST 使用的是主机名称 node1。在 node1 上配置 spark-env.sh，命令如下：

```
$ cd ~/apps/spark-3.4.0-bin-hadoop3/conf/
$ cp spark-env.sh.template spark-env.sh
$ vi spark-env.sh
```

spark-env.sh 配置内容如下：

```
# 指定 Spark Master 运行在哪个机器上
SPARK_MASTER_HOST=node1
# 指定 Spark Master 的通信端口
SPARK_MASTER_PORT=7077
# 指定 Spark Master 的 WebUI 端口
SPARK_MASTER_WEBUI_PORT=8080
# 指定 Spark 的日志存放路径
SPARK_LOG_DIR=/home/hadoop/logs/spark
# 指定 Spark 的工作路径
SPARK_WORKER_DIR=/home/hadoop/works/spark
```

5. 环境信息同步

确保 3 台服务器上的配置文件完全一致，为了防止配置出错，直接使用命令将 node1 上的配置文件复制到其他服务器上，复制命令如下：

```
$ scp -r .bashrc apps node2:~/
$ scp -r .bashrc apps node3:~/
```

确保在 3 台服务器上创建好 event 日志目录/tmp/spark-events，使用命令创建目录，命令如下：

```
$ ssh node1 mkdir -p /tmp/spark-events
$ ssh node2 mkdir -p /tmp/spark-events
$ ssh node3 mkdir -p /tmp/spark-events
```

6. 启动 Spark 独立集群

启动集群的命令 start-all.sh、启动 History Server 的命令 start-history-server.sh 所在的路径 $SPARK_HOME/sbin/已经添加到环境变量 $PATH 里面，可以直接执行命令。在 node1 上执行启动 Spark 命令，命令如下：

```
$ start-all.sh
$ start-history-server.sh
```

等待服务启动完成，每台服务器节点上都有 Worker 进程，由于在 spark-env.sh 配置文件中配置了 SPARK_MASTER_HOST=node1，所以 node1 节点上有 Master 进程，在 node1 上启动了 History Server，如图 2-18 所示。

```
hadoop@node1:~$ start-all.sh
starting org.apache.spark.deploy.master.Master, logging to /home/hadoop/logs/spark/spark-hadoop-org.apache.spark.dep
loy.master.Master-1-node1.out
node3: starting org.apache.spark.deploy.worker.Worker, logging to /home/hadoop/logs/spark/spark-hadoop-org.apache.sp
ark.deploy.worker.Worker-1-node3.out
node2: starting org.apache.spark.deploy.worker.Worker, logging to /home/hadoop/logs/spark/spark-hadoop-org.apache.sp
ark.deploy.worker.Worker-1-node2.out
node1: starting org.apache.spark.deploy.worker.Worker, logging to /home/hadoop/logs/spark/spark-hadoop-org.apache.sp
ark.deploy.worker.Worker-1-node1.out
hadoop@node1:~$ start-history-server.sh
starting org.apache.spark.deploy.history.HistoryServer, logging to /home/hadoop/logs/spark/spark-hadoop-org.apache.s
park.deploy.history.HistoryServer-1-node1.out
hadoop@node1:~$ ssh node1 jps
93312 Jps
92403 Worker
92181 Master
92630 HistoryServer
hadoop@node1:~$ ssh node2 jps
6151 Jps
6027 Worker
hadoop@node1:~$ ssh node3 jps
8737 Jps
8612 Worker
hadoop@node1:~$
```

● 图 2-18 Spark 独立集群启动

集群启动成功后，通过浏览器访问 node1 的 8080 端口打开 Spark Master Web UI 界面。集群的相关信息包括 master 地址是 spark://node1:7077、当前集群有 3 个 Worker 节点、当前并没有提交运行的应用程序，如图 2-19 所示。

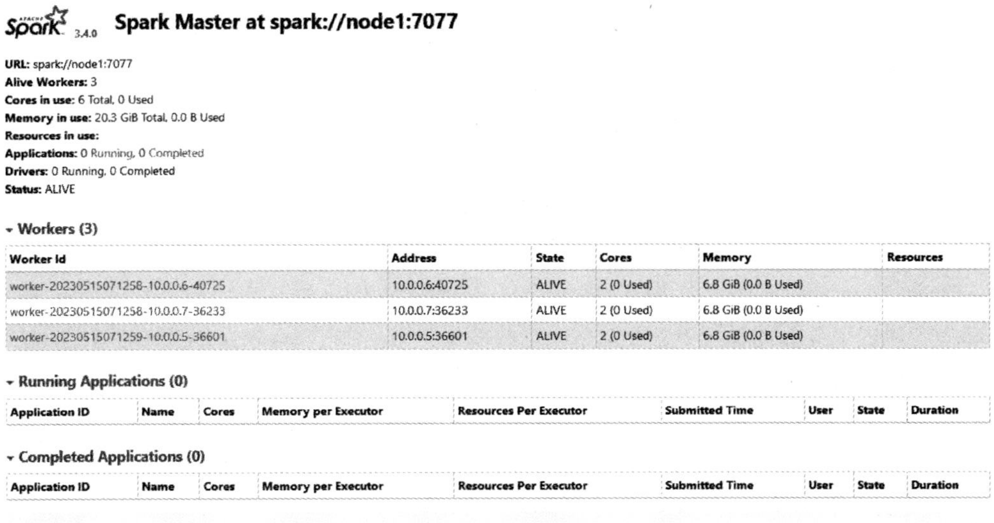

Spark 3.4.0 **Spark Master at spark://node1:7077**

URL: spark://node1:7077
Alive Workers: 3
Cores in use: 6 Total, 0 Used
Memory in use: 20.3 GiB Total, 0.0 B Used
Resources in use:
Applications: 0 Running, 0 Completed
Drivers: 0 Running, 0 Completed
Status: ALIVE

Workers (3)

Worker Id	Address	State	Cores	Memory	Resources
worker-20230515071258-10.0.0.6-40725	10.0.0.6:40725	ALIVE	2 (0 Used)	6.8 GiB (0.0 B Used)	
worker-20230515071258-10.0.0.7-36233	10.0.0.7:36233	ALIVE	2 (0 Used)	6.8 GiB (0.0 B Used)	
worker-20230515071259-10.0.0.5-36601	10.0.0.5:36601	ALIVE	2 (0 Used)	6.8 GiB (0.0 B Used)	

Running Applications (0)

Application ID	Name	Cores	Memory per Executor	Resources Per Executor	Submitted Time	User	State	Duration

Completed Applications (0)

Application ID	Name	Cores	Memory per Executor	Resources Per Executor	Submitted Time	User	State	Duration

● 图 2-19 Spark 集群信息

2.3.2 使用 spark-submit 提交代码

spark-submit 可以在不指定选项和参数、仅指定 Python 代码路径的情况下正常运行，但是这种方式下 Spark 应用程序仅会在单机上运行，这与本地模式一致，而没有充分利用集群的资源，并且在集群的 Spark Master Web UI 上也无法查看提交运行的 Spark 应用程序。要充分利用集群资源并在 Spark Master Web UI 上看到提交的 Spark 应用程序，需要为 spark-submit 指定必要的选项，其中最重要的一个选项是 master。未指定该选项，则 Spark 默认以本地模式启动。本地模式也可以指定 master 选项，可选的 master 值包括 local、local[n]、local[*]。在独立集群模式下，需要将 master 的值指定为 Spark Master Web UI 中看到的值 spark://node1:7077。在 YARN 模式下，需要将 master 的值指定为 yarn。master 选项的一些可选值见表 2-1。

表 2-1 master 可选项列表

master 选项值	描　述
local	本地模式运行，所有计算都在一个线程中，无法并行计算
local[n]	本地模式运行，指定使用 n 个线程来模拟 n 个 worker，通常将 n 指定为 CPU 的核数，以最大化利用 CPU 的能力
local[*]	本地运行模式，直接使用 CPU 的最多核数来设置线程数
spark://node1:7077	独立集群模式，指定为独立集群的 master 地址
yarn	Spark on YARN 模式，master 固定值为 yarn，可区分 cluster 模式和 client 模式

由于 spark-submit 所在的路径 $SPARK_HOME/bin/已经添加到环境变量 $PATH 里面，所以可以直接执行命令，指定 master 选项后提交 Spark 应用程序，命令如下：

```
$ spark-submit --master spark://node1:7077 /home/hadoop/WordCount.py
```

除了 master 选项，spark-submit 还支持其他一些选项：

- --deploy-mode，用于决定 Spark 应用程序的 Driver 在哪里启动，使用 client 指定 Driver 在本地启动，使用 cluster 指定在集群中的一台服务器上启动 Driver。默认值是 client。
- --name，指定 Spark 应用程序的名称。
- --files，使用逗号分隔的文件列表，用于向集群提交文件，可以用于传递应用程序中使用的参数等。
- --conf，通过命令行动态地更改应用程序的配置。
- --driver-memory，指定为应用程序的 Driver 分配的内存大小。
- --executor-memory，指定为应用程序的每个 Executor 分配的内存大小。

Spark 应用程序在运行的过程中，会遇到报错的情况，这是由于 words.txt 文件存放在本地文件系统而不是 HDFS 中，Spark 应用程序在执行的时候会去本地系统读取文件，而 words.txt 仅存在于 node1 上，在 node2 和 node3 上并不存在，所以 node2 和 node3 上分配到的 executor 在进行文件读取的时候就会报错。而将文件上传到 HDFS 则不会有这个问题。错误信息如下：

```
...
(10.0.0.7 executor 2): java.io.FileNotFoundException: File file:/home/hadoop/words.txt
does not exist
...
(10.0.0.6 executor 1): java.io.FileNotFoundException: File file:/home/hadoop/words.txt
does not exist
...
```

将 words.txt 复制到所有服务器节点后再次运行 Spark 应用程序，程序就不会报错，可以正确运行并成功输出结果。复制文件到所有节点的命令如下：

```
$ scp words.txt node2:~/
$ scp words.txt node3:~/
```

程序运行完成后，在 Spark Master Web UI 中可以看到应用程序的 Job 信息，两次运行的应用程序如图 2-20 所示。

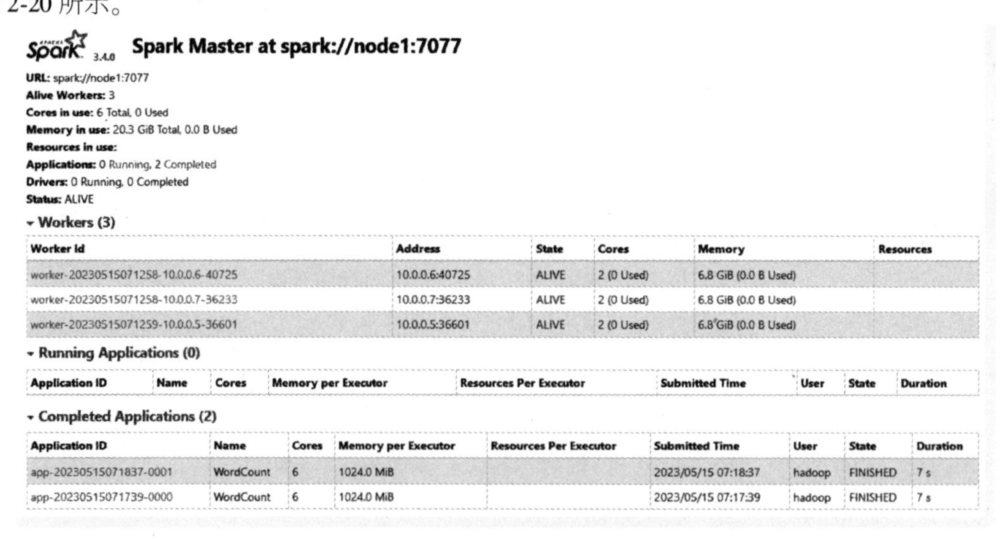

图 2-20　Spark 应用程序列表

单击应用程序链接，可以看到应用程序运行情况如图 2-21 所示。在该列表中单击 stdout 和 stderr 链接可以查看日志信息。

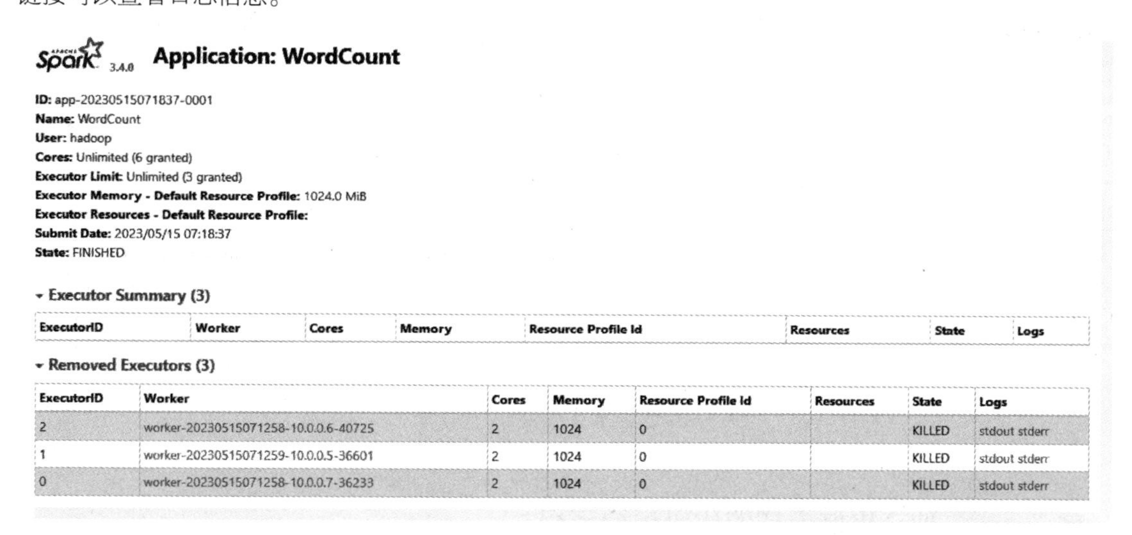

● 图 2-21　Spark 应用执行信息

2.3.3　Spark History Server 历史服务

Spark 应用程序运行结束后，Spark Driver Web UI 随着 Driver 程序的结束而关闭，此时要查看应用程序的执行情况及日志信息，可以通过 Spark History Server 来实现，Spark History Server 的默认服务端口是 18080，通过浏览器访问 node1 的该端口打开 Spark History Server 界面，可以看到两次运行结束的应用程序，如图 2-22 所示。

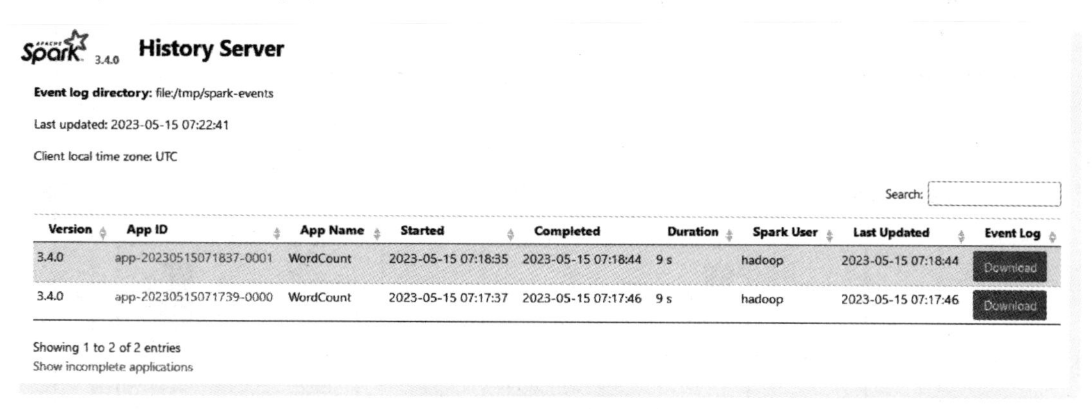

● 图 2-22　Spark History Server

单击应用程序列表中的链接，会跳转到应用程序的执行情况界面，如图 2-23 所示。历史应用程序执行情况界面与 Spark Driver Web UI 界面一致，功能也一样。

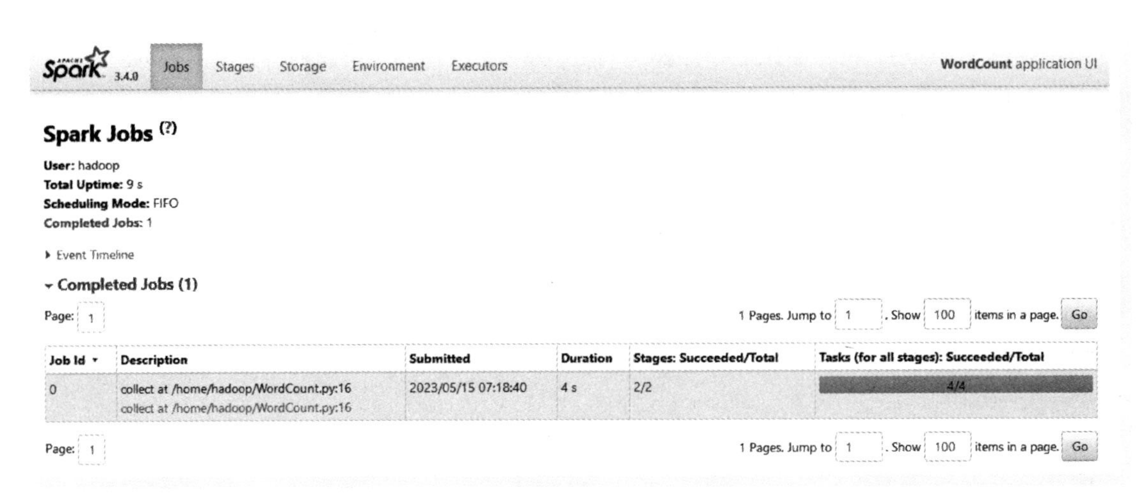

图 2-23 历史应用执行情况

2.3.4 独立集群模式的代码运行流程

使用 spark-submit 提交 Spark 应用程序到独立集群中运行，应用程序的执行流程如图 2-24 所示。

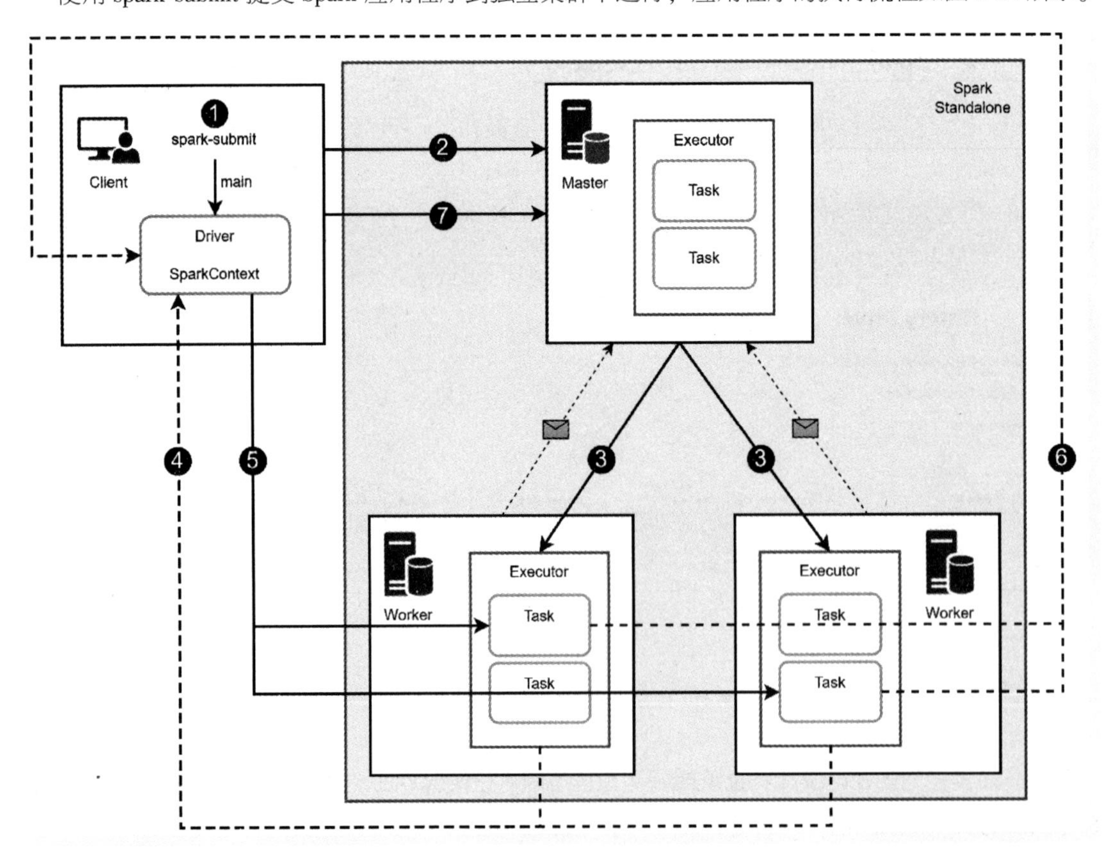

图 2-24 Spark 独立集群应用执行流程

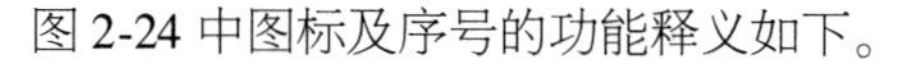

图 2-24 中图标及序号的功能释义如下。

✉：在 Spark 集群启动后，无论集群中是否有提交 Spark 应用程序运行，Worker 节点都会向 Master 节点汇报自己的资源情况，例如空闲 CPU、空闲内存等。

❶：客户端通过 spark-submit 提交应用程序运行，首先会执行程序中的 main( ) 函数，在客户端启动 Driver 进程。

❷：Driver 进程启动后，会实例化 SparkContext，SparkContext 会向集群的 Master 注册并申请资源。

❸：Master 会根据 Worker 的资源情况，分配满足条件的 Worker 节点，Worker 节点上会启动 Executor。

❹：Executor 启动后，会反向注册到 Driver。

❺：Executor 反向注册完成后，Driver 将应用程序代码进行解析，并由 Task Scheduler 将 Task 分配到 Worker 节点，最终由 Executor 执行。

❻：Executor 执行 Task 任务，并向 SparkContext 汇报状态，直到 Task 执行完成。

❼：当所有的 Task 都执行完成后，SparkContext 会请求 Master 进行注销，整个应用程序运行完成。

2.4 Spark on YARN 模式安装

Spark 独立集群模式还可以部署成高可用模式，在集群中部署多个 Master 节点，其中一个 Master 是 Active 的，其余是 StandBy 的。Spark 独立集群、Spark 高可用独立集群都是可用于生产环境的集群部署模式，在这两种集群模式下，Spark 除了担任计算引擎，还需要承担资源管理的工作。Spark 本身定位于一个计算引擎，而不是资源管理框架，Spark 已经将资源管理模块做了抽象，支持外部资源管理框架对 Spark 的集群资源进行管理，因此就没有必要再用独立集群模式做资源管理调度了。

在企业中，涉及大数据处理的，通常都会部署 Hadoop 集群、HDFS 文件系统，同时就会有 YARN 资源管理调度框架，完全可以将 Spark 的资源管理工作交给 YARN 来做。YARN 承担资源管理调度工作，Spark 专注于计算，因此就有了 Spark on YARN 的集群模式。本节将介绍 Spark on YARN 的安装。在安装之前，应按照本章第 1 节的步骤准备好 3 台服务器。

2.4.1 安装 Hadoop 集群

Hadoop 的安装非常简单，将下载的 Hadoop 软件安装包解压到目标位置、配置 Hadoop 相关的环境变量即可。Spark on YARN 模式下，Spark 应用程序在提交执行的时候，YARN 会根据集群的资源情况选择分配执行应用程序的节点，从选中的节点启动 Spark，为了保证 Spark 能启动成功，需要在 Hadoop 集群的每台服务器节点上都安装 Spark 软件。将 Hadoop 和 Spark 软件解压到目录路径，命令如下：

```
$ tar -xzf hadoop-3.3.5.tar.gz -C apps
$ tar -xzf spark-3.4.0-bin-hadoop3.tgz -C apps
```

在每个节点上安装 Hadoop 和 Spark 时，可以复制软件安装包到每个节点进行分别安装，也可以将安装好软件的 apps 目录同步到每个节点上。

Hadoop 的目录结构如图 2-25 所示。

```
hadoop@node1:~$ ls -l apps/hadoop-3.3.5/
total 112
-rw-rw-r-- 1 hadoop hadoop 24496 Feb 25 09:59 LICENSE-binary
-rw-rw-r-- 1 hadoop hadoop 15217 Jul 16  2022 LICENSE.txt
-rw-rw-r-- 1 hadoop hadoop 29473 Jul 16  2022 NOTICE-binary
-rw-rw-r-- 1 hadoop hadoop  1541 Apr 22  2022 NOTICE.txt
-rw-rw-r-- 1 hadoop hadoop   175 Apr 22  2022 README.txt
drwxr-xr-x 2 hadoop hadoop  4096 Mar 15 16:58 bin
drwxr-xr-x 3 hadoop hadoop  4096 Mar 15 15:58 etc
drwxr-xr-x 2 hadoop hadoop  4096 Mar 15 16:58 include
drwxr-xr-x 3 hadoop hadoop  4096 Mar 15 16:58 lib
drwxr-xr-x 4 hadoop hadoop  4096 Mar 15 16:58 libexec
drwxr-xr-x 2 hadoop hadoop  4096 Mar 15 16:58 licenses-binary
drwxr-xr-x 3 hadoop hadoop  4096 Mar 15 15:58 sbin
drwxr-xr-x 4 hadoop hadoop  4096 Mar 15 17:27 share
hadoop@node1:~$
```

● 图 2-25　Hadoop 目录结构

- bin 目录下存放的是 Hadoop 相关的常用命令，例如操作 HDFS 的 hdfs 命令，以及 hadoop、yarn 等命令。
- etc 目录下存放的是 Hadoop 的配置文件，对 HDFS、MapReduce、YARN 以及集群节点列表的配置都在这个里面。
- sbin 目录下存放的是管理集群相关的命令，例如启动集群、启动 HDFS、启动 YARN、停止集群等命令。
- share 目录下存放了一些 Hadoop 的相关资源，例如文档以及各个模块的 Jar 包。

1. 配置环境变量

在集群的每个节点上都配置 Hadoop 和 Spark 相关的环境变量，Hadoop 集群在启动的时候可以使用 start-all.sh 一次性启动集群中的 HDFS 和 YARN，而 Spark 的集群启动命令也是 start-all.sh，在 Spark on YARN 下不需要启动 Spark 集群，为了防止在启动 Hadoop 集群的时候命令冲突，需要将 Hadoop 相关的路径配置在 PATH 变量的前面部分，Spark 相关的路径配置在 PATH 变量的后面部分，执行启动集群 start-all.sh 的时候会优先寻找并使用 Hadoop 的启动命令，正确启动 Hadoop 集群。在 node1 上配置环境变量，命令如下：

```
$ vi .bashrc
```

环境变量配置内容如下：

```
export HADOOP_HOME=/home/hadoop/apps/hadoop-3.3.5
export HADOOP_CONF_DIR=/home/hadoop/apps/hadoop-3.3.5/etc/hadoop
export YARN_CONF_DIR=/home/hadoop/apps/hadoop-3.3.5/etc/hadoop
export SPARK_HOME=/home/hadoop/apps/spark-3.4.0-bin-hadoop3
PATH=$PATH:$HADOOP_HOME/bin:$HADOOP_HOME/sbin
PATH=$PATH:$SPARK_HOME/bin:$SPARK_HOME/sbin
export PATH
```

环境变量配置完成后，执行命令让新配置的环境变量生效，命令如下：

```
$ source ~/.bashrc
```

2. 配置 Hadoop 集群

Hadoop 软件安装完成后，每个节点上的 Hadoop 都是独立的软件，需要进行配置才能组成 Hadoop 集群。Hadoop 的配置文件在 $HADOOP_HOME/etc/hadoop 目录下，主要配置文件有：

- hadoop-env.sh，主要配置 Hadoop 环境相关的信息，例如安装路径、配置文件路径等。
- core-site.xml，是 Hadoop 的核心配置文件，主要配置 Hadoop 的 NameNode 的地址、Hadoop 产生的文件目录等。
- hdfs-site.xml，是 HDFS 相关的配置文件，主要配置文件的副本数、HDFS 文件系统在本地对应的目录等。
- mapred-site.xml，是 MapReduce 相关的配置文件，主要配置 MapReduce 如何运行、依赖类库路径等。
- yarn-site.xml，是 YARN 相关的配置文件，主要配置 YARN 的管理节点 ResourceManager 的地址、NodeManager 获取数据的方式等。
- workers，是集群中节点列表的配置文件，只有在这个文件里面配置了的节点才会加入到 Hadoop 集群中，否则就是一个独立节点。

这几个配置文件如果不存在，可以通过复制配置模板的方式创建，也可以通过创建新文件的方式创建。需要保证在集群的每个节点上这 6 个配置保持同步，在 node1 上配置所有配置文件。

hadoop-env.sh 配置命令如下：

```
$ vi $HADOOP_HOME/etc/hadoop/hadoop-env.sh
```

hadoop-env.sh 配置内容如下：

```
export JAVA_HOME= /usr/lib/jvm/java-8-openjdk-amd64
export HADOOP_HOME=/home/hadoop/apps/hadoop-3.3.5
export HADOOP_CONF_DIR=/home/hadoop/apps/hadoop-3.3.5/etc/hadoop
export HADOOP_LOG_DIR=/home/hadoop/logs/hadoop
```

core-site.xml 配置命令如下：

```
$ vi $HADOOP_HOME/etc/hadoop/core-site.xml
```

core-site.xml 配置内容如下：

```
<configuration>
    <property>
      <name>fs.defaultFS</name>
      <value>hdfs://node1:8020</value>
    </property>
    <property>
      <name>hadoop.tmp.dir</name>
      <value>/home/hadoop/works/hadoop/temp</value>
```

```
    </property>
    <property>
      <name>hadoop.proxyuser.hadoop.hosts</name>
      <value>*</value>
    </property>
    <property>
      <name>hadoop.proxyuser.hadoop.groups</name>
      <value>*</value>
    </property>
</configuration>
```

hdfs-site.xml 配置命令如下：

```
$ vi $HADOOP_HOME/etc/hadoop/hdfs-site.xml
```

hdfs-site.xml 配置内容如下：

```
<configuration>
    <property>
        <name>dfs.replication</name>
        <value>3</value>
    </property>
    <property>
      <name>dfs.namenode.name.dir</name>
      <value>/home/hadoop/works/hadoop/hdfs/name</value>
    </property>
    <property>
      <name>dfs.datanode.data.dir</name>
      <value>/home/hadoop/works/hadoop/hdfs/data</value>
    </property>
</configuration>
```

mapred-site.xml 配置命令如下：

```
$ vi $HADOOP_HOME/etc/hadoop/mapred-site.xml
```

mapred-site.xml 配置内容如下：

```
    <configuration>
        <property>
            <name>mapreduce.framework.name</name>
            <value>yarn</value>
        </property>
        <property>
            <name>mapreduce.application.classpath</name>
<value>$HADOOP_HOME/share/hadoop/mapreduce/*:$HADOOP_HOME/share/hadoop/mapreduce/lib/
*</value>
        </property>
    </configuration>
```

yarn-site.xml 配置命令如下：

```
$ vi $HADOOP_HOME/etc/hadoop/yarn-site.xml
```

yarn-site.xml 配置内容如下：

```
<configuration>
    <property>
      <name>yarn.nodemanager.aux-services</name>
      <value>mapreduce_shuffle</value>
    </property>
      <property>
        <name>yarn.resourcemanager.hostname</name>
        <value>node1</value>
    </property>
</configuration>
```

workers 配置命令如下：

```
$ vi $HADOOP_HOME/etc/hadoop/workers
```

workers 配置内容如下：

```
node1
node2
node3
```

3. 环境信息同步

确保 3 台服务器上的配置文件完全一致，为了防止配置出错，直接使用命令将 node1 上的配置文件复制到其他服务器上，复制命令如下：

```
$ scp -r .bashrc apps node2:~/
$ scp -r .bashrc apps node3:~/
```

2.4.2 格式化 NameNode

所有节点上都安装完成 Hadoop、Spark 的软件，完成所有节点的环境变量配置、域名解析配置、配置文件配置，在启动集群之前还需要进行 NameNode 的格式化操作，在 NameNode 所在的 node1 节点上执行格式化，命令如下：

```
$ hdfs namenode -format
```

NameNode 格式化完成后，在目录/home/hadoop/works/hadoop/hdfs/name 下会生成 current 目录，在 current 目录中会包含 fsimage 文件，它是 NameNode 的一个元数据文件，记录了当前 HDFS 文件系统中的所有目录和文件的元数据信息。

2.4.3 启动 Hadoop 集群

在 node1 上执行集群启动命令启动 Hadoop 集群，包括 HDFS 和 YARN。Hadoop 集群启动命令

如下：

```
$ start-all.sh
```

Hadoop 集群启动后各个节点的进程信息如图 2-26 所示。

```
hadoop@node1:~$ ssh node1 jps
23169 Jps
19736 DataNode
19545 NameNode
20459 NodeManager
20028 SecondaryNameNode
20270 ResourceManager
hadoop@node1:~$ ssh node2 jps
1445 DataNode
1781 Jps
1609 NodeManager
hadoop@node1:~$ ssh node3 jps
1433 DataNode
1770 Jps
1597 NodeManager
hadoop@node1:~$
```

● 图 2-26　Hadoop 集群节点进程信息

对于 HDFS，每个节点都是 DataNode，node1 是 NameNode；对于 YARN 资源调度框架，每个节点都是 NodeManager，node1 是 ResourceManager。Spark 集群不需要启动，节点的进程中看不到任何 Spark 相关的进程。

Hadoop 3 中 HDFS 的 Web 端口默认是 9870，通过浏览器访问该端口可以打开 Web 界面，了解集群的概览信息，如图 2-27 所示。

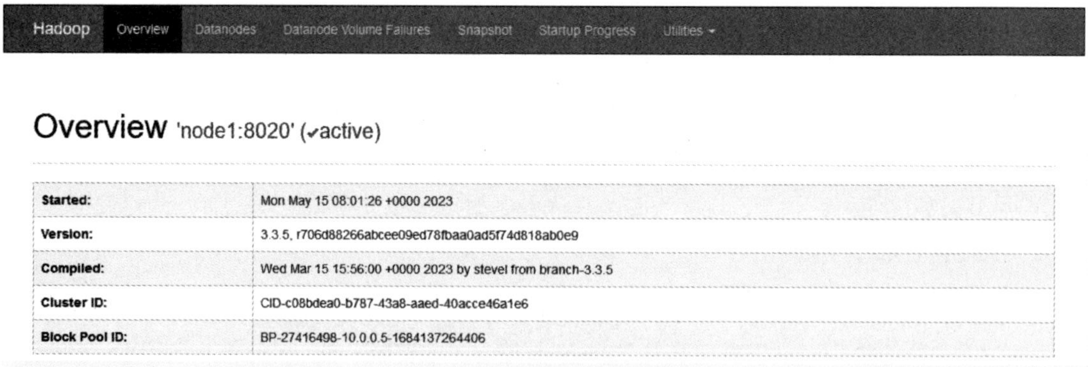

Hadoop　Overview　Datanodes　Datanode Volume Failures　Snapshot　Startup Progress　Utilities

Overview 'node1:8020' (✔active)

Started:	Mon May 15 08:01:26 +0000 2023
Version:	3.3.5, r706d88266abcee09ed78fbaa0ad5f74d818ab0e9
Compiled:	Wed Mar 15 15:56:00 +0000 2023 by stevel from branch-3.3.5
Cluster ID:	CID-c08bdea0-b787-43a8-aaed-40acce46a1e6
Block Pool ID:	BP-27416498-10.0.0.5-1684137264406

● 图 2-27　集群概览

在 Web 界面的 Datanodes 页面，列出了集群的 DataNode 列表，如图 2-28 所示。

在服务器上通过 hdfs 命令将 words.txt 文件上传到 HDFS，命令如下：

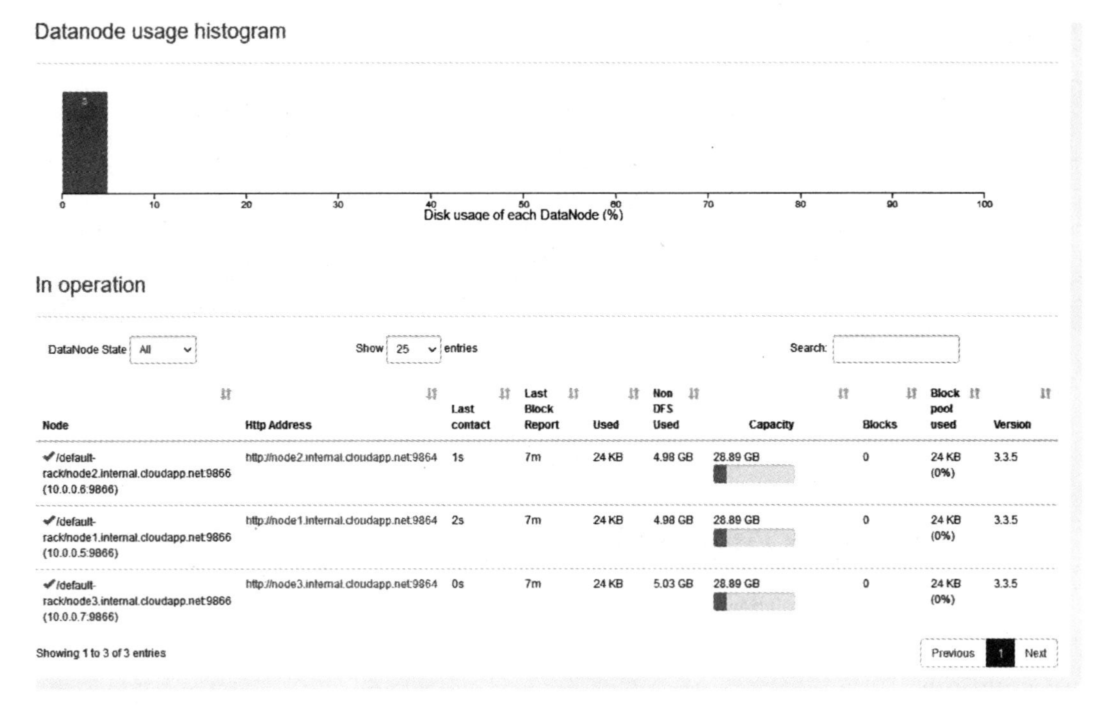

● 图 2-28　DataNode 列表

```
$ hdfs dfs -put words.txt /
```

文件上传成功后，通过 Web 界面浏览 HDFS 的文件，如图 2-29 所示。

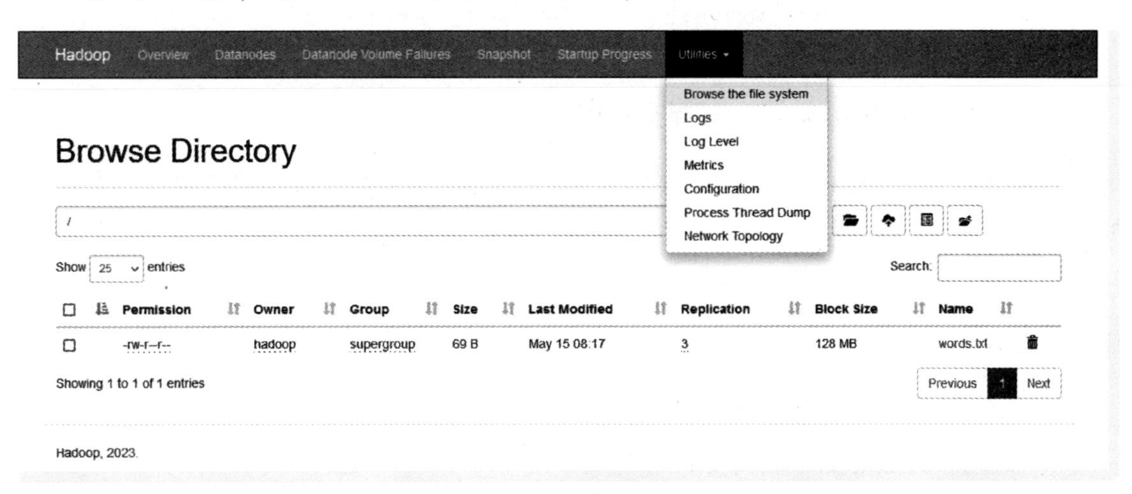

● 图 2-29　浏览 HDFS 文件

Hadoop 3 中 YARN 的 Web 端口默认是 8088，通过浏览器访问该端口可以查看 YARN 的信息，YARN 集群信息如图 2-30 所示。

图 2-30　YARN 集群信息

2.4.4　配置 Spark 运行在 YARN 上

Spark on YARN 不需要启动 Spark，所以 Spark 的配置大多数都是可以省略的，但是需要通过配置告诉 Spark 在哪里去寻找 YARN，所以需要配置 spark-env.sh，为 Spark 配置 HADOOP_CONF_DIR 和 YARN_CONF_DIR。需要保证在集群的每个节点上这个配置保持同步，可以在每个节点单独配置，也可以在一个节点上配置完成后同步到其他节点。spark-env.sh 配置命令如下：

```
$ vi $SPARK_HOME/conf/spark-env.sh
```

spark-env.sh 配置内容如下：

```
HADOOP_CONF_DIR=/home/hadoop/apps/hadoop-3.3.5/etc/hadoop
YARN_CONF_DIR=/home/hadoop/apps/hadoop-3.3.5/etc/hadoop
```

2.4.5　使用 spark-submit 提交代码

words.txt 已经上传到 HDFS，在 Spark 应用程序中可以访问 HDFS 上的文件，修改脚本/home/hadoop/WordCount.py，读取 HDFS 上的文件。修改后 WordCount.py 的代码如下：

```
from pyspark import SparkConf, SparkContext

if __name__ == '__main__':
    conf = SparkConf().setAppName("WordCount")
    # 通过 SparkConf 对象构建 SparkContext 对象
    sc = SparkContext(conf=conf)
    # 通过 SparkContext 对象读取文件
    fileRdd = sc.textFile("hdfs://node1:8020/words.txt")
    # 将文件中的每一行按照空格拆分成单词
    wordsRdd = fileRdd.flatMap(lambda line: line.split(" "))
    # 将每一个单词转换为元组
    wordRdd = wordsRdd.map(lambda x: (x, 1))
    # 根据元组的 key 分组,将 value 相加
```

```
resultRdd = wordRdd.reduceByKey(lambda a, b: a + b)
# 将结果收集到 Driver 并打印输出
print(resultRdd.collect())
```

使用 spark-submit 命令，指定 master 为 yarn，提交代码进行运行，命令如下：

```
$ spark-submit --master yarn WordCount.py
```

在 YARN 的 Web 界面，Applications 菜单下，可以看到提交运行的 Spark 应用程序，如图 2-31 所示。

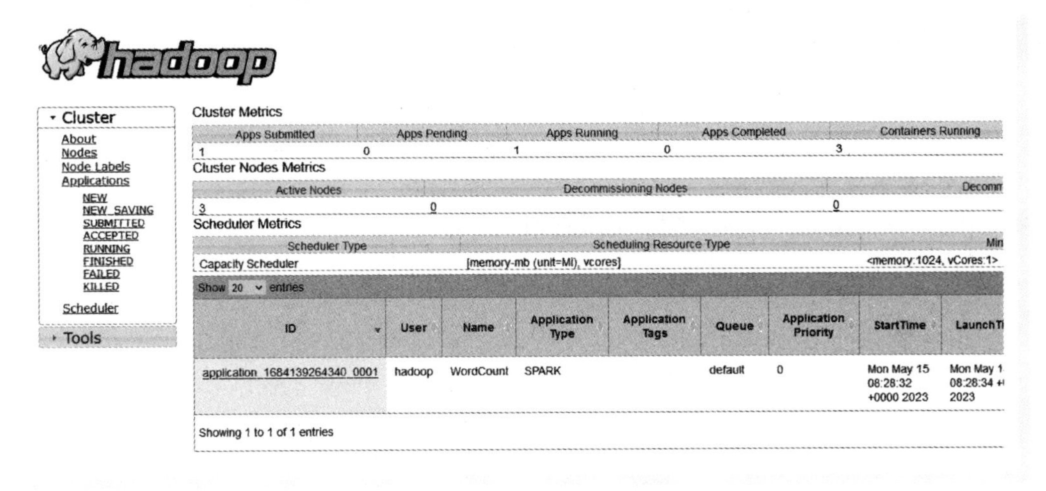

图 2-31　Spark 应用程序

在列表中单击应用 ID 链接，可以查看应用程序执行的详细信息，如图 2-32 所示。

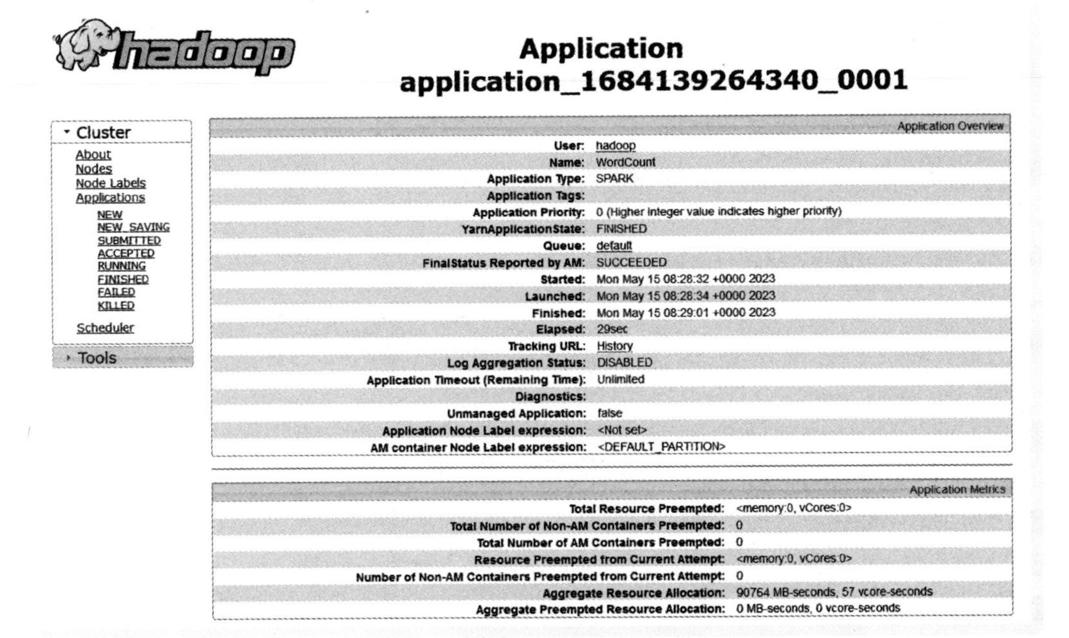

图 2-32　应用程序执行信息

在详情页面底部的列表中单击 Logs 链接，可以查看应用程序运行日志等信息，如图 2-33 所示。

● 图 2-33　应用程序运行日志

2.4.6　Spark on YARN 模式代码运行流程

提交 Spark 应用程序运行，当 master 指定为 yarn 的时候，还可以指定另外一个选项：--deploy-mode。该选项支持 Client 和 Cluster 两个选项，当不指定该选项时默认是 Client。在 Client 模式下，会在执行 spark-submit 命令的客户端启动 Spark 的 Driver 进程，所有 Driver 的操作都在客户端执行，比如在 Driver 进行 print 打印，print 的结果会在客户端，在 YARN 的 Web 界面上无法从日志中找到 print 的结果。在 Cluster 模式下，YARN 会进行资源调度，选择集群中的一个节点作为 Spark 的 Master，在该节点启动 Driver 进程，Driver 的操作都在该节点上执行，比如在 Driver 进行 print 打印，print 的结果会在该节点的日志中，通过 YARN 的 Web 界面查看日志可以看到 print 的结果，而在执行 spark-submit 命令的客户端则看不到 print 的结果。

1. YARN Client 模式代码运行流程

YARN Client 模式的代码运行流程如图 2-34 所示。

图 2-34 图标及序号的功能释义如下。

✉：在 YARN 集群启动后，NodeManager 定期向 ResourceManager 汇报节点的资源信息、任务运行状态、健康信息等。

❶：客户端通过 spark-submit 提交应用程序运行，首先会执行程序中的 main( ) 函数，在客户端启动 Driver 进程。

❷：Driver 进程启动后，会实例化 SparkContext，SparkContext 会向 YARN 集群的 ResourceManager 注册并申请 ApplicationMaster。

❸：ResourceManager 收到请求后，会分配在一个资源满足条件的节点，该节点启动第 1 个 Container 容器，启动 ApplicationMaster。

❹：ApplicationMaster 启动后，会与 Driver 中的 SparkContext 进行通信，获取任务信息等。

❺：ApplicationMaster 根据任务信息，向 ResourceManager 请求所需的资源。

❻：ResourceManager 根据申请分配资源，在集群的节点上启动 Container。

❼：ApplicationMaster 获得资源后，与 NodeManager 通信，并请求在 Container 中启动 Executor。

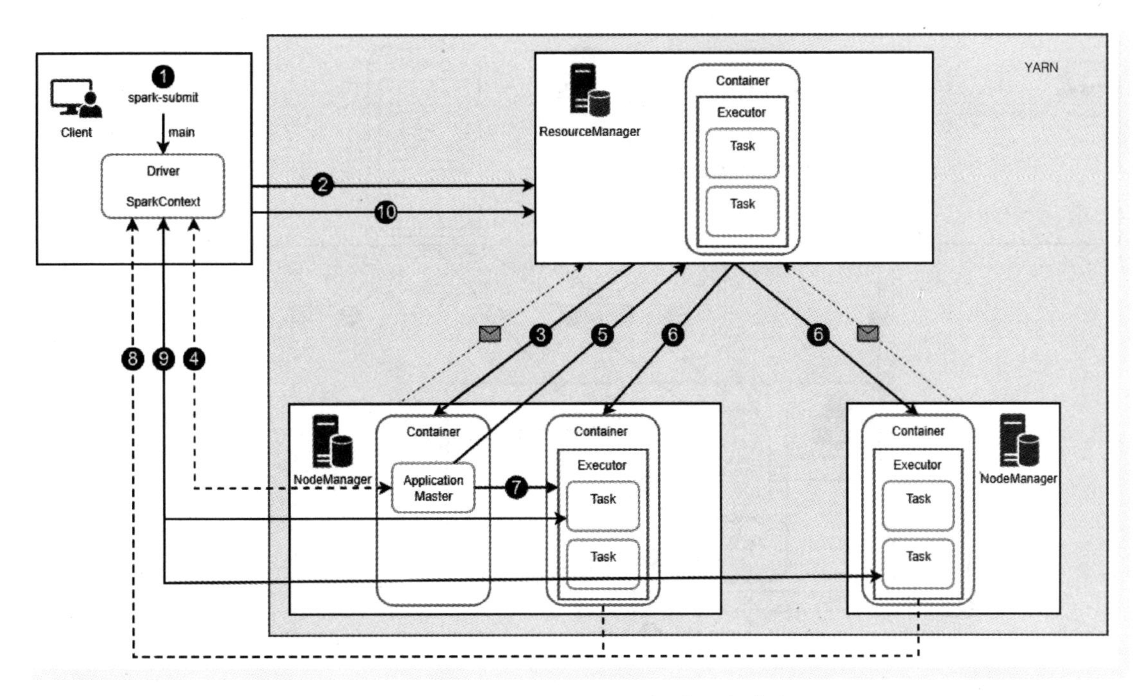

● 图 2-34 YARN Client 代码运行流程

❽：Executor 启动成功后，会反向注册到 SparkContext，并申请 Task。

❾：SparkContext 会向 Executor 分配 Task，并与 Executor 保持通信，Executor 会向 Driver 汇报 Task 的执行状态和进度，Driver 掌握了 Task 的情况后可以在任务失败时重启任务。

❿：当应用程序所有 Task 都执行完成后，SparkContext 会向 ResourceManager 注销自己，ResourceManager 可以回收已分配的资源。

2. YARN Cluster 模式代码运行流程

YARN Cluster 模式的代码运行流程如图 2-35 所示。

图 2-35 中图标及序号的功能释义如下。

✉：在 YARN 集群启动后，NodeManager 定期向 ResourceManager 汇报节点的资源信息、任务运行状态、健康信息等。

❶：客户端通过 spark-submit 提交应用程序运行，首先会执行程序中的 main( ) 函数，并向 ResourceManager 申请 ApplicationMaster。

❷：ResourceManager 收到请求后，会分配一个资源满足条件的节点，该节点启动第 1 个 Container 容器，启动 ApplicationMaster，并启动 SparkContext，Cluster 模式下 Driver 与 ApplicationMaster 合为一体。

❸：ApplicationMaster 启动后会根据任务信息向 ResourceManager 请求资源。

❹：ResourceManager 根据申请分配资源，在集群的节点上启动 Container。

❺：ApplicationMaster 获得资源后，与 NodeManager 通信，并请求在 Container 中启动 Executor。

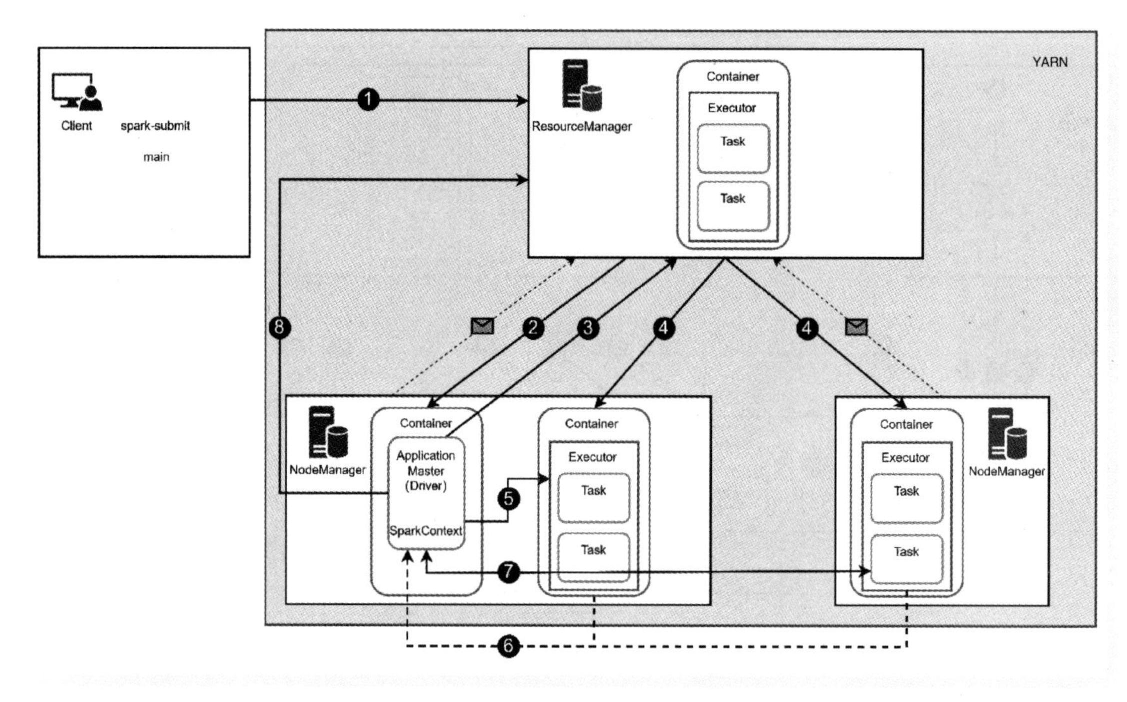

● 图 2-35　YARN Cluster 模式代码运行流程

❻：Executor 启动成功后，会反向注册到 SparkContext，并申请 Task。

❼：SparkContext 会向 Executor 分配 Task，并与 Executor 保持通信，Executor 会向 ApplicationMaster 汇报 Task 的执行状态和进度，ApplicationMaster 掌握了 Task 的情况后可以在任务失败时重启任务。

❽：当应用程序所有 Task 都执行完成后，SparkContext 会向 ResourceManager 注销自己，ResourceManager 可以回收已分配的资源。

2.5 云服务模式 Databricks 介绍

除了自己部署 Spark 的集群环境，还可以使用 Spark 的商业母公司提供的基于云环境的 Spark 环境 Databricks。Databricks 是软件即服务（SaaS）环境，基于 Spark 的统一数据分析平台，用于数据工程、数据科学和机器学习。Databricks 提供了一组统一的工具，用于大规模构建、部署、共享和维护企业级数据解决方案。Databricks 的主界面如图 2-36 所示。

2.5.1 Databricks 基本概念

在使用 Databricks 之前，需要对 Databricks 中的一些基本概念有所了解。

1. Workspaces（工作空间）

Workspaces 是一个基于角色的交互式环境 UI 界面，可以管理 Databricks 的 Cluster、Notebook、Job 等，为了与 Workspace 进行区分，本书将 Workspaces 称为工作空间。Databricks 的主界面就是一个工作

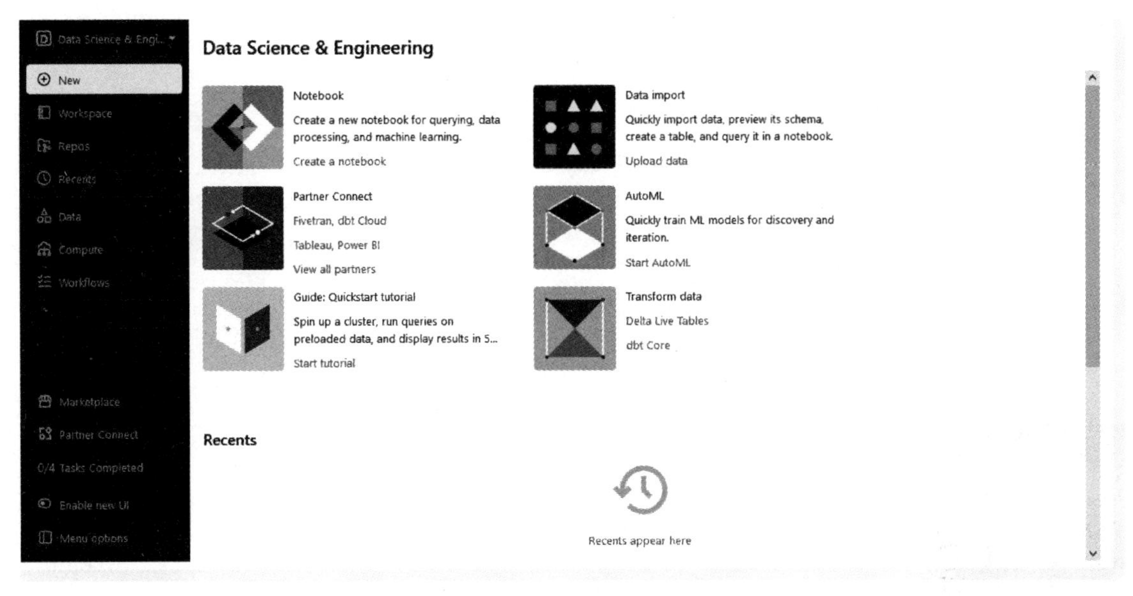

● 图 2-36　Databricks 主界面

空间，不同角色的工作空间，可以通过主界面左侧菜单栏顶部菜单进行切换。

2. Workspace（工作区）

Workspace 也称工作区，用于访问所有 Databricks 资产的环境，可以管理 Notebook、Library，并将这些对象按文件夹的形式进行组织，同时工作区还提供对数据对象和计算资源的访问。工作区对应于主界面左侧菜单栏上的 Workspace 菜单。

3. Notebook（笔记本）

Notebook 即笔记本，是一个基于 Web 的笔记本，包含可执行代码、笔记、图片资源等，可以在笔记本中编写 Python、R、Scala、SQL 等代码，执行代码并获得输出结果，可以对结果进行可视化处理。笔记本可以在工作区中创建，也可以将已有笔记本托管于 Git 仓库，通过 Repos 菜单将 Git 仓库添加到 Databricks，实现笔记本的版本控制管理。

4. Cluster（集群）

Cluster 即集群，是 Databricks 的计算资源，进行数据集成、数据分析、机器学习都需要计算资源，必须先创建集群。Databricks 的集群是 Spark 集群，支持单节点、多节点集群。集群可以通过主界面左侧菜单栏中的 Compute 菜单进行创建。

5. DBFS（文件系统）

DBFS 是一个装载到 Databricks 工作区的分布式文件系统，可以在 Databricks 集群上使用。在 Databricks 中，集群提供计算资源，包括 CPU、内存、网络等；DBFS 则提供数据和文件的存储、读写能力，是 Databricks 中一个非常重要的基础设施，这与 HDFS 类似。与 HDFS 不同的是，DBFS 是针对可缩放对象存储的一种抽象，可将类 UNIX 文件系统调用映射到本机云存储 API 调用，这让访问 DBFS

上的文件就像访问本地文件一样简单。

6. Job（作业）

Job 称为作业，是 Databricks 中运行代码的一种方式。作业与笔记本不同，笔记本是 Databricks 中运行交互式代码的一种方式，而作业是 Databricks 中运行非交互式代码的一种方式。作业中可以运行笔记本、Python 脚本、Jar 包等，支持定时启动运行、持续运行。

2.5.2 创建集群

使用 Databricks 进行数据集成、数据分析、机器学习前，必须创建集群。创建集群的方法如下。

1）通过 Compute 菜单打开 Compute 列表界面，如图 2-37 所示。

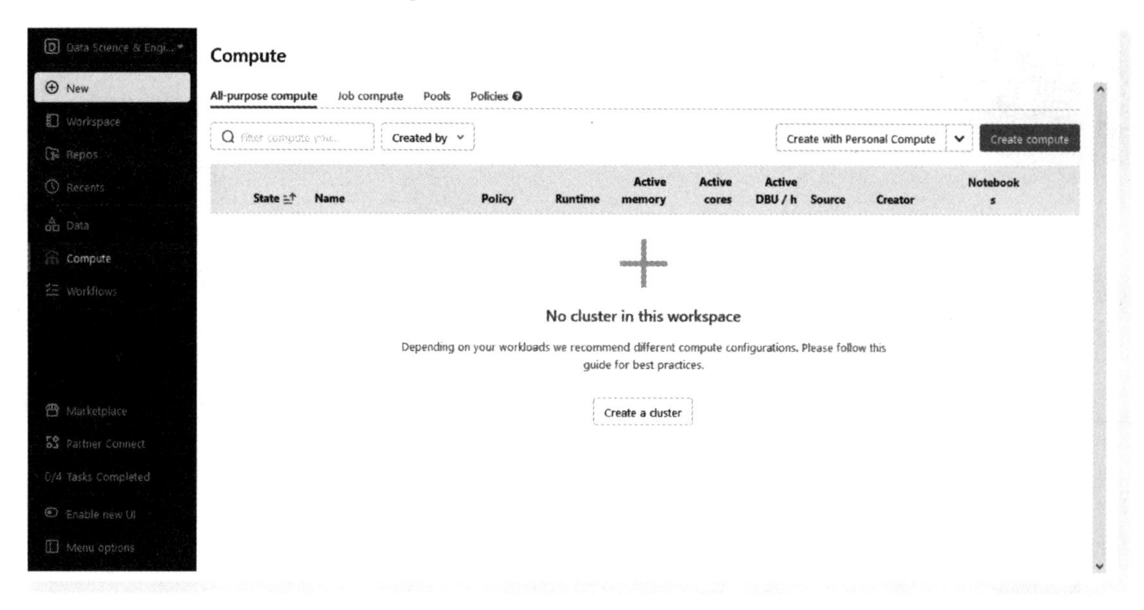

• 图 2-37 Compute 列表

2）Databricks 支持两种类型的 Compute，All-purpose compute 是通用的计算资源，可用于交互式数据集成、数据分析等；Job compute 是用于执行定时作业的计算资源。在 All-purpose compute 页面单击 Create compute 按钮，打开集群创建界面，如图 2-38 所示。

3）Databricks 的集群支持两种模式，Single node 是单节点模式，类似于 Spark 的单机模式；Multi node 是多节点模式，类似于 Spark 的独立集群模式，包含 1 个 Master 节点和多个可弹性扩缩容的 Worker 节点。选择 Multi node 选项，在 Databricks runtime version 下面选择 Spark 版本。Databricks 支持两种类型的 runtime 版本，Standard 是标准类型版本，通常用于数据工程、数据科学；ML 版本包含更多的机器学习的库，适用于机器学习，支持 GPU 运算。在 ML 版本下选择不支持 GPU 运算的 Spark 3.4.0 版本的集群环境，如图 2-39 所示。

4）在 Worker type 下面选择 Worker 节点的类型，主要是选择 CPU 核数和内存大小，以及 Worker 节点个数，Worker 节点支持弹性伸缩，可根据需要进行设置，如图 2-40 所示。

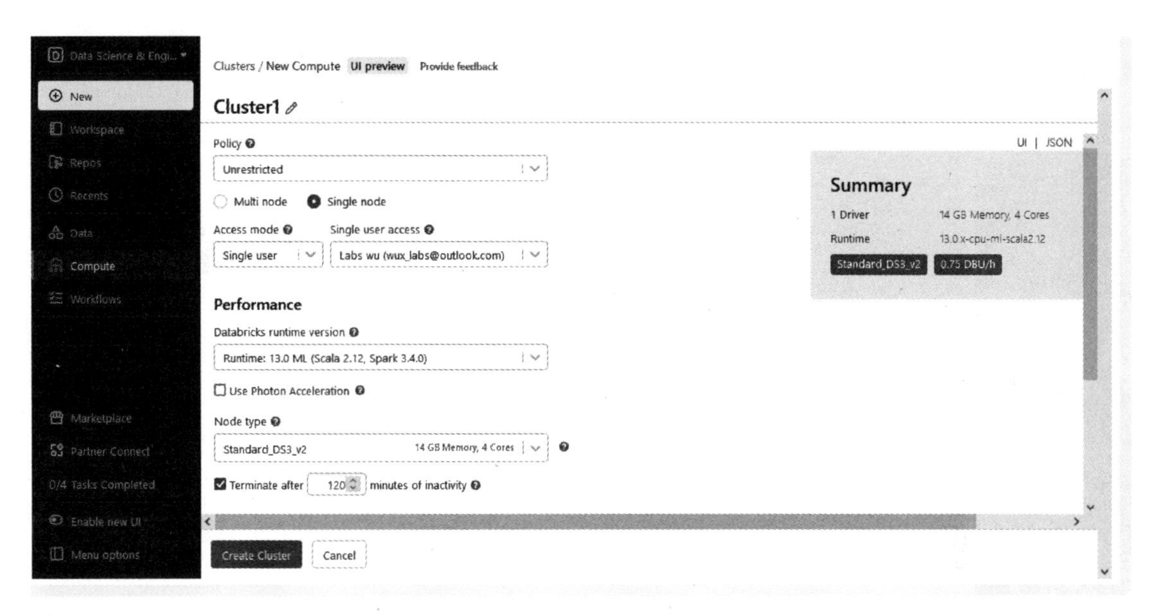

● 图 2-38　创建集群

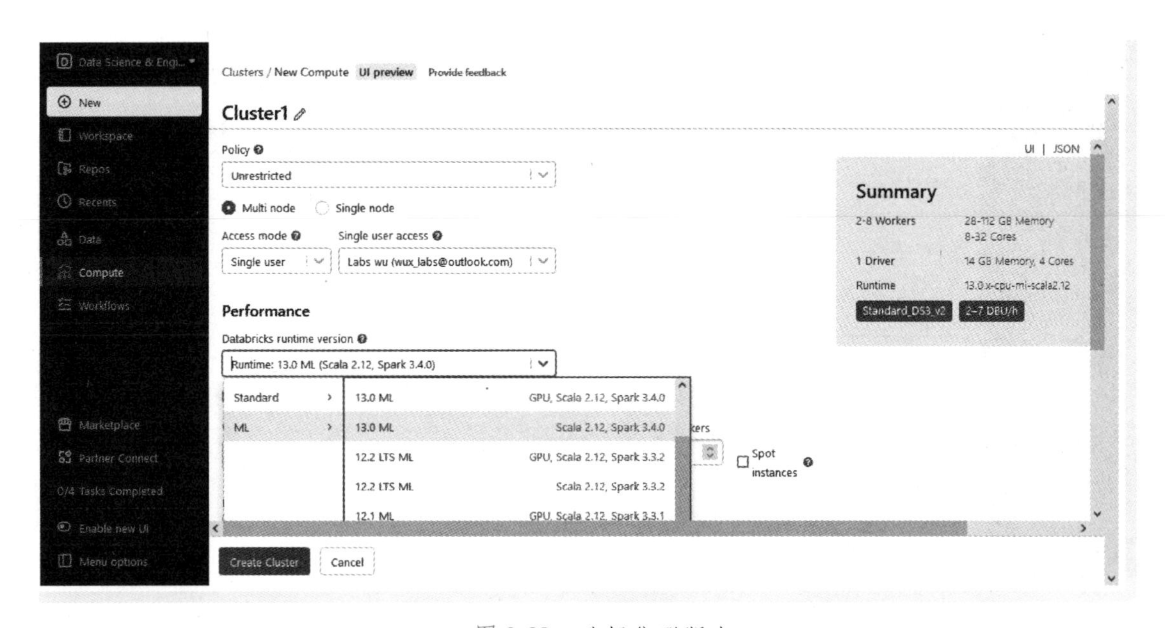

● 图 2-39　选择集群版本

5）在 Driver type 下面选择 Master 节点的类型，选择 Same as worker，即与 Worker 节点一样，如图 2-41 所示。

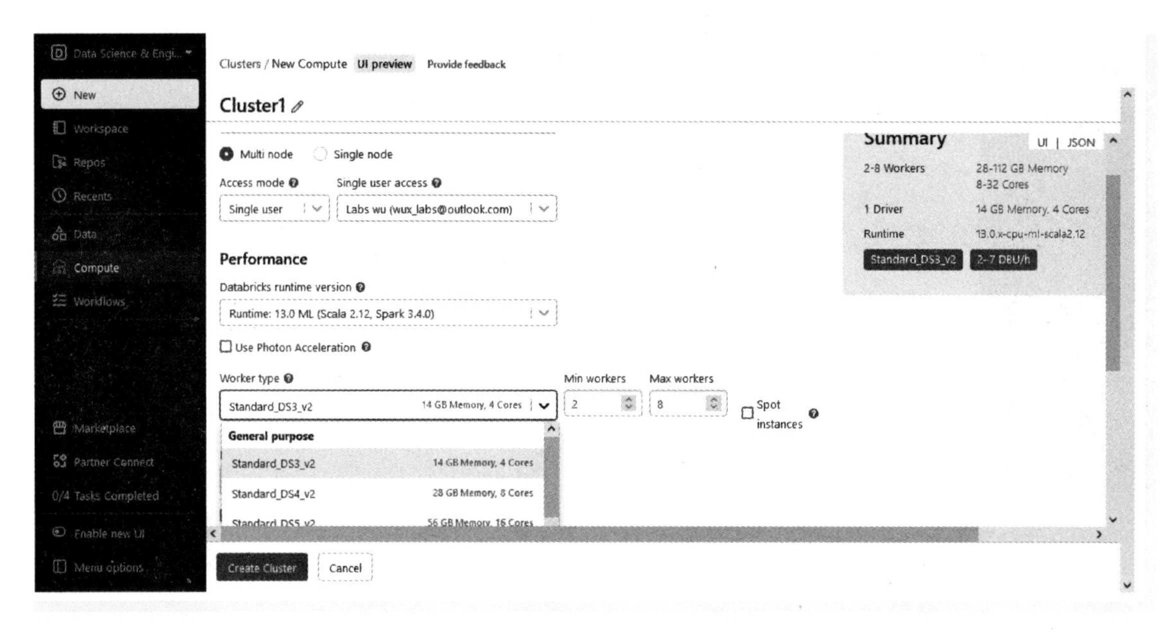

● 图 2-40　选择 Worker 类型

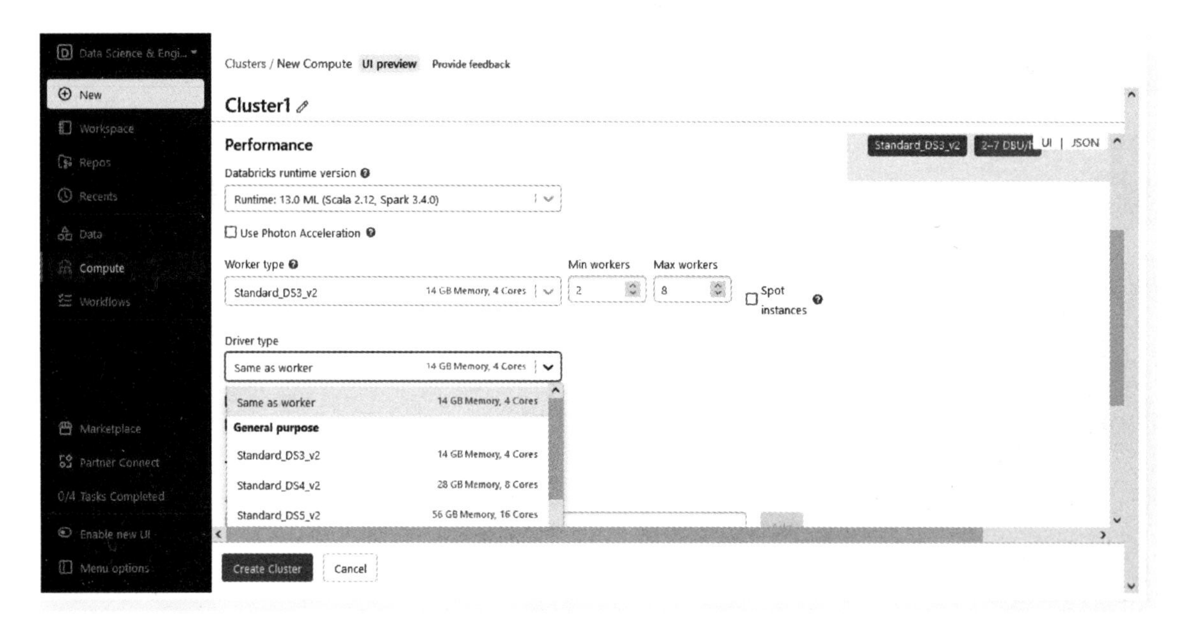

● 图 2-41　选择 Driver 类型

6）所有配置设置完成，单击 Create Cluster 按钮创建集群。集群创建完成后，在 Compute 列表中可以看到创建的集群，如图 2-42 所示。

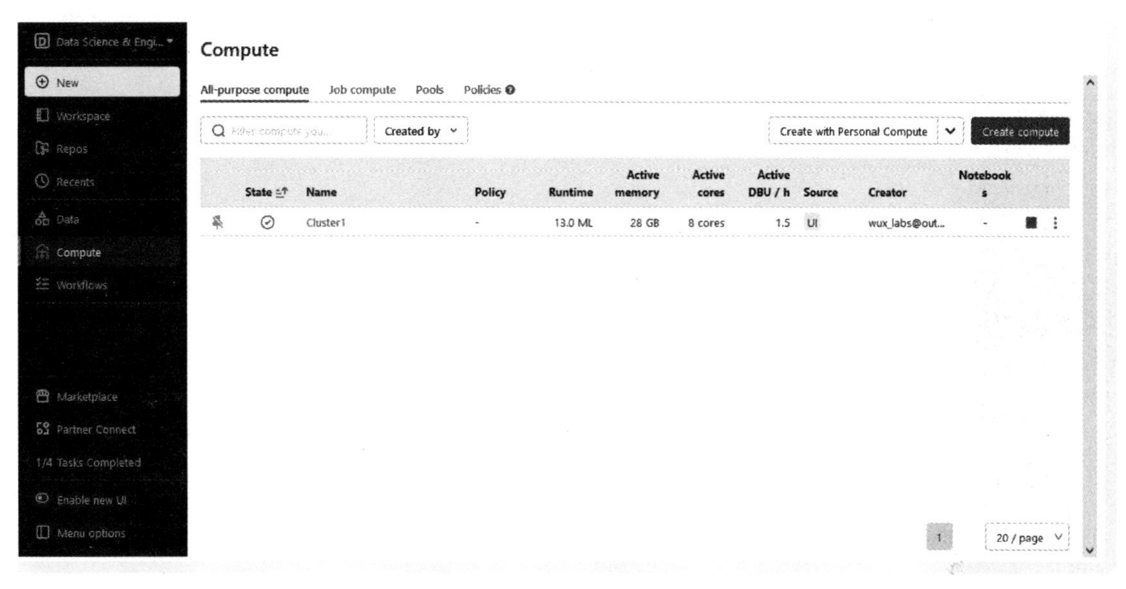

● 图 2-42　集群列表

2.5.3 数据集成

在 Databricks 中可以通过 URL 访问 HDFS 上的文件，但是 Databricks 是部署在云端的，这种数据访问会带来网络数据传输的开销。为了能够快速访问数据，可以将文件存储在 DBFS 上。通过左侧菜单栏的 New 菜单，选择 Data 菜单，如图 2-43 所示。

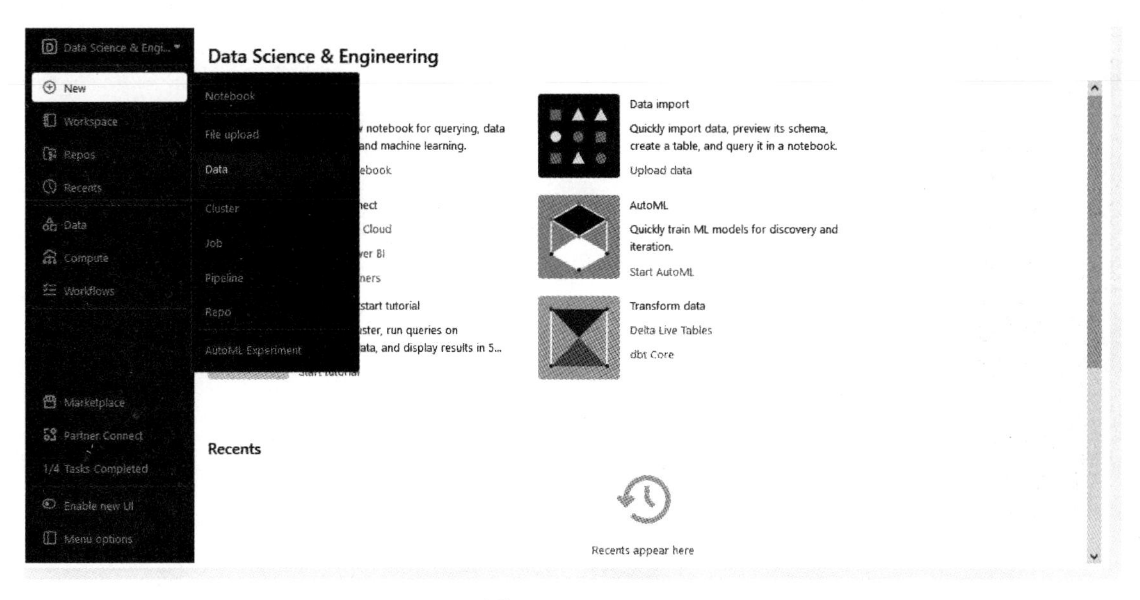

● 图 2-43　数据集成

在数据集成界面列出了可以集成到 Databricks 的数据源，Databricks 支持很多数据源的集成，如图 2-44 所示。

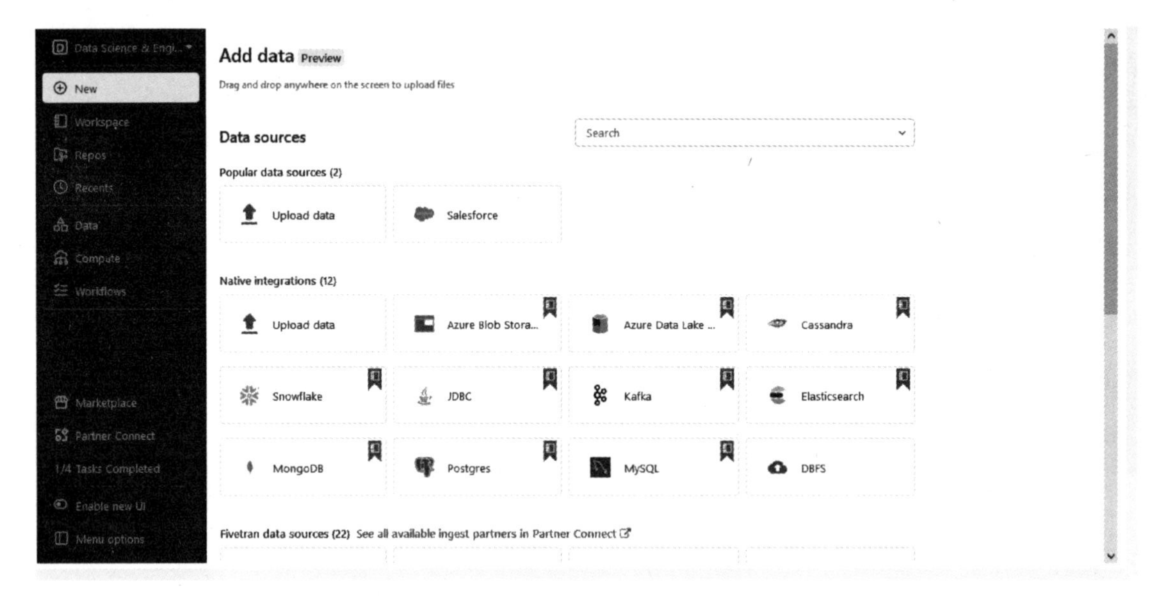

图 2-44　Databricks 数据源

选择 DBFS，在 Upload File 页面下，将 words.txt 上传到 DBFS 的“/FileStore/tables/”路径下，如图 2-45 所示。

图 2-45　上传文件

2.5.4 创建笔记本

Databricks 中交互式代码采用笔记本编写并运行。在 Workspace 菜单下单击鼠标右键，在弹出菜单中选择 Create 菜单下的 Notebook 来创建笔记本，如图 2-46 所示。

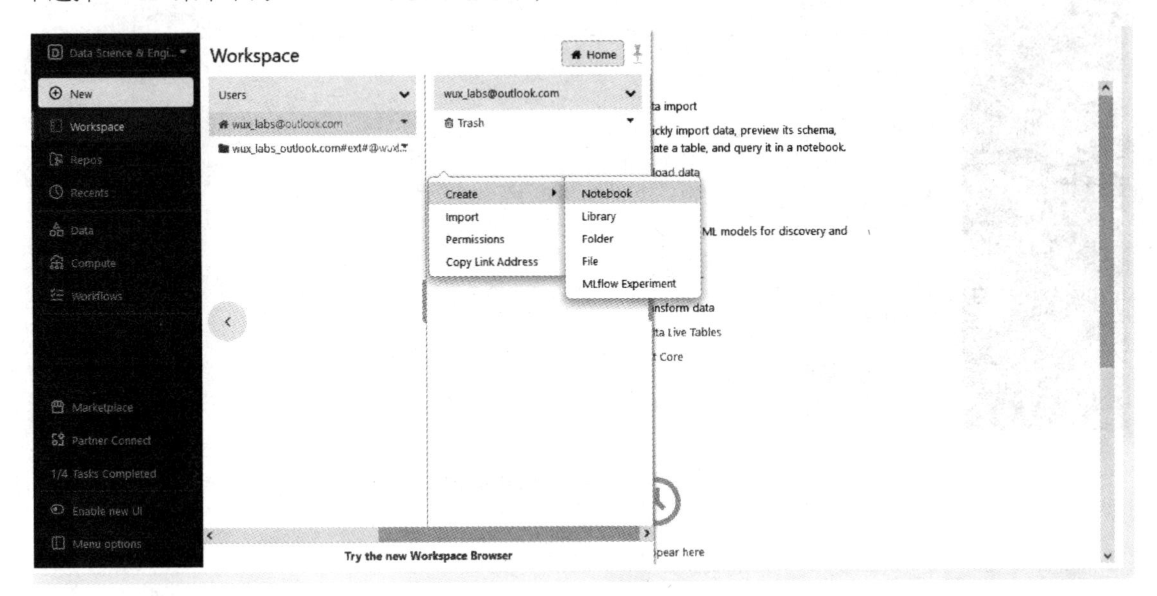

● 图 2-46　创建笔记本

在笔记本界面输入笔记本的名称、开发语言、集群，可以创建一个在 Cluster1 集群下运行的基于 Python 语言进行开发的笔记本，如图 2-47 所示。

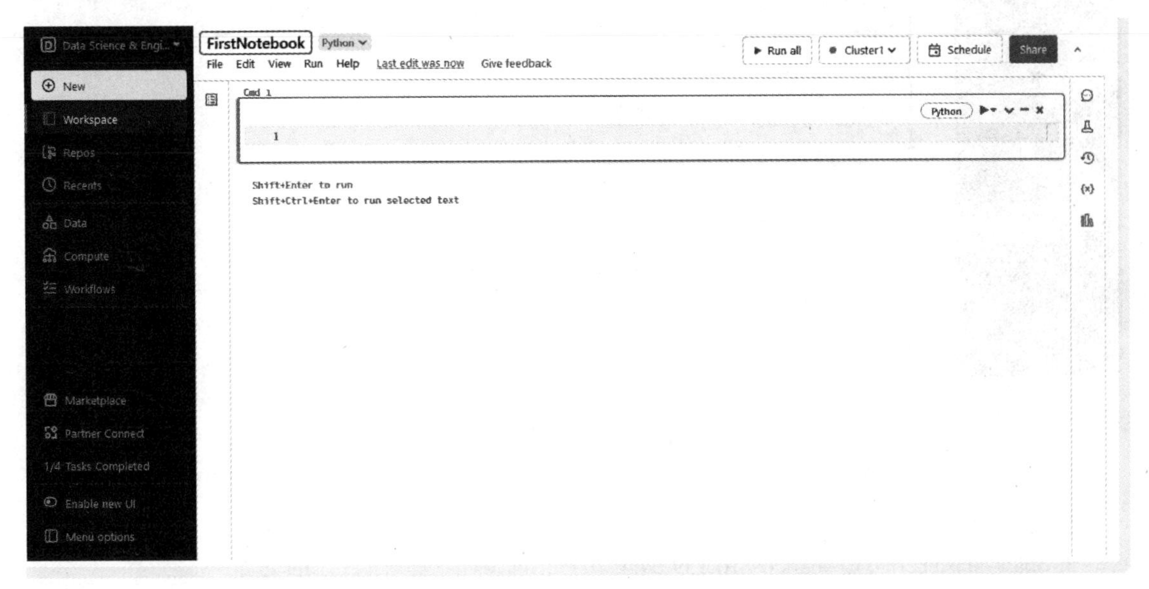

● 图 2-47　设置笔记本信息

在笔记本中编写 Python 代码并单击 Run Cell 菜单直接运行代码，如图 2-48 所示。

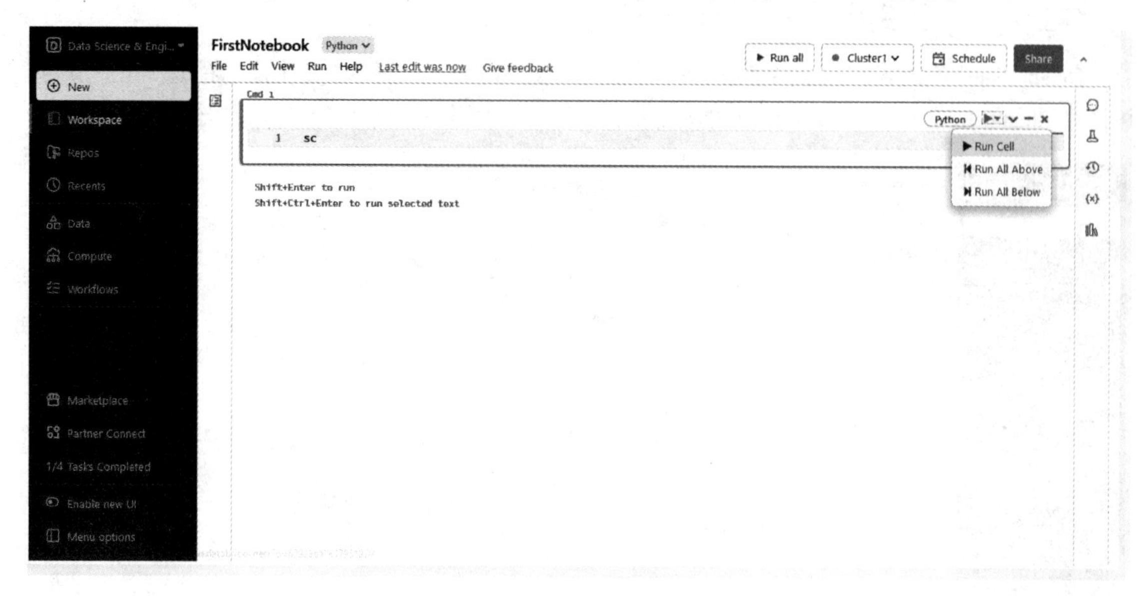

● 图 2-48 Run Cell 菜单

运行完成后可以在笔记本中看到输出结果，如图 2-49 所示。

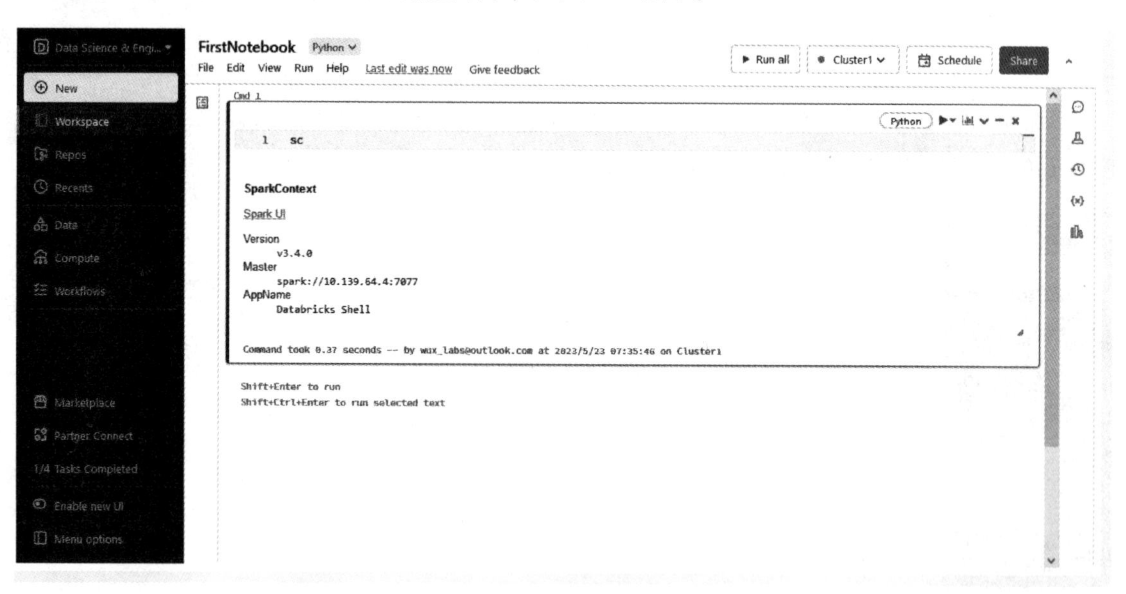

● 图 2-49 笔记本运行结果

- Spark 版本是 3.4.0。
- Spark Master 地址是 spark://10.139.64.4:7077，这与独立集群的 master 地址一致。
- 应用名称是 Databricks Shell。

单击输出结果中的 Spark UI 链接，打开 Spark Driver Web UI，如图 2-50 所示。

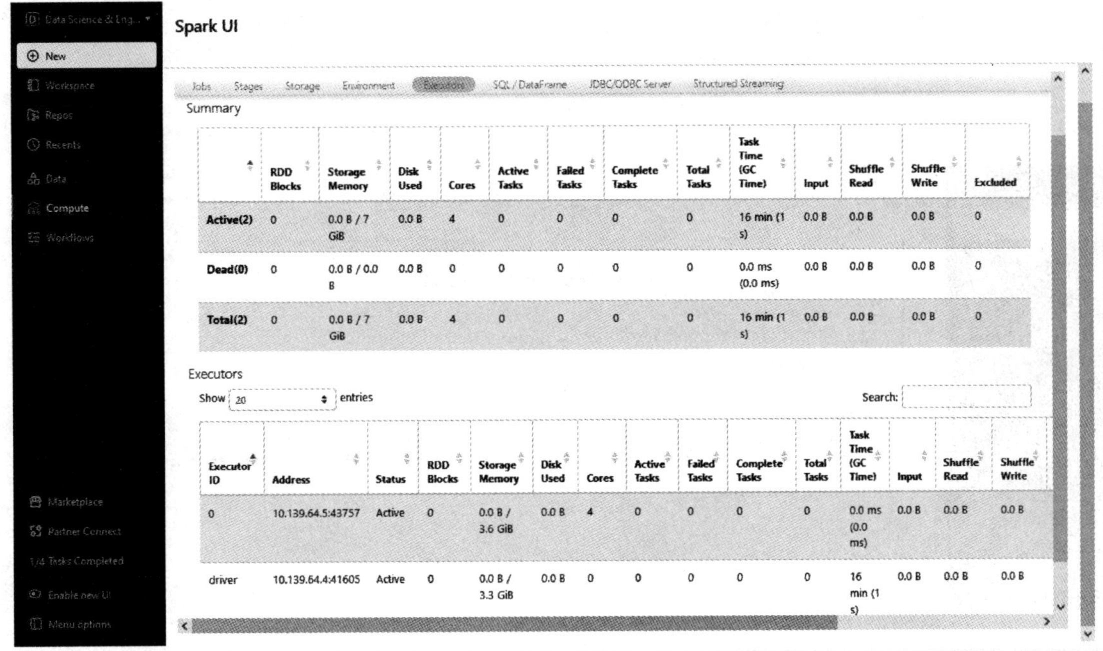

	RDD Blocks	Storage Memory	Disk Used	Cores	Active Tasks	Failed Tasks	Complete Tasks	Total Tasks	Task Time (GC Time)	Input	Shuffle Read	Shuffle Write	Excluded
Active(2)	0	0.0 B / 7 GiB	0.0 B	4	0	0	0	0	16 min (1 s)	0.0 B	0.0 B	0.0 B	0
Dead(0)	0	0.0 B / 0.0 B	0.0 B	0	0	0	0	0	0.0 ms (0.0 ms)	0.0 B	0.0 B	0.0 B	0
Total(2)	0	0.0 B / 7 GiB	0.0 B	4	0	0	0	0	16 min (1 s)	0.0 B	0.0 B	0.0 B	0

Executor ID	Address	Status	RDD Blocks	Storage Memory	Disk Used	Cores	Active Tasks	Failed Tasks	Complete Tasks	Total Tasks	Task Time (GC Time)	Input	Shuffle Read	Shuffle Write
0	10.139.64.5:43757	Active	0	0.0 B / 3.6 GiB	0.0 B	4	0	0	0	0	0.0 ms (0.0 ms)	0.0 B	0.0 B	0.0 B
driver	10.139.64.4:41605	Active	0	0.0 B / 3.3 GiB	0.0 B	0	0	0	0	0	16 min (1 s)	0.0 B	0.0 B	0.0 B

● 图 2-50　Spark Driver Web UI

2.5.5 运行案例

在笔记本中写入 WordCount 代码，将代码中访问 HDFS 的文件路径改成访问 DBFS 的文件路径，修改后的代码如下：

```
count = sc.textFile("dbfs:/FileStore/tables/words.txt") \
.flatMap(lambda x: x.split('')) \
.map(lambda x: (x, 1)) \
.reduceByKey(lambda a,b: a + b).collect()
print(count)
```

单击 Run Cell 菜单执行单元格代码，执行结果会直接显示在笔记本中单元格的下方，如图 2-51 所示。

除了交互式执行代码，还可以采用 Job 的方式运行 Python 脚本，修改 WordCount.py 脚本，去掉 sc 的创建、修改 words.txt 的路径，代码如下：

```
from pyspark import SparkConf, SparkContext

if __name__ == '__main__':
    # 通过 SparkContext 对象读取文件
    fileRdd = sc.textFile("dbfs:/FileStore/tables/words.txt")
    # 将文件中的每一行按照空格拆分成单词
    wordsRdd = fileRdd.flatMap(lambda line: line.split(" "))
```

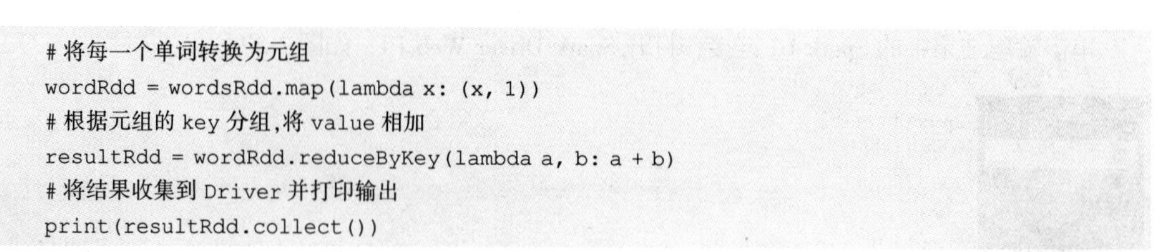

```
# 将每一个单词转换为元组
wordRdd = wordsRdd.map(lambda x: (x, 1))
# 根据元组的 key 分组,将 value 相加
resultRdd = wordRdd.reduceByKey(lambda a, b: a + b)
# 将结果收集到 Driver 并打印输出
print(resultRdd.collect())
```

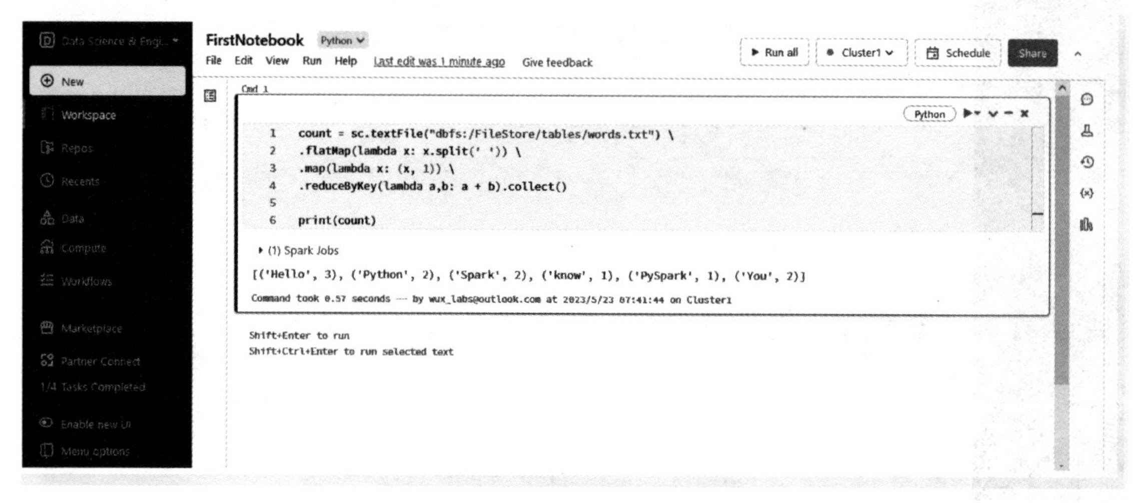

● 图 2-51　WordCount 运行结果

将修改后的脚本上传到 DBFS 上或者工作区中，方便后续使用。

2.5.6　创建作业

笔记本编写的代码适合交互式方式执行。要定时运行或者长时间运行 Spark 应用程序，需要创建作业进行运行。通过左侧菜单栏 Workflows 菜单打开 Jobs 列表界面，如图 2-52 所示。

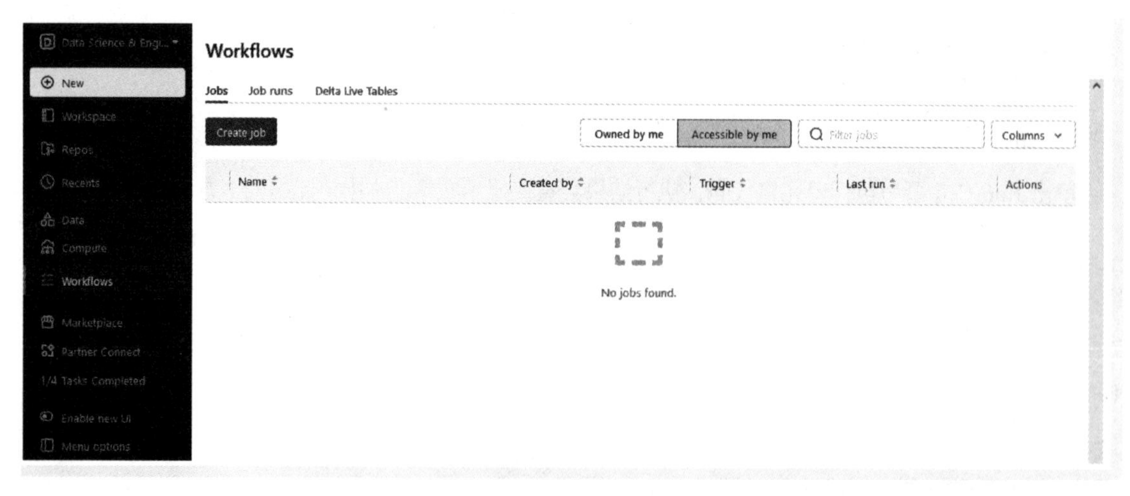

● 图 2-52　Jobs 列表

单击 Create job 按钮，打开作业配置界面，如图 2-53 所示。

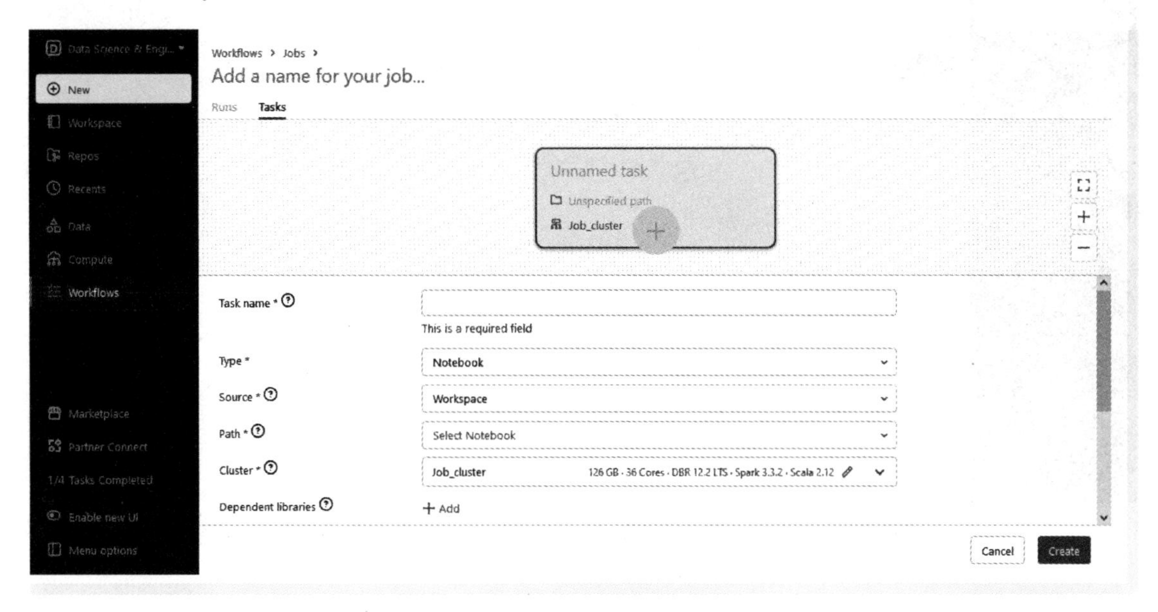

● 图 2-53 Job 配置界面

在配置界面配置好作业的信息，Type 选择 Python script，Source 选择 DBFS，Path 指定 Python 脚本的路径，Cluster 选择已创建的集群，单击 Create 按钮创建作业，如图 2-54 所示。

● 图 2-54 Python Script Job

创建完成后，可以从 Jobs 列表中看到创建的作业，如图 2-55 所示。

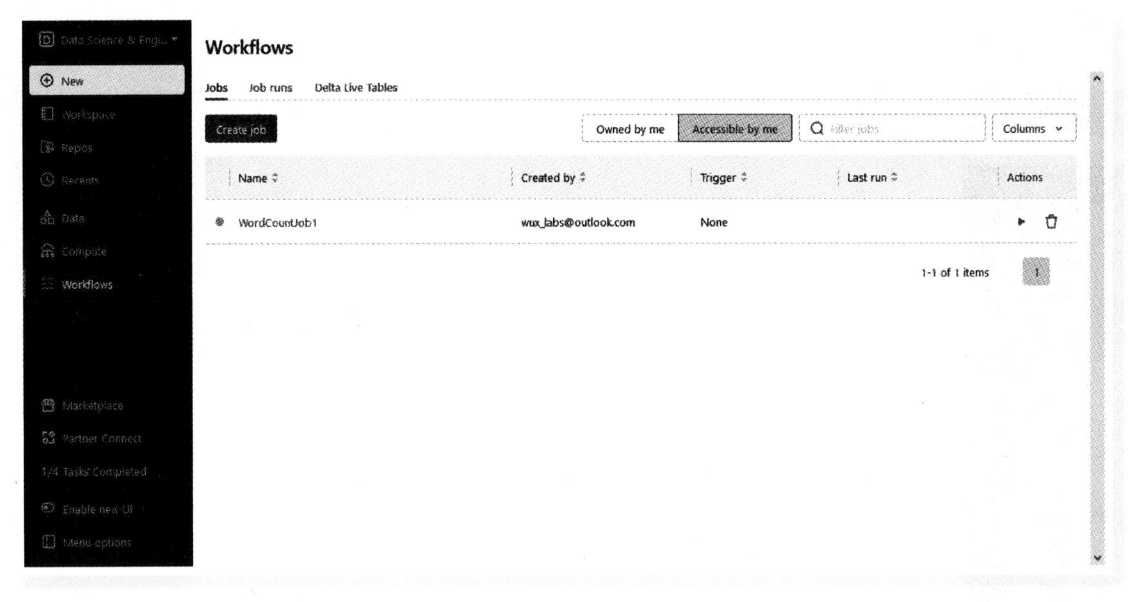

图 2-55 Jobs 列表

2.5.7 运行作业

通过列表中 Actions 列的运行按钮直接运行作业，作业运行以后，在详情界面可以监控作业的运行情况，如图 2-56 所示。

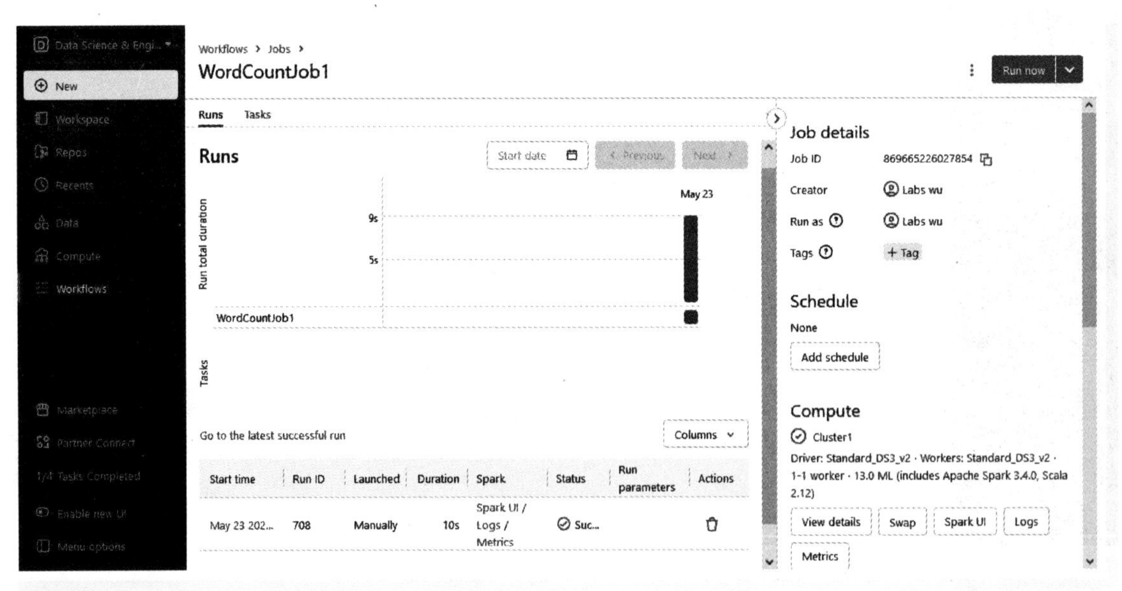

图 2-56 Job 运行监控

在列表中，单击 Spark UI 链接可以打开 Spark Master Web UI 界面；单击 Logs 链接可以打开日志界面查看运行日志及结果，如图 2-57 所示。

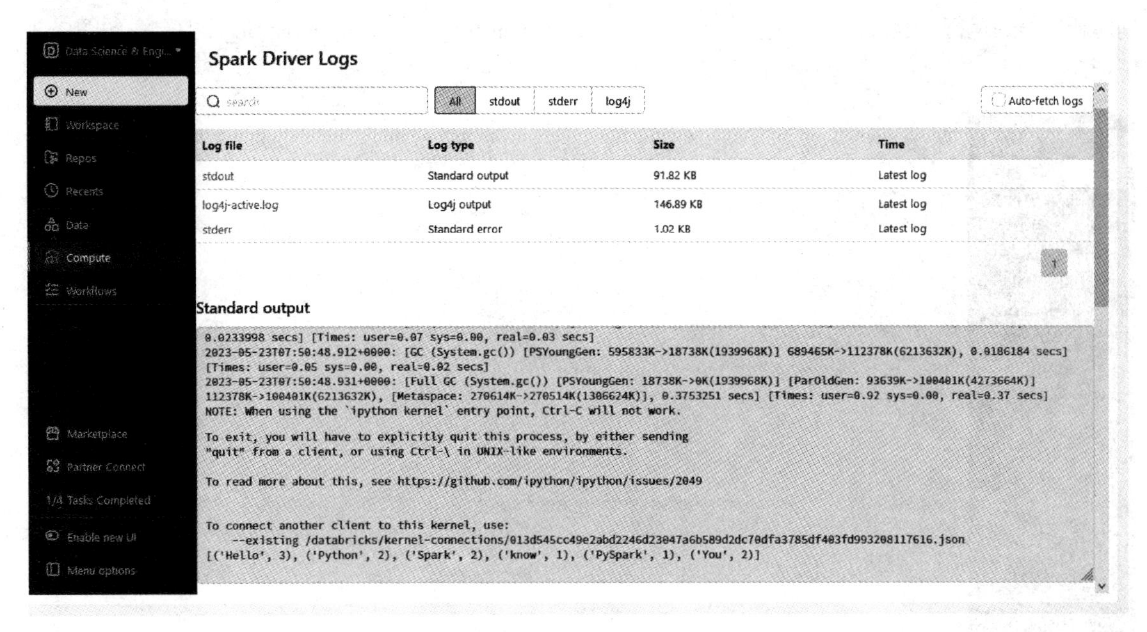

● 图 2-57　Job 运行日志

2.5.8　其他类型的作业

Workflows 中的作业除了支持笔记本、Python 脚本外，还支持多种其他方式，包括 JAR、Spark Submit 等，如图 2-58 所示。

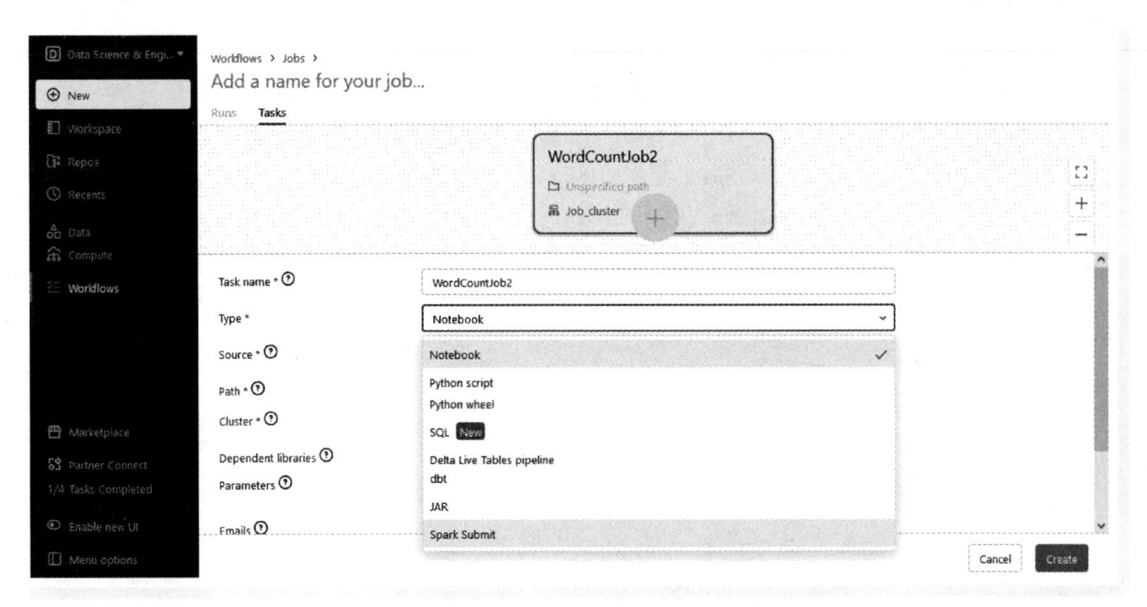

● 图 2-58　支持的 Job 类型

以 Spark Submit 方式运行的作业，不支持在已创建的集群上运行，仅支持在运行作业的时候自动创建新集群来运行，运行作业所需要的参数全部通过 Parameters 文本框以列表的形式指定，如图 2-59 所示。

● 图 2-59　Spark Submit Job

2.6 本章小结

本章从零开始，一步步地实现了从基础环境准备、单机软件安装，到 Spark 独立集群安装、Spark on YARN 集群安装，再到 Databricks 云环境 Spark 集群的创建。演示了在各种部署模式下 Spark 代码的运行，验证了运行结果，直观体验了 Spark 程序的运行。推导并解释了 Spark 的阶段划分、各种模式下代码的运行流程，对 Spark 的一些基本原理有了初步认识。安装好了 Spark 集群，就有了 Spark 运行的最基本的环境，有了运行环境，最基本的条件就已经具备，可以开始准备开发 Spark 应用程序了。

数据分析基础

数据分析是人们通过收集、清洗、转换、处理、统计和可视化等方式，从大量的数据中提取有用信息的过程。Python 是数据分析的重要程序语言，Python 提供了一系列数据分析工具，方便人们对数据进行处理及可视化。本章将介绍数据分析的基础知识以及 Python 中的常用数据分析工具，掌握这些知识及工具对数据分析非常有用。

3.1 什么是数据分析

数据分析是指使用适当的统计和计算方法对数据进行处理、解释、推理和预测的过程。通过对数据的分析，人们可以发现数据之间的关系、趋势等，并以此做出决策、指导实践、预测未来等。数据分析的应用范围非常广泛，可以用于商业、金融、科学等领域。

数据分析的基本处理流程通常可以分为以下几个步骤：

1）收集数据。需要明确分析的数据类型和来源，然后收集数据，收集的数据可以是结构化数据，例如表格和数据库的数据，也可以是非结构化数据，例如文本和图像等。

2）清洗数据。收集到的数据可能存在缺失值、重复值、错误数据等问题，需要进行数据清洗，包括去除无用数据、去除重复值、填充缺失值等操作。

3）数据预处理。数据预处理是为了让数据更适合后续的分析，包括特征提取、特征缩放、数据转换等。

4）分析处理。在数据预处理后，使用统计分析、机器学习等方法，进行数据分析和挖掘，找出数据之间的关系和规律，进行预测和决策。

5）结果呈现。将分析结果可视化呈现，包括数据报表、图表、图像等，使得分析结果更加直观、易于理解和传达。

3.2 Python 数据分析工具介绍

Python 是一种广泛使用的编程语言，也是数据分析和机器学习领域的重要工具。Python 提供了一

些常用的数据分析工具，这些数据分析工具在数据处理、分析和可视化等领域都具有重要的作用，可以帮助数据分析人员更加高效、准确地处理和分析数据。

3.2.1 数学计算库 NumPy 介绍

NumPy（Numerical Python）是 Python 中科学计算的基础包，是用于科学计算和数值分析的一个重要库。它提供了多维数组对象（ndarray）、各种派生对象，以及用于数组快速操作的通用函数、线性代数、傅里叶变换、随机数生成等功能，是 Python 科学计算中必不可少的库。要在项目中使用 NumPy，需要在 Python 环境中安装 NumPy，命令如下：

```
$ pip install numpy
```

在使用时需要在 Python 脚本中导入 numpy，以及其他必要的包，代码如下：

```
import numpy as np
import random
import time
```

1. 多维数组对象 ndarray

NumPy 包的核心是 ndarray 对象，它封装了 Python 原生的相同数据类型的 N 维数组。ndarray 是 NumPy 中用于存储和处理数据的核心数据结构，支持向量化计算和广播等操作。为了保证其性能优良，其中有许多操作都是代码在本地进行编译后执行的。

创建一个 ndarray 对象就和创建 Python 本地 list 对象一样简单，在 NumPy 中创建一维数组可以使用 numpy.array( ) 函数，这个函数可以接受一个集合对象，如列表或元组，将其转换为一维数组。下面的案例中创建了一个一维数组，代码如下：

```
ary1 = np.array([1,2,3,4,5,6,7,8,9])
```

NumPy 专门针对 ndarray 的操作和运算进行了设计，数组的存储效率和输入输出性能远优于 Python 中的集合，数组越大，NumPy 的优势就越明显。下面的案例中，创建了一个包含 1 亿个随机数的集合，分别用本地集合对象和 ndarray 对象对元素求和，比较两种方式的耗时，代码如下：

```
lst1 = []
for i in range(100000000):
    lst1.append(random.random())

# 使用 Python 原生 list 进行运算
t1 = time.time()
sum1 = sum(lst1)
t2 = time.time()

# 使用 ndarray 进行运算
ary2 = np.array(lst1)
t3 = time.time()
sum2 = np.sum(ary2)
```

```
t4 = time.time()

# 考察两种方式的处理时间
print(t2 - t1, '---', t4 - t3)
```

执行代码，输出结果如下：

```
0.9900028705596924 --- 0.13501548767089844
```

可以看到，ndarray 的计算速度快很多。相对于 Python 中的集合，ndarray 有一些优势：

- ndarray 存储的是相同类型的数据，在内存中是连续存储的。
- ndarray 支持并行化运算。
- NumPy 底层使用 C 语言编写，内部解除了 GIL（全局解释器锁），其对数组的操作速度不受 Python 解释器的限制，效率远高于 Python 代码。

在 NumPy 中创建一个 N 维数组同样也使用 numpy.array( ) 函数，在下面的案例中创建了一个二维数组，代码如下：

```
ary3 = np.array([[1, 2, 3], [4, 5, 6], [7, 8, 9]])
```

2. 数组的访问

ndarray 对象的元素可以通过索引、切片、迭代等方式进行访问和修改，这和 Python 本地集合的访问方式类似。在下面的案例中，分别通过索引、切片等方式访问元素，代码如下：

```
print("通过索引获取元素:", ary1[2])
print("通过切片获取元素:", ary1[2:7])
print("对元素进行迭代:", [x * 2 for x in ary1])
```

执行代码，输出结果如下：

```
通过索引获取元素: 3
通过切片获取元素: [3 4 5 6 7]
对元素进行迭代: [2, 4, 6, 8, 10, 12, 14, 16, 18]
```

3. 数组的生成

NumPy 提供了一些用于生成包含初始值的 N 维数组的方法，可以方便、快速地生成 N 维数组。

（1）生成有初始占位符内容的数组

NumPy 可以生成初始占位符内容为 0、1 或随机数的数组，主要的方法有：

- numpy.zeros( )，用于生成元素全为 0 的数组。
- numpy.ones( )，用于生成元素全为 1 的数组。
- numpy.empty( )，用于生成元素为随机数的数组。

在下面的案例中分别生成包含不同初始值的二维数组，代码如下：

```
# 生成全为 0 的数组
ary3 = np.zeros(shape=(2, 3), dtype="int32")
# 生成全为 1 的数组
```

```
ary4 = np.ones(shape=(2, 3), dtype=np.int32)
# 生成随机数数组
ary5 = np.empty(shape=(2, 3), dtype=np.float64)
print(ary3)
print(ary4)
print(ary5)
```

执行代码，输出结果为：

```
[[0 0 0]
 [0 0 0]]
[[1 1 1]
 [1 1 1]]
[[6.23042070e-307 3.56043053e-307 1.37961641e-306]
 [2.22518251e-306 1.33511969e-306 1.24610383e-306]]
```

(2) 生成固定范围的数组

在生成数组时，可以指定数组中元素的数据范围，主要的方法有：

- **numpy.arange()**，生成一个可指定起始值（默认为0）、终止值（不包含）、步长的数组。
- **numpy.linspace()**，生成一个可指定起始值、终止值、样本数的一维等差数列数组。
- **numpy.logspace()**，生成一个可指定起始值、终止值、样本数的一维对数数列数组。

在下面的案例中，分别生成包含不同数据范围的数组，代码如下：

```
# 生成起始值 1、终止值 100、步长 10 的数组
ary6 = np.arange(1, 100, 10)
# 生成起始值 1、终止值 100、样本数 10 个的数组
ary7 = np.linspace(1, 100, 10)
# 生成起始值 1、终止值 2、以 10 为对数底数、样本数 9 个的数组
ary8 = np.logspace(1.0, 2.0, num=9)
print(ary6)
print(ary7)
print(ary8)
```

执行代码，输出结果如下：

```
[ 1 11 21 31 41 51 61 71 81 91]
[  1.  12.  23.  34.  45.  56.  67.  78.  89. 100.]
[ 10.          13.33521432  17.7827941   23.71373706  31.6227766
  42.16965034  56.23413252  74.98942093 100.        ]
```

(3) 生成服从分布律的数组

NumPy 还可以生成服从一定分布律规则的数组，主要的方法有：

- **numpy.random.rand()**，生成一个元素服从均匀分布的数组，可以指定每个维度的元素个数。
- **numpy.random.uniform()**，从一个均匀分布中随机抽样。
- **numpy.random.randn()**，生成一个元素服从正态分布的数组，可以指定每个维度的元素个数。
- **numpy.random.normal()**，从一个正态分布中随机抽样。

在下面的案例中，分别生成满足不同分布律的数组，代码如下：

【说明】本案例使用到了 matplotlib 库，它是数据分析中的一个可视化工具库，将在后续章节中介绍。

```
import matplotlib.pyplot as plt

figure, ax = plt.subplots(2, 2)
plt.rcParams['font.sans-serif'] = ['Simhei']
plt.subplot(2, 2, 1)
# 生成 3000 个元素的[0.1)区间的均匀分布数组
plt.hist(np.random.rand(3000))
ax[0][0].set_title('[0,1)均匀分布数组')

plt.subplot(2, 2, 2)
# 从[1,40)区间的均匀分布中随机抽样 3000 个元素
plt.hist(np.random.uniform(low=1, high=40, size=3000))
ax[0][1].set_title('[1,40)均匀分布中随机抽样')

plt.subplot(2, 2, 3)
# 生成均值为 10,标准差为 2,服从正态分布的数组
plt.hist(np.random.normal(10, 2, 3000))
ax[1][0].set_title('均值 10,标准差 2 的正态分布数组')

plt.subplot(2, 2, 4)
# 生成服从标准正态分布的数组
plt.hist(np.random.randn(3000))
ax[1][1].set_title('标准正态分布数组')

plt.tight_layout()
plt.show()
```

执行代码，绘制的图形如图 3-1 所示。

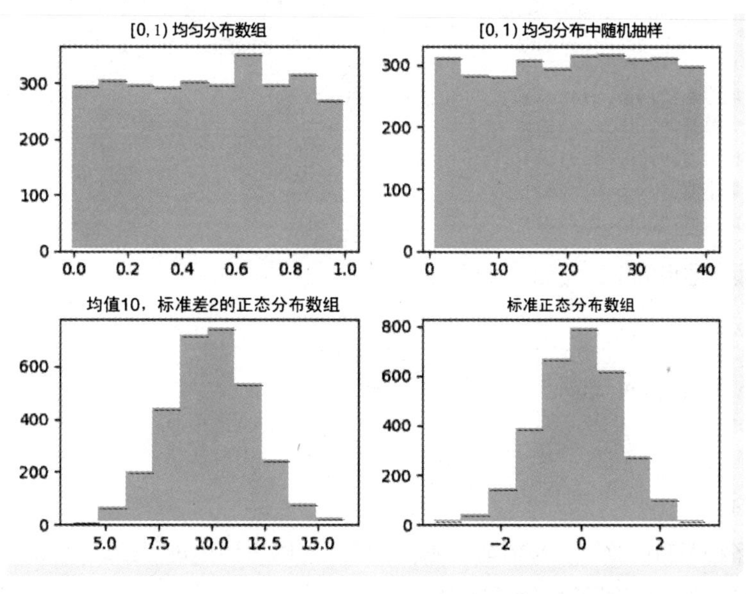

● 图 3-1　NumPy 生成具有分布律的数组

4. 数组的运算

NumPy 提供了丰富的数组操作函数和运算符，能够快速高效地进行多维数组的运算，并且数组的运算会作用到数组中的每个元素上。

(1) 算术运算

NumPy 中的数组支持常见的加、减、乘、除、幂等算术运算，并支持数组与标量的运算。这些算术运算符在 NumPy 中的实现方式与 Python 的内置运算符有所不同，能够更快地处理大型数据集。在下面的案例中，创建了两个数组并实现了数组之间的运算，代码如下：

```
# 创建两个一维数组
a = np.array([1, 2, 3])
b = np.array([4, 5, 6])

print("数组相加结果:", a + b)
print("数组相乘结果:", a * b)
print("数组相除结果:", a / b)
print("数组幂的结果:", a ** 2)
```

执行代码，输出结果为：

```
数组相加结果: [5 7 9]
数组相乘结果: [ 4 10 18]
数组相除结果: [0.25 0.4  0.5 ]
数组幂的结果: [1 4 9]
```

(2) 统计运算

NumPy 提供了多种统计函数，包括均值、方差、标准差、最小值、最大值等，能够方便地进行数据统计和分析。在下面的案例中，定义了一个数组并统计了各个统计项，代码如下：

```
a = np.array([1, 2, 3, 4])

print("数组均值是:", np.mean(a))
print("数组方差是:", np.var(a))
print("数组标准差:", np.std(a))
print("数组最小值:", np.min(a))
print("数组最大值:", np.max(a))
```

执行代码，输出结果如下：

```
数组均值是: 2.5
数组方差是: 1.25
数组标准差: 1.118033988749895
数组最小值: 1
数组最大值: 4
```

(3) 逻辑运算

NumPy 支持多种逻辑运算符，包括与、或、非等，能够方便地进行逻辑运算。在下面的案例中，定义了两个数组并实现了逻辑运算，代码如下：

```
a = np.array([True, False, True])
b = np.array([False, False, True])
print("逻辑与:", np.logical_and(a, b))
print("逻辑或:", np.logical_or(a, b))
print("逻辑非:", np.logical_not(a, b))
```

执行代码，输出结果如下：

```
逻辑与:[False False  True]
逻辑或:[ True False  True]
逻辑非:[False  True False]
```

（4）矩阵运算

NumPy 提供了多种矩阵运算函数，包括矩阵乘法、矩阵求逆、计算行列式等，能够方便地进行矩阵运算。在下面的案例中，定义了两个矩阵并实现了矩阵的运算，代码如下：

```
A = np.array([[1, 2], [3, 4]])
B = np.array([[5, 6], [7, 8]])
print("矩阵相加:\n", A + B)
print("矩阵相乘:\n", np.dot(A, B))
print("矩阵转置:\n", A.T)
print("矩阵求逆:\n", np.linalg.inv(A))
```

执行代码，输出结果如下：

```
矩阵相加:
 [[ 6  8]
 [10 12]]
矩阵相乘:
 [[19 22]
 [43 50]]
矩阵转置:
 [[1 3]
 [2 4]]
矩阵求逆:
 [[-2.   1. ]
 [ 1.5 -0.5]]
```

3.2.2 数据分析库 Pandas 介绍

Pandas 是 Python 的核心数据分析支持库，提供了快速、灵活、明确的数据结构，旨在简单、直观地处理关系型、标记型数据。它基于 NumPy 库构建，使数据操作变得更加简单、快速和直观。Pandas 适用于处理以下类型的数据：

- 与 SQL 或 Excel 表类似的含异构列的表格数据。
- 有序和无序（非固定频率）的时间序列数据。
- 带行列标签的矩阵数据，包括同构或异构型数据。
- 任意其他形式的观测、统计数据集，数据转入 Pandas 数据结构时不必事先标记。

要在项目中使用 Pandas，需要在 Python 环境中安装 Pandas，命令如下：

```
$ pip install pandas
```

在使用时需要在 Python 脚本中导入 pandas，代码如下：

```
import pandas as pd
```

Pandas 主要提供了两种数据结构：Series 和 DataFrame。

1. Series 介绍

Series 是一种一维的数据结构，类似于数组和 Python 中的列表，但是它可以支持不同类型的数据。每个 Series 对象都由两个数组组成：一个由数据本身组成的数组和一个由标签组成的数组，标签用于标识数据。

（1）创建对象

可以基于列表或者数据字典来创建 Series 对象，基于列表创建时，可以为 Series 数据定义标签，如果不指定标签，则默认用数字作为标签。在下面的案例中，分别用不同方式创建了 Series 对象，代码如下：

```
# 不指定标签创建 Series,默认使用数字作为标签
ser1 = pd.Series([1, 3, 5])
# 指定标签创建 Series
ser2 = pd.Series([1, 3, 5], index=['a', 'b', 'c'])
# 基于字典创建 Series
ser3 = pd.Series({'A': 1, 'B': 3, 'C': 5})

print(ser1)
print(ser2)
print(ser3)
```

执行代码，输出结果如下：

```
0    1
1    3
2    5
dtype: int64
a    1
b    3
c    5
dtype: int64
A    1
B    3
C    5
dtype: int64
```

其中，左边的元素是 Series 的标签，右边的元素是 Series 的数据值。

（2）访问数据

Series 提供了两个属性，index 用来访问 Series 的标签，values 用来访问 Series 的数据值。要获取

Series 中具体的元素，可以通过标签、位置、切片等方式来获取。在下面的案例中，分别采用不同的方式来获取 Series 的元素，代码如下：

```
ser4 = pd.Series([1, 3, 5, 7, 9], index=['a','b','c','e','f'])
print("ser4 的标签:", ser4.index)
print("ser4 的数据:", ser4.values)
print("通过标签 b 获取数据:", ser4['b'])
print("通过位置 1 获取数据:", ser4[1])
print("通过切片获取数据:", ser4[1:3])
print("获取不连续的数据:", ser4[[1, 3, 4]])
```

执行代码，输入内容如下：

```
ser4 的标签: Index(['a','b','c','e','f'], dtype='object')
ser4 的数据: [1 3 5 7 9]
通过标签 b 获取数据: 3
通过位置 1 获取数据: 3
通过切片获取数据: b    3
c    5
dtype: int64
获取不连续的数据: b    3
e    7
f    9
dtype: int64
```

(3) 数据运算

Series 对象可以进行各种运算，例如算术运算、逻辑运算、数学运算等。当两个 Series 之间进行运算时，Pandas 会根据 Series 的标签自动对齐两个 Series 的元素进行运算，而不是按照两个 Series 元素的位置进行对齐，如果两个 Series 的标签不同，则在对齐时用 NaN 填充缺失值。在下面的案例中，定义了两个标签不同的 Series 并进行运算，代码如下：

```
ser4 = pd.Series([1, 5], index=['a','b'])
ser5 = pd.Series([2, 6], index=['b','c'])

print("加法运算:", ser4 + ser5)
print("乘法运算:", ser4 *  ser5)
print("布尔过滤:", ser5[ser5 > 4])
print("数的运算:", ser4 * 2)
print("数学运算:", np.square(ser4))
```

执行代码，输出结果如下：

```
加法运算: a    NaN
b    7.0
c    NaN
dtype: float64
乘法运算: a    NaN
b    10.0
c    NaN
```

```
dtype: float64
布尔过滤: c    6
dtype: int64
数的运算: a    2
b    10
dtype: int64
数学运算: a    1
b    25
dtype: int64
```

2. DataFrame 介绍

DataFrame 是一种二维的表格型数据结构，类似于 SQL 表或 Excel 表格。Pandas 数据结构就像是低维数据的容器，比如 DataFrame 是 Series 的容器，Series 则是标量的容器。使用这种方式，可以在容器中以字典的形式插入或删除对象。一个 DataFrame 对象可以被视为由许多 Series 对象组成的字典。

(1) 创建对象

Pandas 支持通过二维数组、Series、读取本地文件等方式创建 DataFrame，创建 DataFrame 时支持指定行标签和列标签。

【说明】Pandas 目前不支持直接读取 HDFS 上的文件。

在下面的案例中，通过不同的方式创建 DataFrame，代码如下：

```
df1 = pd.DataFrame(np.random.randint(0, 10, (2, 2)), index=['r1', 'r2'], columns=['c1', 'c2'])
print("通过二维数组创建并指定行列标签：\n", df1)

name = pd.Series(['Tom', 'Jack'], name='name')
age = pd.Series([25, 32], name='age')
gender = pd.Series(['F', 'M'], name='gender')
df2 = pd.concat([name, age, gender], axis=1)
print("通过 Series 创建：\n", df2)

df3 = pd.read_csv("../../../Datasets/AvatarWaterComments.csv")
print("通过读取文件创建：\n", df3.shape)
```

执行代码，输出结果如下：

```
通过二维数组创建并指定行列标签：
    c1  c2
r1  5    8
r2  0    7
通过 Series 创建：
    name   age    gender
0  Tom      25      F
1  Jack     32      M
通过读取文件创建：
(1193, 7)
```

(2) 访问数据

DataFrame 对象的每一列可以被当成一个 Series 对象来访问，可以使用列标签或列名称来访问某一列。DataFrame 对象的每一行可以使用行标签或行索引来访问。在下面的案例中，实现了根据标签和索引来访问数据，代码如下：

```
print("通过列标签访问:\n", df1["c1"])
print("通过列名称访问:\n", df1.c1)
print("通过行标签访问:\n", df1.loc["r1"])
print("通过行索引访问:\n", df1.iloc[0])
print("抽样前几行数据:\n", df2.head(1))
print("抽样后几行数据:\n", df2.tail(1))
```

执行代码，输出结果如下：

```
通过列标签访问:
r1    5
r2    0
Name: c1, dtype: int32
通过列名称访问:
r1    5
r2    0
Name: c1, dtype: int32
通过行标签访问:
c1    5
c2    8
Name: r1, dtype: int32
通过行索引访问:
c1    5
c2    8
Name: r1, dtype: int32
抽样前几行数据:
   name  age  gender
0  Tom    25     F
抽样后几行数据:
   name  age  gender
1  Jack   32     M
```

(3) 数据运算

DataFrame 对象可以进行各种运算，例如算术运算、逻辑运算、数学运算等。DataFrame 对象的运算方式和 Series 对象类似，可以根据标签自动对齐值。在下面的案例中，创建了两个 DataFrame 并进行数据运算，代码如下：

```
df4 = pd.DataFrame([[1, 5], [7, 2]], index=['r1', 'r2'], columns=['c1', 'c2'])
df5 = pd.DataFrame([[4, 6], [3, 8]], index=['r2', 'r3'], columns=['c1', 'c3'])

print("乘法运算:\n", df4 * 2)
print("加法运算:\n", df4 + df5)
print("逻辑运算:\n", df4 > 4)
print("数学运算:\n", df4.mean())
```

执行代码，输出结果如下：

```
乘法运算:
    c1  c2
r1  2  10
r2  14  4
加法运算:
      c1   c2   c3
r1  NaN  NaN  NaN
r2  11.0 NaN  NaN
r3  NaN  NaN  NaN
逻辑运算:
       c1     c2
r1  False  True
r2  True   False
数学运算:
c1    4.0
c2    3.5
dtype: float64
```

3.3 数据分析图表介绍

在数据分析中，可视化结果呈现是非常重要的一环，它可以让数据更加直观、易于理解和传达。分析结果主要是通过数据报表、图表、图像等方式进行可视化呈现，常见的数据分析图表包括：

1）折线图（Line Chart）。折线图用于表示时间序列数据或连续数据的趋势，它的特点是反映事物随时间或有序类别而变化的趋势，折线图中 x 轴通常表示时间或连续变量，y 轴表示数据值。

2）柱状图（Bar Chart）。柱状图用于将数据以柱形的形式展示，常用来比较不同类别之间的数据，柱状图中 x 轴表示不同的类别，y 轴表示数量或比例。

3）饼图（Pie Chart）。饼图用来表示一个数据系列中各类别的大小与所有类别总和的比例，每个扇形区域表示一个类别的比例，通常用于展示不超过 5 个类别的数据。

4）散点图（Scatter Plot）。散点图将所有的数据以点的形式展现在直角坐标系上，用来展示两个变量之间的相互影响关系，每个点代表一个数据点，x 轴和 y 轴表示不同的变量，颜色、大小、形状等可以表示其他维度的信息。

5）箱型图（Box Plot）。箱型图是利用数据中的最小值、第 1 个四分位数、中位数、第 3 个四分位数与最大值这 5 个统计量来描述数据的一种方法，可以展示数据的分布和异常值，箱子的长度表示数据的四分位距，上下须子表示数据的范围，点表示异常值。

6）热力图（Heat Map）。热力图是用来展示二维表格数据的图表，颜色深浅表示数据值的大小，可以帮助快速找出数据中的异常和规律。

7）地图（Map）。地图可以展示地理位置相关的数据，可以用不同的颜色、大小、形状等来表示数据。

3.4 Python 数据可视化工具介绍

数据可视化是一种提取有价值数据的有效方法，是数据分析和机器学习中非常重要的一环。它有助于提高分析效率，为机器学习模型提供可靠的数据基础。它可以帮助人们更直观地理解数据，更好地理解数据的趋势和变化，发现潜在的联系，从而帮助人们更好地构建机器学习模型，提高模型的准确性。此外，数据可视化可以帮助人们更好地发现数据中的噪声和异常，从而减少机器学习模型的误差。常用的 Python 数据可视化工具包括 Matplotlib、Seaborn、Pyecharts 等。

3.4.1 Matplotlib 介绍

Matplotlib 是一个 Python 2D 绘图库，用于绘制各种类型的图形，包括折线图、柱状图、饼图、散点图等。可以自定义图形的样式和属性，可以添加标签、标题、网格等元素，可以设置图形的大小、分辨率、颜色等属性。Matplotlib 采用三层结构来组织图形：

1）容器层。容器层是指在 Matplotlib 图形中用于组织和管理图形元素的结构，通常包括画板（Canvas）、画布（Figure）、坐标系（Axes）等几个部分。画板是 Matplotlib 的图形容器，用于显示和交互 Matplotlib 图形，例如缩放、平移、选择、保存等。画布是 Matplotlib 中的最顶层容器，用于组织所有的坐标系、图例（Legend）、标题（Title）等元素，是整个图形的最外层容器。坐标系是位于画布内部的容器，可以理解为一个具体的子图，用于组织所有的图形元素，例如线条、标记、图例等。

2）辅助显示层。辅助显示层是坐标系内除了根据数据绘制的图像以外的内容，用于在 Matplotlib 图形中添加额外的信息和标注，以提高图形的可读性和表现力。主要包括外观（Facecolor）、边框线（Spines）、坐标轴（Axis）、坐标轴名称（Axis Label）、坐标轴刻度（Tick）、坐标轴刻度标签（Tick Label）、网格线（Grid）、图例、标题等内容。

3）图像层。图像层指坐标系内通过 plot()、scatter()、bar()、histogram()、pie()等函数根据数据绘制出的图像。

要在项目中使用 Matplotlib，需要在 Python 环境中安装 Matplotlib，命令如下：

```
$ pip install matplotlib
```

在使用时需要在 Python 脚本中导入 matplotlib，代码如下：

```
import matplotlib.pyplot as plt
```

1. 绘制折线图

折线图是 Matplotlib 中最基本的图形之一，Matplotlib 提供了 plot()方法来绘制折线图，plot()方法的主要参数有：

- x，y，即 x 轴和 y 轴的值，可以是列表、数组、Series 等类型的数据，如果只提供一个参数，则默认为 y 轴的值，x 轴的值为数据索引或序列号。
- linestyle，指定线条的样式，例如 solid（实线）、dashed（虚线）、dashdot（点线）等。

- linewidth，指定线条的宽度、数值类型，单位是像素。
- color，指定线条的颜色。

在下面的案例中，定义了 x 轴和 y 轴的数据并绘制了折线图，代码如下：

```
# 构造数据
x = [1, 2, 3, 4, 5, 6, 7, 8, 9, 10]
y = [2, 3, 6, 4, 5, 8, 5, 9, 7, 10]
plt.plot(x, y)  # 绘制折线图
plt.show()  # 显示图形
```

执行代码，绘制的图形如图 3-2 所示。

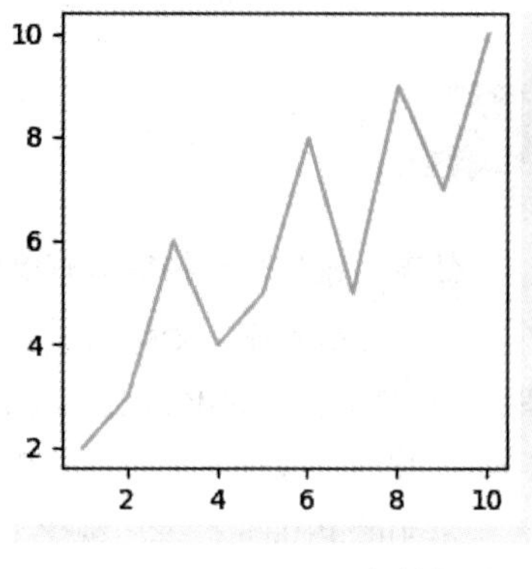

图 3-2 Matplotlib 绘制折线图

2. 绘制柱状图

柱状图也是 Matplotlib 中最基本的图形之一，Matplotlib 提供了 bar( ) 方法来绘制柱状图，bar( ) 方法的主要参数有：

- x，柱状图的 x 坐标，可以是一个序列或数组，表示每个类别。
- height，柱状图的高度，可以是一个序列或数组，表示每个柱子的高度。
- width，柱状图的宽度，默认值为 0.8。
- bottom，柱状图底部的 y 坐标，可以是一个序列或数组，表示每个柱子底部的位置，用于绘制堆叠柱状图。
- align，柱状图对齐方式，默认值为 center，表示柱状图对齐于 x 坐标轴上的中心。
- color，柱状图的颜色。

在下面的案例中，定义了 5 种类别及对应的值并绘制柱状图，代码如下：

```
# 构造数据
categories = ['A','B','C','D','E']
values = [23, 45, 12, 34, 32]
plt.bar(x=categories, height=values)  # 绘制柱状图
plt.show()  # 显示图形
```

执行代码，绘制的图形如图 3-3 所示。

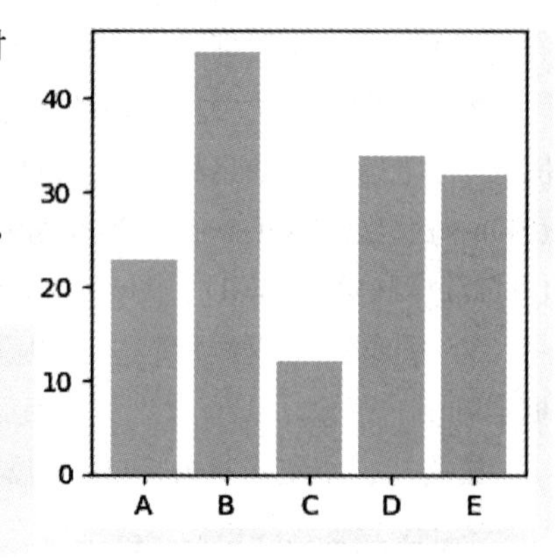

图 3-3 Matplotlib 绘制柱状图

3. 绘制饼图

Matplotlib 提供了 pie( ) 方法来绘制饼图，pie( ) 方法的主要参数有：

- x，用于绘制饼图的数据，可以是一个列表、数组或者Series。
- explode，指定各个部分的偏移量，用于突出某个部分，值为一个列表或数组。
- labels，指定每个部分的标签，值为一个列表或数组。
- colors，指定每个部分的颜色，值为一个列表或数组。
- autopct，指定每个部分所占比例的显示方式，值为一个格式化字符串。
- pctdistance，指定比例值和圆心的距离。

- labeldistance，指定标签和圆心的距离。

在下面的案例中，定义了饼图的数据、颜色、显示方式等，并绘制出饼图，代码如下：

```
data = [20, 30, 40, 25, 15]  # 构造数据
labels = ['A', 'B', 'C', 'D', 'E']  # 定义标签
explode = [0, 0.2, 0, 0, 0]  # 定义突出显示的切片
colors = ['#ff9999', '#66bbff', '#99ff99', '#ffcc99', '#ffccff']  # 定义颜色
plt.pie(x=data, explode=explode, labels=labels, colors=colors, autopct='%1.1f%%')  # 绘制饼图
plt.show()  # 显示图形
```

执行代码，绘制的图形如图 3-4 所示。

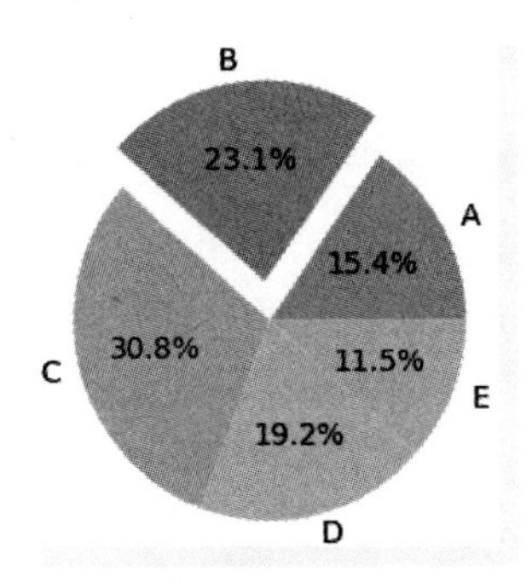

● 图 3-4 Matplotlib 绘制饼图

3.4.2 Seaborn 介绍

Seaborn 是 Python 中一个基于 Matplotlib 的数据可视化库，对 Matplotlib 进行了二次封装，提供了一些高级接口，可以让人们轻松地绘制统计图形，以便更好地理解数据分布和趋势。Seaborn 旨在以数据可视化为中心来挖掘与理解数据，它提供的面向数据集制图函数功能主要是对行列索引和数组的操作，包含对整个数据集进行内部的语义映射与统计整合，以此生成拥有丰富信息的图表。Seaborn 广泛应用于数据分析、数据挖掘、统计建模等领域，因为它在细节、可扩展性和文档性方面都表现得非常优秀。相比于 Matplotlib，Seaborn 可以帮助人们更快速地完成高级绘图，同时还有更加美观和规范的配色方案。

Seaborn 内置了多个数据集，可以方便人们进行实验和练习，同时也方便在实际工作中快速加载数据进行可视化分析。Seaborn 内置的一些数据集包括：

- tips，餐厅顾客的消费账单数据集。
- flights，美国航空公司国内航班乘客的数量统计数据集。
- fmri，基于功能性磁共振成像（FMRI）技术收集的神经影像数据集。
- iris，鸢尾花数据集，包含了鸢尾花的花萼长度、花萼宽度、花瓣长度和花瓣宽度。
- diamonds，钻石数据集，包含了钻石的各项指标，例如重量、颜色、净度等。
- titanic，泰坦尼克号数据集，包含了泰坦尼克号上乘客的各项信息，例如船舱等级、性别、年龄、生存情况等。

要在项目中使用 Seaborn，需要在 Python 环境中安装 Seaborn，命令如下：

```
$ pip install seaborn
```

在使用时需要在 Python 脚本中导入 seaborn，代码如下：

```
import seaborn as sns
```

1. 绘制折线图

Seaborn 提供了 lineplot( ) 方法来绘制折线图，lineplot( ) 方法的主要参数有以下几个。

- x：指定折线图的 x 轴数据。
- y：指定折线图的 y 轴数据。
- hue：指定分类变量，用于绘制不同颜色的线。
- style：指定分类变量，用于绘制不同风格的线。
- size：指定分类变量，用于绘制不同大小的线。
- palette：指定调色板，用于设置线的颜色。
- legend：指定是否显示图例。

在下面的案例中，使用 Seaborn 绘制了两幅折线图，代码如下：

```
plt.subplot(1, 2, 1)
fmri = sns.load_dataset("fmri")
sns.lineplot(x="timepoint", y="signal", data=fmri)

plt.subplot(1, 2, 2)
x = [1, 2, 3, 4, 5, 6, 7, 8, 9, 10]
y = [2, 3, 6, 4, 5, 8, 5, 9, 7, 10]
sns.lineplot(x=x, y=y)

plt.show()
```

执行代码，绘制的图形如图 3-5 所示。

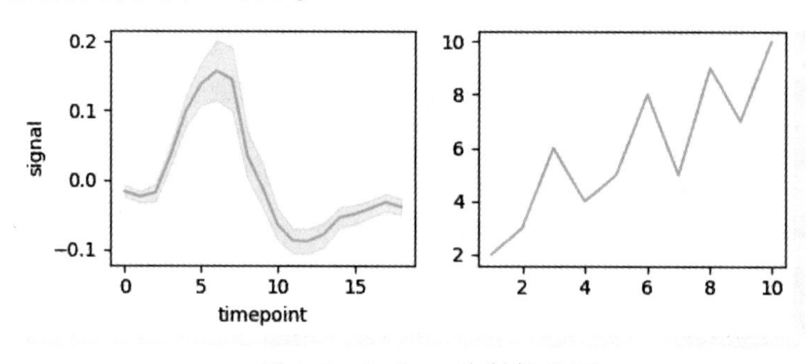

图 3-5 Seaborn 绘制折线图

2. 绘制柱状图

Seaborn 提供了 barplot( ) 方法来绘制柱状图，barplot( ) 方法的主要参数有以下几个。

- x：指定要绘制的数据在 DataFrame 中的列名或标签，可以是单个变量或多个变量组成的列表。
- y：指定要绘制的数据在 DataFrame 中的列名或标签，可以是单个变量或多个变量组成的列表。
- data：指定要绘制图形的数据。

- hue：指定一个或多个列名或标签，用于对数据进行分组，每组的数据会用不同的颜色或样式进行区分。

在下面的案例中，使用 Seaborn 绘制了两幅柱状图，代码如下：

```
plt.subplot(1, 2, 1)
titanic = sns.load_dataset('titanic')
sns.barplot(x='sex', y='survived', hue='class', data=titanic)

plt.subplot(1, 2, 2)
categories = ['A', 'B', 'C', 'D', 'E']
values = [23, 45, 12, 34, 32]
sns.barplot(x=categories, y=values)

plt.show()
```

执行代码，绘制的图形如图 3-6 所示。

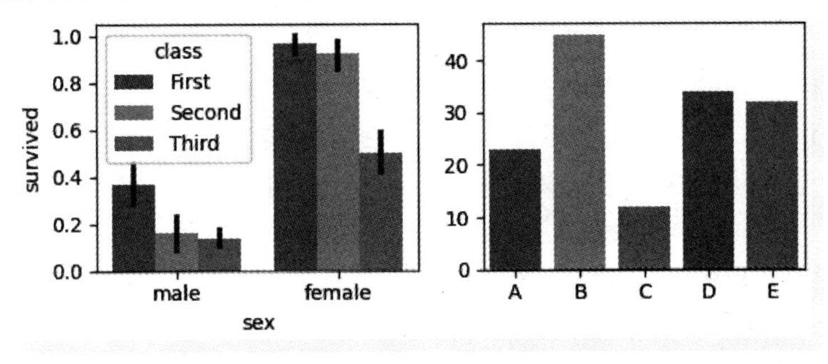

● 图 3-6　Seaborn 绘制柱状图

3. 绘制箱型图

Seaborn 提供了 boxplot( )方法来绘制箱型图，boxplot( )方法的主要参数有以下几个。

- x，y：指定绘制箱型图的数据，可以是数组、Series 或 DataFrame 等。
- data：指定要绘制图形的数据。
- order：可以指定分组变量的顺序。
- hue_order：可以指定分组变量中各组的顺序。
- orient：指定箱型图的方向，可以是垂直方向（v）或水平方向（h）。
- color：指定箱型图中箱体和点的颜色。

在下面的案例中，使用 Seaborn 绘制了两幅箱型图，代码如下：

```
plt.subplot(1, 2, 1)
tips = sns.load_dataset('tips')
sns.boxplot(x='day', y='total_bill', data=tips)

plt.subplot(1, 2, 2)
data = pd.DataFrame(np.random.randint(1, 100, (200, 5)))
sns.boxplot(data=data)

plt.show()
```

执行代码，绘制的图形如图 3-7 所示。

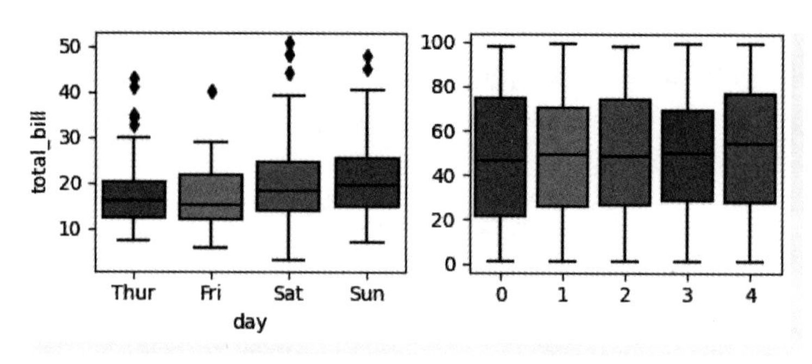

● 图 3-7 Seaborn 绘制箱型图

3.4.3 Pyecharts 介绍

Echarts 是一个由百度开源的流行的 JavaScript 可视化库，它提供了各种图表类型，例如柱状图、折线图、散点图、饼图、地图和热力图等，凭借着良好的交互性，得到了众多开发者的认可。Pyecharts 是一个基于 Python 的可视化工具，它是 Echarts 的 Python 版本，用于创建各种交互式图表。Pyecharts 提供了一个简单的 API，使得人们可以轻松地创建高质量的交互式图表。它支持多种输出格式，包括 HTML、PNG、PDF 等。与其他 Python 可视化工具相比，Pyecharts 的优点在于强大的交互性和精美的外观效果。可以通过移动鼠标、缩放、拖动等方式与图表进行交互，可以自定义图表的颜色、样式、字体等各种细节。

要在项目中使用 Pyecharts，需要在 Python 环境中安装 Pyecharts，命令如下：

```
$ pip install pyecharts
```

在使用时需要在 Python 脚本中导入具体的图形，代码如下：

```
from pyecharts.charts import xxx
```

其中，xxx 代表具体的图形，例如折线图（Line）、柱状图（Bar）、饼图（Pie）等。

1. 绘制柱状图

Pyecharts 柱状图的类定义如下：

```
class Bar(
    # 初始化配置项,参考 `global_options.InitOpts`
    init_opts: opts.InitOpts = opts.InitOpts()
)
```

柱状图 Bar 提供了两个方法，add_xaxis( ) 方法用来为柱状图添加 x 轴，该方法接收一个参数，用来指定 x 轴的数据项，方法定义如下：

```
def add_xaxis(
    # x 轴数据项
    xaxis_data: Sequence
)
```

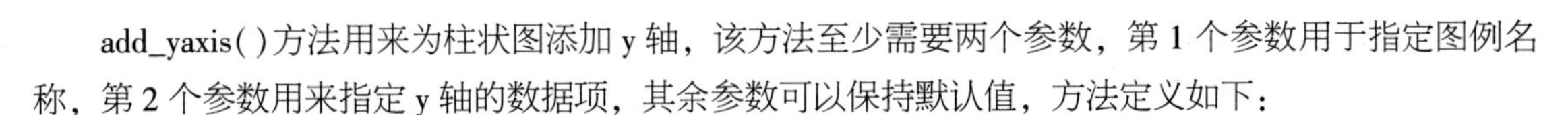

add_yaxis( )方法用来为柱状图添加 y 轴，该方法至少需要两个参数，第 1 个参数用于指定图例名称，第 2 个参数用来指定 y 轴的数据项，其余参数可以保持默认值，方法定义如下：

```
def add_yaxis(
    # 系列名称,用于 tooltip 的显示,legend 的图例筛选
    series_name: str,
    # 系列数据
    y_axis: Sequence[Numeric, opts.BarItem, dict]
)
```

在下面的案例中，以星期作为分类并添加 3 组随机数绘制了柱状图，代码如下：

```
from pyecharts.charts import Bar
import numpy as np

bar = (
    Bar(init_opts=opts.InitOpts(width="500px", height="300px"))
    .add_xaxis(["周一", "周二", "周三", "周四", "周五", "周六", "周日"])
    .add_yaxis("第 1 组", [np.random.randint(5, 15) for _ in range(7)])
    .add_yaxis("第 2 组", [np.random.randint(5, 15) for _ in range(7)])
    .add_yaxis("第 3 组", [np.random.randint(5, 15) for _ in range(7)])
)
bar.render()
```

执行代码，绘制的图形如图 3-8 所示。

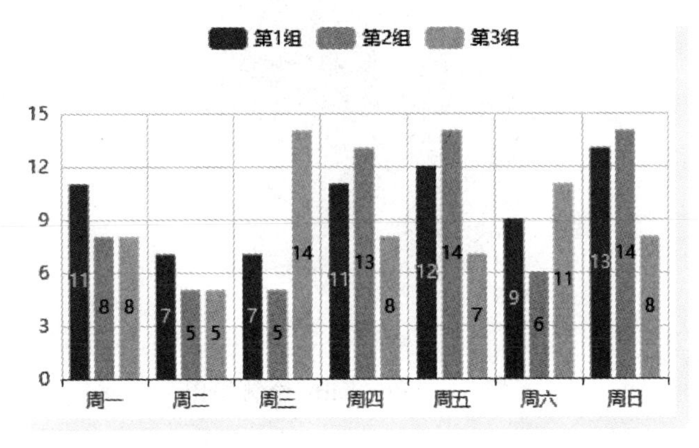

● 图 3-8　Pyecharts 绘制柱状图

2. 绘制饼图

Pyecharts 饼图的类定义如下：

```
class Pie(
    # 初始化配置项,参考 `global_options.InitOpts`
    init_opts: opts.InitOpts = opts.InitOpts()
)
```

饼图 Pie 提供了一个方法，add( )方法用来为饼图添加数据项，该方法至少需要两个参数，第 1 个

参数用于指定图例名称，第 2 个参数用于指定饼图的数据项，方法定义如下：

```
def add(
    # 系列名称,用于 tooltip 的显示,legend 的图例筛选
    series_name: str,
    # 系列数据项,格式为 [(key1, value1), (key2, value2)]
    data_pair: types.Sequence[types.Union[types.Sequence, opts.PieItem, dict]]
)
```

在下面的案例中，使用 Pyecharts 的样例数据绘制饼图，代码如下：

```
from pyecharts import options as opts
from pyecharts.charts import Pie
from pyecharts.faker import Faker

pie = (
    Pie(init_opts=opts.InitOpts(width="500px", height="300px"))
    .add("", [list(z) for z in zip(Faker.choose(), Faker.values())])
)
pie.render()
```

执行代码，绘制的图形如图 3-9 所示。

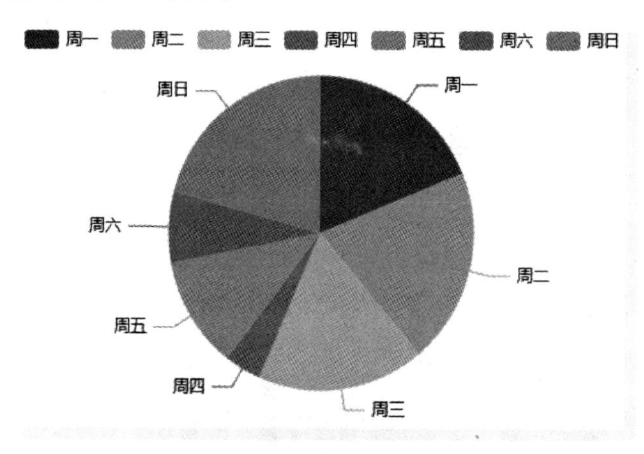

● 图 3-9　Pyecharts 绘制饼图

3. 绘制箱型图

Pyecharts 箱型图的类定义如下：

```
class Boxplot(
    # 初始化配置项,参考 `global_options.InitOpts`
    init_opts: opts.InitOpts = opts.InitOpts()
)
```

箱型图 Boxplot 提供了两个方法，add_xaxis( )方法用来为箱型图添加 x 轴，该方法接收一个参数，用来指定 x 轴的数据项，方法定义如下：

```
def add_xaxis(
    # x 轴数据项
    xaxis_data: Sequence
)
```

add_yaxis( )方法用来为箱型图添加 y 轴，该方法至少需要两个参数，第 1 个参数用于指定图例名称，第 2 个参数用来指定 y 轴的数据项，其余参数可以保持默认值，方法定义如下：

```
def add_yaxis(
    # 系列名称,用于 tooltip 的显示,legend 的图例筛选。
    series_name: str,
    # 系列数据
    y_axis: types.Sequence[types.Union[opts.BoxplotItem, dict]]
)
```

在下面的案例中，以星期作为分类并添加 2 组随机数绘制箱型图，代码如下：

```
from numpy.random import randint as rdi
from pyecharts import options as opts
from pyecharts.charts import Boxplot

d1 = [rdi(40 - rdi(1, 40), 60 + rdi(1, 40), 100).tolist() for _ in range(7)]
d2 = [rdi(40 - rdi(1, 40), 60 + rdi(1, 40), 100).tolist() for _ in range(7)]
box = Boxplot(init_opts=opts.InitOpts(width="500px", height="300px"))
box.add_xaxis(["周一", "周二", "周三", "周四", "周五", "周六", "周日"])
box.add_yaxis("第 1 组", box.prepare_data(d1))
box.add_yaxis("第 2 组", box.prepare_data(d2))
box.render()
```

执行代码，绘制的图形如图 3-10 所示。

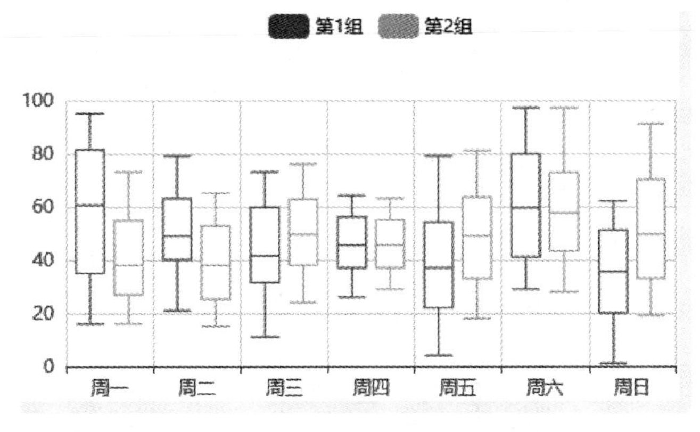

● 图 3-10　Pyecharts 绘制箱型图

3.4.4　三种可视化工具的对比

Matplotlib、Seaborn 和 Pyecharts 各有优缺点，可以根据个人偏好来选择使用。

Matplotlib 的优点是灵活性强，可绘制各种类型的图形。缺点是有些绘图过程需要编写大量的代码，并且在处理大数据集时会有性能问题。

Seaborn 是基于 Matplotlib 的高级数据可视化库，它的优点是可以很方便地生成美观的统计图表，同时它还具有高度的定制性，可以轻松地调整样式和颜色。缺点是相对 Matplotlib 而言，其灵活性较弱，不能绘制 Matplotlib 支持的所有类型的图形。

Pyecharts 是一个专门用于生成图表的 Python 库，它的优点是可以轻松生成交互式、动态的图表，并且支持多种类型的图表。缺点是学习和使用有一定的门槛，需要掌握一定的前端知识。

3.5 本章小结

本章主要介绍了数据分析的基础知识、基本流程，以及数据分析中常用的 Python 工具库 NumPy 和 Pandas，并演示了它们的基本用法。本章还介绍了数据可视化工具库 Matplotlib、Seaborn、Pyecharts，演示了三种工具的绘图方法及绘图效果，最后还比较了三种工具的优缺点。在本书后续章节中，主要使用 Pyecharts 作为数据可视化工具，其他两种作为辅助可视化工具。

选择合适的开发工具

Spark 的集群环境已经准备好，运行 Spark 应用程序的基本条件已经具备，在开发 Spark 应用程序之前，还要选择一款适合的开发工具，以实现代码的高效开发和及时响应。本章将介绍几款可选的开发工具，适应不同场景的需求。

【说明】为了演示开发工具的使用，包括开发、运行以及结果呈现，本章中会涉及 Spark 代码。实战案例部分如果暂时看不明白，可以先学习后续章节后再回头来看。

4.1 使用 Databricks 探索数据

Databricks 是一个 SaaS 环境，不需要用户自己安装 Spark 集群，Databricks 本身就是一个集成的工作环境，不需要用户自己准备开发工具。只要用户的客户端计算机能够正常访问网络、使用浏览器，就可以在 Databricks 上开发、运行代码，真正实现随处可以开发、随时可以运行。在 Databricks 中，笔记本是数据科学和机器学习中用于开发代码和呈现结果的常用工具，是创建数据科学和机器学习工作流以及多用户协作的主要工具。Databricks 笔记本提供了对多种语言的支持、版本控制和内置数据可视化。笔记本可以实现：

- 使用 Python、SQL、Scala 和 R 语言进行开发。
- 使用基于 Git 的存储库来进行版本管理。
- 创建定时执行的作业。
- 导出结果和源代码。

笔记本采用单元格的形式组织，单元格是笔记本中代码块的最小组织单位。每个单元格中的代码块相互独立，可以单独运行，单元格内的代码块按正常顺序执行。运行整个笔记本，所有单元格按照从上至下的顺序运行，但如果交互式地运行某些单元格，则单元格之间的运行顺序没有要求，可以在运行完后面的单元格后再返回来运行前面的单元格。

4.1.1 使用笔记本开发代码

在 Databricks 中，笔记本是开发及运行交互式代码的主要工具，可以理解为笔记本就是 Databricks

中的集成开发环境。

1. 首选语言设置

打开已创建的 FirstNotebook 笔记本，笔记本顶部呈现了笔记本的名称，在名称旁边是笔记本的首选开发语言，要更改开发语言，则单击语言按钮，从下拉菜单中选择新语言，如图 4-1 所示。

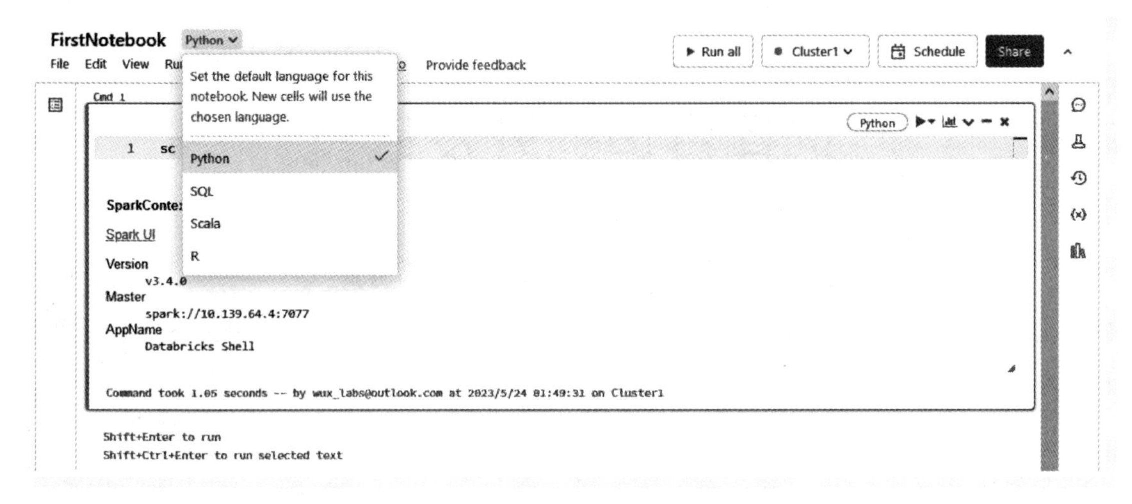

● 图 4-1　首选语言设置

2. 混合语言设置

默认情况下，笔记本中所有单元格都使用笔记本的首选语言。可以通过单击单元格语言栏按钮并从下拉菜单中选择一种语言来覆盖单元格的默认语言，也可以在单元格的开头使用语言魔法命令% language 来覆盖单元格的默认语言，如图 4-2 所示。

Databricks 的笔记本单元格支持的语言魔法命令见表 4-1。

表 4-1　语言魔法命令列表

魔法命令	描　述
%python	设置单元格的默认语言为 Python
%scala	设置单元格的默认语言为 Scala
%sql	设置单元格的默认语言为 SQL
%r	设置单元格的默认语言为 R
%md	设置单元格的内容为 MarkDown 文档，允许单元格中包含多种类型的文档，例如文字、图片等
%sh	设置单元格中的命令为 Shell 命令，允许单元格中执行一些操作系统相关的 Shell 命令
%fs	设置单元格中的命令为 DBFS 文件系统的操作命令，允许单元格操作 DBFS 上的文件

3. 查找、替换文本

笔记本支持文件内容的查找和替换，在顶部菜单栏从 Edit 菜单中选择 Find and replace 菜单打开替

a) 单元格语言栏切换语言

b) 语言魔法命令切换语言

● 图 4-2　混合语言设置

换窗口，当前匹配项以橙色突出显示，所有其他匹配项以黄色突出显示，单击 Replace 按钮替换当前匹配项，单击 Replace All 按钮替换所有匹配项，如图 4-3 所示。

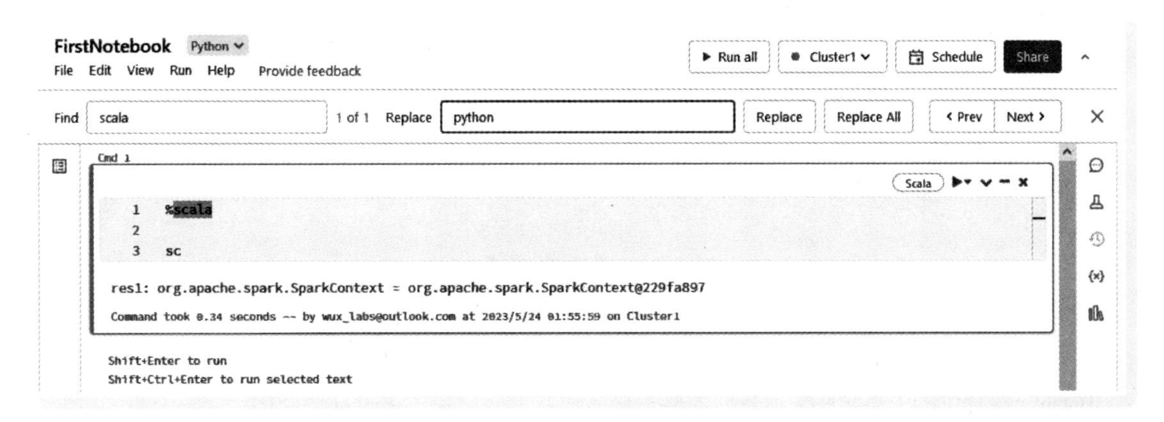

● 图 4-3　查找替换文本

4. 代码自动补全

在编写代码的时候可以使用 Databricks 的代码自动补全功能，Databricks 会根据已输入的前缀自动提示匹配的方法，如图 4-4 所示。

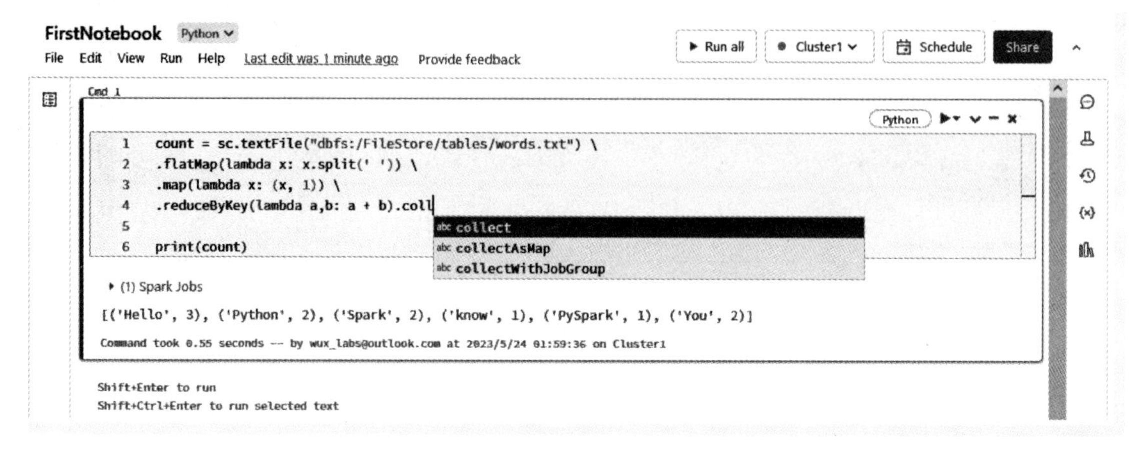

● 图 4-4　代码自动补全

5. 代码文档提示

在 Databricks 中编写代码，可以将鼠标移动到方法名称上来显示 Python 代码的文档提示，这对了解方法的作用非常有帮助，如图 4-5 所示。

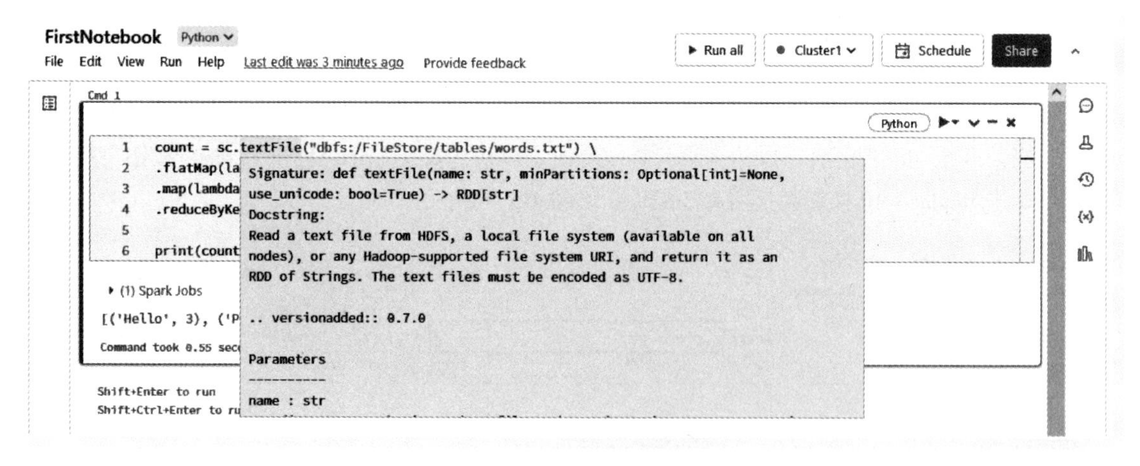

● 图 4-5　代码文档提示

6. 单元格格式化

Databricks 提供的工具允许快速轻松地格式化笔记本单元格中的 Python 和 SQL 代码，这些工具减少了保持代码格式的工作量，有助于代码格式的规范化。在单元格菜单栏单击 Format Python 菜单进行单元格代码的格式化，如图 4-6 所示。

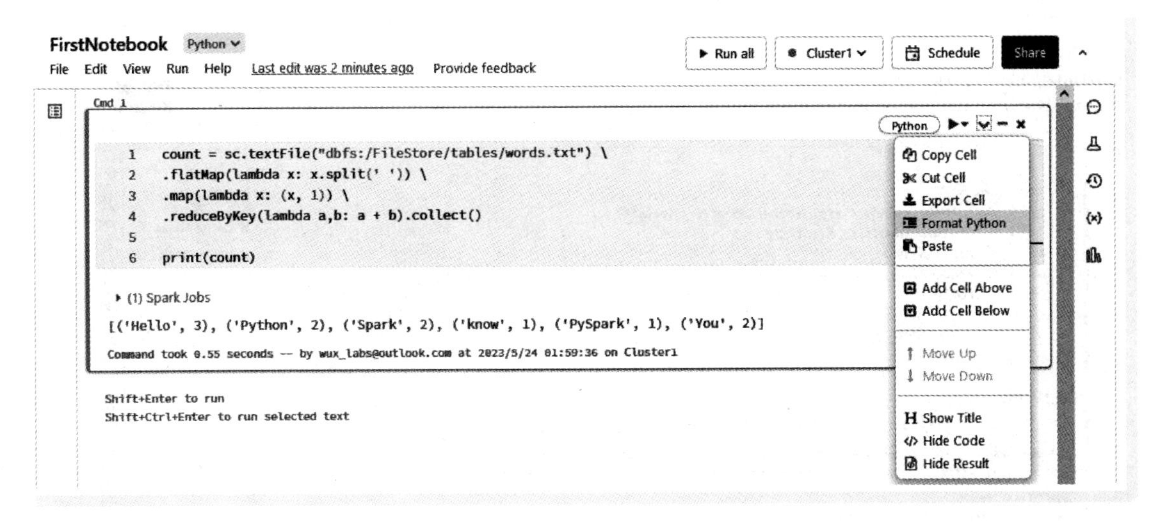

● 图 4-6　格式化单元格

单元格代码格式化完成后，代码将以友好的可视化格式呈现，如图 4-7 所示。

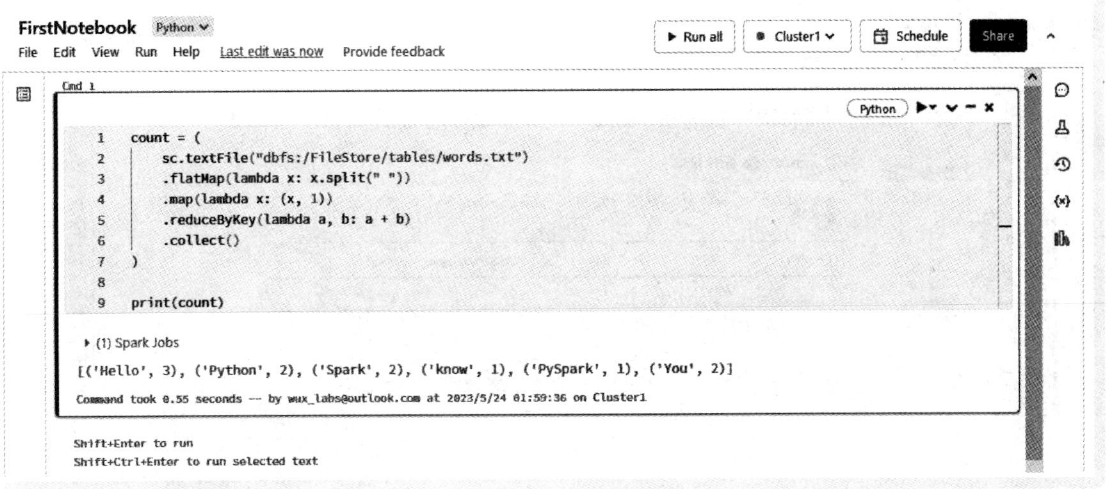

```
FirstNotebook  Python
File  Edit  View  Run  Help  Last edit was now  Provide feedback
Run all  Cluster1  Schedule  Share
Cmd 1
1  count = (
2      sc.textFile("dbfs:/FileStore/tables/words.txt")
3      .flatMap(lambda x: x.split(" "))
4      .map(lambda x: (x, 1))
5      .reduceByKey(lambda a, b: a + b)
6      .collect()
7  )
8
9  print(count)
(1) Spark Jobs
[('Hello', 3), ('Python', 2), ('Spark', 2), ('know', 1), ('PySpark', 1), ('You', 2)]
Command took 0.55 seconds -- by wux_labs@outlook.com at 2023/5/24 01:59:36 on Cluster1
Shift+Enter to run
Shift+Ctrl+Enter to run selected text
```

● 图 4-7　格式化完成

7. 运行单元格

笔记本中的单元格内容是可以实现特定功能的代码块，单元格中的代码块可以单独直接运行，单击单元格菜单栏中的 Run Cell 菜单运行单元格代码，如图 4-8 所示。

8. 调度笔记本

笔记本由一系列单元格组成，单元格的内容是可运行的代码块，单个单元格可独立运行，所有单元格可通过笔记本调度作业按顺序依次运行，笔记本调度可以设置定时调度。在笔记本顶部菜单栏单击 Schedule 按钮设置笔记本调度的方式，如图 4-9 所示。

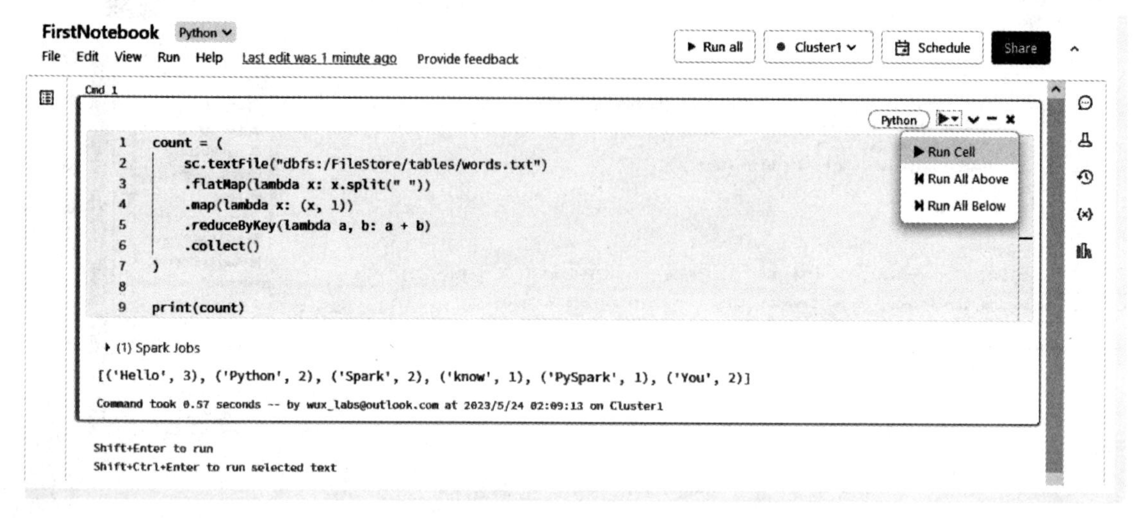

● 图 4-8　运行单元格

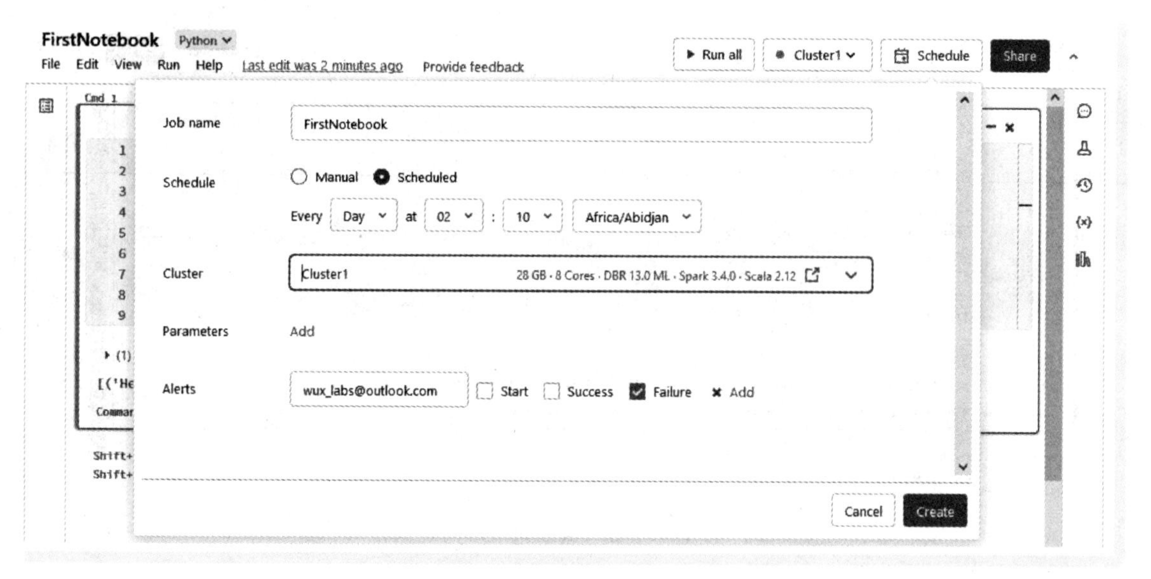

● 图 4-9　调度笔记本

9. 键盘快捷键

集成开发工具都会提供快捷键支持，Databricks 提供了开发功能，作为一个网页开发工具也提供了快捷键支持，在顶部菜单栏从 Help 菜单中选择 Keyboard shortcuts 菜单，将弹出常用的快捷键列表，如图 4-10 所示。

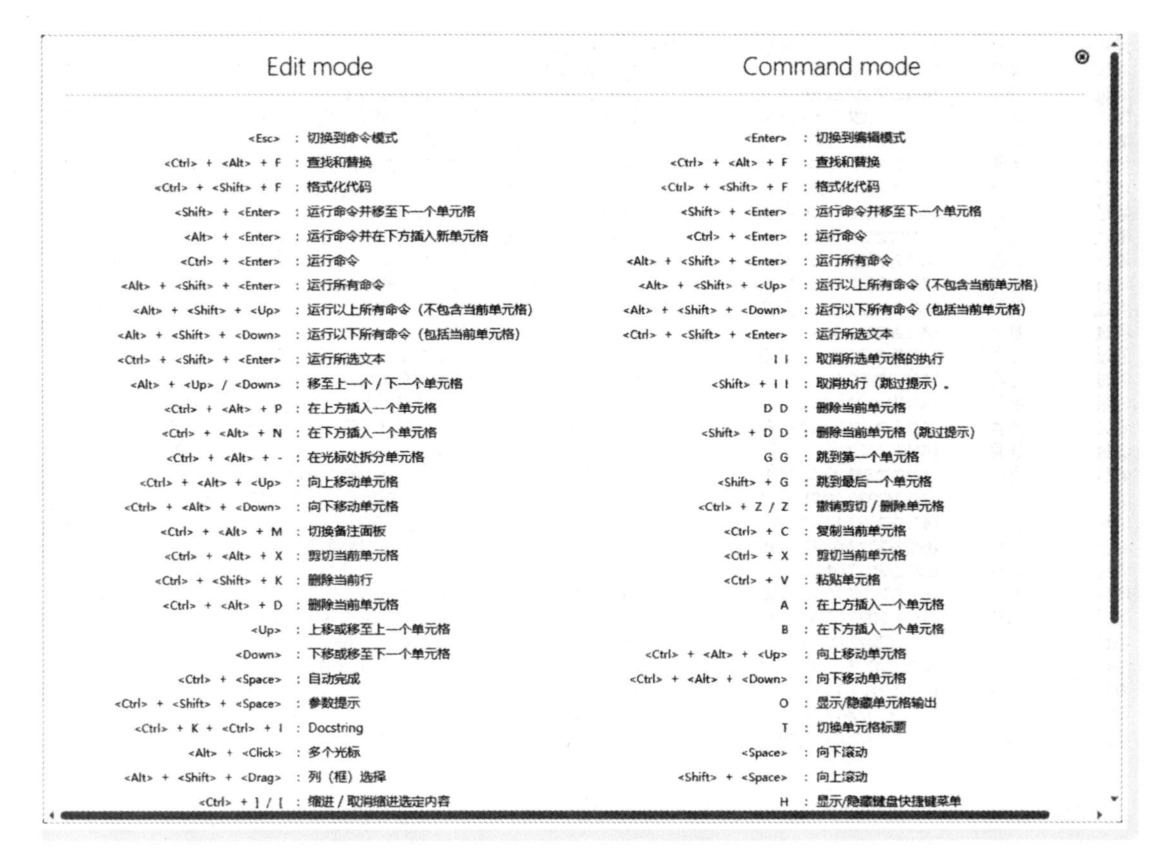

Edit mode
Command mode
<Esc> : 切换到命令模式
<Ctrl> + <Alt> + F : 查找和替换
<Ctrl> + <Shift> + F : 格式化代码
<Shift> + <Enter> : 运行命令并移至下一个单元格
<Alt> + <Enter> : 运行命令并在下方插入新单元格
<Ctrl> + <Enter> : 运行命令
<Alt> + <Shift> + <Enter> : 运行所有命令
<Alt> + <Shift> + <Up> : 运行以上所有命令（不包含当前单元格）
<Alt> + <Shift> + <Down> : 运行以下所有命令（包括当前单元格）
<Ctrl> + <Shift> + <Enter> : 运行所选文本
<Alt> + <Up> / <Down> : 移至上一个 / 下一个单元格
<Ctrl> + <Alt> + P : 在上方插入一个单元格
<Ctrl> + <Alt> + N : 在下方插入一个单元格
<Ctrl> + <Alt> + - : 在光标处拆分单元格
<Ctrl> + <Alt> + <Up> : 向上移动单元格
<Ctrl> + <Alt> + <Down> : 向下移动单元格
<Ctrl> + <Alt> + M : 切换备注面板
<Ctrl> + <Alt> + X : 剪切当前单元格
<Ctrl> + <Shift> + K : 删除当前行
<Ctrl> + <Alt> + D : 删除当前单元格
<Up> : 上移或移至上一个单元格
<Down> : 下移或移至下一个单元格
<Ctrl> + <Space> : 自动完成
<Ctrl> + <Shift> + <Space> : 参数提示
<Ctrl> + K + <Ctrl> + I : Docstring
<Alt> + <Click> : 多个光标
<Alt> + <Shift> + <Drag> : 列（框）选择
<Ctrl> +] / [: 缩进 / 取消缩进选定内容
<Enter> : 切换到编辑模式
<Ctrl> + <Alt> + F : 查找和替换
<Ctrl> + <Shift> + F : 格式化代码
<Shift> + <Enter> : 运行命令并移至下一个单元格
<Ctrl> + <Enter> : 运行命令
<Alt> + <Shift> + <Enter> : 运行所有命令
<Alt> + <Shift> + <Up> : 运行以上所有命令（不包含当前单元格）
<Alt> + <Shift> + <Down> : 运行以下所有命令（包括当前单元格）
<Ctrl> + <Shift> + <Enter> : 运行所选文本
I I : 取消所选单元格的执行
<Shift> + I I : 取消执行（跳过提示）。
D D : 删除当前单元格
<Shift> + D D : 删除当前单元格（跳过提示）
G G : 跳到第一个单元格
<Shift> + G : 跳到最后一个单元格
<Ctrl> + Z / Z : 撤销剪切 / 删除单元格
<Ctrl> + C : 复制当前单元格
<Ctrl> + X : 剪切当前单元格
<Ctrl> + V : 粘贴单元格
A : 在上方插入一个单元格
B : 在下方插入一个单元格
<Ctrl> + <Alt> + <Up> : 向上移动单元格
<Ctrl> + <Alt> + <Down> : 向下移动单元格
O : 显示/隐藏单元格输出
T : 切换单元格标题
<Space> : 向下滚动
<Shift> + <Space> : 向上滚动
H : 显示/隐藏键盘快捷键菜单

● 图 4-10 键盘快捷键

4.1.2 【实战案例】阿凡达电影评价分析

电影《阿凡达·水之道》于 2022 年 12 月 14 日在中国上映，第 1 部的评分、口碑都比较高，第 2 部能否延续？本节将介绍如何使用 Databricks 对该电影的豆瓣短评进行分析。

1. 短评数据集成

通过技术手段从豆瓣网上爬取该电影的短评信息，存放于 AvatarWaterComments.csv 文件中，文件内容包含豆瓣网用户（电影观众）、是否看过、评分、时间、地点、赞同数和评论内容，文件共 1193 条记录，第 1 行为标题行，如图 4-11 所示。

Databricks 通过 DBFS 文件系统实现数据的集成，上传 AvatarWaterComments.csv 文件到 DBFS 系统的/mnt/storage/movies 路径下，由于访问 DBFS 系统的文件像访问本地文件一样简单，所以在 Databricks 中可以通过 dbfs:/mnt/storage/movies/AvatarWaterComments.csv 或者/mnt/storage/movies/AvatarWaterComments.csv 来访问文件。

【说明】Databricks 访问 DBFS 文件系统中的文件时可以使用 dbfs:/filepath 和/filepath 两种方式，如无特殊情况，本书后续均使用/filepath 的方式进行访问。

是否看过	评分	时间	地点	赞同数	评论内容
看过	推荐	14/12/2022 23:39	江苏	10794	说这部续集不好看的人，没有任何一个人攻击画面特效不行。
看过	较差	14/12/2022 17:46	湖北	1248	迪斯尼可以上线新的游乐项目了。
看过	还行	14/12/2022 01:57	美国	5122	失望 故事情节糟糕的一塌糊涂，完全能预测，老套。角色集体没有
看过	还行	14/12/2022 16:01	湖南	4407	上一部砍树，这一部炸鱼。
看过	力荐	15/12/2022 00:04	上海	8625	《阿凡达2》：从张家界到马尔代夫
看过	推荐	14/12/2022 14:10	北京	9068	第一个小时：我们来讲讲《阿凡达2》的故事；第二个小时：给你们
看过	推荐	14/12/2022 22:46	福建	7359	girls help girls，boys 坑死 boys
看过	力荐	14/12/2022 15:43	四川	7488	提心吊胆地来看这等了十三年的《阿凡达2》，要是阳了就变成真正
看过	推荐	16/12/2022 17:45	浙江	4975	众所周知，卡梅隆自身就是一名海底探险家和环保主义者。
看过	还行	17/12/2022 08:45	四川	1672	视效顶级，剧情垃圾。逻辑bug就不说了，所谓的"关于家庭"be like:
看过	还行	16/12/2022 21:20	安徽	1475	都准备星际殖民了，能不能把直升机驾驶舱玻璃换成防弹的啊！！！
看过	推荐	14/12/2022 01:43	北京	4769	如此老套，却又如此好看----神奇----
看过	推荐	14/12/2022 05:51	湖南	3259	虽然比不过横空出世的第一部，但必须承认卡神再一次用精彩的视
看过	力荐	14/12/2022 10:59	北京	5081	你也想起了25年前的那条大船吗
看过	推荐	14/12/2022 17:12	新西兰	2485	为大银幕而生的视听享受，海洋特效杀疯了。卡梅隆的环保主义无
看过	力荐	14/12/2022 12:38	广东	4441	电影品质堪称顶级，但没有了领先世界的震撼感。能够在这样一个
看过	推荐	14/12/2022 18:06	上海	1726	就不提复刻泰坦尼克号了；巨兽追逐、生存学习----和第一部都搞起
看过	力荐	14/12/2022 23:05	陕西	2459	俩干亲家有啥可打的嘛，不如坐下来聊聊彩礼的问题。
看过	力荐	14/12/2022 00:21	湖南	2277	载入史册的第二幕！求大家给给力贡献票房，还想看3.4.5呢，4据说
看过	还行	14/12/2022 17:39	广东	1301	真的觉得特效上的巨人，剧情上的矮子。高帧率和3D感无疑是区别
看过	推荐	16/12/2022 03:47	四川	1379	此起彼伏的咳嗽声可比电影刺激多了！！！
看过	还行	15/12/2022 01:25	江苏	933	3.5，当好莱坞编剧不知道干什么时，就会扭头制造"父子问题"。被
看过	力荐	16/12/2022 23:15	安徽	1977	一些感想和吐槽，剧情上这回实在太长了。
看过	力荐	14/12/2022 01:54	云南	1448	关于阿凡达系列电影不能只谈论电影人物或者故事背后的时代隐喻，
看过	力荐	14/12/2022 00:13	贵州	1072	视觉天花板，比1更有深度，不过元素太多了不好驾驭，很多坑留给
看过	力荐	14/12/2022 10:35	瑞典	811	在瑞典刚刚看完首映 有太多想说的点 绝对值票价 特效真的是无以伦
看过	力荐	15/12/2022 15:47	上海	651	看完心凉了--和米国在电影上可能要差一两百年的水平了😩😩😩前几
看过	还行	16/12/2022 13:18	北京	942	格局比第一部小。不如叫《阿凡达-爱鲲》
看过	力荐	16/12/2022 03:59	浙江	624	图鲲的镜头出现就情绪就忍不住了，什么叫大道至简，就是用最顶级

● 图 4-11　阿凡达电影短评

在工作区创建一个名为 Avatar 的笔记本，编写 Spark 代码，运行并探索数据。

2. 依赖软件安装

Databricks 内置数据可视化库，不需要额外安装可视化库。电影评价分析中涉及评论内容的关键词提取要用到 Python 的中文分词库 jieba，关键词词云图生成要用到 stylecloud，情感分析要用到 snownlp，这 3 个库 Databricks 没有集成，需要手动安装。创建一个单元格，输入命令执行安装，安装命令如下：

```
$ pip install jieba stylecloud snownlp
```

3. 短评数据预览

Spark 提供了 read 功能读取特定格式的数据，csv( )方法用于读取 CSV 格式的文件，读取的数据以二维表格的形式存储，printSchema( )方法用于打印二维表格的架构（Schema）信息，Databricks 提供的 display( )方法用于数据可视化呈现。创建一个单元格，编写 Spark 代码实现读取数据并预览，代码如下：

```
df = spark.read.csv("/mnt/storage/movies/AvatarWaterComments.csv", header=True)
df.printSchema()
display(df)
```

执行单元格代码，在单元格输出区域呈现了数据的 Schema 信息和可视化的表格数据，如图 4-12

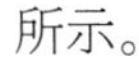

所示。

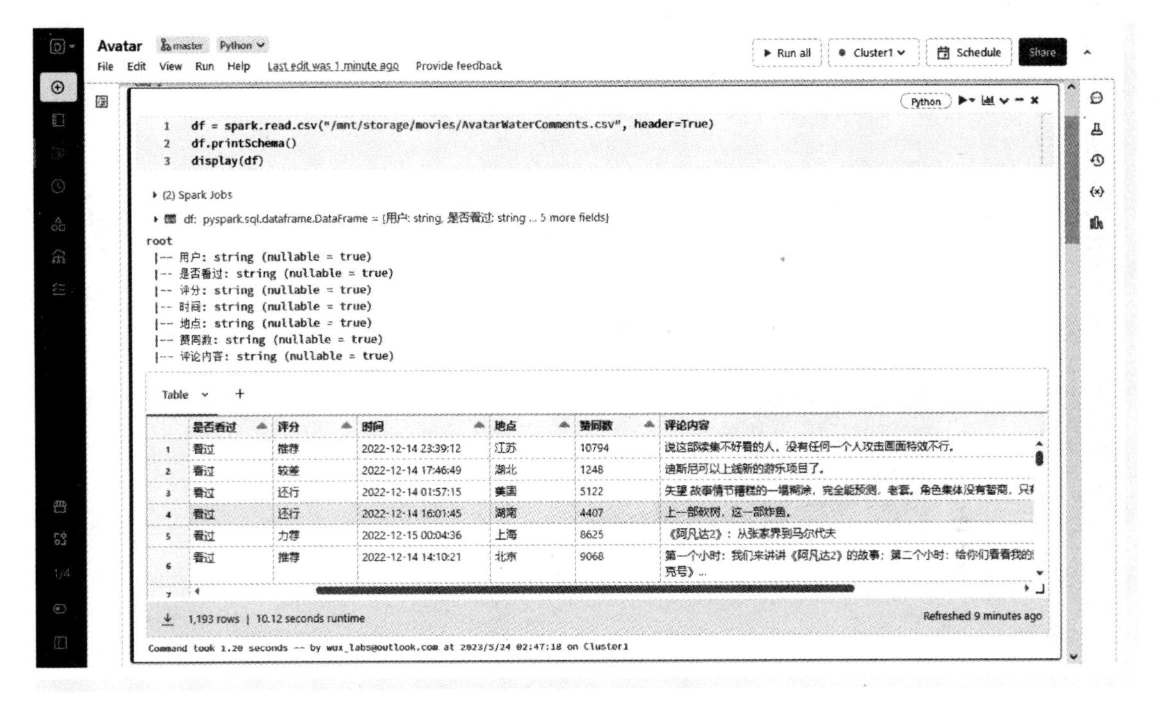

• 图 4-12 阿凡达电影短评预览

4. 评分数据分布

电影短评数据集的第 3 列是观众对电影的打星数据，其中，1 星是很差，2 星是较差，3 星是还行，4 星是推荐，5 星是力荐。创建一个单元格，编写 Spark 代码，对观众做了星级评分的数据进行统计，代码如下：

```
display(df.select(df["评分"]).where(df["评分"] != ""))
```

执行单元格代码，评分数据分布结果如图 4-13 所示。

从评分数据分布来看，大部分观众给出的电影评分集中在 5 星、4 星和 3 星，5 星最多，电影评价总体还不错。

5. 评论内容词云

词云是通过提取评论内容中的关键词形成关键词云层，对出现频率较高的关键词做视觉上的突出展示。电影评论内容是连续书写的，要提取关键词，需要对评论内容按照特定的方法来获得每一个词组，这种方法叫作分词。jieba 是一个优秀的中文分词库，jieba.cut( ) 方法可以对中文文本进行精确切分，形成不冗余的词组。jieba 是一个 Python 类库，运行在单机环境下，在 Spark 集群环境中注册自定义函数可以让 jieba 运行于集群环境。stylecloud 是一个用来做词云图的 Python 类库，stylecloud.gen_stylecloud( ) 方法可以对一段词组文本生成词云图，生成的词云图可以指定图的大小、颜色、词组个数、字体大小、图片形状及保存路径等。创建一个单元格，编写 Spark 代码，使用自定义函数对观众

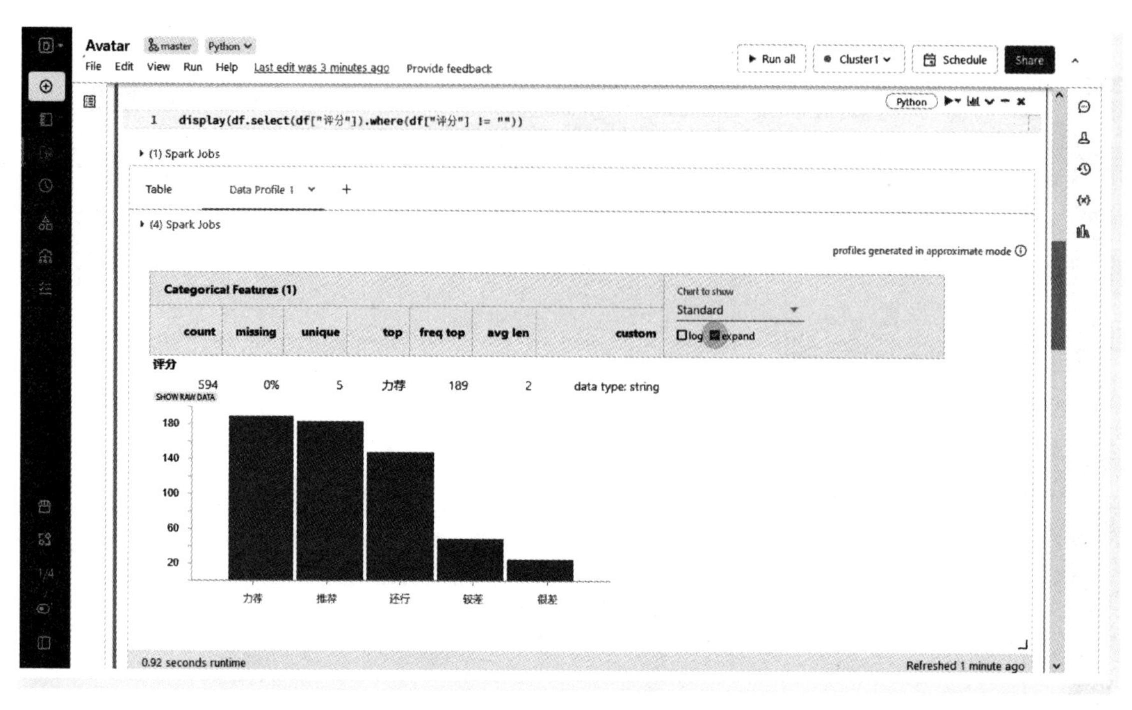

● 图 4-13　评分数据分布

评论进行分词拆分，生成观众评论关键词。代码如下：

```
import jieba
from pyspark.sql import functions as F
from pyspark.sql.types import ArrayType, StringType

# 自定义函数用于中文分词
def seg_sentence(content):
return [i for i in jieba.cut(content)]

# 注册自定义函数
seg_sentence=F.udf(seg_sentence,ArrayType(StringType()))

words = " ".join(df.select(seg_sentence('评论内容').alias("words")) \
    .rdd.flatMap(lambda x: x.words).collect())
```

执行单元格代码，words 中存储的是从观众评论内容中提取的关键词。创建一个单元格，使用 stylecloud 生成观众评论内容词云图，代码如下：

```
from stylecloud import gen_stylecloud

# 生成词云图
gen_stylecloud(
    text=words,size=(800,600),icon_name='fas fa-dragon',
    max_font_size=100,max_words=2000,
```

```
    output_name='/dbfs/FileStore/AvatarCloud.png',
    font_path="../../../SimHei.ttf",collocations=True,
    custom_stopwords={'你','我','也','是','的','了','都','在','但','和','有'}
)
```

执行单元格代码，生成的评论内容词云图将保存在/dbfs/FileStore/AvatarCloud.png。创建一个单元格，通过语言魔法命令设置单元格语言为 MarkDown，编写 MarkDown 文档代码，呈现生成的词云图，代码如下：

```
%md
![Avatar 评论词云图](files/AvatarCloud.png)
```

单元格将呈现词云图，如图 4-14 所示。

● 图 4-14　评论内容词云

电影的热词主要有阿凡达、卡梅隆、人类、剧情、特效、故事等。

6. 观众情感分析

情感分析是指通过文本来挖掘人们对于产品、服务、事件等的观点、情感倾向、态度等。根据不同文本内容的语义，每个词有不同的情感倾向，情感分析对不同的文本进行分析后返回 0 到 1 之间的情感分值，值越大表示倾向越积极。SnowNLP 是一个 Python 类库，可以方便地处理中文文本内容，SnowNLP 的特性包括分词、词性标注、繁简转换等，情感分析也是 SnowNLP 的特性之一，SnowNLP.sentiments 用于返回文本内容的情感分值。注册自定义函数，可以使情感分析运行在 Spark 集群环境下。创建一个单元格，编写 Spark 代码，对观众评论内容做情感分析，代码如下：

```
from snownlp import SnowNLP
from pyspark.sql import functions as F
```

```
from pyspark.sql.types import DoubleType

# 自定义函数用于计算情感
def sentiments(content):
return SnowNLP(str(content)).sentiments

# 注册自定义函数
sentiments=F.udf(sentiments,DoubleType())

display(df.select(sentiments('评论内容')))
```

执行单元格代码，观众情感分析结果如图 4-15 所示。

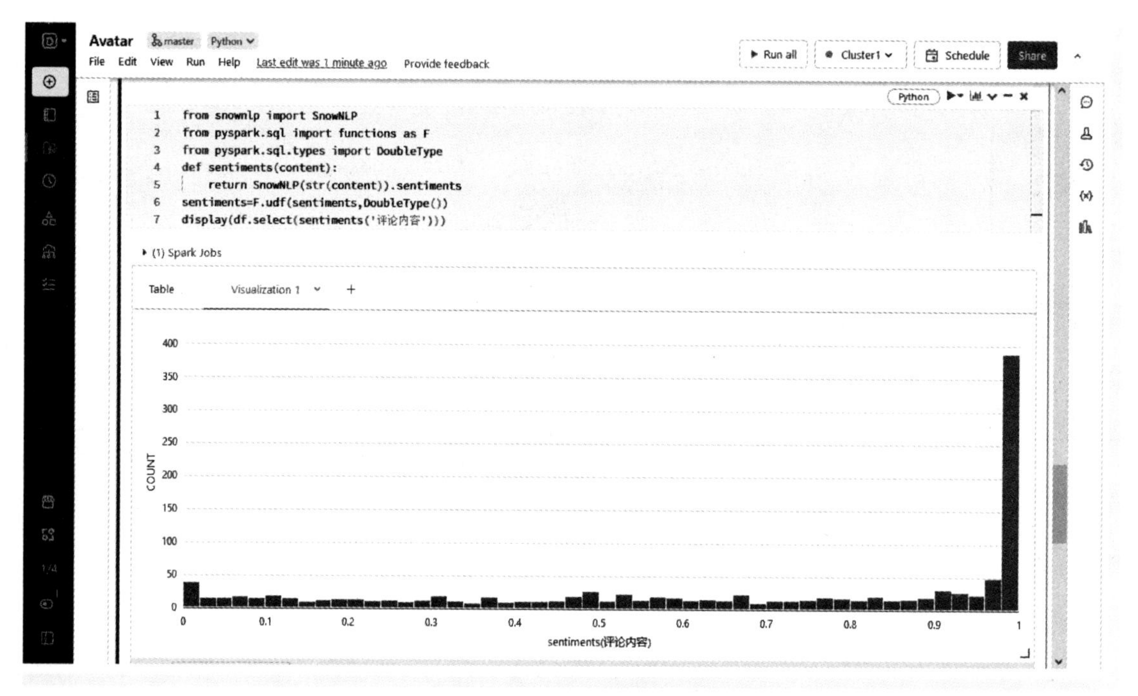

● 图 4-15　观众情感分析

分析发现，观众评论的情感值在 0.98 到 1 之间分布最多，远高于其他区间，积极的评论占比最多，电影的整体评价很积极。

7. 评论点赞分布

在观众对电影进行评论后，评论内容公开显示在评论区，其他人可以查看评论内容，为自己认同的观众评论点赞，形成点赞数据。创建一个单元格，编写 Spark 代码，对观众评论区的点赞数据进行分析，按点赞数量的多少将数据分成几个区间，对区间数据量进行统计，代码如下：

```
df.createOrReplaceTempView('comments')

display(spark.sql("select case when `赞同数` < 100 then '小于 100' when `赞同数` between 100 and
199 then '100 至 200' when `赞同数` between 200 and 499 then '200 至 500' when `赞同数` between 500
```

```
and 999 then '500 至 1000' when `赞同数` >= 1000 then '超过 1000' end as `点赞数`,count(`赞同数`)
from comments group by case when `赞同数` < 100 then '小于 100' when `赞同数` between 100 and 199
then '100 至 200' when `赞同数` between 200 and 499 then '200 至 500' when `赞同数` between 500 and
999 then '500 至 1000' when `赞同数` >= 1000 then '超过 1000' end"))
```

执行单元格代码，评论点赞分布结果如图 4-16 所示。

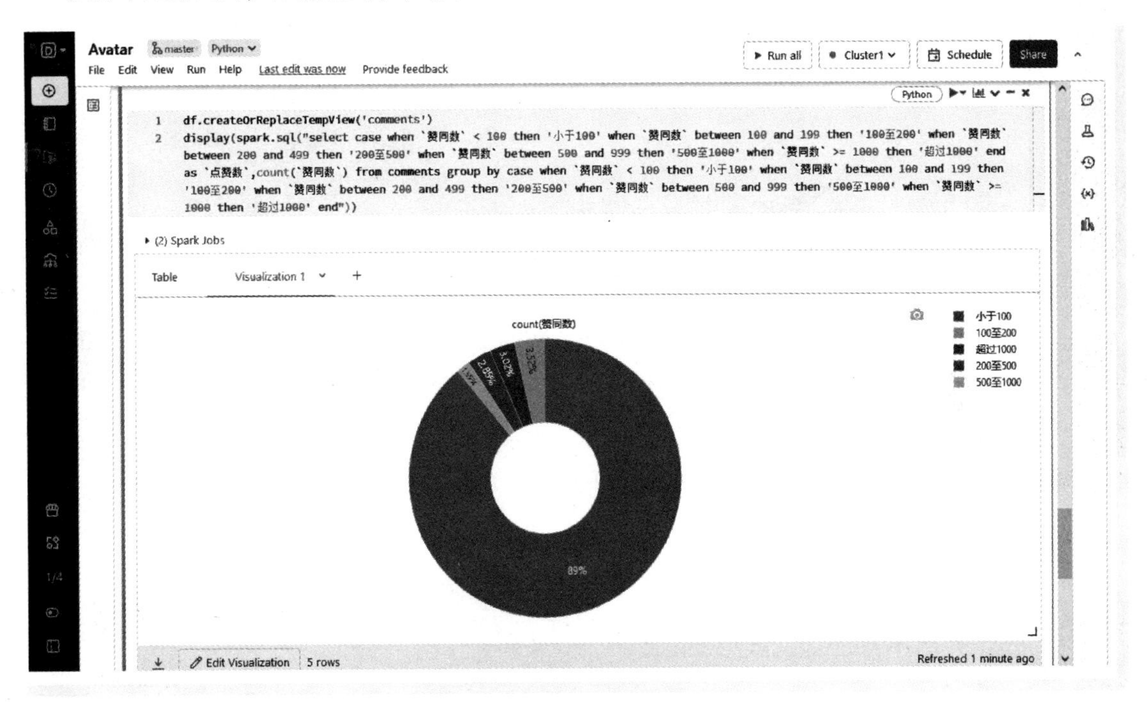

● 图 4-16　评论点赞分布

分析结果显示，评论点赞数整体不高，89%的评论点赞数都在 100 以下，点赞数超过 1000 的只有 36 条，点赞数超过 500 的也只有 55 条。

8. 热评点赞分布

对点赞数超过 1000 的 36 条评论，按点赞数排名，取前 20 条数据的点赞数分布进行分析。创建一个单元格，编写 Spark 代码，获取点赞数大于 1000 的前 20 条点赞数据，按点赞数从高到低排序，代码如下：

```
df.createOrReplaceTempView('comments')

display(spark.sql("select replace('TOP' || (100 + row_number() over(order by cast(`赞同数` as
int) desc)),'TOP1','TOP') as `热评`, cast(`赞同数` as int) from comments where `赞同数` > 1000
limit 20"))
```

执行单元格代码，热评点赞分布结果如图 4-17 所示。

点赞最多的前 20 条评论中，点赞最高的是 10794，最低的是 2277，数据分布走势平稳，无太大波折。

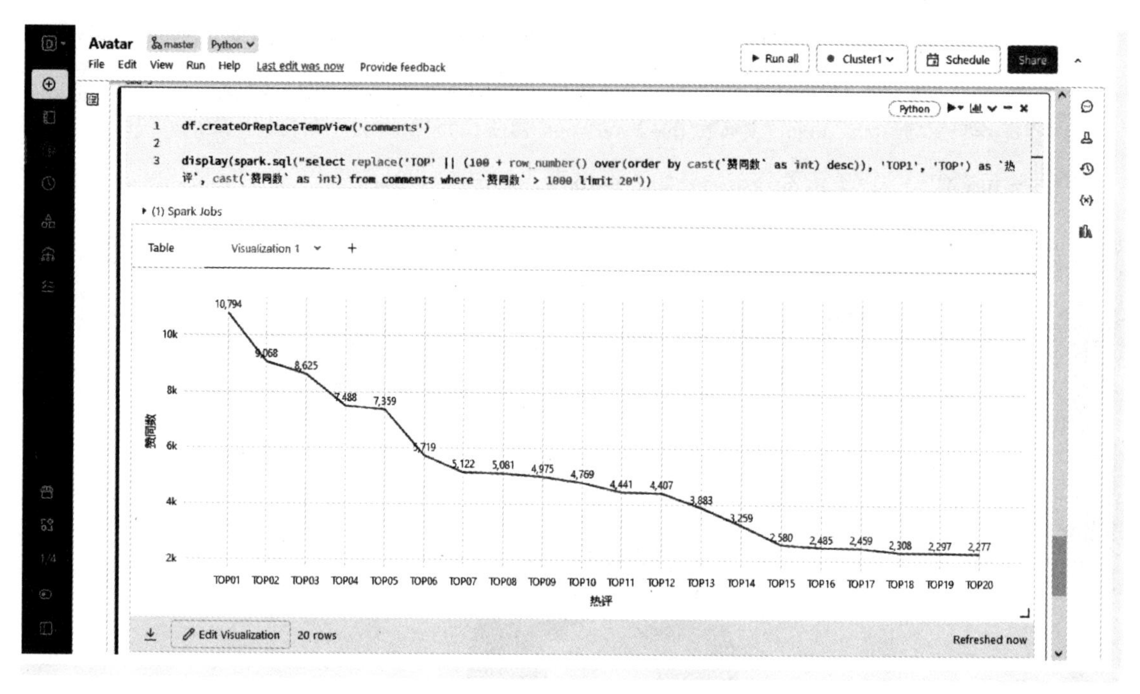

图 4-17　热评点赞分布

4.2 使用 JupyterLab 探索数据

Databricks 提供的是全托管的 SaaS 服务，数据及计算需要整合到公有云上，无法使用企业自建的 Spark 集群环境。很多时候企业希望充分利用自建的 Spark 集群环境，敏感数据也不能直接整合到公有云，拥有一套可以自托管的环境非常必要。JupyterLab 是一个基于 Web 的交互式计算环境，与 Databricks 一样，JupyterLab 采用笔记本组织代码，在单元格中编写代码，支持多种编程语言编写，在笔记本中运行代码，在笔记本中做计算结果呈现和数据可视化。除了开发、运行和结果呈现方式与 Databricks 一样，JupyterLab 还可以整合自建的 Spark 集群环境，充分利用企业的大数据平台，防止敏感数据外泄等，并且 JupyterLab 还是一个开源、免费、可以自托管的环境。

4.2.1　创建虚拟环境

JupyterLab 运行在 Python 环境下，安装 JupyterLab 要安装很多依赖的 Python 类库，因此最好创建一个新的 Python 虚拟环境来安装 JupyterLab，实现与其他 Python 项目的环境隔离，防止类库版本冲突。在 Spark on YARN 模式的 Spark 集群中，3 台服务器都安装了 Spark 软件且配置了环境变量，在 3 台服务器上都创建名叫 JupyterSpark 的 Python 虚拟环境，安装 JupyterLab，通过 node1 作为客户端来访问 Spark 集群。

【说明】以下步骤在 3 台服务器同时执行。

采用 Anaconda 3 安装 Python 3 环境，使用 conda env 命令来管理虚拟环境，创建虚拟环境的命令如下：

```
$ conda create --name JupyterSpark python=3.8.10
```

等待命令执行完成，执行命令激活新创建的虚拟环境，命令如下：

```
$ conda activate JupyterSpark
```

若安装 Python 3 没有采用 Anaconda 3 则不能使用 conda 命令，Python 3 提供了 python3 -m venv 命令来管理虚拟环境，使用该命令前先安装 venv，命令如下：

```
$ sudo apt-get install -y python3.8-venv
```

使用 venv 创建虚拟环境，必须指定的参数是虚拟环境的安装路径，在 hadoop 用户的用户目录下创建虚拟环境 JupyterSpark，指定路径/home/hadoop/JupyterSpark，命令如下：

```
$ python3 -m venv /home/hadoop/JupyterSpark
```

虚拟环境创建成功后需要激活才能使用，激活命令如下：

```
$ source /home/hadoop/JupyterSpark/bin/activate
```

虚拟环境被成功激活后，用户命令行提示符前面会出现虚拟环境名称标志，如图 4-18 所示。

```
hadoop@node1:~$ python3 -m venv /home/hadoop/JupyterSpark
hadoop@node1:~$ source /home/hadoop/JupyterSpark/bin/activate
(JupyterSpark) hadoop@node1:~$ python3 --version
Python 3.8.10
(JupyterSpark) hadoop@node1:~$
```

● 图 4-18 Python 虚拟环境

Spark 应用程序中会用到 pyspark 库，使用 pip 命令在虚拟环境中安装 pyspark，命令如下：

```
$ pip install pyspark==3.4.0
```

除了开发 Spark 应用程序必须用到的库，在做数据分析时，还会用到其他库，也需要在虚拟环境中安装，命令如下：

```
$ pip install numpy pandas matplotlib seaborn pyecharts folium jieba stylecloud snownlp mysql-connector-python pymysql kafka-python
```

4.2.2 安装 JupyterLab

JupyterLab 的安装并不复杂，像安装 Python 的其他库一样安装即可，安装完成后需要对它进行一些配置，以方便我们进行远程访问。

1. 安装软件

在 node1 上使用 pip 命令在激活的 Python 虚拟环境中安装 JupyterLab，命令如下：

```
$ pip install jupyterlab
```

安装过程中会自动下载安装 JupyterLab 依赖的软件包，如图 4-19 所示。

```
(JupyterSpark) hadoop@node1:~$ pip install jupyterlab
Collecting jupyterlab
  Downloading jupyterlab-4.0.0-py3-none-any.whl (9.2 MB)
     |████████████████████████████████| 9.2 MB 28.6 MB/s
Collecting ipykernel
  Downloading ipykernel-6.23.1-py3-none-any.whl (152 kB)
     |████████████████████████████████| 152 kB 73.8 MB/s
Collecting traitlets
  Downloading traitlets-5.9.0-py3-none-any.whl (117 kB)
     |████████████████████████████████| 117 kB 74.2 MB/s
Collecting jupyter-core
  Downloading jupyter_core-5.3.0-py3-none-any.whl (93 kB)
     |████████████████████████████████| 93 kB 1.8 MB/s
Collecting async-lru>=1.0.0
  Downloading async_lru-2.0.2-py3-none-any.whl (5.7 kB)
Collecting notebook-shim>=0.2
  Downloading notebook_shim-0.2.3-py3-none-any.whl (13 kB)
Collecting importlib-metadata>=4.8.3; python_version < "3.10"
  Downloading importlib_metadata-6.6.0-py3-none-any.whl (22 kB)
Collecting jupyter-lsp>=2.0.0
  Downloading jupyter_lsp-2.1.0-py3-none-any.whl (64 kB)
     |████████████████████████████████| 64 kB 3.2 MB/s
Requirement already satisfied: importlib-resources>=1.4; python_version < "3.9" in ./JupyterSpark/lib/python3.8/site-packages (from jupyterlab) (5.12.0)
Requirement already satisfied: packaging in ./JupyterSpark/lib/python3.8/site-packages (from jupyterlab) (23.1)
Collecting jupyter-server<3,>=2.4.0
```

● 图 4-19　安装 JupyterLab

JupyterLab 安装结束时日志中会打印出已安装的依赖软件，如图 4-20 所示。

```
Collecting pycparser
  Downloading pycparser-2.21-py2.py3-none-any.whl (118 kB)
     |████████████████████████████████| 118 kB 75.5 MB/s
Installing collected packages: traitlets, matplotlib-inline, debugpy, platformdirs, jupyter-core, pyzmq, psutil, nest-asyncio, comm, tornado, importlib-m
etadata, jupyter-client, pygments, executing, asttokens, pure-eval, stack-data, typing-extensions, decorator, backcall, parso, jedi, pickleshare, ptyproc
ess, pexpect, prompt-toolkit, ipython, ipykernel, async-lru, prometheus-client, websocket-client, sniffio, anyio, mistune, fastjsonschema, attrs, pyrsist
ent, pkgutil-resolve-name, jsonschema, nbformat, webencodings, bleach, nbclient, tinycss2, defusedxml, soupsieve, beautifulsoup4, jupyterlab-pygments, pa
ndocfilters, nbconvert, send2trash, python-json-logger, rfc3339-validator, rfc3986-validator, pyyaml, jupyter-events, terminado, jupyter-server-terminals
, pycparser, cffi, argon2-cffi-bindings, argon2-cffi, jupyter-server, notebook-shim, jupyter-lsp, tomli, json5, babel, jupyterlab-server, jupyterlab
Successfully installed anyio-3.6.2 argon2-cffi-21.3.0 argon2-cffi-bindings-21.2.0 asttokens-2.2.1 async-lru-2.0.2 attrs-23.1.0 babel-2.12.1 backcall-0.2.
0 beautifulsoup4-4.12.2 bleach-6.0.0 cffi-1.15.1 comm-0.1.3 debugpy-1.6.7 decorator-5.1.1 defusedxml-0.7.1 executing-1.2.0 fastjsonschema-2.17.1 importli
b-metadata-6.6.0 ipykernel-6.23.1 ipython-8.12.2 jedi-0.18.2 json5-0.9.14 jsonschema-4.17.3 jupyter-client-8.2.0 jupyter-core-5.3.0 jupyter-events-0.6.3
jupyter-lsp-2.1.0 jupyter-server-2.5.0 jupyter-server-terminals-0.4.4 jupyterlab-4.0.0 jupyterlab-pygments-0.2.2 jupyterlab-server-2.22.1 matplotlib-inli
ne-0.1.6 mistune-2.0.5 nbclient-0.8.0 nbconvert-7.4.0 nbformat-5.8.0 nest-asyncio-1.5.6 notebook-shim-0.2.3 pandocfilters-1.5.0 parso-0.8.3 pexpect-4.8.0
 pickleshare-0.7.5 pkgutil-resolve-name-1.3.10 platformdirs-3.5.1 prometheus-client-0.17.0 prompt-toolkit-3.0.38 psutil-5.9.5 ptyprocess-0.7.0 pure-eval-
0.2.2 pycparser-2.21 pygments-2.15.1 pyrsistent-0.19.3 python-json-logger-2.0.7 pyyaml-6.0 pyzmq-25.0.2 rfc3339-validator-0.1.4 rfc3986-validator-0.1.1 s
end2trash-1.8.2 sniffio-1.3.0 soupsieve-2.4.1 stack-data-0.6.2 terminado-0.17.1 tinycss2-1.2.1 tomli-2.0.1 tornado-6.3.2 traitlets-5.9.0 typing-extension
s-4.6.1 webencodings-0.5.1 websocket-client-1.5.2
(JupyterSpark) hadoop@node1:~$
```

● 图 4-20　JupyterLab 安装完成

2. 配置远程访问

JupyterLab 安装在服务器上，而使用 JupyterLab 是在本地客户端，JupyterLab 默认只能通过 localhost 访问，本地客户端无法直接访问。JupyterLab 支持用户自定义配置，允许使用配置项 c.ServerApp.ip 指定哪些 IP 地址可以访问 JupyterLab，通过命令生成配置文件，命令如下：

```
$ jupyter lab --generate-config
```

生成的配置文件默认存放在/home/hadoop/.jupyter/目录，文件名为 jupyter_lab_config.py，配置项 c.ServerApp.ip 的值默认是 localhost，如图 4-21 所示。

```
(JupyterSpark) hadoop@node1:~$ jupyter lab --generate-config
Writing default config to: /home/hadoop/.jupyter/jupyter_lab_config.py
(JupyterSpark) hadoop@node1:~$ ls .jupyter/
jupyter_lab_config.py
(JupyterSpark) hadoop@node1:~$ grep 'c.ServerApp.ip' ~/.jupyter/jupyter_lab_config.py
# c.ServerApp.ip = 'localhost'
(JupyterSpark) hadoop@node1:~$
```

● 图 4-21 JupyterLab 配置

编辑配置文件，设置配置项 c.ServerApp.ip，允许从任意 IP 地址访问 JupyterLab，编辑命令如下：

```
$ vi /home/hadoop/.jupyter/jupyter_lab_config.py
```

修改完成后的配置文件内容如下：

```
c = get_config()
c.ServerApp.ip = '*'
```

3. 配置密码访问

JupyterLab 启动后默认使用 Token 进行访问，Token 是一个 48 位长度的字符串，每次启动 JupyterLab，Token 值都不一样，如图 4-22 所示。

```
[I 2023-05-25 02:00:06.229 ServerApp] Jupyter Server 2.5.0 is running at:
[I 2023-05-25 02:00:06.229 ServerApp] http://localhost:8888/lab?token=d1f8cbe45a1a8ed5d294c9dcfea4852cf716243abb52e24b
[I 2023-05-25 02:00:06.229 ServerApp]     http://127.0.0.1:8888/lab?token=d1f8cbe45a1a8ed5d294c9dcfea4852cf716243abb52e24b
[I 2023-05-25 02:00:06.229 ServerApp] Use Control-C to stop this server and shut down all kernels (twice to skip confirmation).
[W 2023-05-25 02:00:06.234 ServerApp] No web browser found: Error('could not locate runnable browser').
[C 2023-05-25 02:00:06.234 ServerApp]

    To access the server, open this file in a browser:
        file:///home/hadoop/.local/share/jupyter/runtime/jpserver-13658-open.html
    Or copy and paste one of these URLs:
        http://localhost:8888/lab?token=d1f8cbe45a1a8ed5d294c9dcfea4852cf716243abb52e24b
        http://127.0.0.1:8888/lab?token=d1f8cbe45a1a8ed5d294c9dcfea4852cf716243abb52e24b
```

● 图 4-22 JupyterLab Token

按照提示，复制带有 Token 的 URL 地址，修改 IP 地址为 10.0.0.5 或者 node1，得到可远程访问的 URL 地址，通过浏览器访问该地址，正常打开 JupyterLab 主界面，如图 4-23 所示。

保持 URL 地址不变，去掉 URL 中的 Token 参数重新访问该地址，则不会直接打开主界面，而是打开了一个密码输入界面，要求输入密码才能访问，如图 4-24 所示。

为 JupyterLab 设置一个简单且便于记忆的密码，访问 JupyterLab 时可以通过密码访问，无需记住不便记忆的无规律的 Token 字符串。通过 JupyterLab 提供的命令，生成配置文件，命令如下：

```
$ jupyter notebook password
```

File Edit View Run Kernel Tabs Settings Help
Launcher
Notebook
Python 3 (ipykernel)
Console
Python 3 (ipykernel)
Other
Terminal
Text File
Markdown File
Python File
Show Contextual Help
Simple
Launcher 1

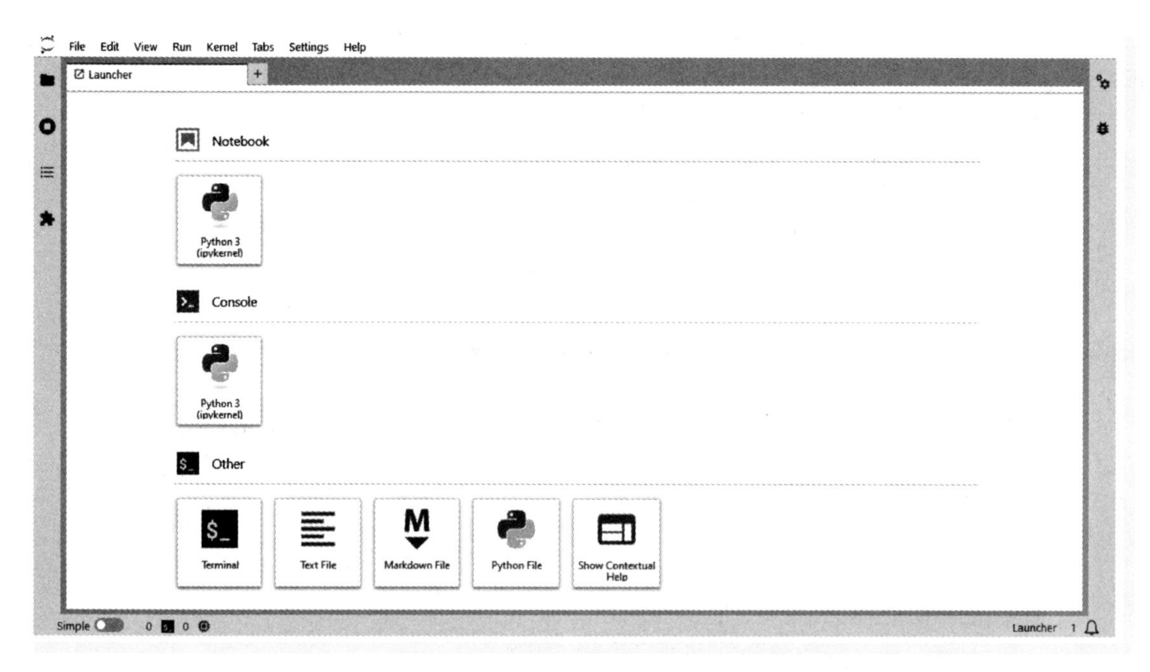

● 图 4-23 带 Token 访问 JupyterLab

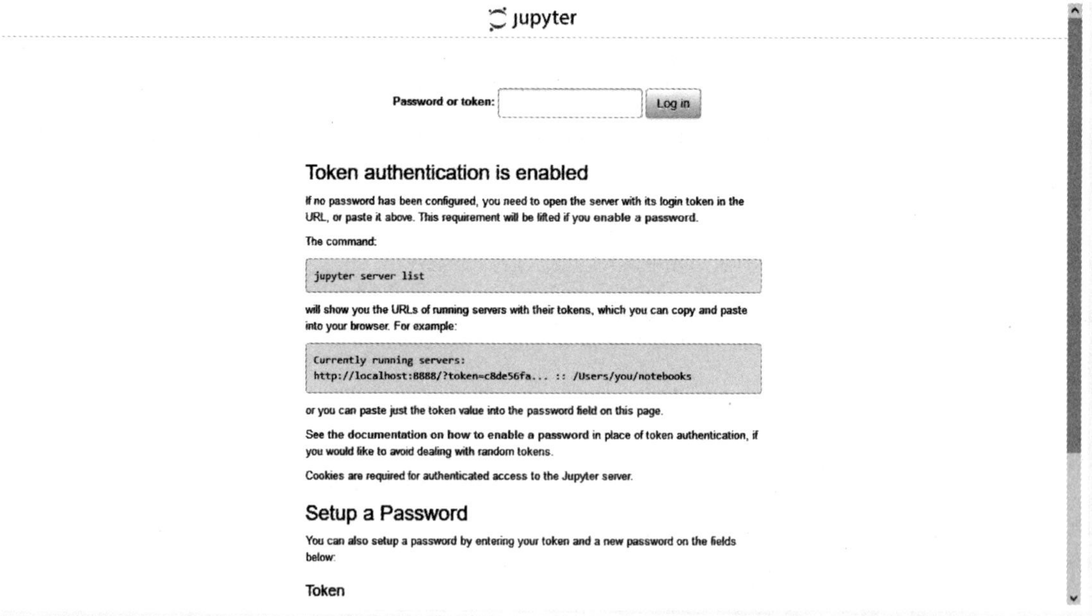

jupyter
Password or token:
Log in
Token authentication is enabled
If no password has been configured, you need to open the server with its login token in the URL, or paste it above. This requirement will be lifted if you enable a password.
The command:
jupyter server list
will show you the URLs of running servers with their tokens, which you can copy and paste into your browser. For example:
Currently running servers:
http://localhost:8888/?token=c8de56fa... :: /Users/you/notebooks
or you can paste just the token value into the password field on this page.
See the documentation on how to enable a password in place of token authentication, if you would like to avoid dealing with random tokens.
Cookies are required for authenticated access to the Jupyter server.
Setup a Password
You can also setup a password by entering your token and a new password on the fields below:
Token

● 图 4-24 无 Token 访问 JupyterLab

在提示输入密码的地方，输入 jupyter 作为密码，按〈Enter〉键后再次输入 jupyter 确认密码。命令执行完成，默认将密码的哈希字符串记录到.jupyter/jupyter_notebook_config.json 文件中，文件内容

如下：

```
{
  "NotebookApp": {
    "password": "argon2:$argon2id$v=19$m=10240,t=10,p=8$WKmSKaN7EyYdCZdZ3i7uxw$0DmFB4
sXKFqCu7psx5Vtwi8149qfdil0yL2h1vb12pw"
  }
}
```

复制该文件中密码的哈希字符串，在 JupyterLab 的配置文件 jupyter_lab_config.py 中添加配置项 c.ServerApp.password，配置项的值就是复制的哈希字符串，添加完配置项后，配置文件 jupyter_lab_config.py 的文件内容如下：

```
c = get_config()
c.ServerApp.ip = '*'
c.ServerApp.password = u'argon2:$argon2id$v=19$m=10240,t=10,p=8$WKmSKaN7EyYdCZdZ3i7
uxw$0DmFB4sXKFqCu7psx5Vtwi8149qfdil0yL2h1vb12pw'
```

4. 启动 JupyterLab

完成远程访问配置和密码访问配置，JupyterLab 的基本配置项就配置完成。执行命令启动 JupyterLab 环境，命令如下：

```
$ jupyter lab
```

等待启动完成，JupyterLab 的默认服务端口是 8888，通过浏览器访问 node1 的该端口打开 JupyterLab 的登录界面，在登录界面输入设置的密码 jupyter，单击 Log in 按钮登录，登录成功后进入 JupyterLab 的主界面。

4.2.3 集成 Spark 引擎

启动 Spark 交互式解释器环境的命令 pyspark，该命令支持用户指定 Python 解释器，命令内容如下：

```
# Default to standard python3 interpreter unless told otherwise
if [[ -z "$PYSPARK_PYTHON" ]]; then
  PYSPARK_PYTHON=python3
fi
if [[ -z "$PYSPARK_DRIVER_PYTHON" ]]; then
  PYSPARK_DRIVER_PYTHON=$PYSPARK_PYTHON
fi
export PYSPARK_PYTHON
export PYSPARK_DRIVER_PYTHON
export PYSPARK_DRIVER_PYTHON_OPTS
```

从命令内容看，pyspark 命令中涉及 3 个环境变量，pyspark 优先使用环境变量 PYSPARK_DRIVER_PYTHON 指定的解释器，其次使用环境变量 PYSPARK_PYTHON 指定的解释器，如果这两个环境变量均未配置，则 pyspark 使用系统自带的 python3 作为解释器，环境变量 PYSPARK_DRIVER_PYTHON_OPTS 配置的是 Python 解释器环境启动时的一些额外选项。在 node1 上配置环境变量，将 PYSPARK_

DRIVER_PYTHON 设置为 jupyter，将 PYSPARK_PYTHON 设置为/home/hadoop/JupyterSpark/bin/python3，则 pyspark 启动时优先使用 jupyter，如果未安装 jupyter 则使用 JupyterSpark 虚拟环境中的 python3。环境变量配置命令如下：

```
$ vi ~/.bashrc
```

环境变量配置内容如下：

```
export PYSPARK_PYTHON=/home/hadoop/JupyterSpark/bin/python3
export PYSPARK_DRIVER_PYTHON=jupyter
export PYSPARK_DRIVER_PYTHON_OPTS=lab
```

执行命令使环境变量配置生效，命令如下：

```
$ source ~/.bashrc
```

启动 Spark 的交互式解释器环境，指定 master 选项为 yarn，命令如下：

```
$ pyspark --master yarn
```

根据 pyspark 的执行流程，会优先使用 jupyter 作为解释器启动，而不是像之前一样使用 python3，如图 4-25 所示。

```
(JupyterSpark) hadoop@node1:~$ pyspark --master yarn
[I 2023-05-25 02:09:30.324 ServerApp] Package jupyterlab took 0.0000s to import
[I 2023-05-25 02:09:30.336 ServerApp] Package jupyter_lsp took 0.0109s to import
[W 2023-05-25 02:09:30.336 ServerApp] A `_jupyter_server_extension_points` function was not found in jupyter_lsp. Instead, a `_jupyter_server_extension_paths` function was found and will be used for now. This function name will be deprecated in future releases of Jupyter Server.
[I 2023-05-25 02:09:30.341 ServerApp] Package jupyter_server_terminals took 0.0044s to import
[I 2023-05-25 02:09:30.341 ServerApp] Package notebook_shim took 0.0000s to import
[W 2023-05-25 02:09:30.341 ServerApp] A `_jupyter_server_extension_points` function was not found in notebook_shim. Instead, a `_jupyter_server_extension_paths` function was found and will be used for now. This function name will be deprecated in future releases of Jupyter Server.
[I 2023-05-25 02:09:30.342 ServerApp] jupyter_lsp | extension was successfully linked.
[I 2023-05-25 02:09:30.346 ServerApp] jupyter_server_terminals | extension was successfully linked.
[I 2023-05-25 02:09:30.351 ServerApp] jupyterlab | extension was successfully linked.
[I 2023-05-25 02:09:30.533 ServerApp] notebook_shim | extension was successfully linked.
[W 2023-05-25 02:09:30.555 ServerApp] WARNING: The Jupyter server is listening on all IP addresses and not using encryption. This is not recommended.
[I 2023-05-25 02:09:30.556 ServerApp] notebook_shim | extension was successfully loaded.
[I 2023-05-25 02:09:30.558 ServerApp] jupyter_lsp | extension was successfully loaded.
[I 2023-05-25 02:09:30.559 ServerApp] jupyter_server_terminals | extension was successfully loaded.
[I 2023-05-25 02:09:30.559 LabApp] JupyterLab extension loaded from /home/hadoop/JupyterSpark/lib/python3.8/site-packages/jupyterlab
[I 2023-05-25 02:09:30.559 LabApp] JupyterLab application directory is /home/hadoop/JupyterSpark/share/jupyter/lab
[I 2023-05-25 02:09:30.560 LabApp] Extension Manager is 'pypi'.
[I 2023-05-25 02:09:30.563 ServerApp] jupyterlab | extension was successfully loaded.
[I 2023-05-25 02:09:30.564 ServerApp] Serving notebooks from local directory: /home/hadoop
[I 2023-05-25 02:09:30.564 ServerApp] Jupyter Server 2.5.0 is running at:
[I 2023-05-25 02:09:30.564 ServerApp] http://localhost:8888/lab
[I 2023-05-25 02:09:30.564 ServerApp]     http://127.0.0.1:8888/lab
[I 2023-05-25 02:09:30.564 ServerApp] Use Control-C to stop this server and shut down all kernels (twice to skip confirmation).
```

● 图 4-25　pyspark 启动 JupyterLab

通过浏览器访问 node1 的 8888 端口，在登录界面输入密码后打开 JupyterLab 的主界面，选择主界面 Notebook 分组下的 Python 3 创建一个笔记本，该笔记本即为 Spark 的交互式解释器环境，里面自动集成了 SparkContext、SparkSession 等，如图 4-26 所示。

由于启动命令指定了 master 选项为 yarn，所以在 YARN 的 Web 界面可以看到当前的应用程序，如图 4-27 所示。

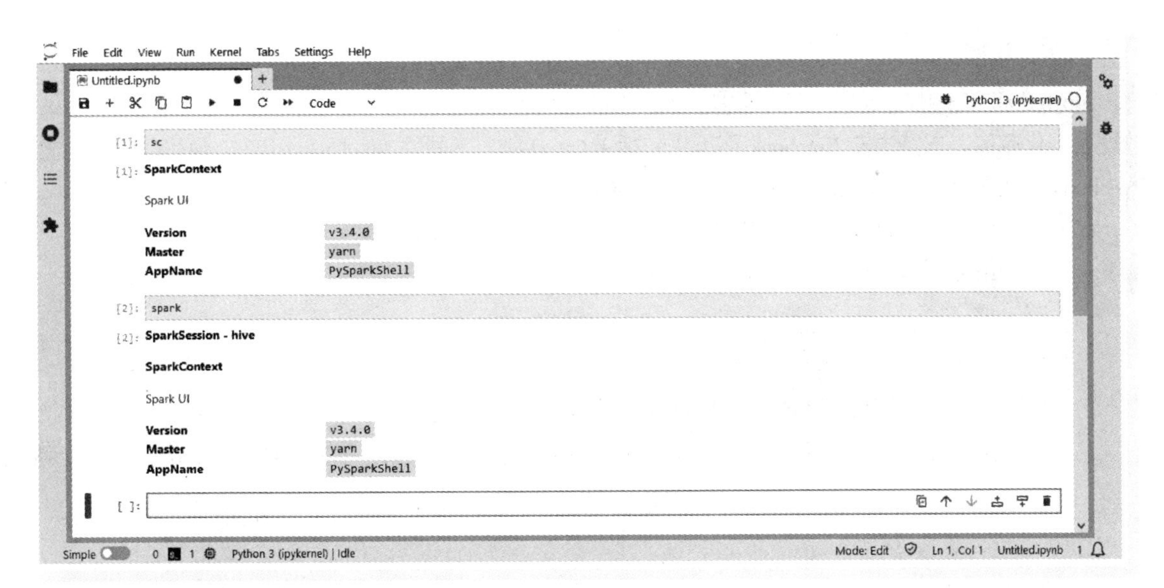

● 图 4-26 JupyterLab 集成 Spark

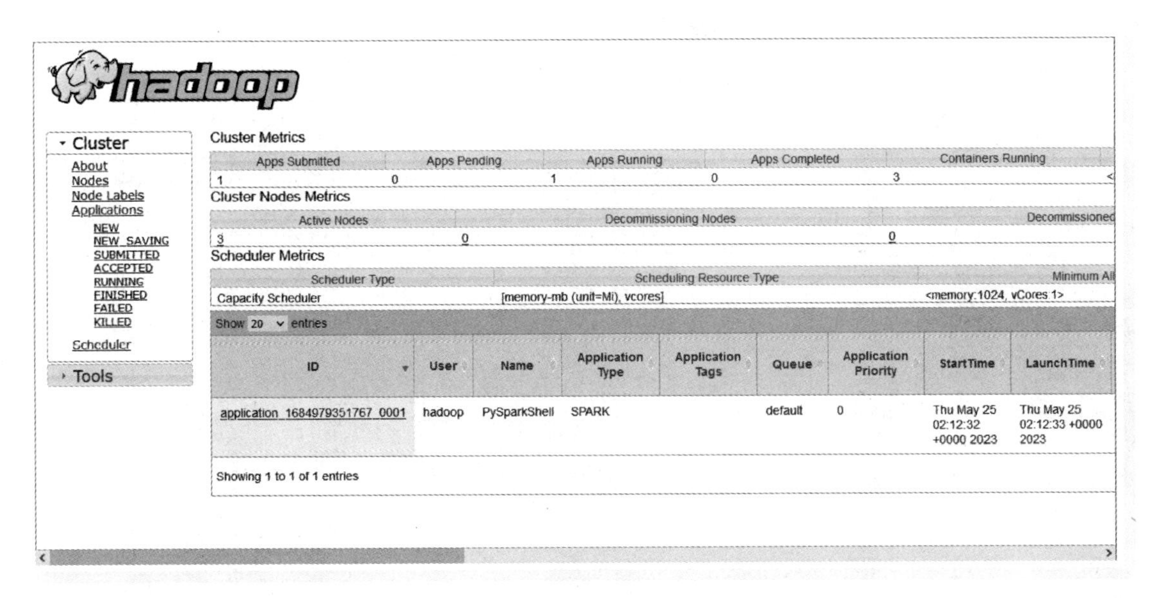

● 图 4-27 YARN 的 Web 界面看到的应用程序

4.2.4 【实战案例】二手房数据分析

买房是大部分人都会经历的事情，房屋价格、所在区域、周边配套等都是买房时需要考虑的因素，掌握必要的房源信息更有助于选择优质的房源。本节将介绍如何使用 JupyterLab 在 Spark 集群上对成都市的二手房源信息进行分析。在 JupyterLab 主界面的 Notebook 分组下单击 Python 3 创建一个笔记本，并重命名为 SecondHouse.ipynb。

1. 可视化库介绍

JupyterLab 没有内置数据可视化工具，无法直接进行数据可视化，需要借助第三方类库。Pyecharts 数据可视化库可以支持主流 Notebook 环境，包括 JupyterLab。不同的 Notebook 环境有不同的渲染要求，Pyecharts 在底层做了适配，JupyterLab 渲染的时候有几点需要注意：

1）必须在引入 pyecharts.charts 等模块前，在顶部声明 Notebook 类型。

创建一个单元，在单元格内声明 Notebook 类型，代码如下：

```
from pyecharts.globals import CurrentConfig, NotebookType
CurrentConfig.NOTEBOOK_TYPE = NotebookType.JUPYTER_LAB
```

2）每次渲染图形的时候先调用 load_javascript，预先加载基本 JavaScript 文件到笔记本中。

3）JupyterLab 中渲染图形需要使用 render_notebook( )方法，并且该方法需要在一个单独的单元格中调用。

2. 房源数据集成

通过技术手段从网上爬取成都市二手房房源信息，存放在 SecondHouses.csv 文件中，文件内容主要包含小区名称、所在区域、房屋总价、房屋单价、房屋户型、房屋朝向、建筑面积等，文件共有 3000 条记录，第 1 行是标题行，如图 4-28 所示。

小区名称	所在区域	所属商圈	房屋总价	房屋单价	房屋户型	房屋朝向	建筑面积	所在楼层	建筑类型	梯户比例
西南电力设计院小区	成华	猛追湾	123	12580	3室1厅1厨1卫	南	97.78㎡	低楼层 (共3层)	板楼	一梯两户
景茂名都东郡	双流	蛟龙港	265	22697	4室2厅1厨3卫	东	116.76㎡	高楼层 (共13层)	板楼	两梯五户
聚星城	青羊	宽窄巷子	548	37504	4室2厅1厨3卫	南	146.12㎡	高楼层 (共11层)	板楼	一梯四户
西区花园花园洋房	郫都	犀浦	158	8637	4室1厅1厨2卫	东北	182.94㎡	高楼层 (共6层)	板塔结合	一梯两户
四季香榭	金牛	西南交大	210	13559	4室2厅1厨2卫	东南	154.88㎡	高楼层 (共9层)	板塔结合	一梯四户
双楠二区	武侯	双楠	86	11876	3室1厅1厨1卫	东 西	72.42㎡	低楼层 (共7层)	板楼	一梯三户
首创万卷山	龙泉驿	大面	135	15962	3室2厅1厨1卫	南 西	84.58㎡	高楼层 (共34层)	板塔结合	三梯八户
双清南路4号	青羊	府南新区	92	11166	3室1厅1厨1卫	南	82.4㎡	高楼层 (共7层)	板楼	一梯两户
绿地468公馆二期	锦江	三圣乡	220	24764	3室2厅1厨1卫	西南	88.84㎡	高楼层 (共29层)	板塔结合	两梯八户
望平街76号	成华	猛追湾	71.5	11017	3室1厅1厨1卫	东南	64.9㎡	中楼层 (共7层)	板楼	一梯两户
祥和里96号	成华	猛追湾	122	12248	3室1厅1厨1卫	西南	99.61㎡	中楼层 (共7层)	板楼	一梯两户
春语华璋	都江堰	都江堰	80	8708	3室3厅1厨3卫	南 北	91.88㎡	高楼层 (共6层)	板塔结合	一梯两户
尚林幸福城	青白江	青白江	88	10076	3室2厅1厨2卫	北	87.34㎡	低楼层 (共18层)	板塔结合	两梯四户
翡翠城五期	锦江	东湖	298	33563	3室2厅1厨2卫	东南	88.79㎡	中楼层 (共32层)	塔楼	两梯四户
碧桂园悦府	双流	蛟龙港	160	17994	3室2厅1厨1卫	东	88.92㎡	中楼层 (共13层)	塔楼	两梯六户
美洲花园棕榈湾	高新	新北	205	19408	3室1厅1厨2卫	东北	105.63㎡	中楼层 (共23层)	板楼	两梯四户
望江橡树林一期	锦江	三官堂	265	29121	2室1厅1厨1卫	南	91㎡	低楼层 (共34层)	板塔结合	两梯六户
合能四季城二期	郫都	犀浦	126	14072	3室2厅1厨1卫	西南	89.54㎡	高楼层 (共29层)	板塔结合	三梯六户
龙锦湾	龙泉驿	十陵	118	16826	2室1厅1厨1卫	南	70.13㎡	中楼层 (共33层)	塔楼	三梯八户
锦丽华庭	双流	文星镇	148	13812	3室2厅1厨2卫	北	107.16㎡	中楼层 (共17层)	板楼	两梯五户
蓝光幸福满庭	郫都	犀浦	115	16519	3室1厅1厨1卫	东南	69.62㎡	中楼层 (共26层)	板塔结合	两梯七户
华侨城纯水岸一期	金牛	华侨城	195	22039	3室1厅1厨1卫	西北	88.48㎡	中楼层 (共25层)	板塔结合	两梯四户
天立世纪华府	彭州	彭州	84	6480	3室2厅1厨2卫	南 北	129.64㎡	低楼层 (共30层)	塔楼	两梯三户
绿地468公馆一期	锦江	三圣乡	228	25860	3室1厅1厨1卫	西北	88.17㎡	中楼层 (共32层)	板塔结合	两梯六户
蓝光圣菲town城	双流	航空港	132	16648	3室2厅1厨1卫	东	79.29㎡	低楼层 (共23层)	板塔结合	两梯七户
川音嘉苑	新都	新都城区	125	9941	3室2厅1厨2卫	北	125.75㎡	中楼层 (共17层)	板塔结合	两梯四户
时代悦城	郫都	郫县城区	80	11363	3室1厅1厨1卫	东南	70.41㎡	低楼层 (共31层)	板塔结合	两梯六户
棕南西街7号	武侯	棕北	86	12185	2室1厅1厨1卫	西北	70.58㎡	低楼层 (共7层)	板楼	一梯六户
杨柳小区	温江	温江老城	65	7539	3室2厅1厨2卫	东	86.22㎡	低楼层 (共7层)	板楼	一梯四户
一环路东四段79号	锦江	合江亭	72	11738	2室1厅1厨1卫	东南	61.34㎡	中楼层 (共7层)	板塔结合	一梯三户

图 4-28　二手房源信息

JupyterLab 部署在自托管的服务器上，使用的是自建 Spark 集群，文件存储使用自建 Hadoop 集群中的 HDFS。上传 SecondHouses.csv 文件到 HDFS 系统的/input/datasets 目录下，在 Spark 中通过 URL 路径 hdfs://node1:8020/input/datasets/SecondHouses.csv 访问文件。

创建一个单元格，编写 Spark 代码，加载房源数据集，代码如下：

```
df = spark.read.csv("hdfs://node1:8020/input/datasets/SecondHouses.csv", header=True)
```

执行单元格代码，df 存储的是 CSV 文件中的房源数据。

3. 房源区域分布

房源数据集中包含房屋的所在区域，通过对所有数据按照所在区域分组，统计区域中房源总数，可以得到某个区域的房源数。创建一个单元格，编写 Spark 代码对房源数据进行统计，代码如下：

```
count = df.groupBy("所在区域").count().orderBy("count", ascending=False)
count.show()
```

执行单元格代码，房源区域分布结果将以表格形式显示每个区域中的房源数量，输出结果如下：

```
+--------+-----+
|所在区域|count|
+--------+-----+
|    成华|  297|
|    郫都|  294|
...
|    彭州|    9|
|    崇州|    4|
+--------+-----+
```

使用 Pyecharts 中的柱状图 Bar 对数据进行可视化呈现，这里以所在区域作为 x 轴，房源总数作为 y 轴来绘制柱状图。创建一个单元格，编写 Spark 代码获取 x 轴和 y 轴数据，代码如下：

```
xaxis_data = count.select("所在区域").collect()
yaxis_data = count.select("count").rdd.flatMap(lambda x: x).collect()
```

执行单元格代码，xaxis_data 存储的是所在区域，yaxis_data 存储的是每个区域的房源数。创建一个单元格，编写代码，生成柱状图并设置 x 轴和 y 轴数据，代码如下：

```
from pyecharts.charts import Bar
import pyecharts.options as opts

bar = Bar() \
        .add_xaxis(xaxis_data) \
        .add_yaxis("房源总数", yaxis_data) \
        .set_global_opts(
            xaxis_opts=opts.AxisOpts(
                axislabel_opts={"interval":"0", "rotate":45}
            )
        )
bar.load_javascript()
```

执行单元格代码，柱状图已经生成。创建一个单元格，调用 render_notebook( ) 方法进行图形渲染，代码如下：

```
bar.render_notebook()
```

执行单元格代码，笔记本中将显示房源区域分布的柱状图，如图 4-29 所示。

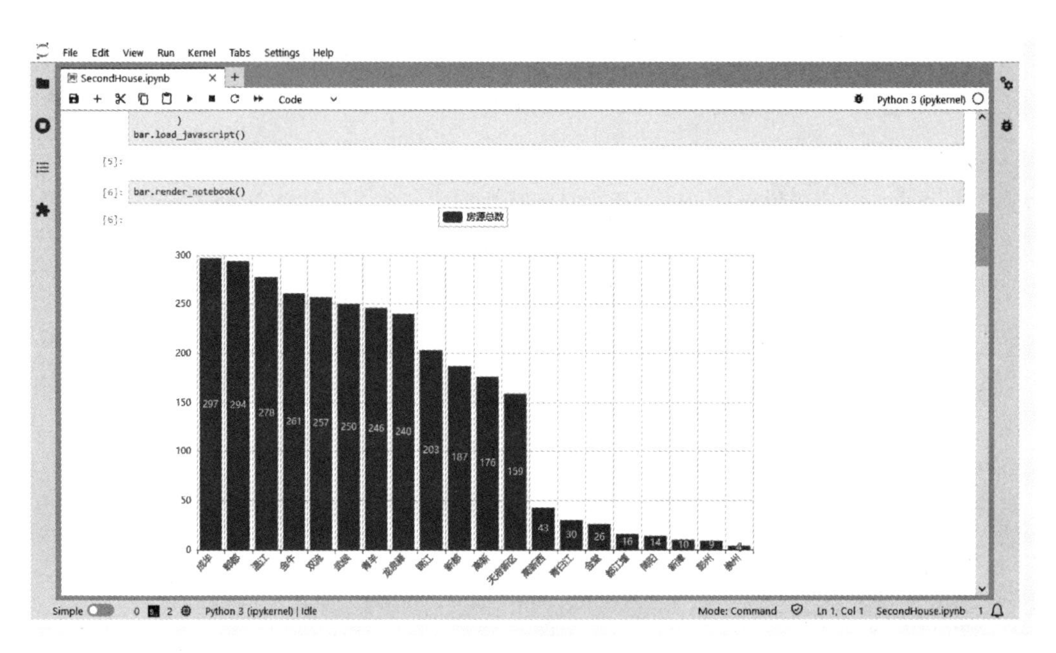

● 图 4-29　房源区域分布

在售房源主要集中在主城区，成华区在售二手房最多，三圈层在售房源很少。

4. 房源价格分布

通过对所有数据按照所在区域分组，收集区域中所有房屋单价，可以得到某个区域的房屋单价列表。创建一个单元格，编写 Spark 代码对房屋单价进行收集，代码如下：

```
from pyspark.sql.functions import collect_list as c_l

price=df.groupBy("所在区域").agg(c_l("房屋单价").alias("price"))
price.show()
```

执行单元格代码，房源价格分布结果将以表格形式显示每个区域中的房屋单价列表，输出结果如下：

```
+--------+--------------------+
|所在区域|               price|
+--------+--------------------+
|    武侯|[11876, 12185, 27...|
|  高新西|[15932, 12311, 10...|
...
|    高新|[19408, 17220, 22...|
|    金堂|[6821, 8131, 7979...|
+--------+--------------------+
```

使用 Pyecharts 中的箱型图 Boxplot 对数据进行可视化呈现，这里以所在区域为 x 轴，房屋单价为 y 轴来绘制箱型图。创建一个单元格，编写 Spark 代码获取所在区域和房源价格列表数据，代码如下：

```
xaxis_data = price.select("所在区域").collect()
prices = price.select("price").rdd.flatMap(lambda x: x).collect()
```

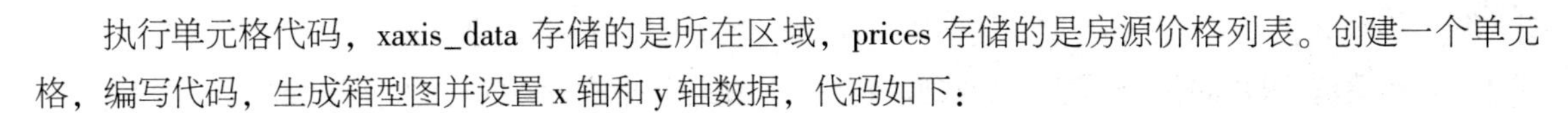

执行单元格代码，xaxis_data 存储的是所在区域，prices 存储的是房源价格列表。创建一个单元格，编写代码，生成箱型图并设置 x 轴和 y 轴数据，代码如下：

```
from pyecharts.charts import Boxplot
import pyecharts.options as opts

yaxis_data = []
for p in prices:
yaxis_data.append(list(map(int, list(p))))

boxplot = Boxplot()
boxplot.add_xaxis(xaxis_data)
boxplot.add_yaxis("房屋单价", boxplot.prepare_data(yaxis_data))
boxplot.set_global_opts(
        xaxis_opts=opts.AxisOpts(
            axislabel_opts={"interval":"0", "rotate":45}
        )
    )

boxplot.load_javascript()
```

执行单元格代码，箱型图已经生成。创建一个单元格调用 render_notebook( ) 方法进行图形渲染，代码如下：

```
boxplot.render_notebook()
```

执行单元格代码，笔记本中将显示区域房屋单价分布的箱型图，如图 4-30 所示。

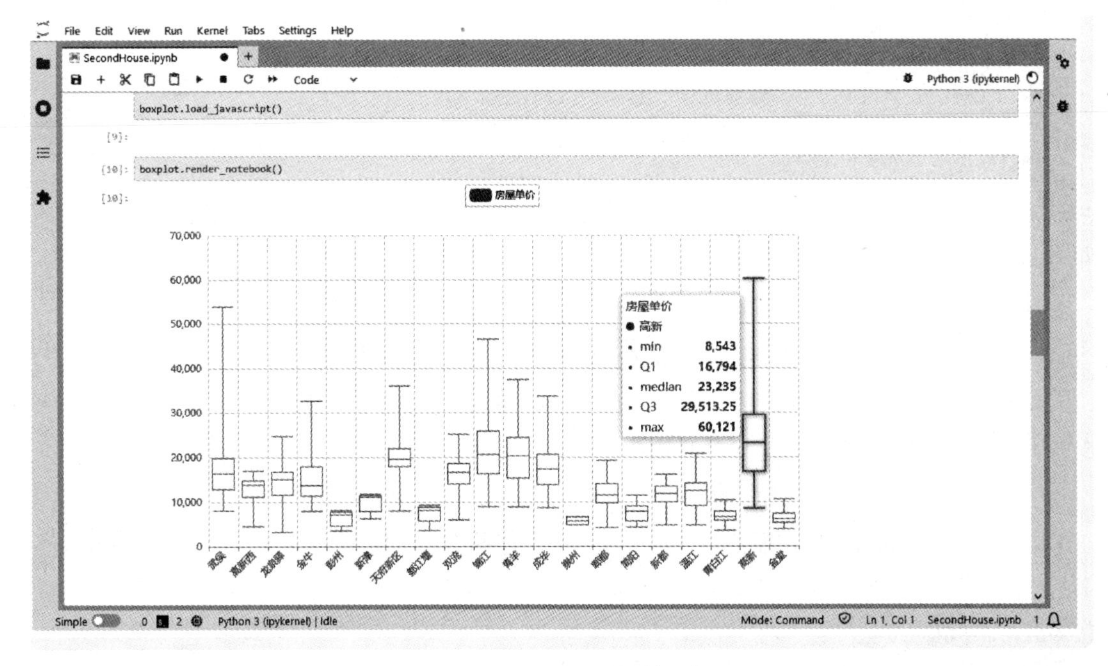

● 图 4-30　房源价格分布

箱型图的上、下边界为最大值、最小值，根据上四分位数和下四分位数的分布看，武侯区、锦江区和高新区等房价较高的区域呈典型的右偏态（异常值集中在较大值的一侧，尾部很长）。这说明很多二手房的价格可能受地段、装修等因素影响，单价严重偏离当地房价平均水平。

5. 装修情况分布

房屋装修情况是买房时需要考虑的一个因素，购买二手房时，好的装修情况可以省去自己装修的麻烦和时间。一般二手毛坯房应该不多，对于有装修风格要求的，可以考虑购买毛坯房自己装修。房源数据集中有房屋的装修情况，创建一个单元格，编写 Spark 程序，对房屋装修情况进行分析，代码如下：

```
df.groupBy("装修情况").count().rdd.map(lambda x:(x[0],x[1])).collect()
```

执行单元格代码，笔记本中将显示装修情况分布执行结果，结果如下：

```
[('简装', 812), ('毛坯', 337), ('精装', 1829), ('其他', 22)]
```

使用 Pyecharts 中的饼图对数据做可视化呈现。创建一个单元格，编写 Spark 代码获取数据项，代码如下：

```
data_pair = df.groupBy("装修情况").count().rdd \
    .map(lambda x: (x[0],x[1])).collect()
```

执行单元格代码，data_pair 中存储的是装修情况的数据分布。创建一个单元代码，绘制饼图，代码如下：

```
from pyecharts.charts import Pie
import pyecharts.options as opts

pie = Pie()
pie.add(series_name="房屋装修情况", data_pair=data_pair)

pie.load_javascript()
```

执行单元格代码，饼图已经生成。创建一个单元格调用 render_notebook( ) 方法进行图形渲染，代码如下：

```
pie.render_notebook()
```

执行单元格代码，笔记本中将显示房屋装修情况的饼图，如图 4-31 所示。

房源中超过一半的房源是精装房，绝大部分房源是精装或者简装，无需二次装修即可入住，入手后再转手卖也不必考虑装修问题，毛坯房确实不多。

6. 不同装修情况的房价分布

房屋装修情况通常会影响房屋价格，对于装修比较好的房屋，房东都会挂出高价，买房者也愿意出高一些的价格。创建一个单元格，编写 Spark 代码，统计各个区域中不同装修情况下的房屋数量及平均单价，代码如下：

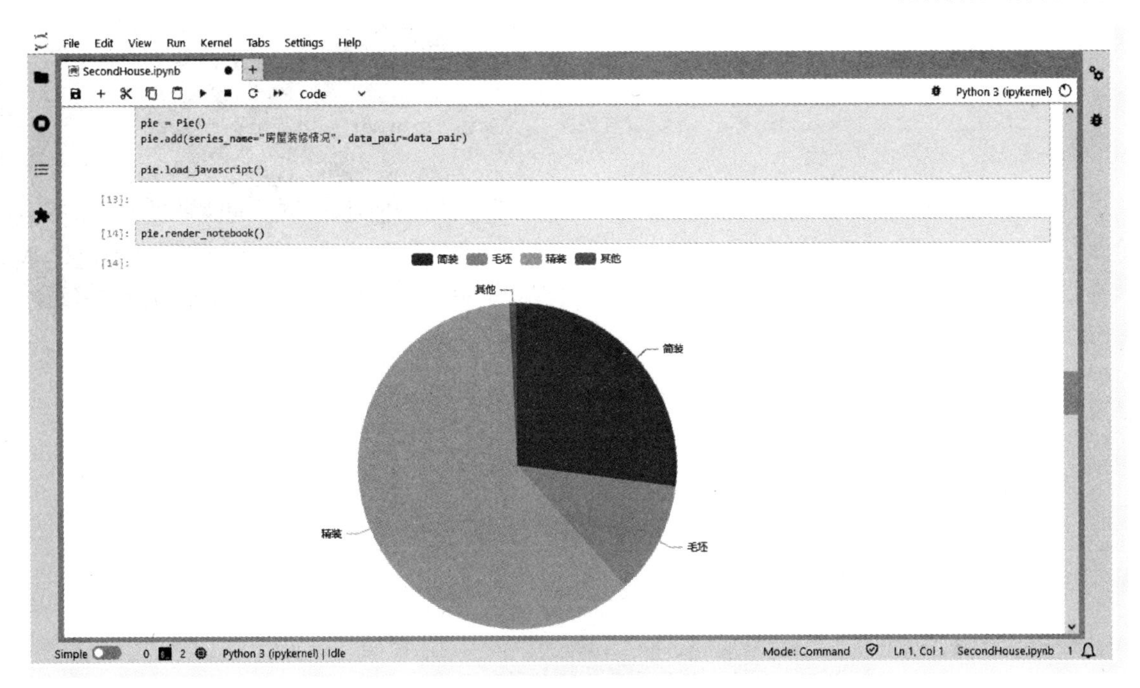

● 图 4-31 装修情况分布

```
    df.createOrReplaceTempView("SecondHouse")

    df1 = spark.sql('select a.`所在区域`, b.`装修情况`, sum(case when c.`房屋单价` is null then 0 else 1 end) as count from (select `所在区域` from SecondHouse group by `所在区域`) a left join (select `装修情况` from SecondHouse group by `装修情况`) b left join SecondHouse c on a.`所在区域` = c.`所在区域` and b.`装修情况` = c.`装修情况` group by a.`所在区域`, b.`装修情况`')
    df1.cache()
    df2 = spark.sql('select a.`所在区域`, b.`装修情况`, cast(round(mean(nvl(c.`房屋单价`,0))) as int) as mean from (select `所在区域` from SecondHouse group by `所在区域`) a left join (select `装修情况` from SecondHouse group by `装修情况`) b left join SecondHouse c on a.`所在区域` = c.`所在区域` and b.`装修情况` = c.`装修情况` group by a.`所在区域`, b.`装修情况`')
    df2.cache()

    xaxis_data = df1.groupBy("所在区域").count().orderBy("所在区域").select("所在区域").rdd.flatMap(lambda x: x).collect()

    b1=df1.select("count").where("`装修情况` = '精装'").orderBy("所在区域").rdd.flatMap(lambda x: x).collect()
    b2=df1.select("count").where("`装修情况` = '简装'").orderBy("所在区域").rdd.flatMap(lambda x: x).collect()
    b3=df1.select("count").where("`装修情况` = '毛坯'").orderBy("所在区域").rdd.flatMap(lambda x: x).collect()

    l1=df2.select("mean").where("`装修情况` = '精装'").orderBy("所在区域").rdd.flatMap(lambda x: x).collect()
```

```
l2=df2.select("mean").where("`装修情况` = '简装'").orderBy("所在区域").rdd.flatMap
(lambda x: x).collect()
l3=df2.select("mean").where("`装修情况` = '毛坯'").orderBy("所在区域").rdd.flatMap
(lambda x: x).collect()
```

执行单元格代码，各项数据已经生成。创建一个单元格，使用 Pyecharts 对房屋装修情况和平均单价做可视化呈现。为了分析装修情况与房价的关系，在图中同时使用两种图形，柱状图用于呈现区域内不同装修房源的数量，折线图用于呈现区域内不同装修房源的平均单价，使用 overlap( ) 方法将两种图形堆叠到一起。代码如下：

```
from pyecharts.charts import Bar, Line
import pyecharts.options as opts

bar = (Bar() \
       .add_xaxis(xaxis_data) \
       .add_yaxis("精装", b1) \
       .add_yaxis("简装", b2) \
       .add_yaxis("毛坯", b3) \
       .extend_axis(yaxis=opts.AxisOpts()) \
       .set_series_opts(label_opts=opts.LabelOpts(is_show=False)) \
       .set_global_opts(
           xaxis_opts=opts.AxisOpts(
               axislabel_opts={"interval":"0", "rotate":45}
           ),
           yaxis_opts=opts.AxisOpts(max_ = 1000)
       ))

line = (Line() \
       .add_xaxis(xaxis_data) \
       .add_yaxis("精装", l1, yaxis_index=1) \
       .add_yaxis("简装", l2, yaxis_index=1) \
       .add_yaxis("毛坯", l3, yaxis_index=1)) \
       .set_series_opts(label_opts=opts.LabelOpts(is_show=False)) \

bar.overlap(line)
bar.load_javascript()
```

执行单元格代码，图形已经生成。创建一个单元格调用 render_notebook( ) 方法进行图形渲染，代码如下：

```
bar.render_notebook()
```

执行单元格代码，笔记本中将显示房屋装修情况与房屋平均单价的关系，如图 4-32 所示。

经过对比分析，各区域中精装修房屋的单价最高，简装房屋的单价普遍最低，毛坯房单价比精装修的低，但比简装的高一些。这可能与二次装修的难易程度有关，精装修房屋可以省去重装的麻烦，简装的房屋卖家有可能需要重新装修，而拆除原有装修费时费力，不如直接入手毛坯房，再加上毛坯房房源相对较少，房价就会高一些。

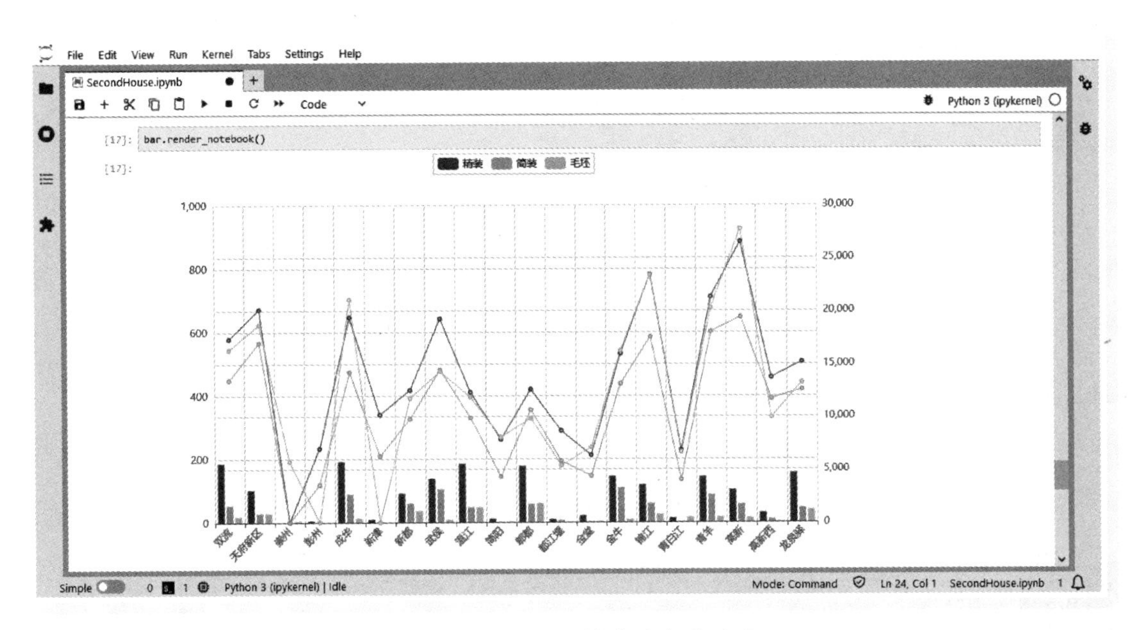

● 图 4-32　不同装修的房价分布

7. 核心卖点分析

除了区域、装修情况等，买房时还需要考虑的一个因素是房屋的核心卖点。同一小区、同一单元楼不同户型价格会不一样，这是受户型因素影响；同一单元楼、同一户型不同楼层价格会不一样，这是受楼层、采光、噪声、浮尘等因素影响。在房源数据中有房屋的核心卖点信息，可供买房者参考。

在自然语言处理领域，jieba 是一个非常优秀的中文分词库（当然还有其他分词库也很不错）。SnowNLP 也是自然语言处理领域一个非常优秀的库，不仅可以做情感分析，也可以做中文分词。

创建一个单元格，编写 Spark 代码，对房源数据中的核心卖点进行分析，通过自定义函数对核心卖点进行分词，代码如下：

```
from snownlp import SnowNLP
from pyspark.sql import functions as F
from pyspark.sql.types import ArrayType, StringType

# 自定义函数用于中文分词
def seg_sentence(content):
    return [i for i in SnowNLP(content).words]

# 注册自定义函数
seg_sentence=F.udf(seg_sentence,ArrayType(StringType()))

words = " ".join(df.where("`核心卖点` is not null").select(seg_sentence('核心卖点').alias
("words")).rdd.flatMap(lambda x: x.words).collect())
```

执行单元格代码，words 中存储的是核心卖点关键词。创建一个单元格，编写代码，根据分词绘制核心卖点词云图，代码如下：

```
from stylecloud import gen_stylecloud

# 生成词云图
gen_stylecloud(
    text=words,size=(800,600),icon_name='fas fa-home',
    max_font_size=100,max_words=2000,
    output_name='SecondHouse.png',
    font_path="../../../SimHei.ttf",collocations=True
)
```

执行单元格代码，在笔记本所在目录生成词云图。创建一个单元格，修改单元格类型为 MarkDown，编写 MarkDown 文档代码，加载图片，代码如下：

```
![](SecondHouse.png)
```

执行单元格代码，笔记本中将显示房屋核心卖点的词云图，如图 4-33 所示。

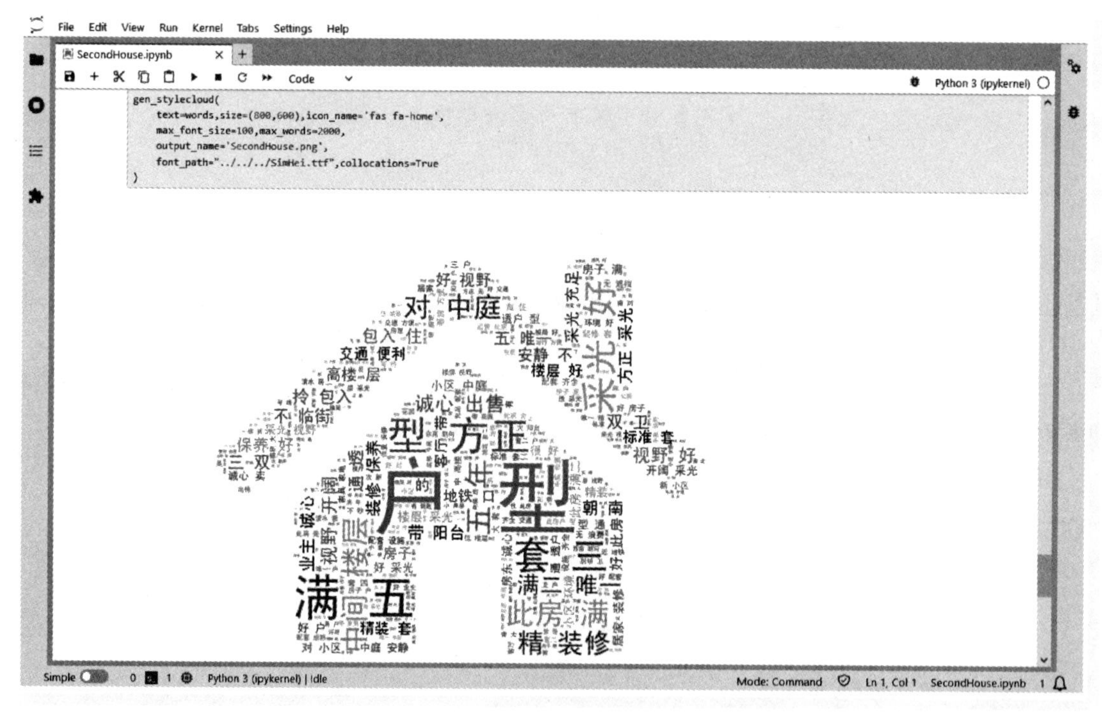

● 图 4-33　核心卖点分析

从分析结果看，户型方正、采光好、对中庭、满五唯一、精装修、保养好等均是不错的卖点，买房时可以参考选择。

4.3 使用 PyCharm 探索数据

企业中的大型项目，通常不能简单地用一个 JupyterLab 笔记本开发完成，而是需要按照不同模块

分不同的包进行代码组织，这种情况最好使用集成开发工具进行项目开发。PyCharm 是 JetBrains 为专业开发者提供的 Python 集成开发环境 IDE，比较适合作为项目的开发工具。

4.3.1 安装 PyCharm

PyCharm 主要有两个版本。专业版功能强大，包括 Web 开发、数据库插件及 SQL、通过 SSH 使用远程 Python 虚拟环境等，但是专业版是收费的。PyCharm 社区版是开源、免费的，不足之处是缺少很多专业版才提供的功能，但是对于 Python 项目开发是没问题的，开发 PySpark 应用程序也没问题。

通过 PyCharm 的官方下载地址 https://www.jetbrains.com/pycharm/download，选择适合的版本下载。安装包下载完成后，鼠标双击安装包，通过安装向导完成 PyCharm 安装。

4.3.2 安装 Python

Spark 集群的 3 台服务器上已经安装了 Python 3 并且创建了虚拟环境 JupyterSpark，如果使用 PyCharm专业版本，可以通过 SSH 功能连接使用服务器上的 Python 虚拟环境，但是社区版本没有这样的功能，只能在本地安装 Python 环境。通过 Python 的官方下载地址 https://www.python.org/downloads 下载与服务器上 Python 版本匹配的安装包，虽然 Python 已经发布到 3.11，但为了版本匹配，依然选择 3.8 版本下载安装。安装包下载完成后，鼠标双击安装包，通过安装向导完成 Python 安装。安装完成后，确保可以通过命令行窗口执行 python 命令，如图 4-34 所示。

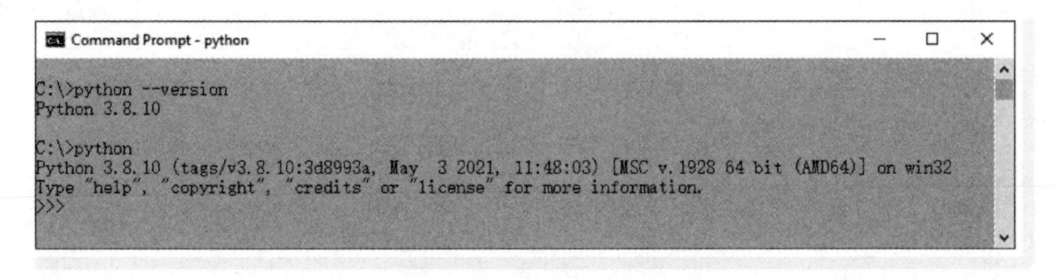

● 图 4-34 Windows 安装 Python

4.3.3 创建 PyCharm 项目

PyCharm 以项目的方式组织管理代码，在 PyCharm 中创建项目可以方便我们开发、维护代码。在本地配置相应的环境变量，还可以直接在 PyCharm 中提交作业到 Spark 集群运行。

1. 创建新项目

PyCharm 安装完成后，双击 PyCharm 快捷方式打开 PyCharm 的欢迎界面，如图 4-35 所示。

单击 New Project 按钮创建新项目，进入项目设置界面，设置项目存储位置，Python 解释器选择 Previously configured interpreter，如图 4-36 所示。

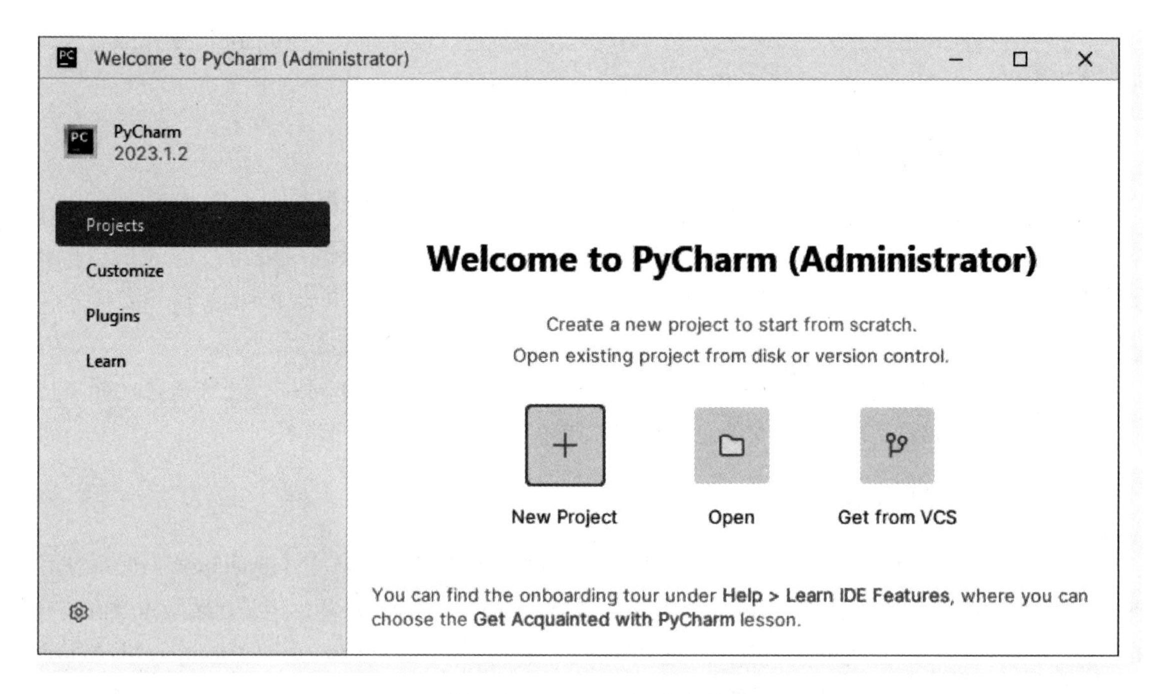

● 图 4-35　PyCharm 欢迎界面

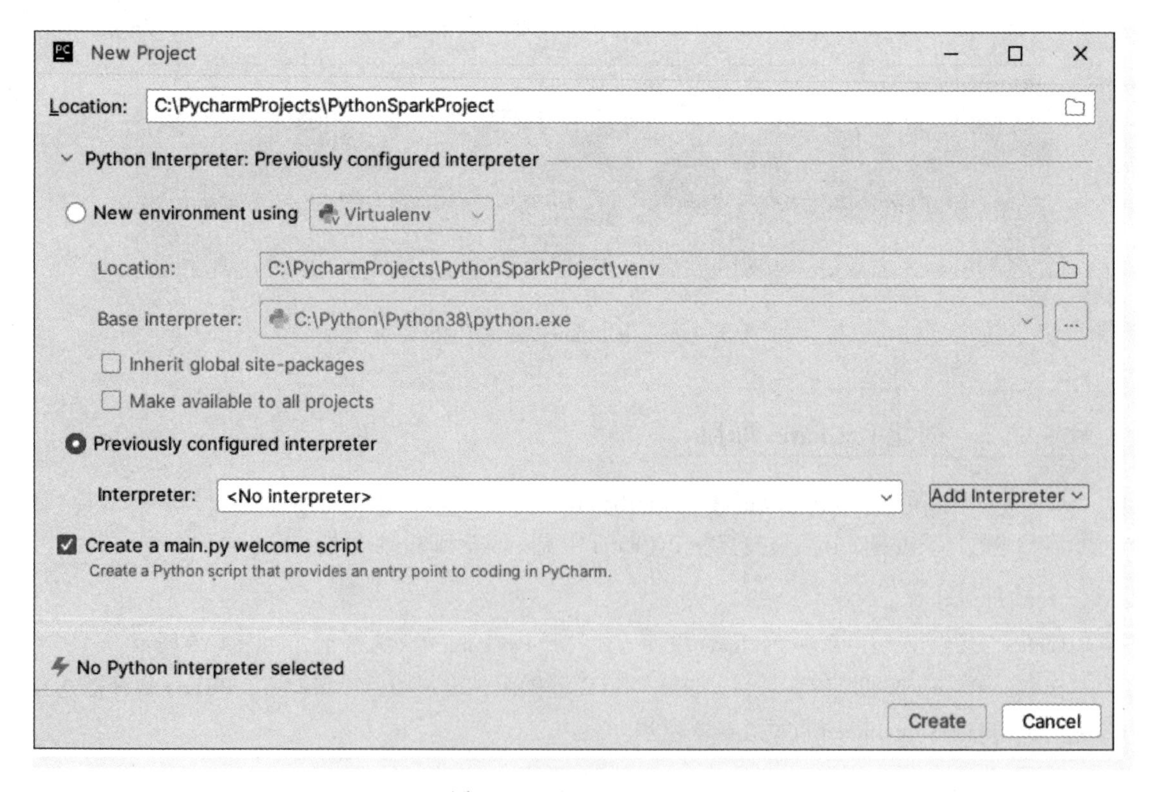

● 图 4-36　创建 Python 项目

单击 Add Interpreter 链接打开创建 Interpreter 的界面，在创建 Interpreter 界面上选择 Virtualenv Environment，选择 New 单选按钮，设置虚拟环境路径，单击 OK 按钮创建一个新的虚拟环境，如图 4-37 所示。

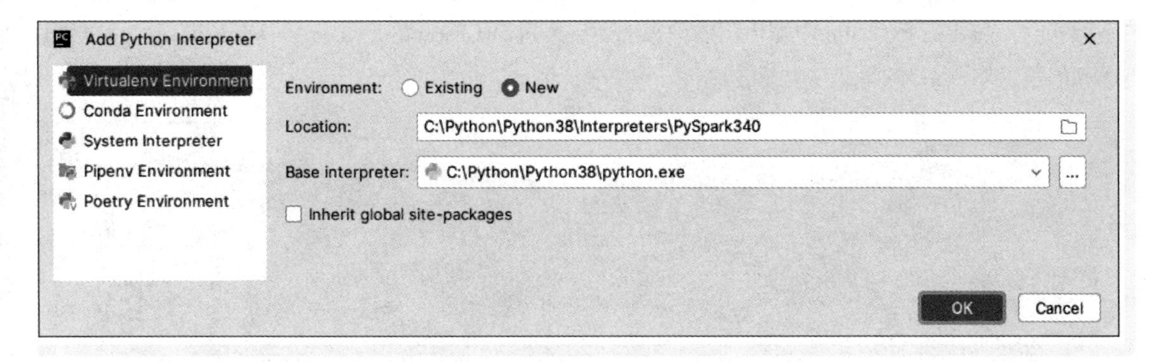

● 图 4-37　新建虚拟环境

虚拟环境创建好后，在项目设置界面选择新创建的虚拟环境，如图 4-38 所示。

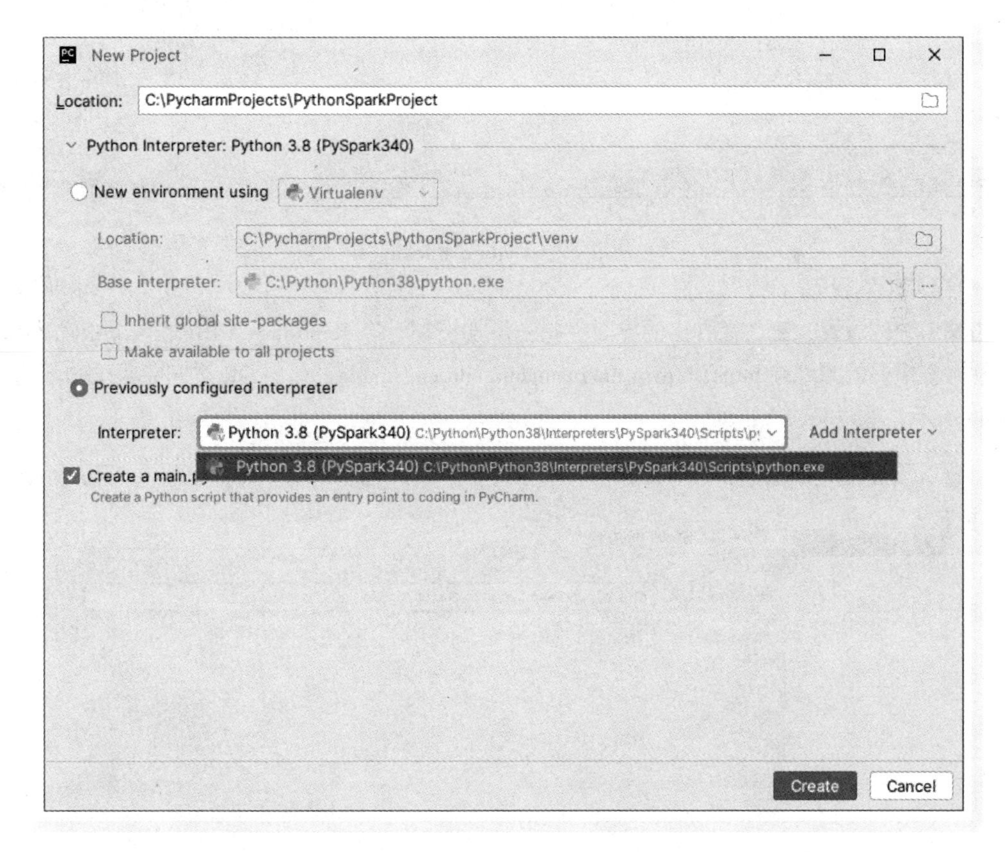

● 图 4-38　选择新虚拟环境

设置完成后，单击 Create 按钮创建一个 Python 项目。

2. 配置国内源

Python 项目的开发会用到第三方的依赖库，需要在虚拟环境中安装这些依赖库。为了提高依赖库的下载速度，需要在 PyCharm 中配置国内源来加速。通过 PyCharm 的 Python Packages 窗口，可以管理 Python 的包，如图 4-39 所示。

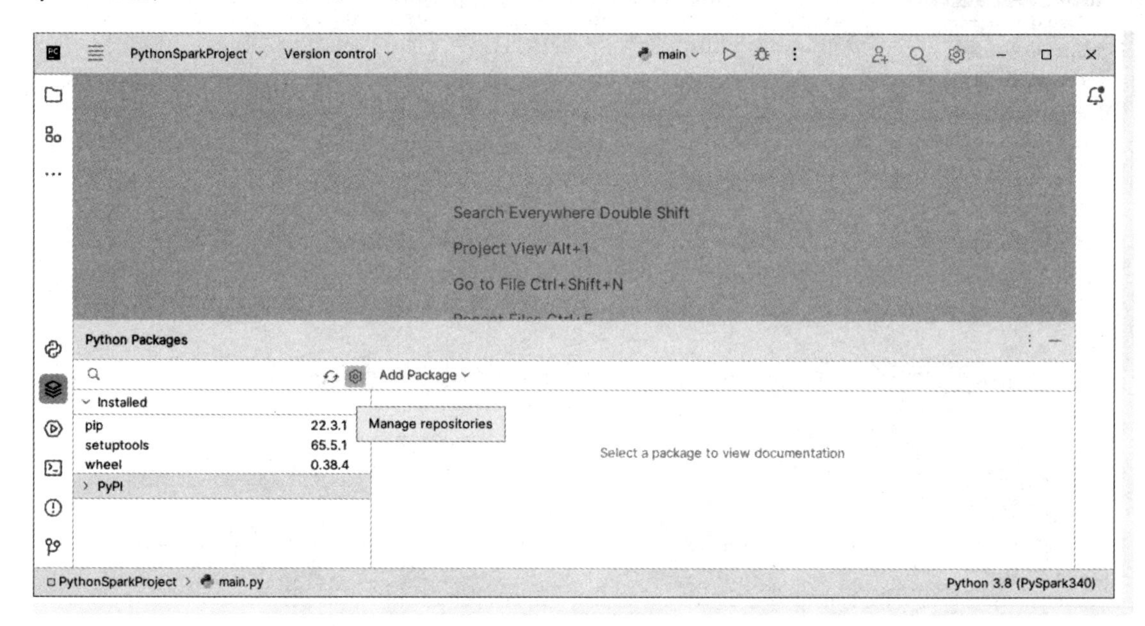

● 图 4-39 Python Packages

单击窗口中的设置按钮，在弹出的界面中单击添加按钮，在 Repository URL 输入框中输入清华大学开源软件镜像站的源地址 https://pypi.tuna.tsinghua.edu.cn/simple，单击 OK 按钮完成国内源的添加，如图 4-40 所示。

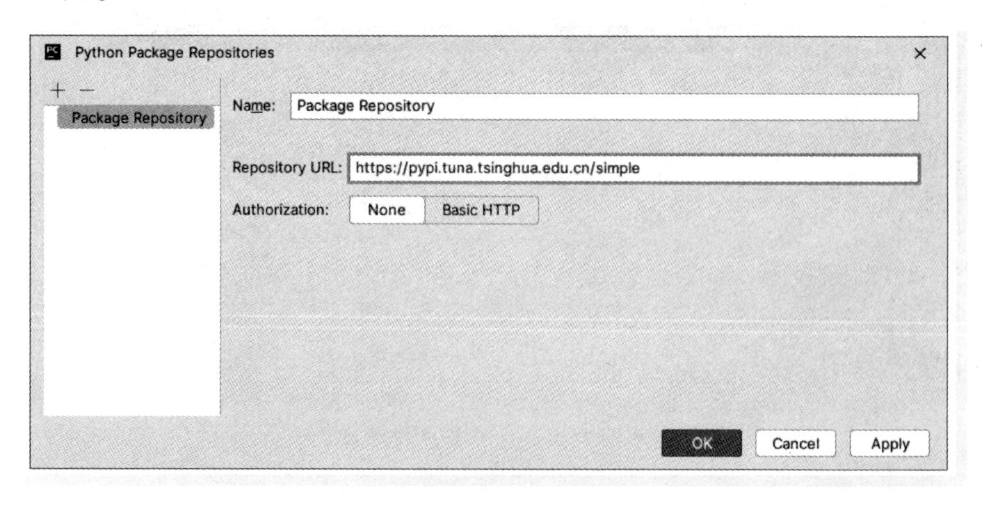

● 图 4-40 添加国内源

3. 安装依赖库

在 PyCharm 项目主界面，按快捷键〈Ctrl+Alt+S〉打开设置界面，在设置界面选择 Project：Python SparkProject 下的 Python Interpreter，选择当前项目使用的 Interpreter，在 Python 库列表顶部的工具栏单击 Install 按钮，添加依赖的库，如图 4-41 所示。

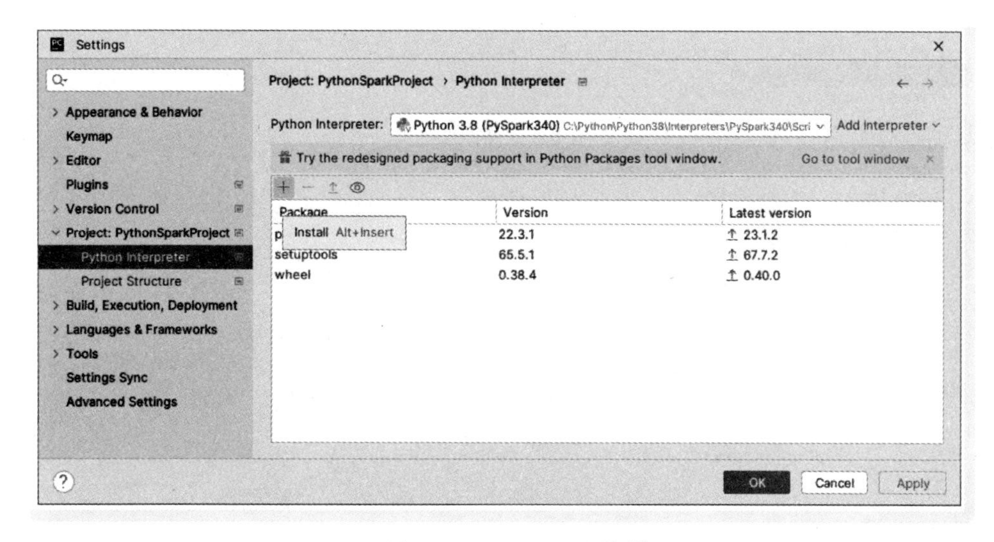

● 图 4-41　Interpreter 配置

在弹出的 Available Packages 界面输入 pyspark 进行查询，选择查询结果中的 pyspark 库，选择 pyspark 版本为 3.4.0，如图 4-42 所示。

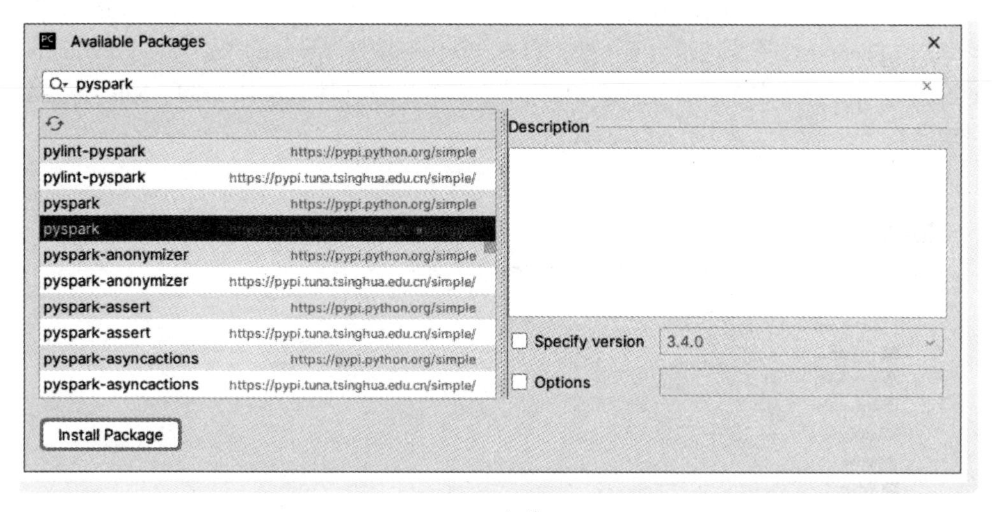

● 图 4-42　安装 PySpark

单击 Install Package 按钮安装 pyspark 库。以同样的方式安装依赖的所有 Python 库，安装完成后，Interpreter 中已安装的库如图 4-43 所示。

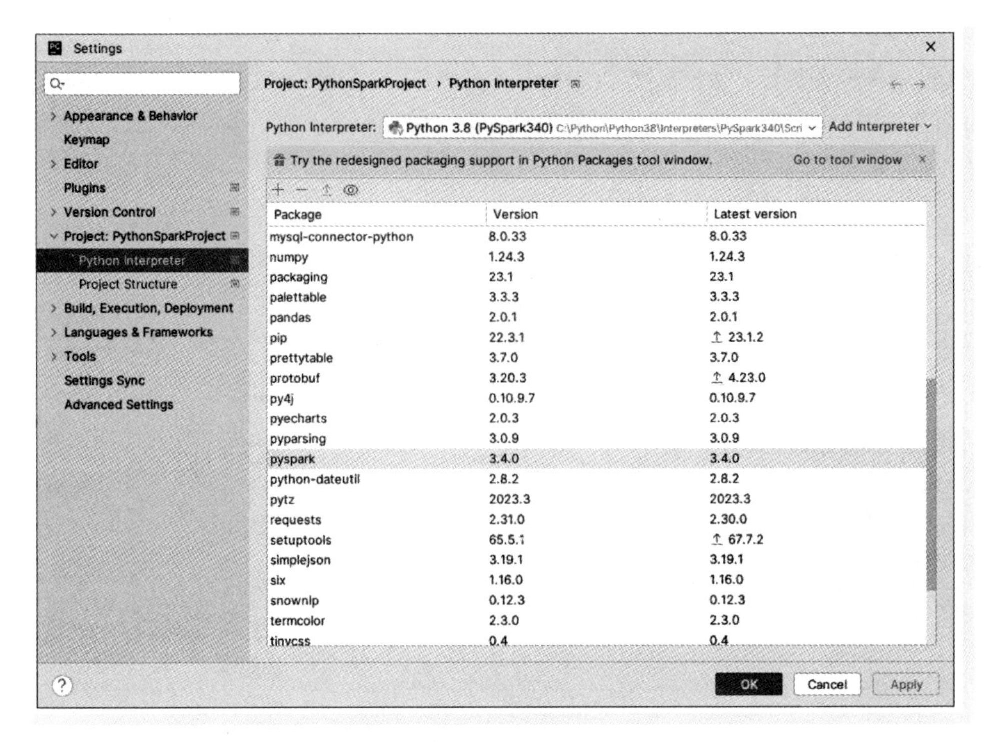

● 图 4-43 Python 库列表

4. 配置 YARN 环境

PyCharm 开发的项目是直接在 Windows 操作系统中以 local 模式运行的，这无法利用集群资源，并且运行环境与 Ubuntu 上部署的环境也不一致，容易出现因环境差异导致的未知异常。PyCharm 开发的项目通过配置也可以运行在 YARN 上，将 Hadoop 集群的配置文件 core-site.xml、hdfs-site.xml、yarn-site.xml 复制到一个本地文件夹下，如图 4-44 所示。

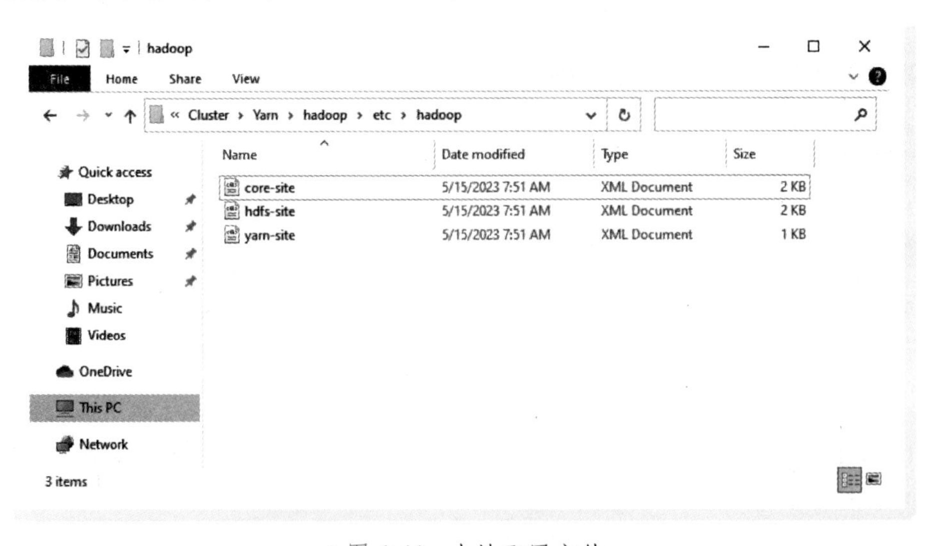

● 图 4-44 本地配置文件

添加系统环境变量 HADOOP_CONF_DIR，值是存放配置文件的文件夹的绝对路径；添加 HADOOP_USER_NAME，值是 hadoop，如图 4-45 所示。

Edit System Variable
Variable name: HADOOP_CONF_DIR
Variable value: C:\Cluster\Yarn\hadoop\etc\hadoop
Browse Directory... Browse File... OK Cancel

a) HADOOP_CONF_DIR

Edit System Variable
Variable name: HADOOP_USER_NAME
Variable value: hadoop
Browse Directory... Browse File... OK Cancel

b) HADOOP_USER_NAME

● 图 4-45　配置环境变量

重启 PyCharm，使环境变量配置在 PyCharm 中生效，在 PythonSparkProject 项目中创建 Python 脚本 WordCount.py，将 WordCount 程序的代码复制粘贴到 PyCharm 中，修改代码，指定 master 是 yarn。在 PyCharm 中直接运行 WordCount.py，运行结果如图 4-46 所示。

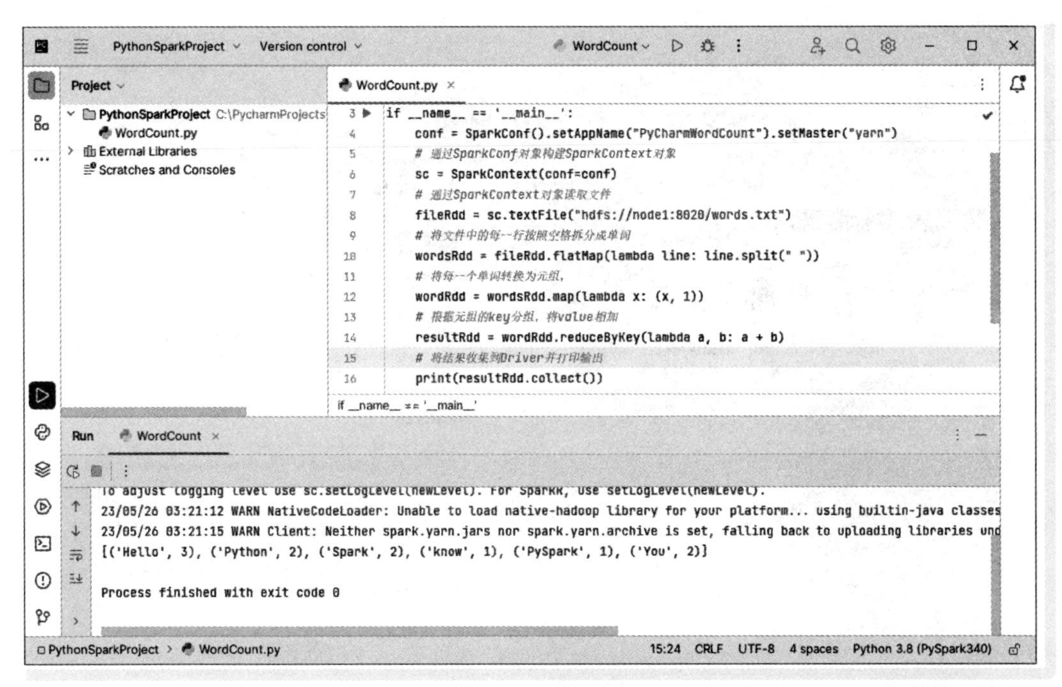

● 图 4-46　PyCharm 运行脚本

在 YARN 的 Web 界面可以看到通过 PyCharm 提交运行的应用，如图 4-47 所示。

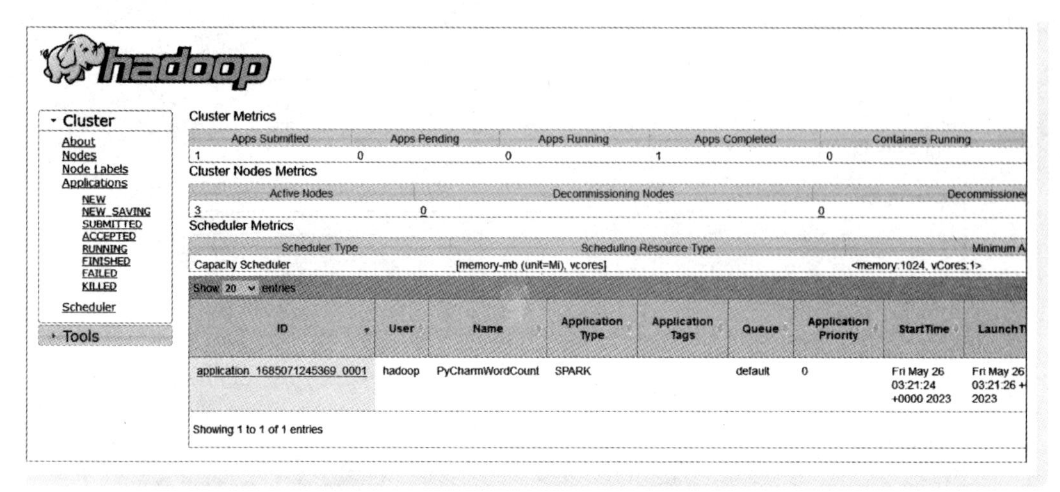

● 图 4-47　通过 PyCharm 提交运行的应用

4.3.4　PyCharm 插件介绍

HDFS 上的文件通常使用命令进行操作，通过浏览器可以浏览查看，但是这种操作比较烦琐，不方便。既然使用了 PyCharm 开发工具，如果能够通过 PyCharm 直接操作 HDFS 上的文件就会很方便。使用快捷键〈Ctrl+Alt+S〉打开 PyCharm 的设置界面，在 Plugins 界面从 Marketplace 搜索插件 Hadoop，如图 4-48 所示。

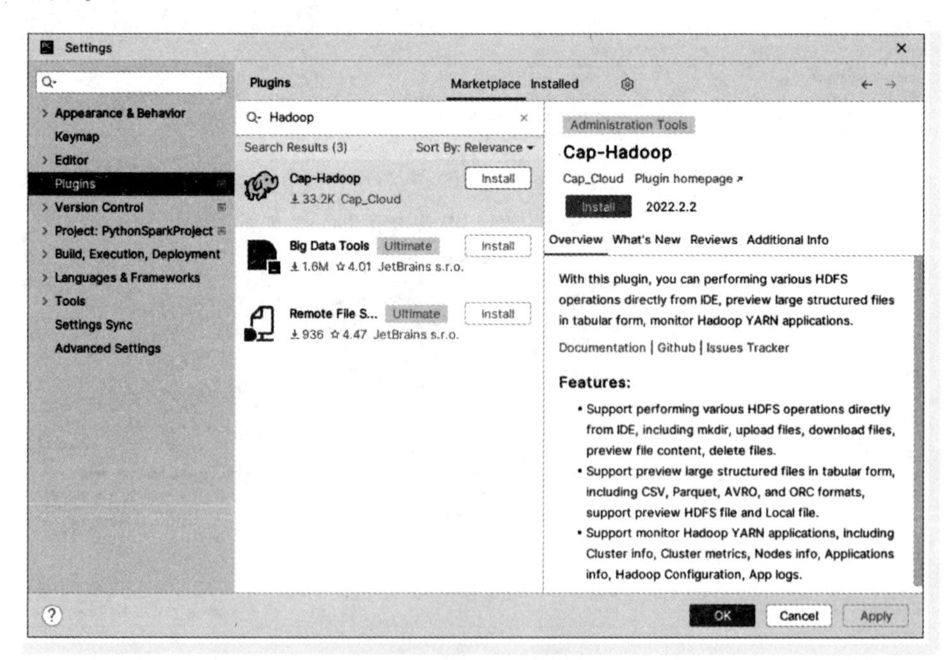

● 图 4-48　Hadoop 插件

单击 Install 按钮安装插件，插件安装完成后重启 PyCharm，使插件生效，在 PyCharm 右侧会出现 Hadoop 集群窗口，如图 4-49 所示。

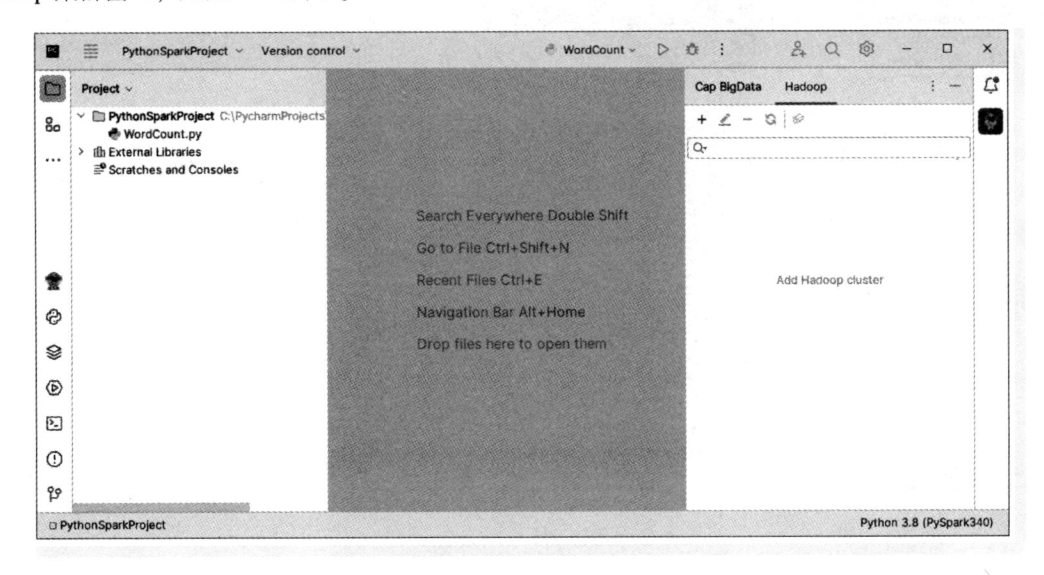

● 图 4-49　Hadoop 集群窗口

单击工具栏中的添加按钮，打开 Hadoop 集群添加界面，在界面中填写集群信息，如图 4-50 所示。

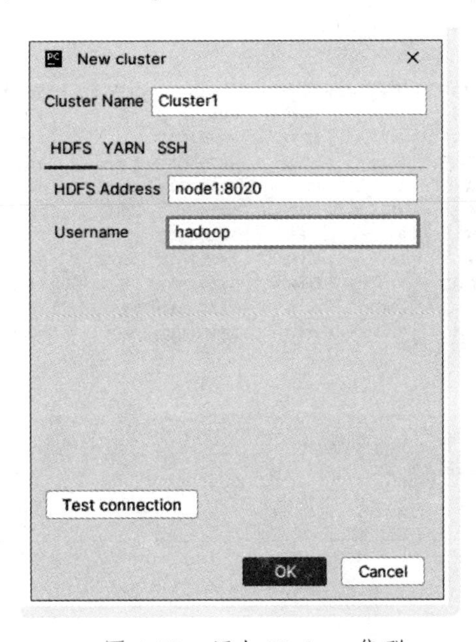

● 图 4-50　添加 Hadoop 集群

单击 OK 按钮添加一个 Hadoop 集群。添加完成后，在右侧 Hadoop 集群窗口，可以通过右键菜单操作 HDFS 上的文件，如图 4-51 所示。

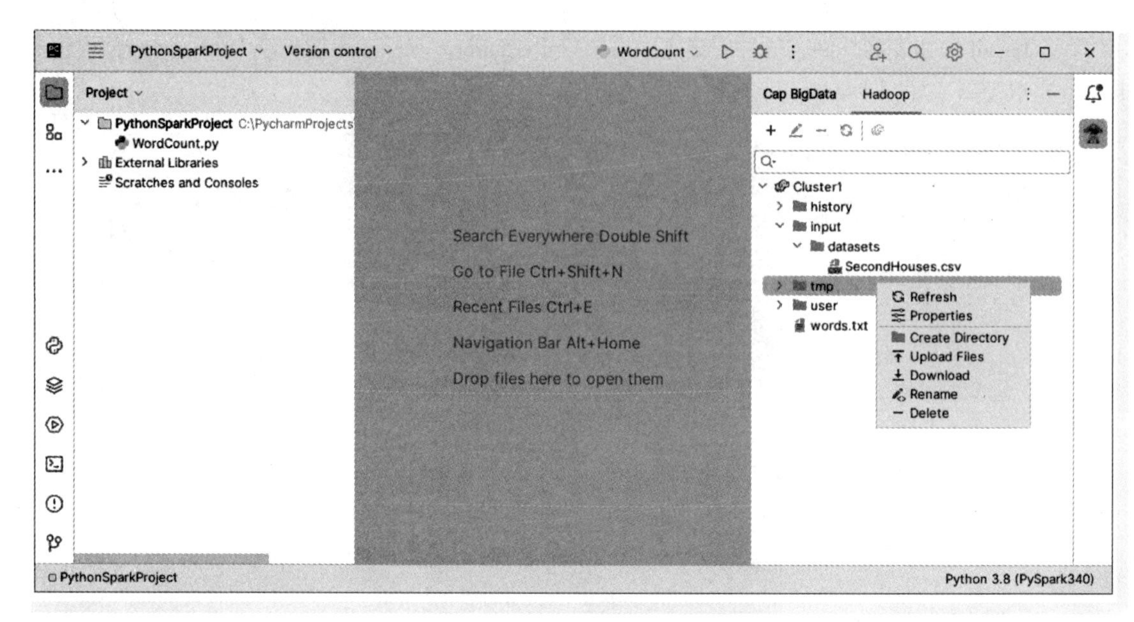

● 图 4-51　HDFS 文件操作

通过鼠标双击 HDFS 文件树中的文件节点，可以直接打开文件查看文件内容，如图 4-52 所示。

/input/datasets/SecondHouses.csv

	小区名称	所在区域	所属商圈	房屋总价	房屋单价	房屋户型	房屋朝向	建筑面积
1	西南电力设计院小区	成华	猛追湾	123	12580	3室1厅1厨1卫	南	97.78㎡
2	景茂名都东郡	双流	蛟龙港	265	22697	4室2厅1厨3卫	东	116.76㎡
3	聚星城	青羊	宽窄巷子	548	37504	4室2厅1厨3卫	南	146.12㎡
4	西区花园花园洋房	郫都	犀浦	158	8637	4室1厅1厨2卫	东北	182.94㎡
5	四季香榭	金牛	西南交大	210	13559	4室2厅1厨2卫	东南	154.88㎡
6	双楠二区	武侯	双楠	86	11876	3室1厅1厨1卫	东 西	72.42㎡
7	首创万卷山	龙泉驿	大面	135	15962	3室2厅1厨1卫	南 西	84.58㎡
8	双清南路4号	青羊	府南新区	92	11166	3室1厅1厨1卫	南	82.4㎡
9	绿地468公馆二期	锦江	三圣乡	220	24764	3室2厅1厨1卫	西南	88.84㎡
10	望平街76号	成华	猛追湾	71.5	11017	3室1厅1厨1卫	东南	64.9㎡

● 图 4-52　查看文件内容

选中集群节点，通过工具栏中的 YARN Applications 菜单，可以查看集群中运行的应用列表，如图 4-53 所示。

在应用列表中可以实现查询过滤、日志查看、导出结果、停止应用等功能，通过插件的其他功能菜单可以实现其他相应的功能。

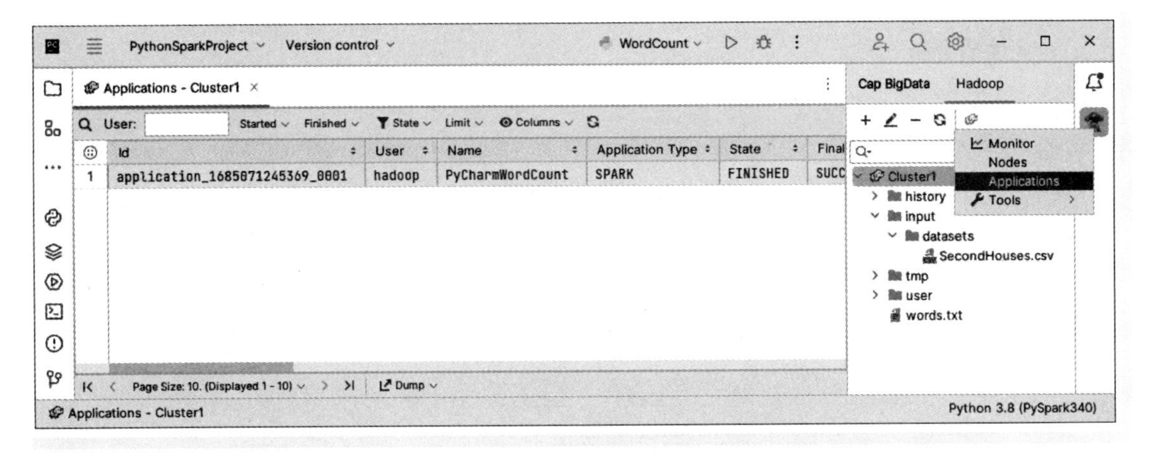

● 图 4-53　查看应用列表

4.3.5　【实战案例】招聘信息数据分析

一份好的工作不仅能带来可观的收入，还可以兼顾生活。那么在众多的招聘岗位中如何快速找到心仪的工作？可以对招聘的岗位信息进行分析。

1. 招聘数据集成

通过技术手段从招聘网站上爬取最近在招聘中的大数据开发和大数据分析等岗位数据，存放在 HDFS 上的/input/datasets/Jobs.json 文件中，文件包含企业名称、企业性质、企业规模、岗位名称、工作地点、薪资范围以及经验要求等，共 7500 条记录，如图 4-54 所示。

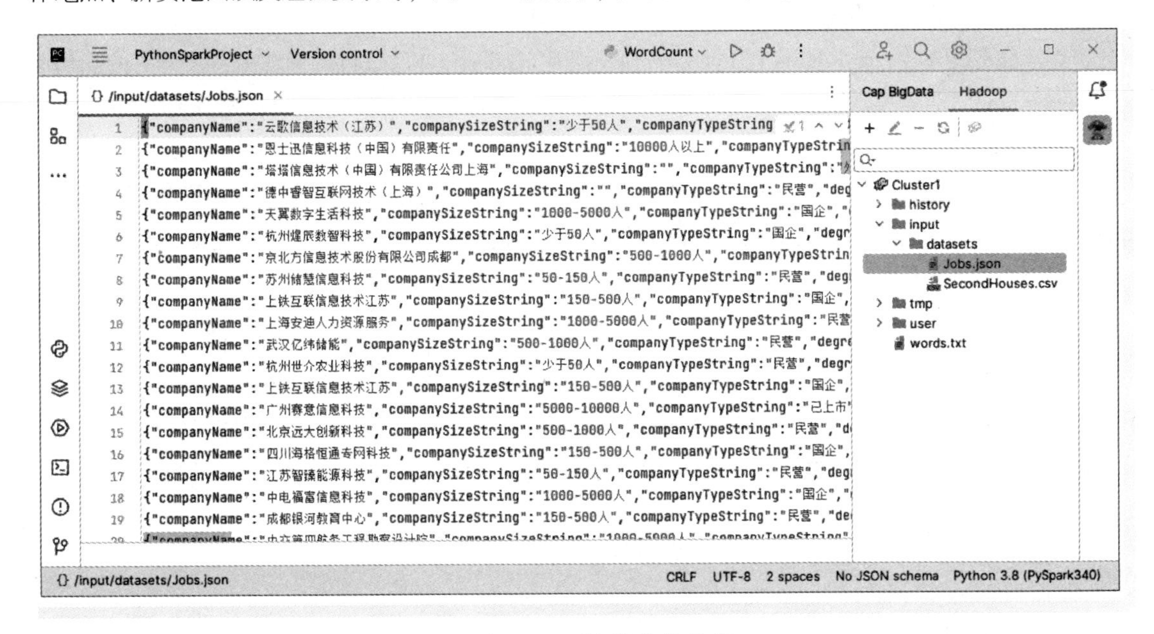

● 图 4-54　招聘岗位数据

2. 企业性质分析

国企、民营、外资企业等不同性质的企业在员工的待遇方面有所不同，涉及薪资、福利、社保、公积金等。首先分析招聘企业中不同类型企业的分布情况。在 PyCharm 中创建一个 Python 文件 Jobs1.py，编写 Spark 代码，统计企业性质，用 Pyecharts 绘制图形做数据可视化呈现，代码如下：

```
from pyspark.sql import SparkSession
from pyecharts.charts import Bar
import pyecharts.options as opts

if __name__ == '__main__':
    spark = SparkSession.builder.appName("Jobs1").master("yarn").getOrCreate()
    df = spark.read.json("hdfs://node1:8020/input/datasets/Jobs.json")
    count = df.groupBy("companyTypeString").count().orderBy("count", ascending=False).
limit(15)
xaxis_data = count.select("companyTypeString").collect()
yaxis_data = count.select("count").rdd.flatMap(lambda x: x).collect()

bar = Bar().add_xaxis(xaxis_data).add_yaxis("企业性质", yaxis_data) \
    .set_global_opts(
    xaxis_opts=opts.AxisOpts(
        axislabel_opts={"interval": "0", "rotate": 45}
    )
)
bar.render()
```

在 PyCharm 中运行 Jobs1.py，运行完成后经过 Pyechats 渲染的图形保存在 render.html 文件。

【说明】Pyecharts 在 JupyterLab 的笔记本中调用 render_notebook( ) 方法进行图形渲染，渲染后的图形直接显示在笔记本中。Pyecharts 在 PyCharm 中则调用 render( ) 方法进行图形渲染，渲染后的图形保存在 render.html 文件。

使用 PyCharm 内置浏览器打开 render.html 文件可以查看统计结果，如图 4-55 所示。

从数据分布结果看，民营企业的招聘岗位占绝大多数，达到4720 个，民营企业在我国经过多年的发展和改革，已经成为我国国民经济的重要组成部分。国企、外资企业的发展相对稳定，在招聘中并不是很突出。事业单位招聘岗位很少，进入事业单位竞争力较大。

3. 工作经验分析

大多数企业招聘员工都希望员工有相关领域的工作经验，不同的工作经验往往对应不同的薪资。不同的工作经验也能在一定程度上反映员工的技术水平，从而分析出企业对于不同等级的人员的需求。创建一个 Python 脚本 Jobs2.py，编写 Spark 代码，统计工作经验数据，绘制图形做数据可视化呈现，代码如下：

```
from pyspark.sql import SparkSession
from pyecharts.charts import Bar
import pyecharts.options as opts
```

```
if __name__ == '__main__':
    spark = SparkSession.builder.appName("Jobs2").master("yarn").getOrCreate()
    df = spark.read.json("hdfs://node1:8020/input/datasets/Jobs.json")
    count = df.groupBy("workYearString").count().orderBy("count", ascending=False).limit(15)
    xaxis_data = count.select("workYearString").collect()
    yaxis_data = count.select("count").rdd.flatMap(lambda x: x).collect()

    bar = Bar().add_xaxis(xaxis_data).add_yaxis("工作经验", yaxis_data) \
        .set_global_opts(
        xaxis_opts=opts.AxisOpts(
            axislabel_opts={"interval": "0", "rotate": 45}
    )
)
bar.render()
```

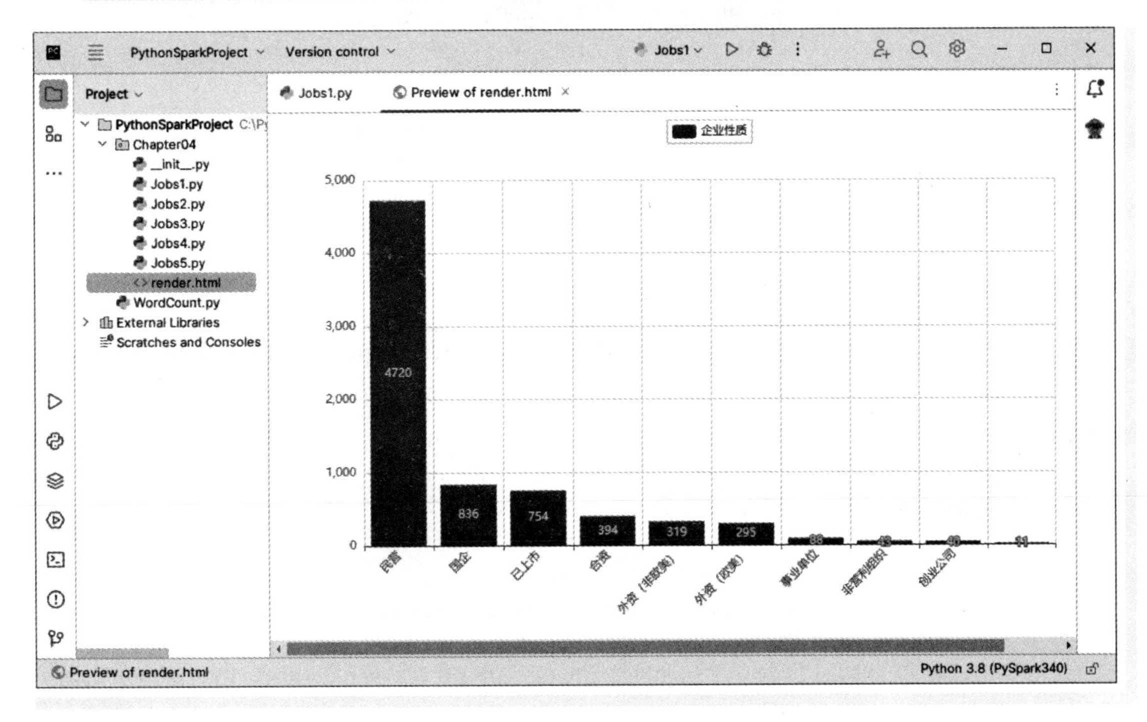

● 图 4-55　企业性质分布

在 PyCharm 中运行 Jobs2.py，运行完成后经过渲染的工作经验分布图形如图 4-56 所示。

从数据分布结果看，企业对于工作经验为 3～4 年的中级人员需求最多，中级人员薪资一般不高，经过简单培训可以承担项目中大部分的工作，性价比比较高。对于 1～2 年的初级人员，企业需求也比较多。工作 8 年以上的，一般都要架构师级别，这部分人群薪资较高，直接参与开发的较少，一般一个人可以负责多个同类项目的架构设计，企业需求并不多。而 10 年以上的开发人员需求就更少了。

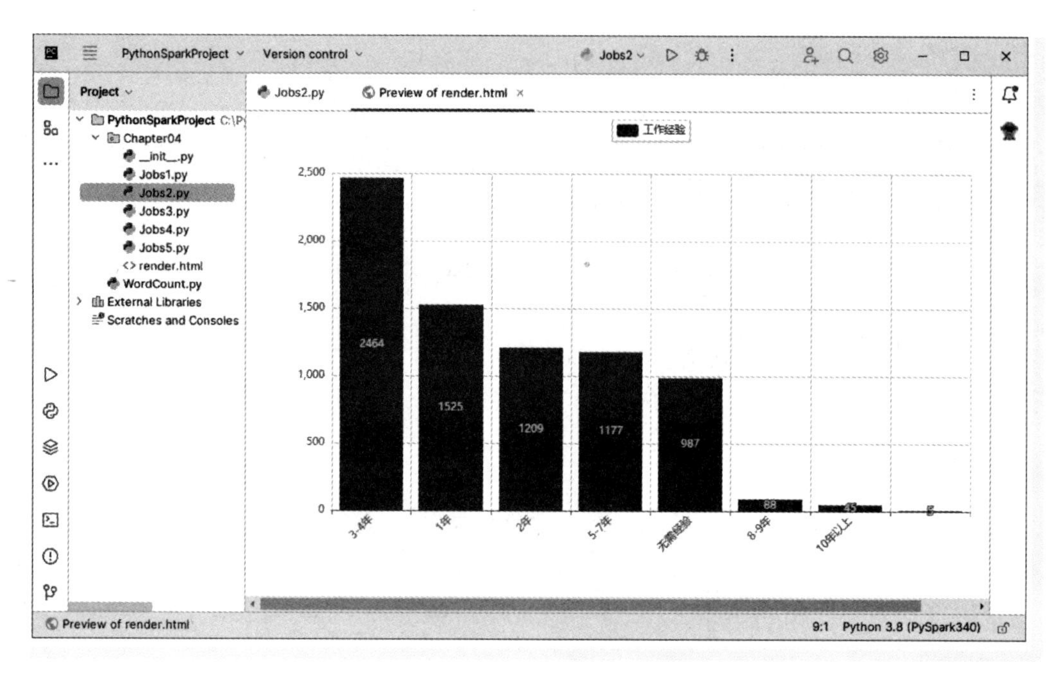

● 图 4-56　工作经验分布

4. 学历要求分析

企业除了看重求职者的工作经验，往往还很在乎求职者的学历。创建一个 Python 脚本 Jobs3.py，编写 Spark 代码，统计学历要求数据，绘制图形做数据可视化呈现，代码如下：

```
from pyspark.sql import SparkSession
from pyecharts.charts import Bar
import pyecharts.options as opts

if __name__ == '__main__':
    spark = SparkSession.builder.appName("Jobs3").master("yarn").getOrCreate()
    df = spark.read.json("hdfs://node1:8020/input/datasets/Jobs.json")
    count = df.groupBy("degreeString").count().orderBy("count", ascending=False).limit
(15)
    xaxis_data = count.select("degreeString").collect()
    yaxis_data = count.select("count").rdd.flatMap(lambda x: x).collect()

    bar = Bar().add_xaxis(xaxis_data).add_yaxis("学历要求", yaxis_data) \
        .set_global_opts(
        xaxis_opts=opts.AxisOpts(
            axislabel_opts={"interval": "0", "rotate": 45}
        )
    )
bar.render()
```

在 PyCharm 中运行 Jobs3.py，运行完成后经过渲染的学历要求分布如图 4-57 所示。

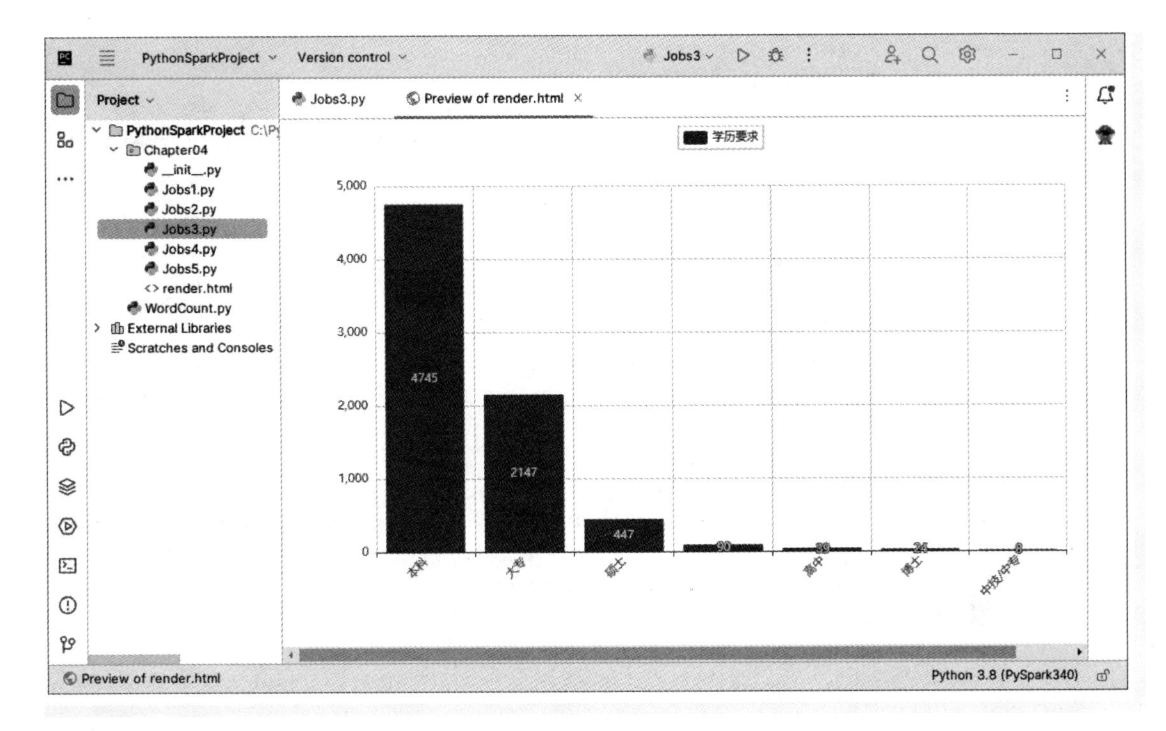

● 图 4-57 学历要求分布

从数据分布结果看，大部分岗位都有本科学历要求，也有一部分岗位要求具有大专学历，说明大部分企业并不要求求职者有很高的学历。对硕士、博士的需求并不多，此类人才更适合做学术研究、攻坚克难等，放在项目中有点大材小用。

5. 不同经验的薪资分布

不同工作经验往往对应不同的薪资，了解不同经验的薪资水平，有助于在求职过程中确定自己的要价。在招聘岗位数据集中，薪资是以一定的数据范围表示的，在实际使用中需要进行单位换算和取平均值等。创建一个 Python 脚本 Jobs4.py，编写 Spark 代码，统计不同工作经验的薪资情况，绘制图形做数据可视化呈现，代码如下：

```
from pyspark.sql import SparkSession
from pyecharts.charts import Bar, Line
import pyecharts.options as opts

if __name__ == '__main__':
    spark = SparkSession.builder.appName("Jobs4").master("yarn").getOrCreate()
    df = spark.read.json("hdfs://node1:8020/input/datasets/Jobs.json")
    df.createOrReplaceTempView("Jobs")
    df1 = spark.sql("select a.city,b.workYearString"
                    "      ,sum(case when c.yearSalary is null then 0 else 1 end) as count"
                    "  from (select city from Jobs group by city) a"
                    "  left join (select workYearString from Jobs group by workYearString) b"
```

```
                    "  left join Jobs c"
                    "    on a.city = c.city"
                    "  and b.workYearString = c.workYearString"
                    " where a.city in ('北京','上海','广州','深圳','南京','杭州','武汉','成都','苏州','天津',
'无锡','西安')"
                    " group by a.city,b.workYearString")
        df1.cache()
        df2 = spark.sql("select a.city,b.workYearString"
                    "       ,mean(case when c.yearSalary is null then 0 else c.yearSalary end)
as mean"
                    "  from (select city from Jobs group by city) a"
                    "  left join (select workYearString from Jobs group by workYearString) b"
                    "  left join Jobs c"
                    "    on a.city = c.city"
                    "  and b.workYearString = c.workYearString"
                    " where a.city in ('北京','上海','广州','深圳','南京','杭州','武汉','成都','苏州','天津',
'无锡','西安')"
                    " group by a.city,b.workYearString")
        df2.cache()

        xaxis_data = df1.groupBy("city").count().orderBy("city").select("city").rdd.flat-
Map(lambda x: x).collect()

        b1 = df1.select("count").where("workYearString = '1年'").orderBy("city").rdd.flat-
Map(lambda x: x).collect()
        b2 = df1.select("count").where("workYearString = '2年'").orderBy("city").rdd.flat-
Map(lambda x: x).collect()
        b3 = df1.select("count").where("workYearString = '3-4年'").orderBy("city").rdd.
flatMap(lambda x: x).collect()
        b4 = df1.select("count").where("workYearString = '5-7年'").orderBy("city").rdd.
flatMap(lambda x: x).collect()

        l1 = df2.select("mean").where("workYearString = '1年'").orderBy("city").rdd.
flatMap(lambda x: x).collect()
        l2 = df2.select("mean").where("workYearString = '2年'").orderBy("city").rdd.
flatMap(lambda x: x).collect()
        l3 = df2.select("mean").where("workYearString = '3-4年'").orderBy("city").rdd.
flatMap(lambda x: x).collect()
        l4 = df2.select("mean").where("workYearString = '5-7年'").orderBy("city").rdd.
flatMap(lambda x: x).collect()

        bar = Bar().add_xaxis(xaxis_data) \
            .add_yaxis("1年", b1).add_yaxis("2年", b2).add_yaxis("3-4年", b3).add_yaxis("5
-7年", b4) \
        .extend_axis(yaxis=opts.AxisOpts(name = "年薪(万)")) \
        .set_series_opts(label_opts=opts.LabelOpts(is_show=False)) \
        .set_global_opts(
            xaxis_opts=opts.AxisOpts(
```

```
                axislabel_opts={"interval": "0", "rotate": 45}
            ),
            yaxis_opts=opts.AxisOpts(max_=1000,name = "岗位数")
        )

    line = Line().add_xaxis(xaxis_data) \
        .add_yaxis("1 年", l1, yaxis_index=1).add_yaxis("2 年", l2, yaxis_index=1) \
        .add_yaxis("3-4 年", l3, yaxis_index=1).add_yaxis("5-7 年", l4, yaxis_index=1) \
        .set_series_opts(label_opts=opts.LabelOpts(is_show=False))

    bar.overlap(line)
    bar.render()
```

在 PyCharm 中运行 Jobs4.py，运行完成后经过渲染的各主要城市不同工作经验的岗位分布如图 4-58 所示。

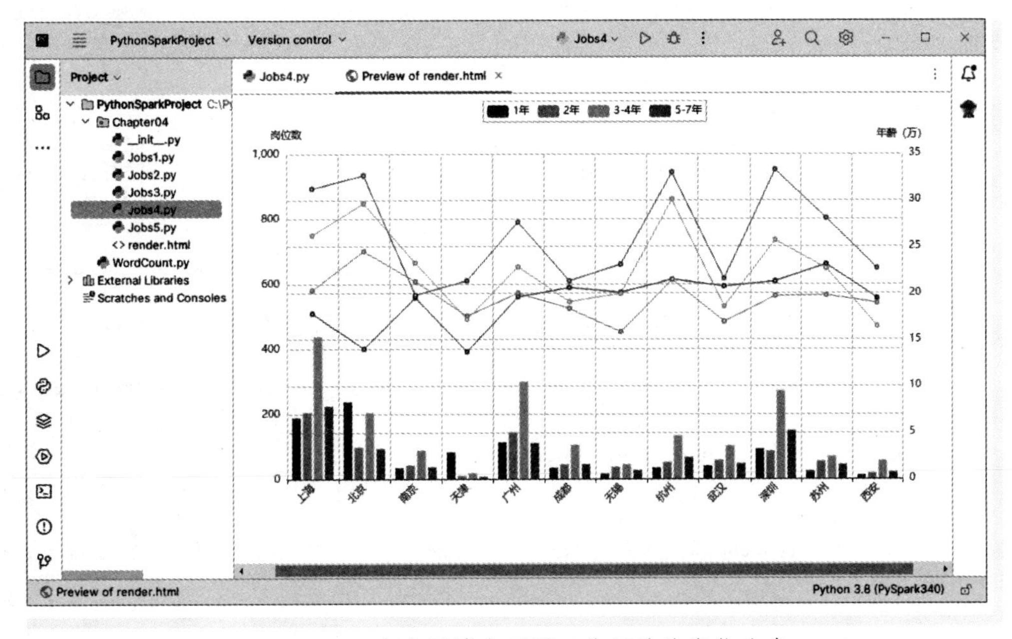

● 图 4-58　各主要城市不同工作经验的岗位分布

从数据分布结果看，薪资水平与工作经验成正相关性，工作经验越多薪资越高。北京、上海、广州和深圳等超大城市对人才的需求遥遥领先于其他城市，薪资水平也高于其他城市，杭州和苏州两个城市的岗位虽然不多，但薪资水平已经超过广州，甚至能追赶深圳。北京、上海、深圳和苏州的高级人才，平均年薪都在 30 万元以上。成都不同工作经验薪资差异不大，并且总体工资都不高，平均年薪在 20 万元左右。

6. 不同学历的薪资分布

再来看看各主要城市不同学历的薪资分布情况。创建一个 Python 脚本 Jobs5.py，编写 Spark 代码，统计不同学历的薪资情况，绘制图形做数据可视化呈现，代码如下：

```
from pyspark.sql import SparkSession
from pyecharts.charts import Bar, Line
import pyecharts.options as opts

if __name__ == '__main__':
    spark = SparkSession.builder.appName("Jobs5").master("yarn").getOrCreate()
    df = spark.read.json("hdfs://node1:8020/input/datasets/Jobs.json")
    df.createOrReplaceTempView("Jobs")
    df1 = spark.sql("select a.city,b.degreeString"
                    "      ,sum(case when c.yearSalary is null then 0 else 1 end) as count"
                    "  from (select city from Jobs group by city) a"
                    "  left join (select degreeString from Jobs group by degreeString) b"
                    "  left join Jobs c"
                    "    on a.city = c.city"
                    "  and b.degreeString = c.degreeString"
                    " where a.city in ('北京','上海','广州','深圳','南京','杭州','武汉','成都','苏州','天津',
'无锡','西安')"
                    " group by a.city,b.degreeString")
    df1.cache()
    df2 = spark.sql("select a.city,b.degreeString"
                    "      ,mean(case when c.yearSalary is null then 0 else c.yearSalary end)
as mean"
                    "  from (select city from Jobs group by city) a"
                    "  left join (select degreeString from Jobs group by degreeString) b"
                    "  left join Jobs c"
                    "    on a.city = c.city"
                    "  and b.degreeString = c.degreeString"
                    " where a.city in ('北京','上海','广州','深圳','南京','杭州','武汉','成都','苏州','天津',
'无锡','西安')"
                    " group by a.city,b.degreeString")
    df2.cache()

    xaxis_data = df1.groupBy("city").count().orderBy("city").select("city").rdd.flatMap
(lambda x: x).collect()

    b1 = df1.select("count").where("degreeString = '大专'").orderBy("city").rdd.flatMap
(lambda x: x).collect()
    b2 = df1.select("count").where("degreeString = '本科'").orderBy("city").rdd.flatMap
(lambda x: x).collect()
    b3 = df1.select("count").where("degreeString = '硕士'").orderBy("city").rdd.flatMap
(lambda x: x).collect()
    b4 = df1.select("count").where("degreeString = '博士'").orderBy("city").rdd.flatMap
(lambda x: x).collect()

    l1 = df2.select("mean").where("degreeString = '大专'").orderBy("city").rdd.flatMap
(lambda x: x).collect()
    l2 = df2.select("mean").where("degreeString = '本科'").orderBy("city").rdd.flatMap
(lambda x: x).collect()
```

```
    l3 = df2.select("mean").where("degreeString = '硕士'").orderBy("city").rdd.flatMap
(lambda x: x).collect()
    l4 = df2.select("mean").where("degreeString = '博士'").orderBy("city").rdd.flatMap
(lambda x: x).collect()

    bar = Bar().add_xaxis(xaxis_data) \
        .add_yaxis("大专", b1).add_yaxis("本科", b2) \
        .add_yaxis("硕士", b3).add_yaxis("博士", b4) \
        .extend_axis(yaxis=opts.AxisOpts(name = "年薪(万)")) \
        .set_series_opts(label_opts=opts.LabelOpts(is_show=False)) \
        .set_global_opts(
            xaxis_opts=opts.AxisOpts(
                axislabel_opts={"interval": "0", "rotate": 45}
            ),
            yaxis_opts=opts.AxisOpts(max_=1000,name = "岗位数")
        )

    line = Line().add_xaxis(xaxis_data) \
        .add_yaxis("大专", l1, yaxis_index=1) \
        .add_yaxis("本科", l2, yaxis_index=1) \
        .add_yaxis("硕士", l3, yaxis_index=1) \
        .add_yaxis("博士", l4, yaxis_index=1) \
        .set_series_opts(label_opts=opts.LabelOpts(is_show=False))

    bar.overlap(line)
    bar.render()
```

在 PyCharm 中运行 Jobs5.py，运行完成后经过渲染的各主要城市不同学历的岗位分布如图 4-59 所示。

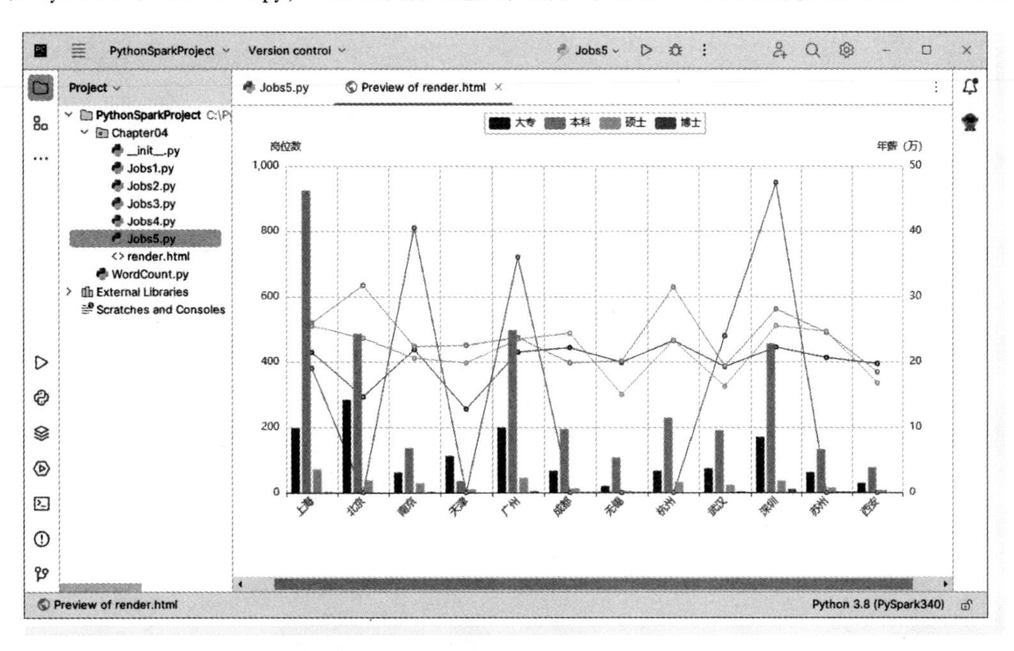

● 图 4-59　各主要城市不同学历的岗位分布

从数据分布结果看，在各个城市中，本科学历的需求都是最多的，其次是大专。在薪资方面，总体趋势是学历越高薪资越高，不过统计结果出现了硕士的薪资低于本科的情况，这有可能与岗位数据中要求硕士学历的岗位数较少、平均薪资被拉低有关。上海、北京、广州、深圳和杭州同样是薪资最高的几个城市。

4.4 本章小结

本章从开发工具入手，介绍了大数据开发、数据分析中常用的开发工具，有基于 Web 和笔记本的工具，也有本地安装的集成开发工具。通过 3 个实战案例分别介绍了如何在不同的开发工具中进行开发、如何进行数据可视化呈现等，不同工具有不同的特点。笔记本的开发工具只要有浏览器就可以开发，执行结果可以保存在笔记本上方便查看，也可以在笔记本中直接做数据可视化呈现。Databricks 的笔记本集成度比较高，内置了丰富的可视化工具，Databricks 是托管在云环境上的，JupyterLab 是自托管的，但 JupyterLab 没有内置的可视化工具，需要自己安装可视化工具库进行可视化。PyCharm 的代码提示能力和文档能力非常强，不熟悉代码的初学者可以通过其代码快速提示以及自动补全功能快速实现功能开发，但 PyCharm 不能保存每次执行的结果，数据可视化也不如笔记本方便。

核心功能 Spark Core

Spark 本身作为大数据计算引擎，其核心是 Spark Core，Spark Core 包含 Spark 的基本功能，如内存计算、任务调度、部署模式、故障恢复、存储管理等。Spark Core 的底层是 RDD，它是一个只读的、可分区的弹性分布式数据集，它的数据可以全部或部分缓存在内存中，在多次计算间重用。掌握 Spark Core 是学习 Spark 的非常重要的一步。本章将介绍 Spark 的 RDD 编程，包括 RDD 的创建、RDD 的算子操作、RDD 的持久化等。

5.1 SparkContext 介绍

想要使用 PySpark 库完成数据处理，首先需要构建一个执行环境上下文对象，PySpark 的执行环境上下文是 SparkContext。SparkContext 是 Spark 应用程序的主要入口，其代表与 Spark 集群的连接，能够用来在集群上创建 RDD，创建共享变量，访问 Spark 服务。作业的提交、应用的注册、任务的分发都是在 SparkContext 中进行的。每个 JVM 里只能存在一个处于激活状态的 SparkContext，在创建新的 SparkContext 之前，需要先关闭之前创建的 SparkContext。

在 Spark Shell、PySpark Shell、Databricks、Jupyter Lab 等交互式的环境中，已经默认创建好了 SparkContext，内置对象 sc 即是默认创建的 SparkContext 对象。对于开发的需要提交到集群运行的代码，则需要自己创建 SparkContext。

【说明】为了便于案例组织及理解，本书所有案例使用 SparkContext 的地方均使用 sc 来表示。

创建一个 SparkContext 对象时，应该设置 master 和 appName，可以直接通过参数传递创建，代码如下：

```
from pyspark import SparkContext
# 直接在创建 SparkContext 对象时指定 master 和 appName
sc = SparkContext(master="yarn", appName="WordCount")
```

除了设置 master 和 appName 外，创建 SparkContext 时还支持一些可选参数：

- sparkHome，字符串，可选，表示 Spark 在集群节点上的安装位置。
- pyFiles，字符串列表，可选，表示要发送到集群并添加到 PYTHONPATH 的.zip 或.py 文件的集合，可以是本地文件系统或 HDFS、HTTP、HTTPS 或 FTP 上的路径。

- environment，字典，可选，表示要在 Worker 节点上设置的环境变量字典。
- batchSize，整数，可选，这个参数控制了在 Python 和 Java 之间传输数据时，多少个 Python 对象被表示为一个 Java 对象。设置为 1 将禁用批处理，每个 Python 对象都将被表示为一个 Java 对象；设置为 0 将根据对象大小自动选择批处理大小；设置为-1 将使用无限制的批处理大小，所有 Python 对象将被合并表示为一个 Java 对象。
- serializer，pyspark.serializers.Serializer，可选，表示 RDD 的序列化器。

除了直接通过参数传递创建，还可以先创建一个 SparkConf 对象，再通过 SparkConf 对象创建一个 SparkContext，代码如下：

```
from pyspark import SparkConf, SparkContext
# 先创建一个 SparkConf 对象,设置 appName 和 master
conf = SparkConf().setAppName("WordCount").setMaster("yarn")
# 再通过 SparkConf 对象创建 SparkContext 对象
sc = SparkContext(conf=conf)
```

SparkConf 的主要方法及作用是：

- set(key, value)，设置配置属性。
- setMaster(value)，设置 master 值。
- setAppName(value)，设置应用程序名称。
- get(key, defaultValue=None)，获取配置值。
- setSparkHome(value)，在工作节点上设置 Spark 安装路径。

5.2 RDD 介绍

弹性分布式数据集（Resilient Distributed Datasets，RDD），是一种分布式内存数据抽象，代表一个只读的、可分区的、元素可并行计算的弹性分布式数据集。Datasets 表示这是一个数据集合，用于存放数据，就像 Python 集合对象一样。Distributed 表示这个数据集中的数据是分布式存储的，可存储在集群中的不同节点上，在进行数据计算的时候可以分布式并行计算。Resilient 表示弹性的，主要体现在几个方面：

1）存储弹性。表示这个数据集中的数据可以存储在内存或者磁盘中，Spark 优先把数据存放到内存中，如果内存存放不下，就会存放到磁盘里面。

2）容错弹性。RDD 采用基于血缘的高效容错机制，在 RDD 的设计中，数据是只读的，不可修改，如果需要修改数据，必须从父 RDD 转换生成新的子 RDD，由此在不同的 RDD 之间建立血缘关系。因此 RDD 是天生具有高容错机制的特殊集合，当一个 RDD 失效的时候，只需要通过重新计算上游的父 RDD 来重新生成丢失的 RDD 数据，而不需要通过数据冗余的方式实现容错。

3）分区弹性。可以根据业务的特征，动态调整数据集的分区数量，提升应用程序的整体执行效率。

在分布式计算中，需要实现分区控制、Shuffle 控制、数据存储、数据序列化、数据发送、数据计算等，这些功能不能简单地通过 Python 内置的本地集合对象去完成，这时候就需要 RDD。可以认为

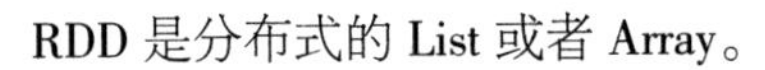

RDD 是分布式的 List 或者 Array。

5.3 RDD 的特性

RDD 数据结构内部有 5 个特性，其中前 3 个是每个 RDD 都具备的，后 2 个是可选的。代码如下（摘录自 RDD 源码）：

```
/**
 * Internally, each RDD is characterized by five main properties:
 *
 *   - A list of partitions
 *   - A function for computing each split
 *   - A list of dependencies on other RDDs
 *   - Optionally, a Partitioner for key-value RDDs (e.g. to say that the RDD is hash-parti-
tioned)
 *   - Optionally, a list of preferred locations to compute each split on (e.g. block
locations for
 *     an HDFS file)
 */
abstract class RDD[T: ClassTag](
    @transient private var _sc: SparkContext,
    @transient private var deps: Seq[Dependency[_]]
  ) extends Serializable with Logging {
  // TODO ...
}
```

1）A list of partitions，一组分区。对于 RDD 来说，每个分区都会被一个计算任务处理，并决定并行计算的粒度。可以在创建 RDD 时指定 RDD 的分区个数，如果没有指定，那么就会采用默认值，默认值就是程序所分配到的 CPU Core 的数目，不同环境的默认值不尽相同。下面通过案例验证一下，代码如下：

```
print("默认情况下 Spark 的最小分区数:", sc.defaultMinPartitions)

rdd1 = sc.parallelize([0, 1, 2, 3, 4, 5, 6, 7, 8, 9])
print("RDD1 的分区数:", rdd1.getNumPartitions())
print("RDD1 的分区情况:", rdd1.glom().collect())

print("可以直接指定 RDD 的分区数:")
rdd2 = sc.parallelize([0, 1, 2, 3, 4, 5, 6, 7, 8, 9], 5)
print("RDD2 的分区数:", rdd2.getNumPartitions())
print("RDD2 的分区情况:", rdd2.glom().collect())
```

在 Databricks 集群上（4 核，14GB 内存）执行代码，输出结果如下：

```
默认情况下 Spark 的最小分区数: 2
RDD1 的分区数: 4
RDD1 的分区情况: [[0, 1], [2, 3], [4, 5], [6, 7, 8, 9]]
可以直接指定 RDD 的分区数:
```

```
RDD2 的分区数：5
RDD2 的分区情况：[[0, 1], [2, 3], [4, 5], [6, 7], [8, 9]]
```

在 Spark on YARN 模式（2 核，8GB 内存，3 节点）下执行代码，输出结果如下：

```
默认情况下 Spark 的最小分区数：2
RDD1 的分区数：2
RDD1 的分区情况：[[0, 1, 2, 3, 4], [5, 6, 7, 8, 9]]
可以直接指定 RDD 的分区数：
RDD2 的分区数：5
RDD2 的分区情况：[[0, 1], [2, 3], [4, 5], [6, 7], [8, 9]]
```

可以看到，不同环境由于 CPU Core 的数目不一样，默认情况下的 RDD 的分区数量也不一样，对于在代码中指定了分区数的 RDD，无论在什么环境下分区情况都是一致的。

2）A function for computing each split，一个计算每个分区的方法。Spark 中 RDD 的计算是以分区为单位的，每个 RDD 都会实现计算方法以达到这个目的。下面通过案例验证一下，代码如下：

```
rdd = sc.parallelize([0, 1, 2, 3, 4, 5, 6, 7, 8, 9])
print("RDD 的分区情况:", rdd.glom().collect())
print("元素乘 10 后的分区情况:", rdd.map(lambda x: x * 10).glom().collect())
```

执行代码，输出结果如下：

```
RDD 的分区情况：[[0, 1, 2, 3, 4], [5, 6, 7, 8, 9]]
元素乘 10 后的分区情况：[[0, 10, 20, 30, 40], [50, 60, 70, 80, 90]]
```

可以看到，只需要在 RDD 上调用计算方法，计算即可作用到每个分区的每个元素上。

3）A list of dependencies on other RDDs，RDD 之间的依赖关系。RDD 的每次转换都会生成一个新的 RDD，所以 RDD 之间就会形成类似于流水线一样的前后依赖关系。下面通过案例验证一下，代码如下：

```
rdd1 = sc.textFile("hdfs://node1:8020/words.txt")
rdd2 = rdd1.flatMap(lambda x: x.split(" "))
rdd3 = rdd2.map(lambda x: (x, 1))
rdd4 = rdd3.reduceByKey(lambda a, b: a + b)
rdd4.collect()
print(rdd4.toDebugString())
```

执行代码，输出结果如下：

```
(2) PythonRDD[15] at collect at /tmp/ipykernel_43451/2680249566.py:5 []
 |  MapPartitionsRDD[14] at mapPartitions at PythonRDD.scala:145 []
 |  ShuffledRDD[13] at partitionBy at NativeMethodAccessorImpl.java:0 []
 +-(2) PairwiseRDD[12] at reduceByKey ....
    |  PythonRDD[11] at reduceByKey ...
    |  hdfs://node1:8020/words.txt MapPartitionsRDD[10] at textFile ...
    |  hdfs://node1:8020/words.txt HadoopRDD[9] at textFile ...
```

可以看到，sc.textFile("/mnt/storage/words.txt")产生了两个 RDD，即 HadoopRDD[9]和 MapPartitionsRDD[10]，flatMap 操作产生了一个新的 RDD，即 PythonRDD[11]，map 操作产生了一个新的 RDD，即 PairwiseRDD[12]，reduceByKey 产生了一个新的结果 RDD，由于 reduceByKey 需要执行

Shuffle 操作，所以有 ShuffledRDD[13]。

4）Optionally，a Partitioner for key-value RDDs，一个 Partitioner，即 RDD 分区器。当前 Spark 中实现了两种类型的分区器，一种是基于哈希的 HashPartitioner，另一种是基于范围的 RangePartitioner。Partitioner 不但决定了 RDD 本身的分区数量，也决定了 Shuffle 输出时的分区数量。只有 key-value（键-值对）类型的 RDD 才会有 Partitioner，非 key-value 类型的 RDD 的 Partitioner 是 None，所以这个特性是可选的。下面通过案例验证一下，代码如下：

```
# 由于只有 key-value 类型的 RDD 才有分区器,所以先构造一个 key-value 类型的 RDD
rdd1 = sc.parallelize([0,1,2,3,4,5,6,7,8,9],3).map(lambda x: (x, x % 4))
# 默认分区
print(rdd1.glom().collect(), rdd1.partitioner)
# 指定 3 个分区,采用默认分区器
rdd2 = rdd1.partitionBy(3)
print(rdd2.glom().collect(), rdd2.partitioner)
# 指定 3 个分区,采用自定义分区器
rdd3 = rdd1.partitionBy(3, lambda x: x % 2)
print(rdd3.glom().collect(), rdd3.partitioner)
```

执行代码，输出结果如下：

```
    [[(0, 0), (1, 1), (2, 2)], [(3, 3), (4, 0), (5, 1)], [(6, 2), (7, 3), (8, 0), (9, 1)]] None
    [[(0, 0), (3, 3), (6, 2), (9, 1)], [(1, 1), (4, 0), (7, 3)], [(2, 2), (5, 1), (8, 0)]]
<pyspark.rdd.Partitioner object at 0x7fe52c6beb80>
    [[(0, 0), (2, 2), (4, 0), (6, 2), (8, 0)], [(1, 1), (3, 3), (5, 1), (7, 3), (9, 1)], []]
<pyspark.rdd.Partitioner object at 0x7fe538abae20>
```

可以看到，由于 rdd1 是基于一个非 key-value 类型的 RDD 通过 map 转换得到的 RDD，所以 rdd1 默认没有分区器，即 None。rdd2 通过对 rdd1 指定 3 个分区并采用默认分区器 HashPartitioner 转换得到，分区是根据 key 进行取 Hash 值得到的。rdd3 通过对 rdd1 指定 3 个分区并采用自定义分区器转换得到，分区是根据 key 值与 2 求余得到的。

5）Optionally，a list of preferred locations to compute each split on，Spark 会优先从存储每个分区的位置读取数据并进行计算。按照“移动数据不如移动计算”的理念，Spark 在进行任务调度的时候，会尽可能地将计算任务分配到其所要处理数据块的存储位置。这样在读取文件的时候会通过本地读取，避免网络传输。Spark 会在确保并行计算能力的前提下，尽量确保本地读取，这里是尽量确保，而不是百分之百确保，所以这个特性也是可选的。

5.4 RDD 的创建

要进行 Spark 数据计算，先要创建一个初始 RDD，这个 RDD 通常代表 Spark 应用程序的输入源数据。在创建了初始 RDD 之后，才可以通过 Spark 提供的 API 对该 RDD 进行转换，实现数据计算。Spark Core 提供了多种方式来创建 RDD。

5.4.1 通过并行化本地集合创建 RDD

Python 本地集合通常包含有数据，想要将本地集合变成一个分布式数据集，需要调用 SparkContext

的 parallelize( )方法，通过并行化本地集合创建一个分布式数据集。Spark 会将本地集合中的数据复制到集群上去，形成一个 RDD。将一个本地集合并行化为 RDD，代码如下：

```
list = [0, 1, 2, 3, 4, 5, 6, 7, 8, 9]
# 使用默认分区数
rdd = sc.parallelize(list)
```

调用 parallelize( )方法的时候，还可以指定另外一个重要的参数，就是 RDD 的分区数，Spark 会为每一个分区运行一个 Task 来进行处理。将一个本地集合并行化为 RDD，并指定 5 个分区，代码如下：

```
list = [0, 1, 2, 3, 4, 5, 6, 7, 8, 9]
# 使用指定分区数
rdd = sc.parallelize(list, 5)
print(type(rdd))
print("分布式 RDD:", rdd)
print("分布式 RDD:", rdd.collect())
print("RDD 的分区数:", rdd.getNumPartitions())
```

执行代码，输出结果如下：

```
<class 'pyspark.rdd.RDD'>
分布式 RDD: ParallelCollectionRDD[2] at readRDDFromFile ...
分布式 RDD: [0, 1, 2, 3, 4, 5, 6, 7, 8, 9]
RDD 的分区数: 5
```

5.4.2 通过外部文件系统数据创建 RDD

Spark 支持使用任何 Hadoop 支持的存储系统上的文件创建 RDD，例如 HDFS、S3 等。

1. textFile( )方法

通过调用 SparkContext 的 textFile( )方法，可以针对本地文件或 HDFS 文件创建 RDD。读取 words.txt 文件创建 RDD，代码如下：

```
rdd = sc.textFile("hdfs://node1:8020/words.txt")
```

调用 textFile( )方法的时候，还可以指定另外一个重要的参数 minPartitions，用于指定希望创建的 RDD 的最小分区数。Spark 会尝试根据数据源的大小和集群的配置来确定实际的分区数，它不保证一定会创建指定数量的分区。它会尽量满足分区数大于或等于 minPartitions 的要求，以更好地并行化处理数据。读取 words.txt 文件创建 RDD，并且指定最小分区数 5，代码如下：

```
rdd = sc.textFile("hdfs://node1:8020/words.txt", 5)
print(type(rdd))
print("分布式 RDD:", rdd)
print("分布式 RDD:", rdd.collect())
print("RDD 的分区数:", rdd.getNumPartitions())
```

执行代码，输出结果如下：

```
<class 'pyspark.rdd.RDD'>
分布式 RDD: hdfs://node1:8020/words.txt MapPartitionsRDD[3] ...
```

```
分布式 RDD：['Hello Python', 'Hello Spark You', 'Hello Python Spark', 'You know PySpark']
RDD 的分区数：6
```

从结果可以知道，指定最小分区数是5，Spark 根据资源情况最终确定的分区数是6，当然，读者可以尝试指定其他分区数，比如4，看看最终的实际情况。

2. wholeTextFiles( )方法

在实际的项目中，处理的数据文件往往属于小文件，文件数量又很多，如果一个一个文件读取，很耗时且性能很低，Spark 提供了 wholeTextFiles( )方法专门针对小文件的读取。与 textFile( )方法不同的是，wholeTextFiles( )方法返回的是 key-value 类型的 RDD，其中 key 是文件路径，value 是文件内容，并且将整个文件的内容以字符串的形式读取出来作为 value，要得到文件内容的 RDD，需要自己拆分每一行。读取文件夹下的所有文件，代码如下：

```
# 读取所有小文件
rdd = sc.wholeTextFiles("hdfs://node1:8020/words*")
print(rdd.collect())
print(rdd.flatMap(lambda x: x[1].split("\n")).flatMap(lambda x: x.split(" ")).collect())
```

执行代码，输出结果如下：

```
[('hdfs://node1:8020/words.txt', 'Hello Python \nHello Spark You \nHello Python Spark \nYou know PySpark \n')]
['Hello', 'Python', 'Hello', 'Spark', 'You', 'Hello', 'Python', 'Spark', 'You', 'know', 'PySpark', '']
```

5.4.3 通过已存在的 RDD 衍生新的 RDD

通过 SparkContext 直接创建的 RDD 一般作为源数据，在实际项目中，这些源数据并不一定是期望的目标结果，要得到最终的目标结果，需要对这些源数据做一系列转换操作，得到新的 RDD，这就是通过已存在的 RDD 衍生新的 RDD。在前面的 WordCount 案例中，通过 textFile( )方法读取文件内容，得到以行为记录的源 RDD，通过 flatMap( )方法对源 RDD 进行转换，得到以单词为记录的 RDD，通过 map( )方法对 RDD 进行转换，得到 key-value 型的 RDD，通过 reduceByKey 将 RDD 按 key 值进行聚合，得到最终的 RDD，这些都是衍生新的 RDD 的过程。正是有通过已存在的 RDD 衍生新的 RDD 的功能存在，才能形成 RDD 之间的血缘关系，进而实现数据的计算功能。

5.5 RDD 的算子

RDD 是 Spark 的底层数据抽象，虽然 RDD 被称为弹性分布式数据集，包含了 Spark 中的计算数据，但通常情况下 RDD 并不存储数据，而是存储计算逻辑。Spark 通过算子对 RDD 的数据进行计算，实现 RDD 的数据转换。

5.5.1 什么是算子

在 Python 中，方法（Function）封装了一些独立功能，能够接收一些参数进行处理，然后返回处理结果，或者不返回处理结果。这些方法可供实例对象调用，以实现相关的功能。在 Spark 中，RDD 同样提供了类似功能的方法，与本地对象的方法不同的是，这些分布式数据集上的方法称为算子。

5.5.2 算子的分类

根据 RDD 算子的功能可以将 RDD 的算子分为三类：

1）Transformation 算子。返回值是一个 RDD 的算子，称为 Transformation 算子，即转换算子。转换算子是延迟执行的，也叫懒加载执行，代码通常不立即执行，而是仅记录 RDD 之间的转换关系，Spark 会根据这些转换关系生成应用程序的执行计划，构建最终的有向无环图。如果应用程序中没有 Action 算子，转换算子是不执行的。

2）Action 算子。返回值不是一个 RDD 的算子，称为 Action 算子，即行动算子。行动算子会真正触发 Spark 应用程序的执行，一个应用程序中有几个行动算子，就会启动几个 Job 运行。

3）持久化算子。Spark 中的 RDD 通常并不存储数据，而是存储计算逻辑及血缘关系，RDD 的数据在使用时根据血缘关系从头计算数据，数据使用完后 Spark 会释放 RDD 的数据以节省内存。当需要再次使用 RDD 的数据时，Spark 会根据血缘关系再次计算 RDD 的数据。当一个 RDD 被使用多次时，反复多次重新计算 RDD 的数据会影响应用程序的效率，Spark 提供了持久化算子将 RDD 的数据缓存在内存或者磁盘中，当再次需要使用 RDD 的数据时，只需要从缓存中读取数据即可，无需从头计算数据，从而提高了应用程序的效率。

Spark 运行过程中数据的流转过程如图 5-1 所示。

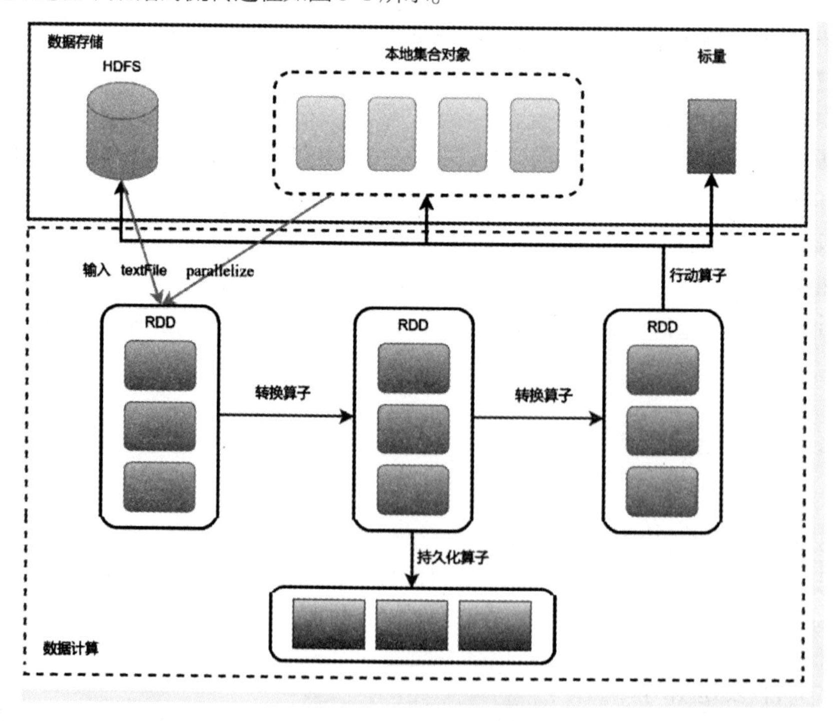

● 图 5-1 数据流转过程

5.6 常用的 Transformation 算子

Transformation 算子是 Spark 的一类操作，它们用于对 RDD 进行转换，生成新的 RDD。这些转换是延迟执行的，也就是说它们不会立即计算结果，而是等到需要执行 Action 算子时才会进行计算。

5.6.1 基本算子

基本算子是对所有 RDD 都适用的算子，可以完成 RDD 最基本的转换操作。

1. map 算子

map 算子可以对 RDD 中的每一个元素都调用一个指定的函数进行处理，生成一个新的 RDD，任何源 RDD 中的元素在新的 RDD 中都有且仅有一个元素与之对应。map 算子的声明如下：

```
def map(self: "RDD[T]", f: Callable[[T], U], preservesPartitioning: bool = False) -> "RDD
[U]"
```

- RDD[T] 是源 RDD。
- T 是源 RDD 中元素的数据类型。
- RDD[U] 是新生成的 RDD。
- U 是新 RDD 中元素的数据类型。
- f 是指定的函数，函数的参数列表是 [T]，函数的返回值类型是 U，源 RDD 中元素的数据类型 T 与新 RDD 中元素的数据类型 U 可以不一样。

在下面的案例中，通过并行化一个本地集合对象创建源 RDD，定义了一个函数 getType 用来获取数据的类型，返回值类型是 type，定义了一个函数 getLength 用来获取数据和数据长度的二元组，返回值类型是 tuple，通过 map 算子调用 getType()函数，获取源 RDD 中元素的数据类型，通过 map 算子调用 getLength()函数，对 RDD 中的元素进行二元组转换，代码如下：

```
rdd1 = sc.parallelize(["Hello Python","Hello Spark You","Hello Python Spark","You know
PySpark"])

#定义获取元素类型的函数
def getType(data):
    return type(data)

#定义函数,返回二元组,第1个元素是数据本身,第2个元素是数据的长度
def getLength(data):
    return (data, len(data))

print("map 算子返回的是:", rdd1.map(getType))

rdd1TypeRdd = rdd1.map(getType)
print("源 RDD 的数据记录:", rdd1.collect())
```

```
print("源 RDD 的数据类型:", rdd1TypeRdd.collect())

# 对 RDD 进行 map 运算
rdd2 = rdd1.map(getLength)

rdd2TypeRdd = rdd2.map(getType)
print("新 RDD 的数据记录:", rdd2.collect())
print("新 RDD 的数据类型:", rdd2TypeRdd.collect())
```

执行代码，输出结果如下：

```
map 算子返回的是: PythonRDD[1] at RDD at PythonRDD.scala:53
源 RDD 的数据记录: ['Hello Python', 'Hello Spark You', 'Hello Python Spark', 'You know PySpark']
源 RDD 的数据类型: [<class 'str'>, <class 'str'>, <class 'str'>, <class 'str'>]
新 RDD 的数据记录: [('Hello Python', 12), ('Hello Spark You', 15), ('Hello Python Spark', 18),
('You know PySpark', 16)]
新 RDD 的数据类型: [<class 'tuple'>, <class 'tuple'>, <class 'tuple'>, <class 'tuple'>]
```

从结果可以知道，map 算子返回的是 PythonRDD，也就是 RDD，源 RDD 中元素的数据类型 T 是 str，新 RDD 中元素的数据类型 U 是 tuple，与源 RDD 中元素的数据类型不一样，源 RDD 中的元素个数是 4 个，新 RDD 中的元素个数也是 4 个，与源 RDD 中的元素一一对应。

对于简单的转换函数，还可以直接使用 lambda 表达式取代函数定义，代码如下：

```
rdd3 = sc.parallelize(["Hello Python","Hello Spark You","Hello Python Spark","You know
PySpark"])
# 直接使用 lambda 表达式取代函数定义
rdd4 = rdd3.map(lambda x: x.split(" "))
print(rdd4.collect())
```

执行代码，输出结果如下：

```
[['Hello', 'Python'], ['Hello', 'Spark', 'You'], ['Hello', 'Python', 'Spark'], ['You', 'know',
'PySpark']]
```

2. flatMap 算子

flatMap 算子与 map 算子类似，也是对 RDD 中的每一个元素调用指定的函数进行处理，生成一个新的 RDD。与 map 算子不同的是，flatMap 算子会对最终的数据进行解除嵌套操作，得到一个扁平化的 RDD。flatMap 算子的声明如下：

```
def flatMap(self: "RDD[T]", f: Callable[[T], Iterable[U]], preservesPartitioning: bool =
False) -> "RDD[U]"
```

- f 是指定的函数，函数的参数列表是 [T]，函数的返回值是 Iterable[U]，返回值必须是可迭代的数据。

将前面案例中的 map 算子改为 flatMap，代码如下：

```
rdd1 = sc.parallelize(["Hello Python","Hello Spark You","Hello Python Spark","You know
PySpark"])
rdd2 = rdd1.flatMap(lambda x: x.split(" "))
```

```
print(rdd2.collect())
```

执行代码，输出结果如下：

```
['Hello','Python','Hello','Spark','You','Hello','Python','Spark','You','know','PySpark']
```

与 map 算子的执行结果相比，flatMap 算子的返回结果是扁平化的，虽然函数的处理逻辑 x.split(" ") 返回的是一个 list，但经过 flatMap 的扁平化处理，新的 RDD 中已不存在 list 元素。新的 RDD 中有 11 个元素，每个元素是一个单一的值，而 map 算子的返回值是 4 个元素，每个元素是一个 list。

如果传递给 flatMap 算子的函数的返回值不是可迭代的，而是返回单值数据，代码如下：

```
rdd1 = sc.parallelize(["Hello Python","Hello Spark You","Hello Python Spark","You know
PySpark"])

print(rdd1.flatMap(lambda x: len(x)).collect())
```

此时执行代码则会报错，报错内容如下：

```
PythonException:'TypeError:'int' object is not iterable'.
```

由于函数的处理逻辑 len(x) 返回的是一个 int 类型的单一值，而不是可迭代的集合，最终代码报错，返回类型错误。

3. glom 算子

glom 算子能够将 RDD 中的数据按照分区情况给数据添加嵌套，生成一个新的 RDD，新 RDD 中元素的个数是源 RDD 的分区数，新 RDD 中每个元素是源 RDD 中一个分区的所有元素组成的 list。glom 算子的声明如下：

```
def glom(self: "RDD[T]") -> "RDD[List[T]]"
```

对前面的案例中 flatMap 算子得到的 RDD 调用 glom，实现数据按分区嵌套，代码如下：

```
rdd1 = sc.parallelize(["Hello Python","Hello Spark You","Hello Python Spark","You know
PySpark"])
rdd2 = rdd1.flatMap(lambda x: x.split(" "))
rdd3 = rdd2.glom()

print("RDD2 的分区数是:", rdd2.getNumPartitions())
print("RDD2 分区嵌套是:", rdd3.collect())
```

执行代码，输出结果如下：

```
RDD2 的分区数是: 2
RDD2 分区嵌套是: [['Hello','Python','Hello','Spark','You'],['Hello','Python','Spark',
'You','know','PySpark']]
```

从结果可以知道，flatMap 算子转换得到的 rdd2 有 11 个元素，共有两个分区，通过 glom 算子转换，每个分区中的所有元素组成一个 list，最终的新 RDD 包含两个元素，每个元素都是 list。

4. groupBy 算子

groupBy 算子可对 RDD 中的每一个元素都调用一个指定的函数进行处理，根据函数的返回值，将返回值相同的源 RDD 中的元素分配到同一个组中，函数的返回值作为这个分组的 key，生成一个新的 RDD。新 RDD 中元素的个数是源 RDD 中的所有元素所产生的分组数，新 RDD 中每个元素都是一个二元组，二元组中第 1 个元素是该分组的 key 值，第 2 个元素是源 RDD 中属于当前分组的元素的集合。groupBy 算子的声明如下：

```
def groupBy(
    self: "RDD[T]",
    f: Callable[[T], K],
    numPartitions: Optional[int] = None,
    partitionFunc: Callable[[K], int] = portable_hash,
) -> "RDD[Tuple[K, Iterable[T]]]"
```

- numPartitions，用来定义 RDD 的分区数，也就是并行子任务数。numPartitions 不传值的时候，默认优先使用 Spark 的参数 spark.default.parallelism 指定的默认并行度，如果未指定默认并行度，则使用当前 RDD 的分区数，可以传入 numPartitions 参数来改变并行度。
- Tuple[K, Iterable[T]]，新 RDD 中元素的数据类型，是一个二元组。
- K 是函数 f 的返回值类型，函数 f 的返回值是新 RDD 中二元组的第 1 个元素。
- T 是源 RDD 中元素的类型，Iterable[T] 是源 RDD 中元素的迭代，源 RDD 的元素是新 RDD 中二元组的第 2 个元素的成员。

在下面的案例中，对源 RDD 调用 groupBy 算子进行转换，函数返回值是每个元素按空格拆分后集合的第 1 个元素，即使用每个元素的第 1 个单词作为分组标识，代码如下：

```
rdd1 = sc.parallelize(["Hello Python", "Hello Spark You", "Hello Python Spark", "You know 
PySpark"])
# 使用第 1 个单词作为分组标识
rdd2 = rdd1.groupBy(lambda x: x.split(" ")[0])

print("RDD2 分组数据:", rdd2.collect())
print("RDD2 分组详情:", rdd2.map(lambda x:(x[0], list(x[1]))).collect())
```

执行代码，输出结果如下：

```
RDD2 分组数据: [('Hello', <pyspark.resultiterable.ResultIterable object at 0x7f9ff6440190
>), ('You', <pyspark.resultiterable.ResultIterable object at 0x7f9ff64403a0>)]
RDD2 分组详情: [('Hello', ['Hello Python', 'Hello Spark You', 'Hello Python Spark']), ('You', 
['You know PySpark'])]
```

从结果可以知道，groupBy 算子返回的新 RDD 总共有两个元素，说明源 RDD 中的元素按照函数的处理逻辑可以分为两个组，第 1 个单词为 Hello 的 3 个元素分在同一组中形成一个 list，第 1 个单词为 You 的 1 个元素分在另一组中形成一个 list。

5. filter 算子

filter 算子可通过一个函数对 RDD 的元素进行过滤，生成一个新的 RDD，新 RDD 是由函数返回

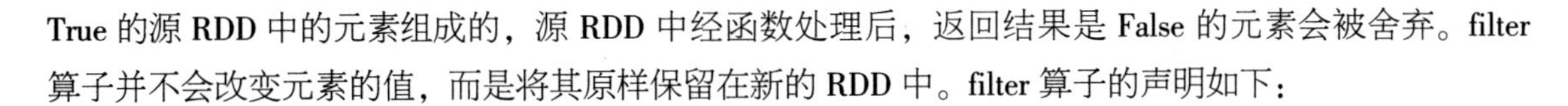

True 的源 RDD 中的元素组成的，源 RDD 中经函数处理后，返回结果是 False 的元素会被舍弃。filter 算子并不会改变元素的值，而是将其原样保留在新的 RDD 中。filter 算子的声明如下：

```
def filter(self: "RDD[T]", f: Callable[[T], bool]) -> "RDD[T]"
```

- f 是指定的函数，函数的参数列表是［T］，函数的返回值类型是 bool，返回值为 True 的元素被保留。

在下面的案例中，对源 RDD 调用 filter 算子进行过滤，保留元素的值包含单词 Spark 的元素，代码如下：

```
rdd1 = sc.parallelize(["Hello Python", "Hello Spark You", "Hello Python Spark", "You know
PySpark"])
# 过滤包含单词 Spark 的元素
rdd2 = rdd1.filter(lambda x: "Spark" in x.split(" "))

print("RDD2 的数据是:", rdd2.collect())
```

执行代码，输出结果如下：

```
RDD2 的数据是: ['Hello Spark You', 'Hello Python Spark']
```

从结果可以知道，包含单词 Spark 的元素只有两个，源 RDD 中第 4 个元素虽然含有字符串 Spark，但完整的单词是 PySpark 而不是 Spark，所以被过滤掉了。

6. distinct 算子

distinct 算子可对 RDD 中的元素进行去重处理而生成一个新的 RDD，新 RDD 中的元素是源 RDD 中元素的所有可能取值，每个元素都是唯一的，不包含重复的数据。distinct 算子的声明如下：

```
def distinct(self: "RDD[T]", numPartitions: Optional[int] = None) -> "RDD[T]"
```

在下面的案例中，对 flatMap 算子生成的 RDD 调用 distinct 算子，对单词进行去重，每个单词仅保留一次，代码如下：

```
rdd1 = sc.parallelize(["Hello Python", "Hello Spark You", "Hello Python Spark", "You know
PySpark"])
rdd2 = rdd1.flatMap(lambda x: x.split(" ")).distinct()

print("RDD2 的数据是:", rdd2.collect())
```

执行代码，输出结果如下：

```
RDD2 的数据是: ['Hello', 'Python', 'Spark', 'know', 'PySpark', 'You']
```

从结果可以知道，11 个单词中，Hello、Python、Spark、You 都是重复单词，distinct 去重后仅剩不重复的 6 个单词。

7. sortBy 算子

sortBy 算子可以对 RDD 中的每一个元素都调用一个指定的函数进行处理，根据函数的返回值对 RDD 的元素进行排序，生成一个新的 RDD。sortBy 算子的声明如下：

```
def sortBy(
    self: "RDD[T]",
    keyfunc: Callable[[T], "S"],
    ascending: bool = True,
    numPartitions: Optional[int] = None,
) -> "RDD[T]"
```

- 处理函数 keyfunc 的返回值类型是“S”，返回值将作为排序的依据，所以返回值必须是可比较的对象
- ascending 用于控制排序是否是升序，True 表示升序，False 表示降序，默认为升序排序。

在下面的案例中，对源 RDD 的数据进行不同类型的排序，rdd2 是按元素的长度作为排序依据的，rdd3 是按元素的字符串字面值作为排序依据的，代码如下：

```
rdd1 = sc.parallelize(["Hello Python", "Hello Spark You", "Hello Python Spark", "You know
PySpark"])
rdd2 = rdd1.sortBy(lambda x: len(x))
rdd3 = rdd1.sortBy(lambda x: x)

print("按字符长度升序:", rdd2.collect())
print("按字符串值升序:", rdd3.collect())
print("按字符串值降序:", rdd1.sortBy(lambda x: x, False).collect())
```

执行代码，输出结果如下：

```
按字符长度升序:['Hello Python', 'Hello Spark You', 'You know PySpark', 'Hello Python Spark']
按字符串值升序:['Hello Python', 'Hello Python Spark', 'Hello Spark You', 'You know PySpark']
按字符串值降序:['You know PySpark', 'Hello Spark You', 'Hello Python Spark', 'Hello Python']
```

元素的长度类型是 int，元素的字符串字面值类型是 str，这些都是可比较大小的，排序不会有问题。如果函数的返回值不是可比较的对象，则排序会报错，代码如下：

```
rdd1 = sc.parallelize(["Hello Python", "Hello Spark You", "Hello Python Spark", "You know
PySpark"])
print(rdd1.sortBy(lambda x: type(x)).collect())
```

执行代码，报错内容如下：

```
TypeError: '<' not supported between instances of 'type' and 'type'
```

由于函数的处理逻辑是 type(x)，返回值类型是 type，不可以比较大小，所以排序时报类型错误。

8. union 算子

union 算子可以对给定的两个 RDD 进行合并，生成一个新的 RDD，新 RDD 中包含两个源 RDD 的所有元素。union 算子的声明如下：

```
def union(self: "RDD[T]", other: "RDD[U]") -> "RDD[Union[T, U]]"
```

- 源 RDD[T] 是一个元素的数据类型为 T 的 RDD。
- 源 RDD[U] 是一个元素的数据类型为 U 的 RDD，U 与 T 可以不一样。
- 返回值 RDD[Union[T, U]] 是对两个源 RDD 的数据做合并，新 RDD 中的数据类型同时包含 T

和U。

在下面的案例中，rdd1的元素类型是str，other是通过rdd1构造的一个元素类型为二元组的RDD，通过union算子对rdd1和other进行合并，代码如下：

```
rdd1 = sc.parallelize(["Hello Python", "Hello Spark You", "Hello Python Spark", "You know
PySpark"])
other = rdd1.map(lambda x: (x, len(x)))
rdd2 = rdd1.union(other)

print("RDD2 的数据是:", rdd2.collect())
```

执行代码，输出结果如下：

```
RDD2 的数据是: ['Hello Python', 'Hello Spark You', 'Hello Python Spark', 'You know PySpark', ('
Hello Python', 12), ('Hello Spark You', 15), ('Hello Python Spark', 18), ('You know PySpark',
16)]
```

从结果可以知道，新RDD中包含源RDD中的所有元素，包含两种数据类型。

9. intersection 算子

intersection算子可以对给定的两个RDD求交集，生成一个新的RDD，新RDD中仅包含同时在两个源RDD中存在的元素。intersection算子的声明如下：

```
def intersection(self: "RDD[T]", other: "RDD[T]") -> "RDD[T]"
```

在下面的案例中，rdd1和rdd2是包含相同数据的两个源RDD，调用intersection算子对两个RDD求交集，代码如下：

```
rdd1 = sc.parallelize(["Hello Python", "Hello Spark You", "Hello Python Spark", "You know
PySpark"])
rdd2 = sc.parallelize(["Hello Python", "Hello Spark Me", "Hello Python Spark", "I know
PySpark"])
rdd3 = rdd1.intersection(rdd2)

print("RDD3 的数据是:", rdd3.collect())
```

执行代码，输出结果如下：

```
RDD3 的数据是: ['Hello Python', 'Hello Python Spark']
```

从结果可以知道，新RDD中仅包含了在两个源RDD中同时存在的元素。

10. zip 算子

zip算子可以将给定的两个RDD的元素一一对应组成一个二元组，生成一个新的RDD，就像是拉拉链一样。新RDD中的元素都是二元组，二元组中的第1个元素来自第1个源RDD，第2个元素来自第2个源RDD。zip算子的声明如下：

```
def zip(self: "RDD[T]", other: "RDD[U]") -> "RDD[Tuple[T, U]]"
```

- Tuple[T, U] 是新RDD的元素类型，是一个二元组。

- zip 算子只能对两个结构相同的 RDD 进行处理，即要求两个 RDD 具有相同的分区数且每个对应的分区中具有相同的元素个数。

在下面的案例中，rdd1 和 rdd2 是具有相同分区数、相同元素个数的两个 RDD，zip 算子返回的 rdd3 是一个二元组 RDD，即 key-value 型 RDD，代码如下：

```
rdd1 = sc.parallelize(["Hello", "You", "Spark"])
rdd2 = sc.parallelize(["Python", "know", "PySpark"])
rdd3 = rdd1.zip(rdd2)

print("RDD3 的数据是:", rdd3.collect())
```

执行代码，输出结果如下：

```
RDD3 的数据是: [('Hello', 'Python'), ('You', 'know'), ('Spark', 'PySpark')]
```

从结果可以知道，新 RDD 的元素是两个源 RDD 的元素按顺序一一对应得到的一个二元组。如果两个源 RDD 的分区数不同，代码如下：

```
rdd1 = sc.parallelize(["Hello", "You", "Spark"], 2)
rdd2 = sc.parallelize(["Python", "know", "PySpark"], 3)
rdd1.zip(rdd2).collect()
```

则会报错，报错内容如下：

```
ValueError: Can only zip with RDD which has the same number of partitions
```

如果两个源 RDD 的元素个数不同，代码如下：

```
rdd1 = sc.parallelize(["Hello", "You", "Spark"], 3)
rdd2 = sc.parallelize(["Python", "know", "PySpark", "PySpark"], 3)
rdd1.zip(rdd2).collect()
```

则报错内容如下：

```
Can only zip RDDs with same number of elements in each partition
```

11. zipWithIndex 算子

zipWithIndex 算子与 zip 算子类似，可以对 RDD 中的元素进行 zip 操作，生成一个新的 RDD，新 RDD 中的元素都是二元组。与 zip 算子不同的是，zipWithIndex 不需要与另一个 RDD 进行 zip，而是 RDD 中的元素与该元素在 RDD 中的索引位置进行 zip，得到一个由元素值和索引位置组成的二元组，zipWithIndex 算子的声明如下：

```
def zipWithIndex(self: "RDD[T]") -> "RDD[Tuple[T, int]]"
```

- Tuple[T, int]是新 RDD 中元素的类型，是一个二元组，二元组的第 2 个元素是索引位置，类型是 int。
- 与 zipWithIndex 算子功能类似的算子还有 zipWithUniqueId 算子，RDD 中的元素与一个不重复的唯一整数值进行 zip，得到一个新的二元组。

在下面的案例中，rdd1 的元素与元素自身的索引位置进行 zip，并与 zipWithUniqueId 算子的结果进行对比，代码如下：

```
rdd1 = sc.parallelize(["Hello", "You", "Spark"])

print("zipWithIndex 的数据是:", rdd1.zipWithIndex().collect())
print("zipWithUniqueId 的数据是:", rdd1.zipWithUniqueId().collect())
```

执行代码，输出结果如下：

```
zipWithIndex 的数据是: [('Hello', 0), ('You', 1), ('Spark', 2)]
zipWithUniqueId 的数据是: [('Hello', 0), ('You', 1), ('Spark', 3)]
```

从结果可以知道，zipWithIndex 是元素与元素的索引位置进行 zip，索引从 0 开始递增，zipWithUniqueId 仅能保证参与 zip 的整数值是唯一的，并不能保证数据值是多少，也不保证数值递增。

5.6.2 二元组相关的算子

RDD 中的元素可以是任意对象，可以是基本数据类型，也可以是复杂数据类型。如果 RDD 中所有元素都是二元组（Tuple[K，V]），这种类型的 RDD 称为 key-value 型 RDD，或者 K-V 型 RDD。Spark 提供了一些专门针对 K-V 型 RDD 的算子。

1. mapValues 算子

mapValues 算子可以对 K-V 型 RDD 中的每一个元素的 V 都调用一个指定的函数进行处理，生成一个新的 K-V 型 RDD，任何源 RDD 中的元素在新的 RDD 中都有且仅有一个元素与之对应。mapValues 算子的声明如下：

```
def mapValues(self: "RDD[Tuple[K, V]]", f: Callable[[V], U]) -> "RDD[Tuple[K, U]]"
```

- RDD[Tuple[K，V]]是源 RDD，RDD 中的元素是 Tuple。
- f 是处理函数，参数列表［V］对应的是源 K-V 型 RDD 的 V，返回值是 U。
- RDD[Tuple[K，U]]是新 K-V 型 RDD，K 是源 K-V 型 RDD 的 K，U 是 f 的返回值。

在下面的案例中，rdd2 是一个 K-V 型 RDD，V 是 K 中单词的个数，调用 mapValues 算子对 V 加 1 得到新的 K-V 型 RDD，代码如下：

```
rdd1 = sc.parallelize(["Hello Python", "Hello Spark You", "Hello Python Spark", "You know
PySpark"])
# 构造一个 K-V 型 RDD
rdd2 = rdd1.map(lambda x: (x, len(x.split(" "))))
rdd3 = rdd2.mapValues(lambda x: x + 1)

print("源 K-V 型 RDD 是:", rdd2.collect())
print("新 K-V 型 RDD 是:", rdd3.collect())
```

执行代码，输出结果如下：

```
源 K-V 型 RDD 是: [('Hello Python', 2), ('Hello Spark You', 3), ('Hello Python Spark', 3), ('You
know PySpark', 3)]
新 K-V 型 RDD 是: [('Hello Python', 3), ('Hello Spark You', 4), ('Hello Python Spark', 4), ('You
know PySpark', 4)]
```

从结果可以知道，mapValues 仅对 V 进行处理，K 值不变，新 RDD 的元素与源 RDD 的元素一一对应。

2. groupByKey 算子

groupByKey 算子是对 K-V 型 RDD 中的元素按照 K 进行分组，生成一个新的 K-V 型 RDD。与 **groupBy** 算子生成的 RDD 类似，**groupByKey** 算子生成的新 RDD 中元素的个数是分组数，新 RDD 中每个元素都是一个二元组，二元组中第 1 个元素是该分组的 K 值，第 2 个元素是源 RDD 中 K 值相同的 V 的集合。**groupByKey** 算子的声明如下：

```
def groupByKey(
    self: "RDD[Tuple[K, V]]",
    numPartitions: Optional[int] = None,
    partitionFunc: Callable[[K], int] = portable_hash,
) -> "RDD[Tuple[K, Iterable[V]]]"
```

在下面的案例中，rdd2 是一个 K-V 型 RDD，K 是单词，V 是 1，rdd3 是 rdd2 按 K 分组后得到的新 K-V 型 RDD，代码如下：

```
rdd1 = sc.parallelize(["Hello Python", "Hello Spark You", "Hello Python Spark", "You know PySpark"])
# 构造一个 K-V 型 RDD
rdd2 = rdd1.flatMap(lambda x: x.split(" ")).map(lambda x: (x, 1))
rdd3 = rdd2.groupByKey()

print("源 K-V 型 RDD:", rdd2.collect())
print("新 K-V 型 RDD:", rdd3.collect())
print("新 K-V 型 RDD:", rdd3.map(lambda x:(x[0], list(x[1]))).collect())
```

执行代码，输出结果如下：

```
源 K-V 型 RDD: [('Hello', 1), ('Python', 1), ('Hello', 1), ('Spark', 1), ('You', 1), ('Hello', 1), ('Python', 1), ('Spark', 1), ('You', 1), ('know', 1), ('PySpark', 1)]
新 K-V 型 RDD: [('Hello', <pyspark.resultiterable.ResultIterable object at 0x7f6ca5cdf2b0>), ('Python', <pyspark.resultiterable.ResultIterable object at 0x7f6ca5cf7160>), ('Spark', <pyspark.resultiterable.ResultIterable object at 0x7f6ca5cf71f0>), ('know', <pyspark.resultiterable.ResultIterable object at 0x7f6ca5cf72b0>), ('PySpark', <pyspark.resultiterable.ResultIterable object at 0x7f6ca5cf72e0>), ('You', <pyspark.resultiterable.ResultIterable object at 0x7f6ca5cf7370>)]
新 K-V 型 RDD: [('Hello', [1, 1, 1]), ('Python', [1, 1]), ('Spark', [1, 1]), ('know', [1]), ('PySpark', [1]), ('You', [1, 1])]
```

从结果可以知道，**groupByKey** 算子按 K 进行分组，K 值相同的 V 组成一个 Iterable 对象作为新 RDD 中的 V。

3. reduceByKey 算子

reduceByKey 算子可以对 K-V 型 RDD 中的元素按 K 进行分组，调用函数对同一分组中的 V 进行聚合处理，生成一个新的 K-V 型 RDD，新 RDD 中的元素个数是源 RDD 的分组数。**reduceByKey** 算子的声明如下：

```
def reduceByKey(
    self: "RDD[Tuple[K, V]]",
    func: Callable[[V, V], V],
    numPartitions: Optional[int] = None,
    partitionFunc: Callable[[K], int] = portable_hash,
) -> "RDD[Tuple[K, V]]"
```

func 是处理函数，参数列表是［V，V］，仅处理源 K-V 型 RDD 中的 V，返回也是 V。

在下面的案例中，rdd2 是一个 K-V 型 RDD，K 是单词，V 是 1，rdd3 是 rdd2 按 K 分组后对同一分组中的 V 进行相加得到的新 K-V 型 RDD。

```
rdd1 = sc.parallelize(["Hello Python", "Hello Spark You", "Hello Python Spark", "You know PySpark"])
# 构造一个 K-V 型 RDD
rdd2 = rdd1.flatMap(lambda x: x.split(" ")).map(lambda x: (x, 1))
rdd3 = rdd2.reduceByKey(lambda a, b: a + b)

print("源 K-V 型 RDD 是:", rdd2.collect())
print("新 K-V 型 RDD 是:", rdd3.collect())
```

执行代码，输出结果如下：

```
源 K-V 型 RDD 是: [('Hello', 1), ('Python', 1), ('Hello', 1), ('Spark', 1), ('You', 1), ('Hello', 1), ('Python', 1), ('Spark', 1), ('You', 1), ('know', 1), ('PySpark', 1)]
新 K-V 型 RDD 是: [('Hello', 3), ('Python', 2), ('Spark', 2), ('know', 1), ('PySpark', 1), ('You', 2)]
```

从结果可以知道，reduceByKey 按 K 进行分组对 V 进行聚合，新 RDD 中 K 是源 RDD 中 K 去重后的结果。reduceByKey 的结果相当于在 groupByKey 的基础上对 V 进行了聚合。

4. join 算子

join 算子可以对两个 K-V 型 RDD 按照 K 值做连接操作，生成一个新的 K-V 型 RDD。新 RDD 中仅包含两个源 RDD 中同时存在的 K，新 RDD 中的 V 是由源 RDD 的 V 和 U 组成的二元组。join 算子的声明如下：

```
def join(
    self: "RDD[Tuple[K, V]]",
    other: "RDD[Tuple[K, U]]",
    numPartitions: Optional[int] = None,
) -> "RDD[Tuple[K, Tuple[V, U]]]"
```

与 join 算子功能类似的算子还有：

- leftOuterJoin 算子，保留 self 中的所有 K，若 other 中不存在相同的 K，则 U 是 None。
- rightOuterJoin 算子，保留 other 中的所有 K，若 self 中不存在相同的 K，则 V 是 None。
- fullOuterJoin 算子，保留 self 和 other 中的所有 K，若另一个 RDD 中不存在相同的 K，则 V 或 U 是 None。

在下面的案例中，rdd2 是使用 rdd1 中包含单词 Spark 的元素构造的 RDD，K 是单词，V 是单词出现的次数，rdd3 是使用 rdd1 中不含单词 Spark 的元素构造的 RDD，K 是单词，V 是单词长度，rdd4 是仅包含了 rdd2 和 rdd3 同时存在的 K 的数据。另外案例还对比了与 join 算子类似的几个算子的运算结果，代码如下：

```
rdd1 = sc.parallelize(["Hello Python", "Hello Spark You", "Hello Python Spark", "You know
PySpark"])
# 从 RDD1 中筛选包含单词 Spark 的元素构造一个 K-V 型 RDD:(单词, 出现次数)
rdd2 = rdd1.filter(lambda x: "Spark" in x.split(" ")).flatMap(lambda x: x.split(" ")).map
(lambda x: (x, 1)).reduceByKey(lambda a, b: a + b)
# 从 RDD1 中筛选不含单词 Spark 的元素构造一个 K-V 型 RDD:(单词, 单词长度)
rdd3 = rdd1.filter(lambda x: "Spark" not in x.split(" ")).flatMap(lambda x: x.split(" ")).
map(lambda x: (x, len(x))).reduceByKey(lambda a, b: a)
rdd4 = rdd2.join(rdd3)

print("RDD2 的数据是:", rdd2.collect())
print("RDD3 的数据是:", rdd3.collect())
print("RDD4 的数据是:", rdd4.collect())
print("leftOuterJoin 的数据是:", rdd2.leftOuterJoin(rdd3).collect())
print("rightOuterJoin 的数据是:", rdd2.rightOuterJoin(rdd3).collect())
print("fullOuterJoin 的数据是:", rdd2.fullOuterJoin(rdd3).collect())
```

执行代码，输出结果如下：

```
RDD2 的数据是: [('Hello', 2), ('Python', 1), ('Spark', 2), ('You', 1)]
RDD3 的数据是: [('Hello', 5), ('Python', 6), ('know', 4), ('PySpark', 7), ('You', 3)]
RDD4 的数据是: [('Hello', (2, 5)), ('Python', (1, 6)), ('You', (1, 3))]
leftOuterJoin 的数据是: [('Hello', (2, 5)), ('Spark', (2, None)), ('Python', (1, 6)), ('You',
(1, 3))]
rightOuterJoin 的数据是: [('Hello', (2, 5)), ('Python', (1, 6)), ('know', (None, 4)), ('PySpark',
(None, 7)), ('You', (1, 3))]
fullOuterJoin 的数据是: [('Hello', (2, 5)), ('Spark', (2, None)), ('Python', (1, 6)), ('know',
(None, 4)), ('PySpark', (None, 7)), ('You', (1, 3))]
```

从结果可以知道，join 算子仅保留了两个源 RDD 同时存在的 K 的数据，V 是由两个源 RDD 的 V 组成的二元组。与 join 算子类似的其他几个算子则保留了某个或全部源 RDD 中的所有 K 的数据，当 K 值仅在其中一个源 RDD 中存在时，生成的新 RDD 的元素中相对应的 V 用 None 代替。

5. sortByKey 算子

sortByKey 算子对 K-V 型 RDD 中所有元素的 K 值都调用一个函数进行处理，根据函数的返回值对 RDD 的元素进行排序，生成一个新的 K-V 型 RDD。sortByKey 算子的声明如下：

```
def sortByKey(
    self: "RDD[Tuple[K, V]]",
    ascending: Optional[bool] = True,
    numPartitions: Optional[int] = None,
    keyfunc: Callable[[Any], Any] = lambda x: x,
) -> "RDD[Tuple[K, V]]"
```

keyfunc 函数与 sortBy 算子中的 keyfunc 函数功能类似，sortBy 算子中的函数对 RDD 的元素进行处理，sortByKey 算子中的函数对 RDD 的元素中的 K 进行处理，函数的返回值作为排序的依据，所以函

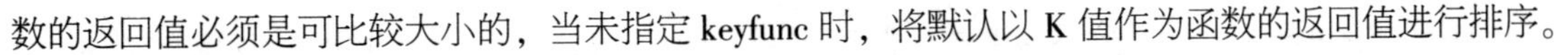

数的返回值必须是可比较大小的，当未指定 keyfunc 时，将默认以 K 值作为函数的返回值进行排序。

在下面的案例中，rdd2 是一个 K-V 型 RDD，rdd3 是使用默认的 K 值排序得到的 K-V 型 RDD，rdd4 是使用自定义函数根据 K 值的字符串长度排序得到的 K-V 型 RDD，代码如下：

```
rdd1 = sc.parallelize(["Hello Python", "Hello Spark You", "Hello Python Spark", "You know PySpark"])
rdd2 = rdd1.zipWithIndex()
rdd3 = rdd2.sortByKey()
rdd4 = rdd2.sortByKey(keyfunc=lambda x: str(len(x)))

print("RDD2 的数据是:", rdd2.collect())
print("RDD3 的数据是:", rdd3.collect())
print("RDD4 的数据是:", rdd4.collect())
```

执行代码，输出结果如下：

```
RDD2 的数据是: [('Hello Python', 0), ('Hello Spark You', 1), ('Hello Python Spark', 2), ('You know PySpark', 3)]
RDD3 的数据是: [('Hello Python', 0), ('Hello Python Spark', 2), ('Hello Spark You', 1), ('You know PySpark', 3)]
RDD4 的数据是: [('Hello Python', 0), ('Hello Spark You', 1), ('You know PySpark', 3), ('Hello Python Spark', 2)]
```

6. partitionBy 算子

partitionBy 算子对 K-V 型 RDD 中所有元素的 K 值调用一个函数进行处理，根据函数的返回值对 RDD 进行重新分区，生成一个新的 K-V 型 RDD。partitionBy 算子的声明如下：

```
def partitionBy(
    self: "RDD[Tuple[K, V]]",
    numPartitions: Optional[int],
    partitionFunc: Callable[[K], int] = portable_hash,
) -> "RDD[Tuple[K, V]]"
```

- numPartitions 是重新分区后的 RDD 的分区数。
- partitionFunc 是分区计算函数，返回值是区间［0，numPartitions）之间的整数，代表分区编号，即该元素被重新分到哪个分区，当函数返回值大于 numPartitions-1 时，超出最终分区数，则该元素会被分到分区编号为 numPartitions-1 的分区。

在下面的案例中，rdd2 是采用默认分区的 K-V 型 RDD，rdd3 是根据 rdd2 的 K 值中是否包含某个单词进行重新分区的 K-V 型 RDD，代码如下：

```
def func(key):
    if "Spark" in key.split(" "):
        return 0
    if "Python" in key.split(" "):
        return 1
    return 5
```

```
rdd1 = sc.parallelize(["Hello Python", "Hello Spark You", "Hello Python Spark", "You know
PySpark"])
rdd2 = rdd1.zipWithIndex()
rdd3 = rdd2.partitionBy(3, func)

print("RDD2 的分区情况是:", rdd2.glom().collect())
print("RDD3 的分区情况是:", rdd3.glom().collect())
```

执行代码，输出结果如下：

```
RDD2 的分区情况是: [[('Hello Python', 0), ('Hello Spark You', 1)], [('Hello Python Spark', 2),
('You know PySpark', 3)]]
RDD3 的分区情况是: [[('Hello Spark You', 1), ('Hello Python Spark', 2)], [('Hello Python', 0)],
[('You know PySpark', 3)]]
```

从结果可以知道，源 RDD 被重新分为 3 个分区，元素按照分区计算函数 func 的返回值进行分区，包含单词 Spark 的元素被分到编号为 0 的分区，即第 1 个分区，包含单词 Python 的元素被分到第 2 个分区。不包含 Spark 或 Python 的元素分区编号返回 5，但由于 5 不在区间［0，numPartitions）中，所以被分到编号为 numPartitions-1 的分区，即最后一个分区中。

5.6.3 分区相关的算子

RDD 分成很多的分区分布到集群的节点，分区的多少涉及对这个 RDD 进行并行计算的粒度，即并行度。分区划分对于 Shuffle 类的操作很关键，它决定了该操作的 RDD 之间的依赖关系。合理设置并行度，可以提升整个 Spark 作业的性能和运行速度，理想的并行度设置应该是让并行度与资源相匹配，在资源允许的情况下尽可能充分利用集群的 CPU 资源。Spark 提供了几个专门用来处理分区的算子。

1. repartition 算子

repartition 算子用来对 RDD 的分区执行重新分区，根据指定的分区数，重新对 RDD 的数据进行 Shuffle，生成一个新的 RDD。repartition 算子的声明如下：

```
def repartition(self: "RDD[T]", numPartitions: int) -> "RDD[T]"
```

numPartitions 是重分区后的分区数。

在下面的案例中，rdd1 采用的是默认分区数，rdd2 和 rdd3 强制对 rdd1 重新分区，代码如下：

```
rdd1 = sc.parallelize(["Hello Python", "Hello Spark You", "Hello Python Spark", "You know
PySpark"])
rdd2 = rdd1.repartition(4)
rdd3 = rdd1.repartition(1)

print("RDD1 的分区数是:", rdd1.getNumPartitions())
print("RDD2 的分区数是:", rdd2.getNumPartitions())
print("RDD3 的分区数是:", rdd3.getNumPartitions())
```

执行代码，输出结果如下：

```
RDD1 的分区数是: 2
RDD2 的分区数是: 4
RDD3 的分区数是: 1
```

从结果可以知道，repartition 算子可以增加分区数，也可以减少分区数。repartition 算子内部使用 Shuffle 来重新分配数据，如果要减少分区数，可以考虑使用 coalesce 算子，从而避免执行 Shuffle。

2. coalesce 算子

coalesce 算子用来根据指定的分区数，重新对 RDD 的数据进行分区，生成一个新的 RDD。coalesce 算子的声明如下：

```
def coalesce(self: "RDD[T]", numPartitions: int, shuffle: bool = False) -> "RDD[T]"
```

- shuffle 表示是否允许 Shuffle，默认是 False，即不允许 Shuffle。
- 增加分区数会导致 Shuffle，所以增加分区数时需要指定 shuffle=True。

在下面的案例中，rdd1 采用的是默认分区数，对 rdd1 进行不同类型的重新分区，代码如下：

```
rdd1 = sc.parallelize(["Hello Python", "Hello Spark You", "Hello Python Spark", "You know
PySpark"])
rdd2 = rdd1.coalesce(4)
rdd3 = rdd1.coalesce(4, shuffle=True)
rdd4 = rdd1.coalesce(1)

print("RDD1 的分区数是:", rdd1.getNumPartitions())
print("RDD2 的分区数是:", rdd2.getNumPartitions())
print("RDD3 的分区数是:", rdd3.getNumPartitions())
print("RDD4 的分区数是:", rdd4.getNumPartitions())
```

执行代码，输出结果如下：

```
RDD1 的分区数是: 2
RDD2 的分区数是: 2
RDD3 的分区数是: 4
RDD4 的分区数是: 1
```

从结果可以知道，coalesce 算子可以增加分区数，也可以减少分区数。增加分区会导致 Shuffle，如果参数指定 shuffle=False，则增加分区不起作用，只有指定 shuffle=True 时增加分区才会起作用。

3. mapPartitions 算子

mapPartitions 算子与 map 算子类似，调用一个指定的函数对 RDD 中的元素进行处理，生成一个新的 RDD。与 map 算子不同的是，map 算子的函数每次处理一个元素，RDD 中有多少个元素，函数就会被调用多少次，而 mapPartitions 算子每次处理 RDD 的一个分区，RDD 有多少个分区，函数就会被调用多少次。mapPartitions 算子的声明如下：

```
def mapPartitions(
    self: "RDD[T]",
    f: Callable[[Iterable[T]], Iterable[U]],
    preservesPartitioning: bool = False
) -> "RDD[U]"
```

- [Iterable[T]]是处理函数 f 的参数，是 RDD 中一个分区的所有元素的可迭代对象。
- Iterable[U]是处理函数 f 的返回值，也是一个可迭代的对象。

在下面的案例中，分别比较了 map 算子和 mapPartitions 算子对 RDD 的处理的差异，代码如下：

```
rdd1 = sc.parallelize(["Hello Python", "Hello Spark You", "Hello Python Spark", "You know PySpark"])

print("map 处理的类型:", rdd1.map(lambda x: type(x)).collect())
print("mapPartitions 处理的类型:", rdd1.mapPartitions(lambda x: [type(x)]).collect())

print("map 转换的结果:", rdd1.map(lambda x: (x, len(x))).collect())
print("mapPartitions 转换的结果:", rdd1.mapPartitions(lambda x: [(x1, len(x1)) for x1 in list(x)]).collect())
```

执行代码，输出结果如下：

```
map 处理的类型: [<class 'str'>, <class 'str'>, <class 'str'>, <class 'str'>]
mapPartitions 处理的类型: [<class 'itertools.chain'>, <class 'itertools.chain'>]
map 转换的结果: [('Hello Python', 12), ('Hello Spark You', 15), ('Hello Python Spark', 18), ('You know PySpark', 16)]
mapPartitions 转换的结果: [('Hello Python', 12), ('Hello Spark You', 15), ('Hello Python Spark', 18), ('You know PySpark', 16)]
```

从结果可以知道，map 算子是对单个元素进行处理，RDD 中有 4 个元素，每个元素都是字符串，所以函数调用 4 次，输出 4 个 str。mapPartitions 算子对分区元素进行处理，RDD 中有两个分区，所以函数调用两次，输出两个 itertools.chain。mapPartitions 处理的是分区的数据，对单个元素的处理需要在函数中遍历分区元素进行处理。

5.7 常用的 Action 算子

Transformation 算子是延迟执行的，Spark 应用程序中如果只有 Transformation 算子，那么计算并不会真正执行，只有当程序中遇到 Action 算子，计算才真正触发执行。

5.7.1 基本算子

基本算子通常是指具有返回值的一类算子，这些算子的返回值会发送到 Driver 端，由 Driver 进行输出处理。

1. getNumPartitions 算子

getNumPartitions 算子用于获取 RDD 的分区数。getNumPartitions 算子的声明如下：

```
def getNumPartitions(self) -> int
```

- 对于并行化本地集合生成的 RDD，默认分区数取 sc.defaultParallelism。
- 对于读取文件生成的 RDD，默认分区数取 max（sc.defaultParallelism，文件 Block 数）。
- HDFS 系统中，文件的 Block 大小默认是 128MB，只有文件大小大于 128MB 时才会拆分 Block。

在下面的案例中，rdd1 是并行化本地集合生成的 RDD，rdd2 是读取 HDFS 的文件生成的 RDD，为了实现多 Block 的文件，案例中的文件已扩充到 1.25GB。代码如下：

```
rdd1 = sc.parallelize(["Hello Python", "Hello Spark You", "Hello Python Spark", "You know
PySpark"])
rdd2 = sc.textFile("hdfs://node1:8020/input/datasets/SecondHouses.csv")

print("默认并行度是:", sc.defaultParallelism)
print("RDD1 的分区数是:", rdd1.getNumPartitions())
print("RDD2 的分区数是:", rdd2.getNumPartitions())
```

执行代码，输出结果如下：

```
默认并行度是：2
RDD1 的分区数是：2
RDD2 的分区数是：10
```

2. collect 算子

collect 算子将分布在集群中 RDD 的各个分区的数据，统一收集到 Driver 中，形成一个 List。collect 算子的声明如下：

```
def collect(self: "RDD[T]") -> List[T]
```

前面几乎所有的案例都已使用过 collect 算子，此处不再单独展示案例。

【说明】collect 算子会将 RDD 的各个分区的所有数据全部拉取到 Driver 中。RDD 是分布式对象，其数据可能很大，所以使用这个算子之前，需要了解 RDD 的数据，确保数据集不会太大，否则会导致 Driver 的内存溢出。

3. reduce 算子

reduce 算子对 RDD 中的元素调用一个函数进行聚合，返回聚合后的结果。聚合过程是先由第 1 个元素和第 2 个元素运算得到一个返回值，再用返回值与第 3 个元素运算得到一个返回值，依次类推，直到所有元素都参与了运算，得到最终的返回值即为聚合结果。reduce 算子的声明如下：

```
def reduce(self: "RDD[T]", f: Callable[[T, T], T]) -> T
```

- f：Callable[[T, T], T]是聚合函数，接受两个参数，得到一个返回值，要求两个参数和返回值具有相同的数据类型。
- reduce 算子的返回值类型也是 T。

在下面的案例中，通过聚合算子统计 rdd1 中所有元素的总长度，代码如下：

```
rdd1 = sc.parallelize(["Hello Python", "Hello Spark You", "Hello Python Spark", "You know
PySpark"])
print("RDD1 中元素的总长度是:", rdd1.map(lambda x: len(x)).reduce(lambda a, b: a + b))
```

执行代码，输出结果如下：

```
RDD1 中元素的总长度是：61
```

案例实现的是计算 4 个元素长度的和，即 12+15+18+16=61。

4. fold 算子

fold 算子可以基于一个初始值对 RDD 中的元素调用一个函数进行聚合，返回聚合后的结果，与 reduce 算子类似。与 reduce 算子不同的是，reduce 算子无初始值，而 fold 算子需要一个初始值。fold 算子首先基于初始值在 RDD 的各个分区内部完成分区内聚合，再基于初始值在各个分区之间完成分区间聚合。fold 算子的声明如下：

```
def fold(self: "RDD[T]", zeroValue: T, op: Callable[[T, T], T]) -> T
```

- zeroValue 是聚合的初始值，会同时作用在分区内聚合和分区间聚合。
- op：Callable[[T, T], T] 是聚合函数，接受两个参数，得到一个返回值，要求两个参数和返回值具有相同的数据类型。

在下面的案例中，给定一个初始值 5，对 rdd1 中元素的长度进行聚合，代码如下：

```
rdd1 = sc.parallelize(["Hello Python", "Hello Spark You", "Hello Python Spark", "You know PySpark"])
print("RDD1 中元素的总长度是:", rdd1.map(lambda x: len(x)).fold(5, lambda a, b: a + b))
```

执行代码，输出结果如下：

```
RDD1 中元素的总长度是: 76
```

案例基于初始值 5，计算 4 个元素长度的和，并且 5 会同时作用在分区内部和分区间，rdd1 采用默认分区，因此聚合结果为：5+(5+12+15)+(5+18+16)= 76。

5. 统计类的算子

统计类算子用来计算 RDD 中元素的统计值，主要的算子见表 5-1。

表 5-1　RDD 的统计类算子列表

算　子	功　能
max	求 RDD 中元素的最大值
min	求 RDD 中元素的最小值
count	求 RDD 中元素的个数
sum	求 RDD 中元素的总和
mean	求 RDD 中元素的均值

在下面的案例中，分别打印出了元素长度的最大值、最小值、个数、总和、均值，代码如下：

```
rdd1 = sc.parallelize(["Hello Python", "Hello Spark You", "Hello Python Spark", "You know PySpark"])
rdd2 = rdd1.map(lambda x: len(x))

print("RDD2 元素的最大值是:", rdd2.max())
print("RDD2 元素的最小值是:", rdd2.min())
print("RDD2 元素的个数是:", rdd2.count())
print("RDD2 元素的总和是:", rdd2.sum())
print("RDD2 元素的均值是:", rdd2.mean())
```

执行代码，输出结果如下：

```
RDD2 元素的最大值是：18
RDD2 元素的最小值是：12
RDD2 元素的个数是：4
RDD2 元素的总和是：61
RDD2 元素的均值是：15.25
```

6. 取值类算子

取值类算子用来提取 RDD 中的某些元素，主要的算子见表 5-2。

表 5-2　RDD 的取值类算子列表

算　子	功　能
first	取出 RDD 中的第 1 个元素
take	取出 RDD 中的前 N 个元素
takeSample	随机抽样 RDD 的 N 个元素，可以指定是否可重复抽取元素
top	对 RDD 中的元素进行降序排序，然后取出前 N 个元素
takeOrdered	对 RDD 中的元素进行排序，然后取出前 N 个元素，可以指定排序规则

在下面的案例中，提取 RDD 中的 N 个元素，代码如下：

```
rdd1 = sc.parallelize(["Hello Python", "Hello Spark You", "Hello Python Spark", "You know PySpark"])

print("RDD1 的第 1 个元素是:", rdd1.first())
print("RDD1 的前两个元素是:", rdd1.take(2))
print("RDD1 的某两个元素是:", rdd1.takeSample(False, 2))
print("RDD1 的最大的两个元素是:", rdd1.top(2))
print("RDD1 的最长的两个元素是:", rdd1.takeOrdered(2, lambda x: -len(x)))
```

执行代码，输出结果如下：

```
RDD1 的第 1 个元素是：Hello Python
RDD1 的前两个元素是：['Hello Python', 'Hello Spark You']
RDD1 的某两个元素是：['Hello Spark You', 'Hello Python Spark']
RDD1 的最大的两个元素是：['You know PySpark', 'Hello Spark You']
RDD1 的最长的两个元素是：['Hello Python Spark', 'You know PySpark']
```

5.7.2　Executor 端执行的算子

RDD 的大部分 Action 算子都是有返回值的，算子的返回值都会发送到 Driver 端，由 Driver 进行输出处理。RDD 还有几个特殊的 Action 算子，它们没有返回值，因此没有数据发送到 Driver 端，算子仅在 Executor 端执行。

1. foreach 算子

foreach 算子对 RDD 中的每一个元素都调用一个指定的函数进行处理，该算子无返回值，如果处理函数中有打印输出语句，则打印输出结果会输出到 Executor 的日志文件中，而不是在 Driver 端打印输出。foreach 算子的声明如下：

```
def foreach(self: "RDD[T]", f: Callable[[T], None]) -> None
```

在下面的案例中，通过 foreach 算子对 RDD 中的元素进行打印输出，代码如下：

```
rdd1 = sc.parallelize(["Hello Python", "Hello Spark You", "Hello Python Spark", "You know PySpark"])
rdd1.foreach(lambda x: print("foreach print: ", (x, len(x))))
```

由于 foreach 算子无返回值，直接在 Executor 端打印，所以需要到 Executor 端查看日志记录，在一个 Executor 的 stderr 日志文件中，输出结果如下：

```
foreach print:  ('Hello Python Spark', 18)
foreach print:  ('You know PySpark', 16)
```

2. foreachPartition 算子

foreachPartition 算子与 foreach 算子类似，调用一个指定的函数对 RDD 中的元素进行处理。与 foreach 算子不同的是，foreach 算子的函数每次处理一个元素，RDD 中有多少个元素，函数就会被调用多少次，而 foreachPartition 算子每次处理 RDD 的一个分区，RDD 有多少个分区，函数就会被调用多少次。foreachPartition 算子的声明如下：

```
def foreachPartition(self: "RDD[T]", f: Callable[[Iterable[T]], None]) -> None
```

在下面的案例中，通过 foreach 算子对 RDD 中的元素进行打印输出，代码如下：

```
rdd1 = sc.parallelize(["Hello Python", "Hello Spark You", "Hello Python Spark", "You know PySpark"])
rdd1.foreachPartition(lambda x: print("foreachPartition print: ", (type(x), list(x))))
```

由于 foreachPartition 算子无返回值，直接在 Executor 端打印，所以需要到 Executor 端查看日志记录，在一个 Executor 的 stderr 日志文件中，输出结果如下：

```
foreachPartition print:  (<class 'itertools.chain'>, ['Hello Python', 'Hello Spark You'])
```

3. saveAsTextFile 算子

saveAsTextFile 算子将 RDD 的元素写入文本文件中。支持写到本地、分布式文件系统等，每个分区写一个子文件。saveAsTextFile 算子的声明如下：

```
def saveAsTextFile(self, path: str, compressionCodecClass: Optional[str] = None) -> None
```

- path 是文本文件的保存路径。
- compressionCodecClass 是数据文件压缩的类名称。

在下面的案例中，将 rdd1 的元素保存到 HDFS 系统上，代码如下：

```
rdd1 = sc.parallelize(["Hello Python", "Hello Spark You", "Hello Python Spark", "You know PySpark"])
rdd1.saveAsTextFile("hdfs://node1:8020/output/saveAsTextFile")
```

执行代码，在 HDFS 上会生成文件，如图 5-2 所示。

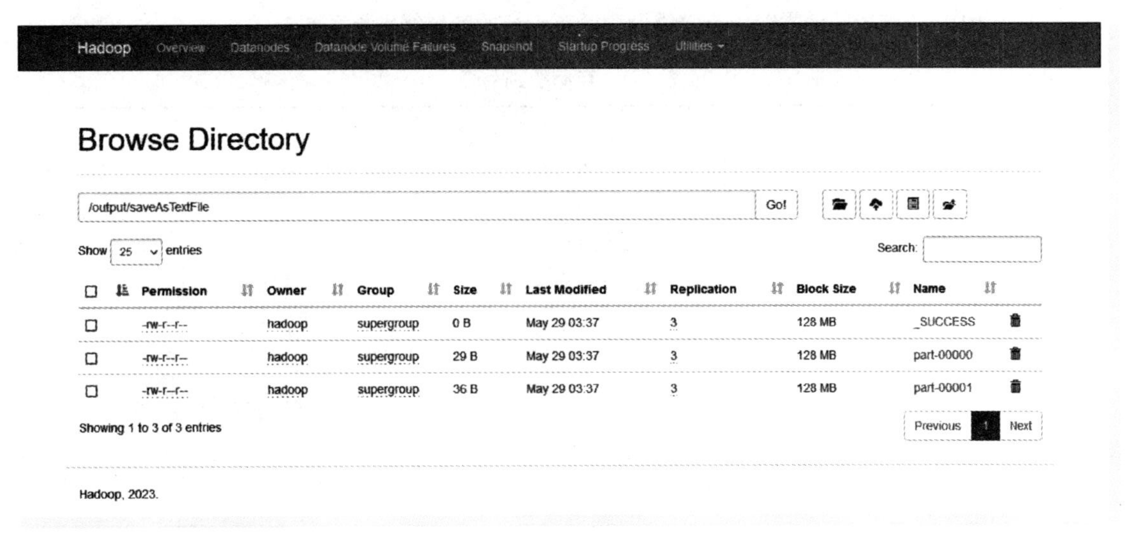

● 图 5-2　RDD 保存到文本文件

由于 RDD 有两个分区，所以最终按每个分区写一个文件就是两个文件。

【说明】saveAsTextFile 算子要求写入的文件路径是一个不存在的路径，如果写入到一个已存在的文件路径，则会报错，信息是“FileAlreadyExistsException: Output directory hdfs://node1:8020/output/saveAsTextFile already exists”。

5.8 RDD 的持久化

Spark 中的 RDD 是懒加载的，RDD 之间通过 Transformation 算子进行相互迭代计算、转换，当遇到 Action 算子时开始执行计算，新 RDD 生成，老 RDD 消失。RDD 中的数据只是过程数据，只在处理过程中存在，一旦处理完成就被释放了，当同一个 RDD 被多次使用时，每次都需要根据血缘关系从头重新计算一遍数据。这个特性可以最大化地利用资源，老 RDD 从内存中释放，给后续的计算腾出内存空间，但这个特性也会严重增加计算消耗。为了避免重复计算同一个 RDD，Spark 提供了一种机制，对 RDD 的数据进行持久化，重复使用同一个 RDD 时，可以直接读取 RDD 的持久化数据，而不需要从头开始重新计算。

5.8.1 缓存

Spark 提供了缓存功能，可以通过调用 API，将指定的 RDD 缓存起来。利用 RDD 的 persist 算子实现持久化，persist 算子的声明如下：

```
def persist(self: "RDD[T]", storageLevel: StorageLevel = StorageLevel.MEMORY_ONLY) -> "RDD
[T]"
```

storageLevel 是缓存的存储级别，默认存储级别是 MEMORY_ONLY，即仅缓存到内存。

Spark 的 RDD 还支持其他的缓存存储级别，所有支持的存储级别见表 5-3。

表 5-3　存储级别列表

存储级别	介　绍
MEMORY_ONLY	将 RDD 的数据存储 1 份在内存中，如果内存不够，则部分分区就不会缓存，这些分区在用到时会重新计算，这是默认级别
MEMORY_ONLY_2	将 RDD 的数据存储 2 份在内存中
DISK_ONLY	将 RDD 的数据存储 1 份在磁盘中
DISK_ONLY_2	将 RDD 的数据存储 2 份在磁盘中
DISK_ONLY_3	将 RDD 的数据存储 3 份在磁盘中
MEMORY_AND_DISK	将 RDD 的数据存储 1 份在内存中，如果内存不够，则部分分区的数据存储在磁盘上，这些分区在用到时从磁盘读取数据
MEMORY_AND_DISK_2	将 RDD 的数据存储 2 份在内存中，如果内存不够，则部分分区的数据存储在磁盘上，这些分区在用到时从磁盘读取数据
OFF_HEAP	将 RDD 的数据存储 1 份在 JVM 的堆外内存中
MEMORY_AND_DISK_DESER	将 RDD 的数据以序列化的方式存储 1 份在内存中，如果内存不够，则部分分区的数据存储在磁盘上，这些分区在用到时从磁盘读取数据，在读取数据时，Spark 会先反序列化数据

在下面的案例中，rdd2 的元素是包含当前时间戳的二元组，每 5s 打印一次 RDD 的元素可以了解到数据的计算情况，代码如下：

```
import time
from datetime import datetime as dt

rdd1 = sc.parallelize(["Hello Python", "Hello Python Spark"])
rdd2 = rdd1.map(lambda x: (x, dt.now().strftime("%Y-%m-%d %H:%M:%S")))

print("第 1 次使用 RDD2:", rdd2.collect())
time.sleep(5)
print("第 2 次使用 RDD2:", rdd2.collect())
time.sleep(5)

rdd2.persist()

print("第 3 次使用 RDD2:", rdd2.collect())
time.sleep(5)
print("第 4 次使用 RDD2:", rdd2.collect())
time.sleep(5)
print("第 5 次使用 RDD2:", rdd2.collect())
```

执行代码，输出结果如下：

```
第 1 次使用 RDD2: [('Hello Python', '2023-05-29 03:41:06'), ('Hello Python Spark', '2023-05-29 03:
41:06')]
```

```
第2次使用RDD2: [('Hello Python', '2023-05-29 03:41:11'), ('Hello Python Spark', '2023-05-29 03:
41:11')]
第3次使用RDD2: [('Hello Python', '2023-05-29 03:41:16'), ('Hello Python Spark', '2023-05-29 03:
41:16')]
第4次使用RDD2: [('Hello Python', '2023-05-29 03:41:16'), ('Hello Python Spark', '2023-05-29 03:
41:16')]
第5次使用RDD2: [('Hello Python', '2023-05-29 03:41:16'), ('Hello Python Spark', '2023-05-29 03:
41:16')]
```

从结果可以知道，在缓存之前使用 RDD 的数据，RDD 都会重新计算，所以第 1 次、第 2 次打印的 rdd2 中的时间戳都不一样。persist 算子调用时，rdd2 已经被释放，且需要有 Action 算子触发 persist 算子才进行真正的缓存，所以第 3 次打印时，rdd2 也是重新计算的。第 4 次、第 5 次打印 rdd2 时，由于 rdd2 已经被缓存，所以直接取缓存数据，时间戳与第 3 次的时间戳一致，并没有重新计算。

Spark 的 RDD 提供的另一个缓存算子是 cache 算子，cache 算子在内部直接调用了 persist 算子，缓存的存储级别为 MEMORY_ONLY。cache 算子的定义如下：

```
def cache(self: "RDD[T]") -> "RDD[T]":
    """
    Persist this RDD with the default storage level (`MEMORY_ONLY`).
    """
    self.is_cached = True
    self.persist(StorageLevel.MEMORY_ONLY)
    return self
```

cache 算子通过调用 persist 算子实现，不能指定存储级别，只能缓存到内存中，效率高，但存在内存溢出的风险。persist 算子可以通过设置存储级别指定如何存储数据。

5.8.2 缓存的特点

RDD 的缓存具有以下一些特点：

1）RDD 的数据是按照分区，分别缓存到 Executor 的内存或硬盘，是分散缓存的。

2）缓存技术可以将 RDD 过程数据持久化保存到内存或者硬盘上，但这种保存在设计上是不安全的。在内存中的缓存是不安全的，在突然断电的情况下会导致数据丢失，在内存不足的情况下 Spark 会清理缓存，释放资源给其他计算。在磁盘中的数据也有可能因为磁盘损坏而丢失。缓存的数据在设计上认为有丢失的风险，所以缓存的一个特点，就是会保留 RDD 之间的血缘关系，一旦缓存数据丢失，可以基于血缘关系记录，重新计算这个 RDD 的数据。

3）一旦 Spark 应用程序运行结束，缓存的数据会自动删除，即使是存储到磁盘的缓存数据也会自动删除。

如果在 Spark 应用程序中某个已缓存的 RDD 不会再用到，或者为了主动释放内存空间资源给其他计算使用，在程序中可以调用 RDD 的 unpersist 算子来主动清理已缓存的数据。

5.8.3 检查点

Spark 的 RDD 提供的另一种持久化机制是检查点（Checkpoint），与缓存不同的是检查点仅支持将数据保存到磁盘存储，支持 HDFS 文件系统。检查点是将 RDD 的各个分区的数据集中保存到硬盘，而不是分散存储。由于 HDFS 文件系统是比较安全的，所以检查点在设计上认为是安全的，它将持久化保存 RDD 数据，切断 RDD 的血缘关系，不再保留 RDD 之间的血缘关系，可以用来做 RDD 数据备份，以便从 HDFS 文件系统中恢复。使用检查点前，需要设置数据的保存路径，使用 SparkContext 对象的 setCheckpointDir( )方法设置检查点的保存路径。checkpoint 算子的定义如下：

```
def checkpoint(self) -> None:
    """
    Mark this RDD for checkpointing. It will be saved to a file inside the checkpoint directory
set with :meth:`SparkContext.setCheckpointDir` and all references to its parent RDDs will be
removed. This function must be called before any job has been executed on this RDD. It is
strongly recommended that this RDD is persisted in memory, otherwise saving it on a file will
require recomputation.
    """
    self.is_checkpointed = True
    self._jrdd.rdd().checkpoint()
```

- 检查点将数据保存到 SparkContext.setCheckpointDir( )指定的目录下的文件中。
- 检查点会切断 RDD 间的血缘关系。
- 检查点的调用必须在任何 Job 之前，即任何 Action 算子之前。
- 强烈建议将 RDD 缓存到内存，因为保存到文件中会导致重新计算。

在下面的案例中，使用检查点保存 RDD 数据。代码如下：

```
import time
from datetime import datetime as dt

sc.setCheckpointDir("hdfs://node1:8020/checkpoint")

rdd1 = sc.parallelize(["Hello Python", "Hello Python Spark"])
rdd2 = rdd1.map(lambda x: (x, dt.now().strftime("%Y-%m-%d %H:%M:%S")))

rdd2.checkpoint()

print("第 1 次使用 RDD2:", rdd2.collect())
time.sleep(5)
print("第 2 次使用 RDD2:", rdd2.collect())
```

执行代码，输出结果以及检查点的文件内容如图 5-3 所示。

从结果可以知道，第 1 次获取 rdd2 的数据时，map 算子执行了一次，计算出了时间戳，打印了结果。由于有 Action 算子触发，所以检查点被触发执行，检查点文件按 RDD 的分区保存了 RDD 的数据，但是里面的时间戳与打印的时间戳不一致，这印证了检查点在保存数据到文件的时候会重新计算一次。第 2 次获取 rdd2 的数据时，由于检查点已经保存了数据，所以直接读取检查点的数据，并没有重新计算。

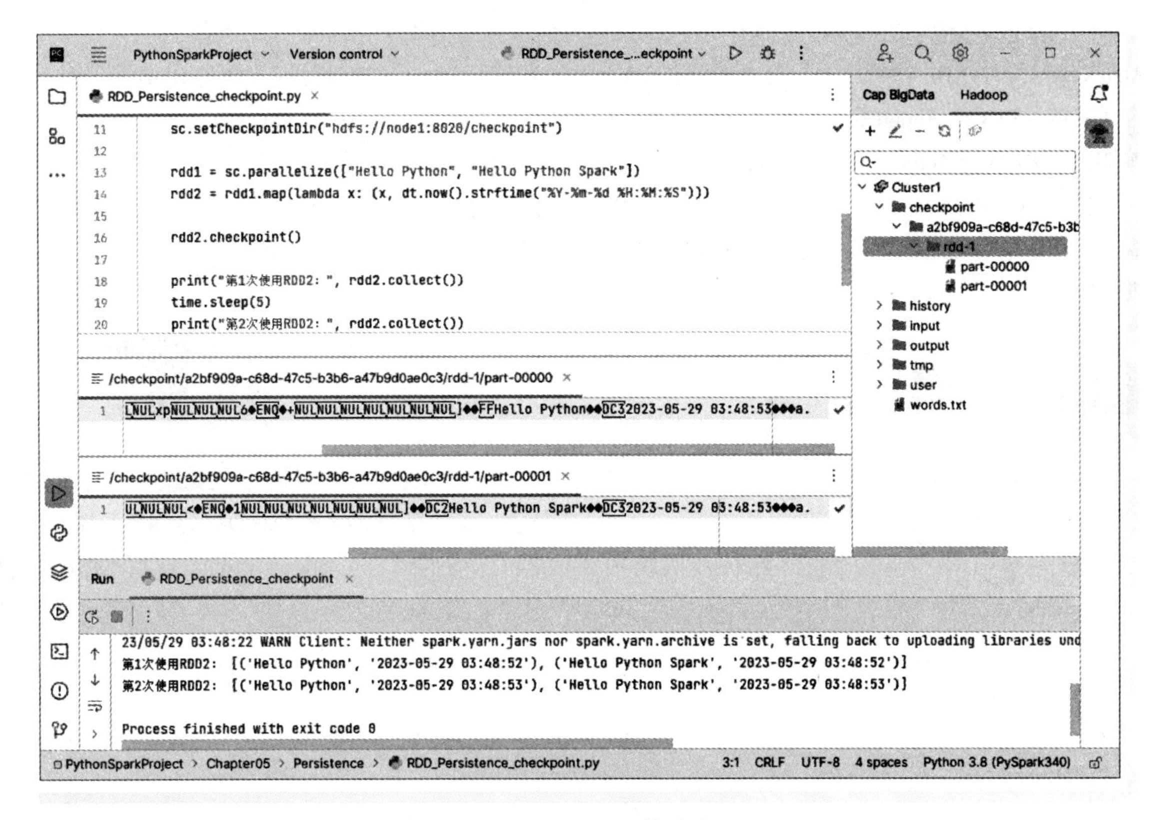

● 图 5-3　RDD 检查点

5.8.4　缓存和检查点的比较

存储位置方面，缓存支持将数据存储到内存、磁盘和堆外内存，是按照 RDD 分区分别缓存到 Executor 节点的；检查点仅支持将数据存储到磁盘，支持将数据集中存储到可靠的文件系统上，比如 HDFS。

安全性方面，缓存的数据有丢失的风险，RDD 分区数量越多，数据丢失的风险越大；检查点的数据持久化到 HDFS，可靠性较高，数据丢失风险较小。

生命周期方面，当应用程序运行完毕，或者调用 unpersist 时，缓存的数据会被自动清除；检查点保存的数据不会自动清除，需要手动清除。

血缘关系方面，缓存会保留 RDD 的血缘关系，如果某个分区的数据丢失，那么可以借助血缘关系重新计算出来；检查点会切断依赖链，不保留血缘关系，因为即使一个分区的数据丢失，也能直接从 HDFS 的其他副本恢复。

执行时机方面，缓存和检查点都是延迟执行的，需要有 Action 算子触发才会真正保存数据。缓存可以在任何位置调用，缓存调用前的 Action 算子执行时 RDD 的数据会重复计算，缓存调用后的第 1 个 Action 算子会使 RDD 重新计算一次并直接存储数据，缓存调用后的其他 Action 算子执行时 RDD 的数据从缓存读取。检查点必须在与 RDD 处于同一个依赖链上的第 1 个 Action 算子之前调用，第 1 个 Action 算子会使 RDD 计算一次，检查点机制会使 RDD 重新计算 1 次后存储数据。在与 RDD 处于同一个依赖链的第 1 个 Action 算子之后调用检查点，检查点将不会生效，RDD 会重复计算。不在同一个依赖链上的 RDD 的 Action 算子的位置，不会影响当前 RDD 的检查点是否生效。

【说明】检查点是一种重量级的应用，在 RDD 的重新计算成本很高，或者数据量很大时，采用检查点比较合适。如果数据量小，或者 RDD 重新计算非常快，就没有必要使用检查点，直接使用缓存就可以了。

5.9 共享变量

当 Spark 在集群中的不同节点上并行执行一个函数时，它会为函数中涉及的每个变量在每个任务上都生成一个副本。有时候需要在多个任务之间共享变量，或者在 Driver 和 Executor 之间共享变量。为了满足这种需求，Spark 提供了两种类型的共享变量：广播变量（broadcast variables）和累加器（accumulators）。

5.9.1 广播变量

在下面的案例中，实现的一个简单功能是比较 RDD 中的每一个元素是否与 list 中的第 1 个元素相等，代码如下：

```
lst = ["You know PySpark"]
rdd = sc.parallelize(["Hello Python", "Hello Spark You", "Hello Python Spark", "You know PySpark"], 4)

print(rdd.map(lambda x: x == lst[0]).collect())
```

执行代码，输出结果如下：

```
[False, False, False, True]
```

这是一个简单的功能，但是 Spark 中的数据交互却并不简单。修改一下代码，观察集合 lst 在集群上的数据情况，在代码中同时打印出节点 IP、进程标识、lst 变量的内存地址，数据格式为：节点 IP_进程标识_变量内存地址，代码如下：

```
print(rdd.map(lambda x: (socket.gethostbyname(socket.gethostname()) + "_" + str(threading.currentThread().ident) + "_" + str(id(lst)),x == lst[0])).collect())
```

重新执行代码，输出结果如下：

```
[('10.0.0.5_140462901876544_140462758984640', False), ('10.0.0.6_139827187394368_139827071294272', False), ('10.0.0.6_139827187394368_139827070195584', False), ('10.0.0.5_140462901876544_140462759814720', True)]
```

从结果可以知道，在 node1 上仅存在一个标识为 140462901876544 的进程，但是 lst 集合却出现了 140462758984640 和 140462759814720 两个内存地址，说明变量在同一个进程内存在两份数据，在

node2 上也是同样的情况。进程内的资源是可以共享的，多份一样的数据就没有必要了，它造成了内存的浪费。案例中的 lst 集合仅包含一个元素，如果集合的数据非常多，内存浪费会更严重，数据传输多次也会更耗时。

Spark 提供了广播变量来解决这个问题，如果一个本地 list 对象被标记为广播变量对象，那么当上述场景出现时，Spark 只会给每个 executor 一份数据，以节省内存。广播变量使用 SparkContext 的 broadcast( )方法来进行标记，使用广播变量的 value( )方法来获取变量值。修改案例代码，将 lst 标记为广播变量，代码如下：

```
lst = sc.broadcast(["You know PySpark"])
rdd = sc.parallelize(["Hello Python", "Hello Spark You", "Hello Python Spark", "You know
PySpark"], 4)

print(rdd.map(lambda x: (socket.gethostbyname(socket.gethostname()) + "_" + str(threading.
currentThread().ident) + "_" + str(id(lst.value)),x == lst.value[0])).collect())
```

执行代码，输出结果如下：

```
[('10.0.0.7_140286030198592_140285911833984', False), ('10.0.0.6_140064771946304_
140064653680000', False), ('10.0.0.7_140286030198592_140285911833984', False), ('10.0.0.7_
140286030198592_140285911833984', True)]
```

从结果可以知道，使用广播变量后，同一个 list 集合在集群的节点上的一个进程内只有一份数据。

5.9.2 累加器

在 Python 代码中有时会用到闭包函数，闭包函数的一个特点就是函数的返回值依赖于函数外声明的一个或多个变量。在下面的案例中，addLen 是一个闭包函数，功能是计算一个元素的长度，并将结果累加到变量 result，内部逻辑依赖于函数外部定义的 result 变量，代码如下：

```
result = 0

def addLen(word):
    global result
    result += len(word)

words = ["Hello Python", "Hello Spark You", "Hello Python Spark", "You know PySpark"]
for word in words: addLen(word)
print(result)
```

执行代码，可以正常输出结果，result 的值最终被赋值为 61。

在 Spark 中也存在类似的闭包情况，将上面的案例修改一下，用于计算 RDD 中元素的长度总和，代码如下：

```
result = 0

def addLen(word):
    global result
```

```
    result += len(word)
    return (word, "当前的 result 结果是:", result)

rdd1 = sc.parallelize(["Hello Python", "Hello Spark You", "Hello Python Spark", "You know
PySpark"])
rdd2 = rdd1.map(lambda word: addLen(word))
print("RDD2 的数据是:",rdd2.glom().collect())
print("最终的 result 结果是:",result)
```

执行代码，输出结果如下：

```
RDD2 的数据是:[[('Hello Python', '当前的 result 结果是:', 12), ('Hello Spark You', '当前的 result 结
果是:', 27)], [('Hello Python Spark', '当前的 result 结果是:', 18), ('You know PySpark', '当前的
result 结果是:', 34)]]
最终的 result 结果是: 0
```

从结果可以知道，rdd1 的各个分区上的元素在累计长度的时候，能够正常获取并更新 result 的值，但是分区之间的 result 是相互独立的，并且最终的结果并没有累计到 Driver 定义的 result 上。这是由于 result 变量是在 Driver 中定义的，其作用域在 Driver 的代码内，而 RDD 的算子是在 Executor 执行的，其作用域在 Executor，RDD 的算子要访问作用域外的变量，这就出现了跨作用域访问变量的问题。对于在 Driver 中定义的变量，当 Executor 需要用到该变量的时候，Spark 会将变量发送到 Executor，但是在 Executor 计算完成后却不能返回给 Driver，无论 Executor 将变量的值修改成了什么，都不会影响 Driver 的变量。

有时候我们希望在 Executor 上运行的是统计逻辑，运算完成的统计结果能够在 Driver 上也体现出来。Spark 提供了累加器来解决这个问题，如果一个对象被标记为累加器，那么这个对象可以从各个 Executor 上收集副本对象的值传回给 Driver，由 Driver 聚合后得到最终值，并更新原始对象的值。累加器使用 SparkContext 的 accumulator( )方法来进行标记。修改案例代码，仅需要修改 result 的定义方式，将 result 标记为累加器，其他地方不变，代码如下：

```
result = sc.accumulator(0)

def addLen(word):
    global result
    result += len(word)
    return (word, "当前的 result 结果是:", result)

rdd1 = sc.parallelize(["Hello Python", "Hello Spark You", "Hello Python Spark", "You know
PySpark"])
rdd2 = rdd1.map(lambda word: addLen(word))
print("RDD2 的数据是:",rdd2.glom().collect())
print("最终的 result 结果是:",result)
```

执行代码，输出结果如下：

```
RDD2 的数据是: [[('Hello Python', '当前的 result 结果是:', Accumulator<id=0, value=61>), ('Hello
Spark You', '当前的 result 结果是:', Accumulator<id=0, value=61>)], [('Hello Python Spark', '当
```

```
前的 result 结果是:', Accumulator<id=0, value=61>), ('You know PySpark', '当前的 result 结果是:',
Accumulator<id=0, value=61>)]]
最终的 result 结果是: 61
```

输出结果正确，result 的值最终被赋值为 61。

因为 RDD 是过程数据，如果 RDD 上执行多次 Action，那么 RDD 可能会构建多次。累加器累加代码如果存在于重新构建的步骤中，就可能被多次执行。

在下面的案例中，累加器的累加代码在构建 rdd2 的 map 算子中，而 rdd2 被使用了两次，最终的 result 值并不是我们希望的结果，代码如下：

```
result = sc.accumulator(0)

def addLen(word):
    global result
    result += len(word)
    return (word, "当前的 result 结果是:", result)

rdd1 = sc.parallelize(["Hello Python", "Hello Spark You", "Hello Python Spark", "You know
PySpark"])
rdd2 = rdd1.map(lambda word: addLen(word))
print("RDD2 的数据是:",rdd2.glom().collect())
print("RDD2 的数据是:",rdd2.glom().collect())
print("最终的 result 结果是:",result)
```

执行代码，输出结果如下：

```
RDD2 的数据是: [[('Hello Python', '当前的 result 结果是:', Accumulator<id=0, value=61>), ('Hello
Spark You', '当前的 result 结果是:', Accumulator<id=0, value=61>)], [('Hello Python Spark', '当
前的 result 结果是:', Accumulator<id=0, value=61>), ('You know PySpark', '当前的 result 结果是:',
Accumulator<id=0, value=61>)]]
RDD2 的数据是: [[('Hello Python', '当前的 result 结果是:', Accumulator<id=0, value=122>), ('Hello
Spark You', '当前的 result 结果是:', Accumulator<id=0, value=122>)], [('Hello Python Spark', '当
前的 result 结果是:', Accumulator<id=0, value=122>), ('You know PySpark', '当前的 result 结果是:',
Accumulator<id=0, value=122>)]]
最终的 result 结果是: 122
```

由于 rdd2 被访问了两次，所以最终累加器的累加代码执行了两次，result 的最终结果被累加到了 122，并不是正确的结果。可以使用缓存来解决这个问题，将 rdd2 进行缓存以确保 rdd2 只生成 1 次，累加器的代码只执行 1 次。

5.10 【实战案例】共享单车租赁数据分析

“最后一公里”往往是人们采用公共交通工具出行的主要障碍，共享单车企业通过在校园、地铁站点、公交站点、居民区、商业区、公共服务区等提供单车服务，解决了这“最后一公里”的问题，带动了人们使用公共交通工具的热情。共享单车采用的是一种分时租赁模式，代表了一种新型绿色环

保共享经济。自 OfO 首次提出共享单车概念，迄今为止已陆续出现了多个共享单车品牌，由于共享单车具有随借随还、自由度高等特点，所以广受用户好评。

共享单车系统是新一代的租赁自行车的方法，从注册会员、租赁到归还的整个过程都已经实现自动化。通过这些系统，用户可以轻松地从特定位置租用自行车，然后在另一个位置归还。用户可以注册会员，存入一定金额用于使用结束后自动扣费结算，也可以不注册会员，使用后通过其提供的支付方式结算费用。

在共享单车系统中，用户骑行的持续时间、出发和到达位置均明确记录其中，通过分析这些数据可以对单车运营维护团队提出改善性意见。

【说明】本案例使用的租赁自行车共享数据集来自 Kaggle 网站，数据集的下载地址是 https://www.kaggle.com/datasets/imakash3011/rental-bike-sharing，许可协议“CC0：公共领域贡献”（CC0：Public Domain），需要的读者可以自行下载。

5.10.1 数据集成

所使用的数据集文件 RentalBikes.csv 共 17379 条数据记录，包含的列及说明见表 5-4。

表 5-4 共享单车数据集列信息列表

列 名 称	列 说 明
instant	记录编号
dteday	日期
season	季节：1-冬季，2-春季，3-夏季，4-秋季
yr	年份：0-2011，1-2012
mnth	月份：1 ~12
hr	小时：0~23
holiday	是否为假日：1-是，0-否
weekday	星期几
workingday	是否为工作日：1-是，0-否
weathersit	天气状况：1-晴天，2-有雾，3-下雪，4-下雨
temp	以摄氏度为单位的标准化温度
atemp	以摄氏度为单位的归一化感觉温度
hum	归一化的湿度，最大值 100
windspeed	归一化的风速，最大值 67
casual	临时用户数
registered	注册用户数
cnt	自行车租赁总数，包括临时用户数和注册用户数

将数据集文件上传到 HDFS 的/input/datasets/路径下，如图 5-4 所示。

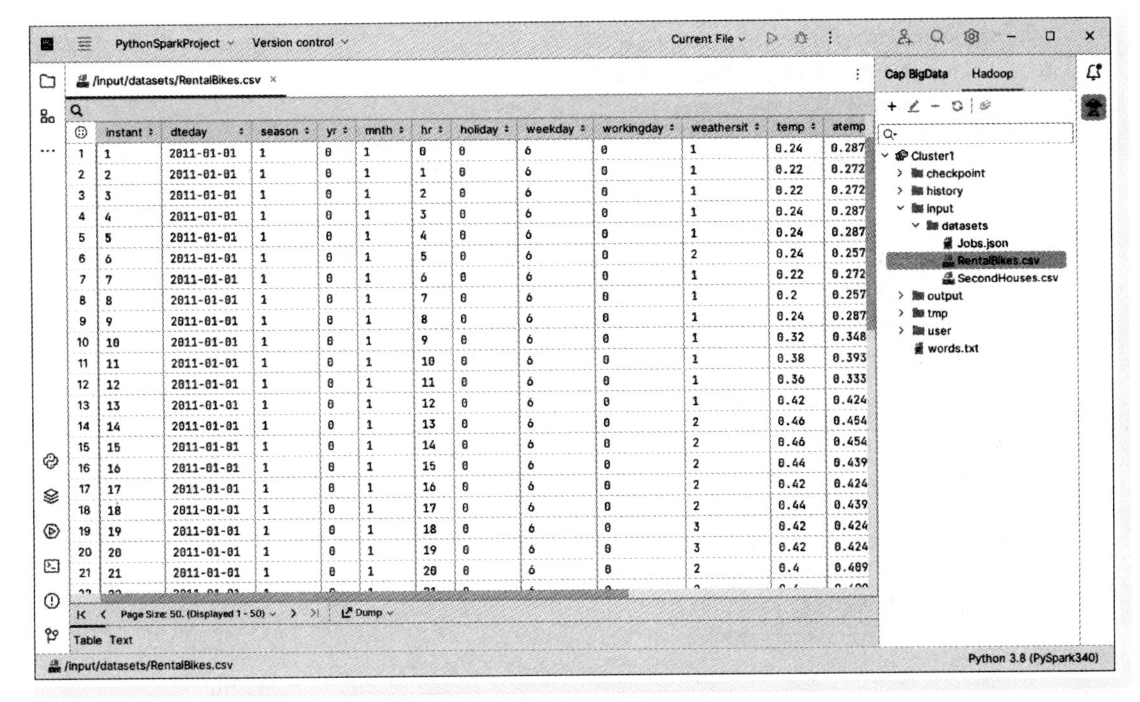

	instant	dteday	season	yr	mnth	hr	holiday	weekday	workingday	weathersit	temp	atemp
1	1	2011-01-01	1	0	1	0	0	6	0	1	0.24	0.287
2	2	2011-01-01	1	0	1	1	0	6	0	1	0.22	0.272
3	3	2011-01-01	1	0	1	2	0	6	0	1	0.22	0.272
4	4	2011-01-01	1	0	1	3	0	6	0	1	0.24	0.287
5	5	2011-01-01	1	0	1	4	0	6	0	1	0.24	0.287
6	6	2011-01-01	1	0	1	5	0	6	0	2	0.24	0.257
7	7	2011-01-01	1	0	1	6	0	6	0	1	0.22	0.272
8	8	2011-01-01	1	0	1	7	0	6	0	1	0.2	0.257
9	9	2011-01-01	1	0	1	8	0	6	0	1	0.24	0.287
10	10	2011-01-01	1	0	1	9	0	6	0	1	0.32	0.348
11	11	2011-01-01	1	0	1	10	0	6	0	1	0.38	0.393
12	12	2011-01-01	1	0	1	11	0	6	0	1	0.36	0.333
13	13	2011-01-01	1	0	1	12	0	6	0	1	0.42	0.424
14	14	2011-01-01	1	0	1	13	0	6	0	2	0.46	0.454
15	15	2011-01-01	1	0	1	14	0	6	0	2	0.46	0.454
16	16	2011-01-01	1	0	1	15	0	6	0	2	0.44	0.439
17	17	2011-01-01	1	0	1	16	0	6	0	2	0.42	0.424
18	18	2011-01-01	1	0	1	17	0	6	0	2	0.44	0.439
19	19	2011-01-01	1	0	1	18	0	6	0	3	0.42	0.424
20	20	2011-01-01	1	0	1	19	0	6	0	3	0.42	0.424
21	21	2011-01-01	1	0	1	20	0	6	0	2	0.4	0.409

● 图 5-4　共享单车数据

5.10.2　不同月份的租赁数据分析

共享单车从出现到推广普及需要一个过程，随着时间的推移普及范围也在逐渐扩大。创建一个 Python 文件 Jobs1.py，编写 Spark 代码，统计不同月份用户的租赁情况，用 Pyecharts 绘制图形做数据可视化呈现，代码如下：

```
fileRDD = sc.textFile("hdfs://node1:8020/input/datasets/RentalBikes.csv")
# 取数据中的年、月、临时用户数、注册用户数、租赁总数,并将所有数据转换成整数
bikesRDD = fileRDD.map(lambda x: x.split(",")).filter(lambda x: x[0] != "instant").map
(lambda x: [int(x[3]),int(x[4]),int(x[14]),int(x[15]),int(x[16])])
# 取 2011 年的数据,根据月份分组汇总
year2011RDD = bikesRDD.filter(lambda x: x[0] == 0).map(lambda x: (x[1], [x[2],x[3],x
[4]])).reduceByKey(lambda a, b: [a[0] + b[0],a[1] + b[1],a[2] + b[2]]).sortByKey()
year2011RDD.cache()
# 取 2012 年的数据,根据月份分组汇总
year2012RDD = bikesRDD.filter(lambda x: x[0] == 1).map(lambda x: (x[1], [x[2],x[3],x
[4]])).reduceByKey(lambda a, b: [a[0] + b[0],a[1] + b[1],a[2] + b[2]]).sortByKey()
year2012RDD.cache()
# 每年有 12 个月
xaxis_data = range(1,13)
# 取 2011 年的:临时用户、注册用户、租赁总数的数据
casual2011 = year2011RDD.map(lambda x: x[1][0]).collect()
registered2011 = year2011RDD.map(lambda x: x[1][1]).collect()
```

```
count2011 = year2011RDD.map(lambda x: x[1][2]).collect()
# 取 2012 年的临时用户、注册用户、租赁总数的数据
casual2012 = year2012RDD.map(lambda x: x[1][0]).collect()
registered2012 = year2012RDD.map(lambda x: x[1][1]).collect()
count2012 = year2012RDD.map(lambda x: x[1][2]).collect()

line2011 = Line().add_xaxis(xaxis_data) \
    .add_yaxis("临时用户", casual2011) \
    .add_yaxis("注册用户", registered2011) \
    .add_yaxis("租赁总数", count2011) \
    .set_global_opts(title_opts=opts.TitleOpts(title="2011 年"),
                     xaxis_opts=opts.AxisOpts(name = "月份"),
                     yaxis_opts=opts.AxisOpts(name = "租赁总数")) \
    .set_series_opts(label_opts=opts.LabelOpts(is_show=False))

line2012 = Line().add_xaxis(xaxis_data) \
    .add_yaxis("临时用户", casual2012) \
    .add_yaxis("注册用户", registered2012) \
    .add_yaxis("租赁总数", count2012) \
    .set_global_opts(title_opts=opts.TitleOpts(title="2012 年", pos_top="48%"),
                     xaxis_opts=opts.AxisOpts(name = "月份"),
                     yaxis_opts=opts.AxisOpts(name = "租赁总数")) \
    .set_series_opts(label_opts=opts.LabelOpts(is_show=False))

grid = Grid() \
    .add(line2011, grid_opts=opts.GridOpts(pos_bottom="60%")) \
    .add(line2012, grid_opts=opts.GridOpts(pos_top="60%"))

grid.render()
```

运行 Jobs1.py，经过渲染的图形如图 5-5 所示。

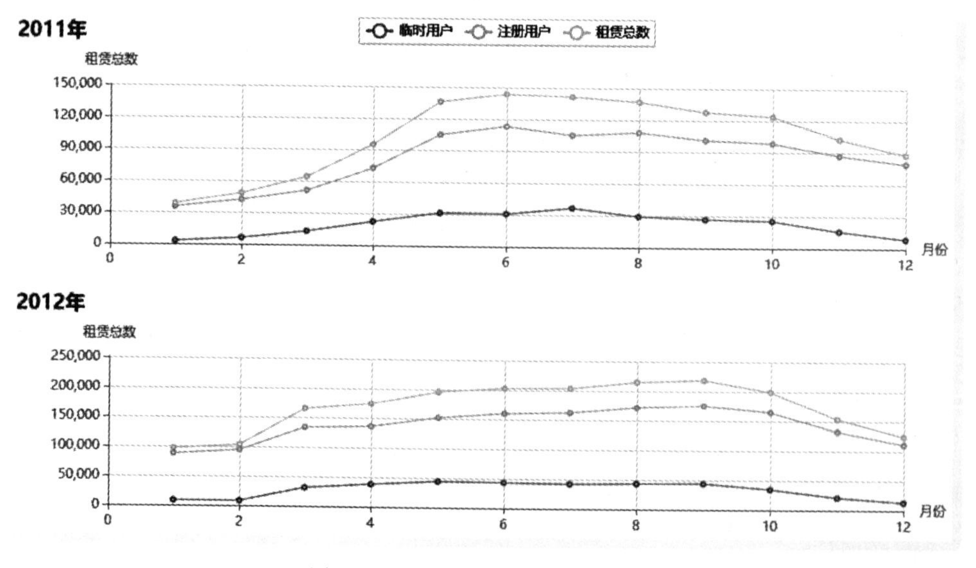

图 5-5　不同月份的租赁数据分布

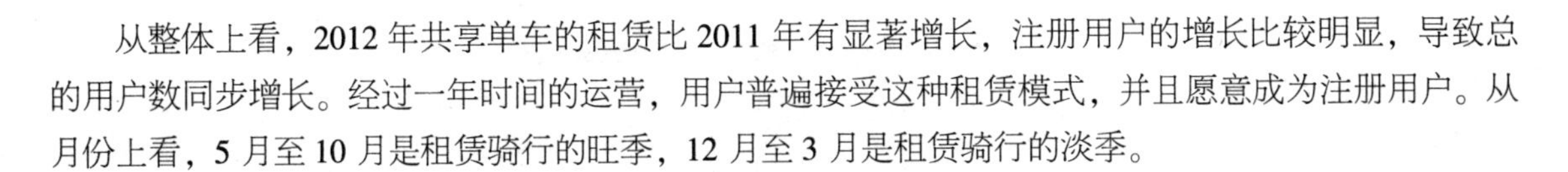

从整体上看，2012 年共享单车的租赁比 2011 年有显著增长，注册用户的增长比较明显，导致总的用户数同步增长。经过一年时间的运营，用户普遍接受这种租赁模式，并且愿意成为注册用户。从月份上看，5 月至 10 月是租赁骑行的旺季，12 月至 3 月是租赁骑行的淡季。

5.10.3 不同时间的租赁数据分析

大多数人的活动主要集中在白天，从共享单车租赁的时间可以了解人们在一天中对单车的需求。创建一个 Python 文件 Jobs2.py，编写 Spark 代码，统计不同时间用户的租赁情况，用 Pyecharts 绘制图形做数据可视化呈现，代码如下：

```
fileRDD = sc.textFile("hdfs://node1:8020/input/datasets/RentalBikes.csv")
# 取数据中的小时、临时用户数、注册用户数、租赁总数,并将所有数据转换成整数
bikesRDD = fileRDD.map(lambda x: x.split(",")).filter(lambda x: x[0] != "instant").map
(lambda x: [int(x[5]),int(x[14]),int(x[15]),int(x[16])])
# 根据小时分组汇总
hourRDD = bikesRDD.map(lambda x: (x[0], [x[1],x[2],x[3]])).reduceByKey(lambda a, b: [a[0]
+ b[0],a[1] + b[1],a[2] + b[2]]).sortByKey()
hourRDD.cache()
# 每天有 24 小时
xaxis_data = range(24)
# 取一天中不同时间的临时用户、注册用户、租赁总数的数据
casual = hourRDD.map(lambda x: x[1][0]).collect()
registered = hourRDD.map(lambda x: x[1][1]).collect()
count = hourRDD.map(lambda x: x[1][2]).collect()

line = Line().add_xaxis(xaxis_data) \
    .add_yaxis("临时用户", casual) \
    .add_yaxis("注册用户", registered) \
    .add_yaxis("租赁总数", count) \
    .set_global_opts(xaxis_opts=opts.AxisOpts(name = "小时", max_ = 23), yaxis_opts=opts.
AxisOpts(name = "租赁总数")) \
    .set_series_opts(label_opts=opts.LabelOpts(is_show=False))

line.render()
```

运行 Jobs2.py，经过渲染的图形如图 5-6 所示。

按照一天 24 小时的分时租赁需求来看，骑行在 7 点至 9 点、17 点至 18 点出现了租赁高峰，中午 12 点至 13 点出现了租赁小高峰，这符合早晚通勤及中午吃饭的规律。从注册用户的分时租赁情况看，共享单车在上下班的过程中起到了重要的作用，可以推测促使用户注册的一个重要因素是通勤的需要。

5.10.4 不同周期的租赁数据分析

除了工作日，周末人们对出行也是有需求的，但周末的出行需求可能与工作日的出行需求不同。创建一个 Python 文件 Jobs3.py，编写 Spark 代码，统计不同周期用户的租赁情况，用 Pyecharts 绘制图形做数据可视化呈现，代码如下：

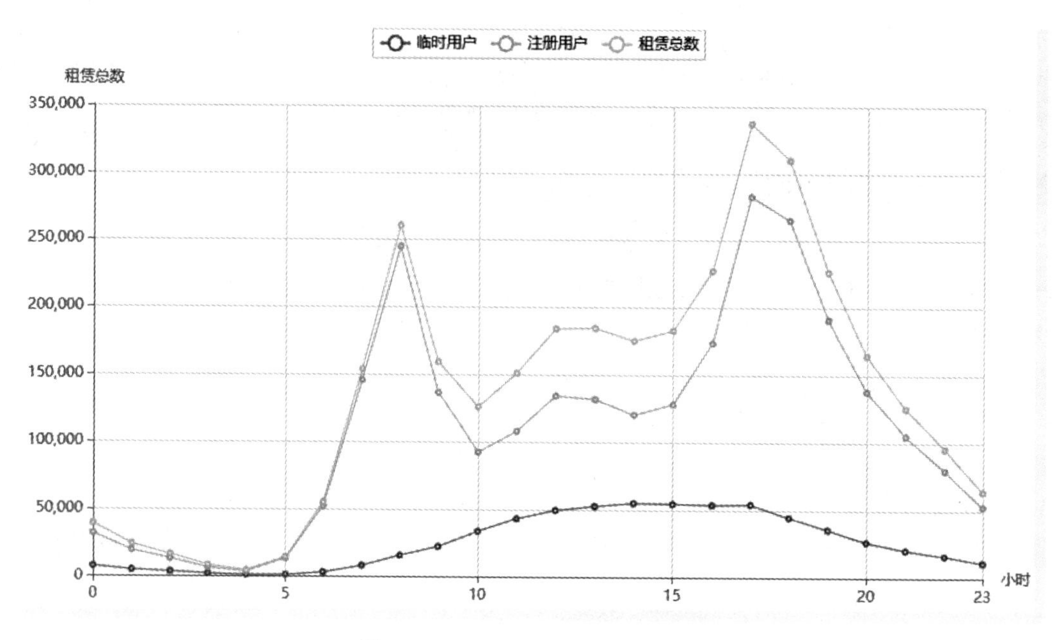

图 5-6　不同时间的租赁数据分布

```
fileRDD = sc.textFile("hdfs://node1:8020/input/datasets/RentalBikes.csv")
# 取数据中的星期几、小时、临时用户数、注册用户数、租赁总数,并将所有数据转换成整数
bikesRDD = fileRDD.map(lambda x: x.split(",")).filter(lambda x: x[0] != "instant").map
(lambda x: [int(x[7]),int(x[5]),int(x[14]),int(x[15]),int(x[16])])

# 使用(星期, 小时) 作为 Key,聚合租赁总数
reduceRDD = bikesRDD.map(lambda x: ((x[0], x[1]), [x[2],x[3],x[4]])).reduceByKey(lambda a,
b: [a[0] + b[0],a[1] + b[1],a[2] + b[2]]).sortByKey()
reduceRDD.cache()
# 每天有 24 小时
xaxis_data = range(24)
# 取一周中每天的分时租赁数据
mon = reduceRDD.filter(lambda x: x[0][0] == 1).map(lambda x: x[1][2]).collect()
tue = reduceRDD.filter(lambda x: x[0][0] == 2).map(lambda x: x[1][2]).collect()
wed = reduceRDD.filter(lambda x: x[0][0] == 3).map(lambda x: x[1][2]).collect()
thu = reduceRDD.filter(lambda x: x[0][0] == 4).map(lambda x: x[1][2]).collect()
fri = reduceRDD.filter(lambda x: x[0][0] == 5).map(lambda x: x[1][2]).collect()
sat = reduceRDD.filter(lambda x: x[0][0] == 6).map(lambda x: x[1][2]).collect()
sun = reduceRDD.filter(lambda x: x[0][0] == 0).map(lambda x: x[1][2]).collect()

line = Line().add_xaxis(xaxis_data) \
    .add_yaxis("周一", mon) \
    .add_yaxis("周二", tue) \
    .add_yaxis("周三", wed) \
    .add_yaxis("周四", thu) \
    .add_yaxis("周五", fri) \
```

```
    .add_yaxis("周六", sat) \
    .add_yaxis("周日", sun) \
    .set_global_opts(xaxis_opts=opts.AxisOpts(name = "小时", max_ = 23), yaxis_opts=opts.
AxisOpts(name = "租赁总数")) \
    .set_series_opts(label_opts=opts.LabelOpts(is_show=False))

line.render()
```

运行 Jobs3.py，经过渲染的图形如图 5-7 所示。

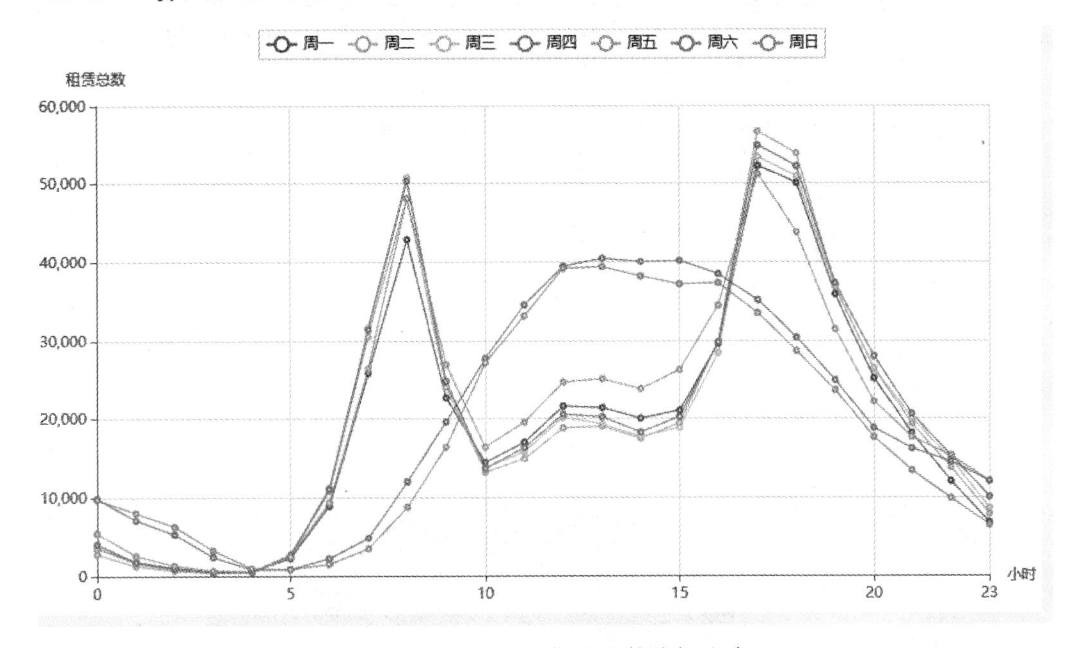

● 图 5-7 不同周期的租赁数据分布

工作日人们的出行会有上班时的早高峰和下班时的晚高峰，而在周末人们可以休息好了之后再慢慢出门放松，可见工作日与非工作日的骑行需求反差巨大。

5.10.5 不同维度的租赁数据分析

想要更直观地了解人们的租赁需求，可以同时结合多个维度来综合分析。创建一个 Python 文件 Jobs4.py，编写 Spark 代码，统计不同维度的租赁情况，用 Pyecharts 绘制图形做数据可视化呈现，代码如下：

```
fileRDD = sc.textFile("hdfs://node1:8020/input/datasets/RentalBikes.csv")
# 取数据中的星期几、小时、临时用户数、注册用户数、租赁总数，并将所有数据转换成整数
bikesRDD = fileRDD.map(lambda x: x.split(",")).filter(lambda x: x[0] != "instant").map
(lambda x: [int(x[7]), int(x[5]), int(x[14]), int(x[15]), int(x[16])])
# 使用(星期, 小时) 作为 Key,聚合租赁总数
reduceRDD = bikesRDD.map(lambda x: ((6 if x[0] == 0 else x[0] - 1, x[1]), [x[2], x[3],
x[4]])).reduceByKey(lambda a, b: [a[0] + b[0], a[1] + b[1], a[2] + b[2]]).sortByKey()
```

```
reduceRDD.cache()
# 取星期、小时、租赁总数
data = reduceRDD.map(lambda x: [x[0][0], x[0][1], x[1][2]]).collect()

bar3D = Bar3D() \
    .add(
      "不同维度的租赁数据分布",
      [[d[1], d[0], d[2]] for d in data],
      xaxis3d_opts=opts.Axis3DOpts(data=range(24), type_="category", name="小时"),
      yaxis3d_opts=opts.Axis3DOpts(data=Faker.week, type_="category", name=" "),
      zaxis3d_opts=opts.Axis3DOpts(type_="value", name="租赁总数"),
    ) \
    .set_global_opts(visualmap_opts=opts.VisualMapOpts(max_=57000))

bar3D.render()
```

运行 Jobs4.py，经过渲染的图形如图 5-8 所示。

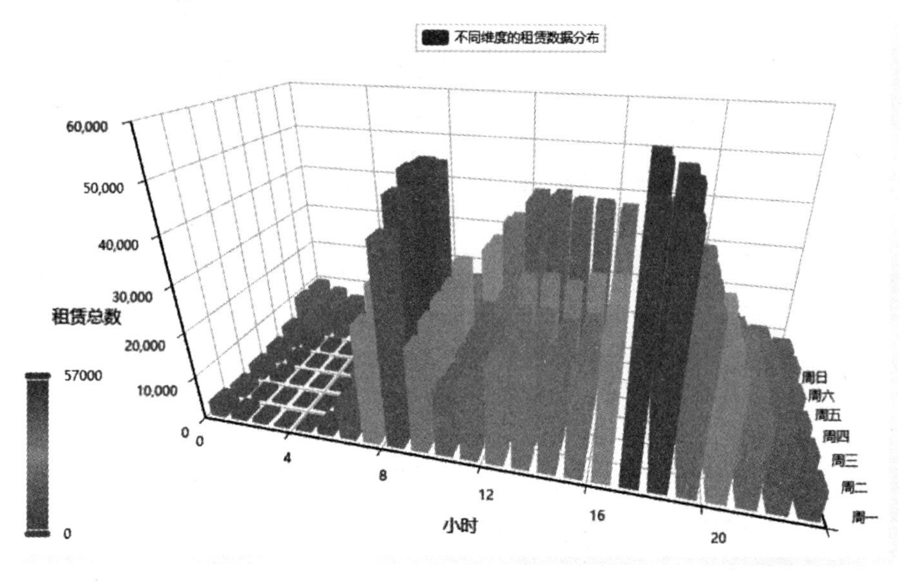

• 图 5-8　不同维度的租赁数据分布

三维数据图形可以更直观地显示人们对租赁需求的时间分布，工作日主要集中在上下班高峰期，非工作日主要集中在中午时段，其余时间对单车的租赁需求相对较小。

5.10.6　天气对租赁需求的影响

受天气影响，人们对单车的租赁需求会有所不同，恶劣天气条件不适合骑车出行，人们可能会选择其他交通工具。创建一个 Python 文件 Jobs5.py，编写 Spark 代码，分析天气情况对租赁需求的影响，用 Pyecharts 绘制图形做数据可视化呈现，代码如下：

```
fileRDD = sc.textFile("hdfs://node1:8020/input/datasets/RentalBikes.csv")
# 取数据中的天气、日期、临时用户数、注册用户数、租赁总数,并将所有数据转换成整数
bikesRDD = fileRDD.map(lambda x: x.split(",")).filter(lambda x: x[0] != "instant").map
(lambda x: [int(x[9]), datetime.datetime.strptime(x[1],"%Y-%m-%d").day, int(x[5]), int(x
[14]), int(x[15]), int(x[16])])
# 使用(天气, 日期) 作为 Key,聚合租赁总数
reduceRDD = bikesRDD.map(lambda x: ((x[0], x[1]), [x[2], x[3], x[4]])).reduceByKey(lambda
a, b: [a[0] + b[0], a[1] + b[1], a[2] + b[2]]).sortByKey()
reduceRDD.cache()

# 天气情况列表
wetherlist = ["","晴天","有雾","下雪","下雨"]
# 取天气、日期、租赁总数
data = reduceRDD.map(lambda x: (x[0][0], x[0][1], x[1][2])).collect()

scatter3d = Scatter3D() \
    .add(
        "天气对租赁需求的影响",
        data,
        xaxis3d_opts=opts.Axis3DOpts(data=wetherlist, type_="category", min_=1, name="天气"),
        yaxis3d_opts=opts.Axis3DOpts(data=range(32), type_="category", min_=1, name="日期"),
        zaxis3d_opts=opts.Axis3DOpts(type_="value", name="租赁总数"),
    ) \
    .set_global_opts(visualmap_opts=opts.VisualMapOpts(max_=70000))

scatter3d.render()
```

运行 **Jobs5.py**，经过渲染的图形如图 **5-9** 所示。

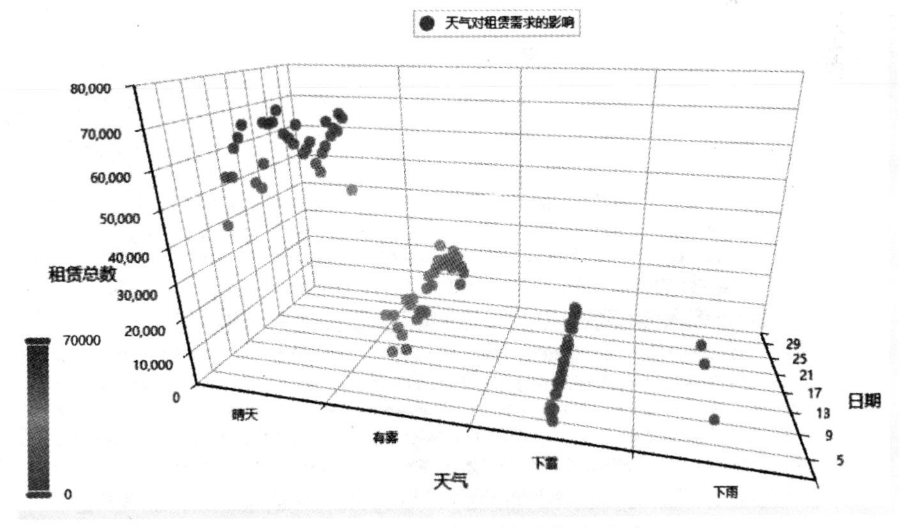

图 5-9　天气对租赁需求的影响

晴朗的天气更有利于人们骑行出行，此时的租赁需求最大。雨雪天气地面湿滑，交通事故多发，人们的租赁需求锐减，极端天气情况下甚至都没有租赁需求。

5.10.7 温度、风速对租赁需求的影响

除了天气情况会影响人们的出行方式，温度和风速也会影响人们的出行方式。寒冷和酷热的天气中，人们可能不太愿意骑行，大风天气骑行也不太安全。创建一个 Python 文件 Jobs6.py，编写 Spark 代码，分析温度和风速对租赁需求的影响，用 Pyecharts 绘制图形做数据可视化呈现，代码如下：

```
fileRDD = sc.textFile("hdfs://node1:8020/input/datasets/RentalBikes.csv")
#取数据中的温度、风速、临时用户数、注册用户数、租赁总数,并将所有数据转换成整数
bikesRDD = fileRDD.map(lambda x: x.split(",")).filter(lambda x: x[0] != "instant").map
(lambda x: [int(float(x[10]) * 47-8), int(float(x[13]) * 67), int(x[5]), int(x[14]), int(x
[15]), int(x[16])])
#使用(温度, 风速) 作为 Key,聚合租赁总数
reduceRDD = bikesRDD.map(lambda x: ((x[0], x[1]), [x[2], x[3], x[4]])).reduceByKey(lambda
a, b: [a[0] + b[0], a[1] + b[1], a[2] + b[2]]).sortByKey()
reduceRDD.cache()
#取[温度, 风速, 租赁总数]
data = reduceRDD.map(lambda x: [x[0][0], x[0][1], x[1][2]]).collect()

heatMap = HeatMap().add_xaxis(range(68)) \
    .add_yaxis("温度风速对租赁需求的影响", range(-8, 48), data) \
    .set_global_opts(visualmap_opts=opts.VisualMapOpts(max_=10000), xaxis_opts=opts.Axi-
sOpts(name = "温度"), yaxis_opts=opts.AxisOpts(name = "风速")) \
    .set_series_opts(label_opts=opts.LabelOpts(is_show=False))

heatMap.render()
```

运行 Jobs6.py，经过渲染的图形如图 5-10 所示。

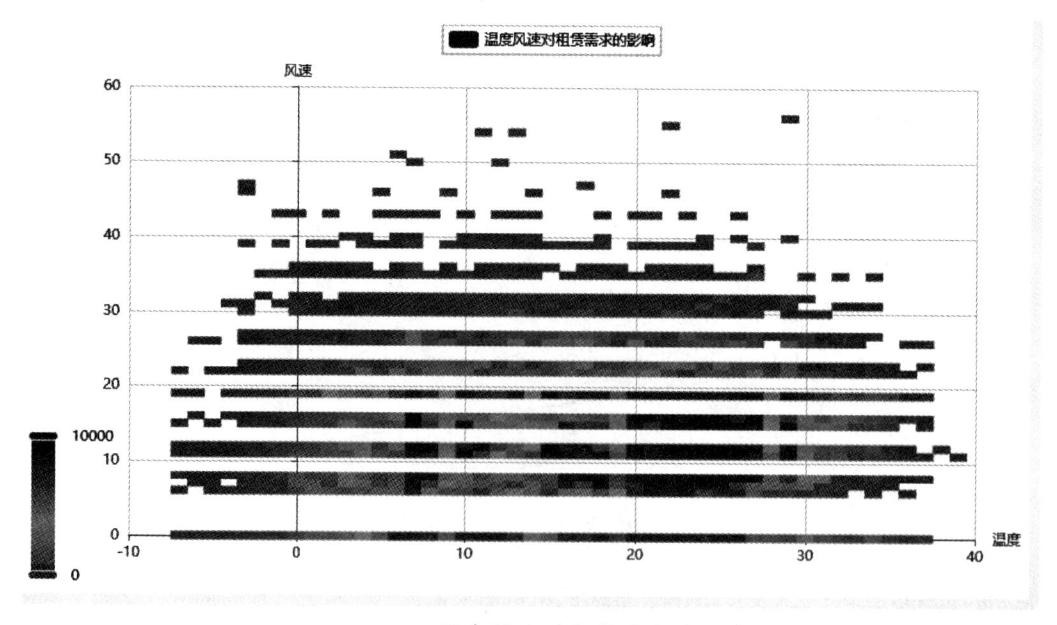

图 5-10　温度风速对租赁需求的影响

数据中可能存在异常数据，最终图形中出现了离散的点和断层的情况，这里可以先忽略。从整体来看，温度在 20℃至 27℃、风速在 6 至 19 的时候租赁需求是最密集的，风和日丽更有利于骑行。温度在 10℃至 20℃也有不少租赁需求，凉爽的温度下骑行也是一种不错的体验。

5.11 本章小结

本章主要介绍了 Spark 中核心的数据抽象 RDD，以及 RDD 的 5 个特性和 3 种创建方法、Transformation 算子、Action 算子、持久化等内容。这些都是 Spark 中的核心功能，也是基础功能，掌握这些知识对学好 Spark 非常重要。本章最后，通过一个 PySpark 的数据分析实战案例分析了人们对共享单车分时租赁的需求情况，展示了如何将 PySpark 运用于数据分析场景。

结构化数据处理 Spark SQL

Spark SQL 是 Apache Spark 提供的一个基于结构化数据的 SQL 引擎，它提供了一种基于 SQL 的数据处理方式，让人们可以像使用传统的关系型数据库一样，使用 SQL 查询和操作大规模结构化数据。本章将结合国际足联世界杯数据集介绍 Spark SQL 的核心功能，数据集文件 WorldCupMatches.csv 是世界杯比赛比分汇总数据，包含了 1930—2014 年世界杯赛事单场比赛的信息。

- Year：比赛（所属世界杯）举办年份。
- Datetime：比赛具体日期。
- Stage：比赛所属阶段，小组赛（GroupX）、半决赛（Semi-Final）、决赛（Final）等。
- Stadium：比赛体育场。
- City：比赛举办城市。
- Home Team Name：主队名。
- Home Team Goals：主队进球数。
- Away Team Name：客队名。
- Away Team Goals：客队进球数。
- Win conditions：获胜条件。
- Attendance：现场观众数。
- Half-time Home Goals：上半场主队进球数。
- Half-time Away Goals：上半场客队进球数。
- Referee：主裁判。
- Assistant 1：助理裁判 1。
- Assistant 2：助理裁判 2。
- RoundID：比赛所处阶段 ID，和 Stage 对应。
- MatchID：比赛 ID。
- Home Team Initials：主队名字缩写。
- Away Team Initials：客队名字缩写。

需要将数据集文件 WorldCupMatches.csv 上传到 HDFS 的/input/datasets/路径下。

【说明】本章案例使用的国际足联世界杯数据集来自 Kaggle 网站，数据集的下载地址是 https://www.kaggle.com/datasets/abecklas/fifa-world-cup，许可协议“CC0：公共领域贡献”（CC0：Public Domain），需要的读者可以自行下载。

6.1 Spark SQL 概述

Spark SQL 是一个基于 Apache Spark 的 SQL 引擎，用于处理结构化数据。

6.1.1 什么是 Spark SQL

Spark SQL 是 Apache Spark 的一个模块，它为 Spark 提供了一个基于结构化数据的 SQL 引擎。Spark SQL 的出现是为了解决 Spark 中 RDD 不能很好地支持结构化数据的问题。为了提高 Spark 处理结构化数据的能力，Spark 1.0 版本中推出了 Spark SQL，用于处理海量的结构化数据。Spark SQL 将 SQL 查询转换为 Spark 的数据操作，使得 Spark 可以对 SQL 查询进行分布式处理。通过将 SQL 查询和 Spark 的数据处理引擎相结合，Spark SQL 能够高效地处理海量的结构化数据。

6.1.2 Spark SQL 的特点

Spark SQL 是一个基于 Apache Spark 的 SQL 引擎，专门为处理结构化数据而生，它具有以下几个特点：

1）集成 SQL 和 DataFrame API。Spark SQL 提供了 SQL 查询和 DataFrame API 操作，使得人们可以使用 SQL 或编程接口来进行数据处理和分析。这种灵活性使得人们可以根据实际需求来选择最适合的数据处理方式。

2）统一的数据访问。Spark SQL 支持多种数据源，并且提供了一种访问各种数据源的常用方法，这些数据源包括 Hive、JSON、Parquet、JDBC 等，同时还支持对非结构化数据的处理，例如文本和图像数据。

3）分布式计算。Spark SQL 可以将大规模数据合并在一起进行处理，可以运行在多台计算机上，从而实现快速的数据处理和分析。同时，Spark SQL 还提供了基于 RDD 的编程接口，支持高效地处理和分析数据。

4）高性能。Spark SQL 是一个基于内存计算的 SQL 引擎，能够高效地处理大规模的数据集，提供了比传统的磁盘计算更快的数据处理速度。

5）实时查询。Spark SQL 提供了流数据处理支持，使得人们可以对实时数据进行查询和处理，从而支持实时的数据分析和监控。

6.2 Spark SQL 的发展历程

Spark SQL 的前身是 Shark，目标是建立一个在 Hadoop 上运行的优于 Hive 的新 SQL 引擎，提供更快的查询速度和更好的兼容性。

6.2.1 从 HDFS 到 Hive

在 Hadoop 中，HDFS 最初是为了存储大规模数据而设计的，它没有提供类似于关系型数据库的 SQL 接口，虽然 MapReduce 提供了一种分布式计算的编程模型，但是对于不熟悉编写 MapReduce 程序的人员来说，这是一项很大的挑战。由于 Hadoop 在企业生产中的大量使用，HDFS 上积累了大量数据，为了让熟悉关系型数据库但又不理解 MapReduce 的人员能够快速上手，需要一种可以使用 SQL 查询和处理大规模数据的解决方案，从而提高数据处理的效率和可靠性，此时 Hive 应运而生。Hive 的出现就是为了解决在 Hadoop 生态系统中处理数据的问题。

Hive 是基于 Hadoop 的数据仓库工具，它可以将结构化的数据存储在 HDFS 上，并通过 HiveQL 查询语言来查询和分析数据。HiveQL 与 SQL 语言类似，因此可以让人们更容易地使用 SQL 来查询和处理数据，而不需要编写 MapReduce 程序。Hive 还提供了很多高级特性，例如分区、存储格式、压缩、索引等，可以进一步提高数据处理的效率和灵活性。

6.2.2 从 Hive 到 Shark

Hive 在执行一些复杂查询时，需要进行多次 MapReduce 任务的计算，MapReduce 计算过程中大量的中间磁盘落地过程消耗了大量的 I/O，降低了运行效率，导致查询速度变慢。为了突破 Hive 的性能瓶颈，提高 SQL-on-Hadoop 的效率，Shark 出现了。

Shark 是加州大学伯克利分校 AMPLab 开发的一个 SQL 分析引擎，是 Spark 生态环境的组件之一。Shark 框架基于 Hive，几乎完全模仿 Hive，内部的配置项、优化项等都是直接模仿而来，不同之处在于将执行引擎由 MapReduce 更换为了 Spark。Shark 修改了 Hive 中的内存管理、物理计划和执行 3 个模块，使得 SQL 语句直接运行在 Spark 上，从而使得 SQL 查询的速度得到 10~100 倍的提升。Shark 主要具有以下优点：

1）高速。相对于 Hive，Shark 的查询速度更快，因为它将数据存储在 Spark 内存中，并使用内存计算技术来执行 SQL 查询和分析，避免了磁盘 I/O 的瓶颈。

2）易用。Shark 支持 HiveQL 语法，因此易于使用，并且与 Hive 兼容，无需更改现有的 Hive 查询语句。

3）扩展。Shark 支持 Spark 的分布式计算模型，因此可以方便地扩展到多个节点和集群中，支持更大规模的数据处理。

4）灵活。Shark 提供了类似于 Hive 的高级特性，例如分区、存储格式、压缩、索引等，可以进一步提高数据处理的效率和灵活性。

6.2.3 从 Shark 到 Spark SQL

虽然 Shark 在一定程度上提高了 SQL 查询和分析的速度，但最终还是失败了。由于 Shark 框架几乎完全模仿 Hive，Hive 是针对 MapReduce 进行优化的，因此很多地方和 Spark RDD 不能很好地协同。Shark 的架构是基于 Hive 架构的改进，但仍然存在一些限制，随着 Spark 的发展，Shark 对于 Hive 的太

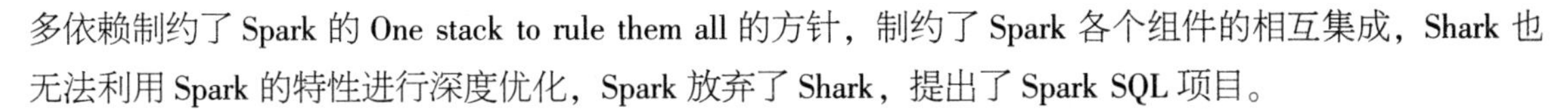

多依赖制约了 Spark 的 One stack to rule them all 的方针，制约了 Spark 各个组件的相互集成，Shark 也无法利用 Spark 的特性进行深度优化，Spark 放弃了 Shark，提出了 Spark SQL 项目。

Spark SQL 的发展大致分为以下几个阶段：

1）Spark SQL 1.0~1.6。最初的版本主要是作为 Spark 的一个子项目，提供了一个基于 DataFrame 的 API，支持 SQL 查询、连接、聚合等操作，并且与 Hive 兼容。但是在性能方面还有待提高。

2）Spark SQL 2.0~2.3。在这个阶段，Spark SQL 引入了 Catalyst 查询优化器和 Tungsten 执行引擎，大大提高了性能。

3）Spark SQL 2.4~3.2。在这个阶段，Spark SQL 引入了 Delta Lake，支持 ACID 事务和数据版本控制，使得 Spark SQL 更适合进行企业级数据湖的建设。

4）Spark SQL 3.3~现在。在这个阶段，Spark SQL 引入了更多的新特性，例如增强的数据源 API、增强的数据类型支持、增强的查询优化器等，进一步提高了性能和灵活性。

6.3 SparkSession 介绍

在 Spark 2.0 之前，开发者需要分别创建 SparkConf、SparkContext 等对象来初始化 Spark 应用程序。而在 Spark 2.0 之后，SparkSession 可以一次性完成这些工作。SparkSession 对象是 Spark 2.0 引入的一个重要的概念，它是 Spark SQL 和 DataFrame API 的入口。SparkSession 简化了 Spark 应用程序的编写，尤其是在交互式环境中使用时，例如 Spark Shell、PySpark Shell 和 Jupyter Lab 等。SparkSession 还提供了一些配置选项和管理功能，例如设置应用程序名称、设置日志级别、管理缓存、管理检查点等。SparkSession 对象是一个线程安全的单例对象，可以通过 SparkSession.builder 来创建。通常情况下，一个 Spark 应用程序只需要创建一个 SparkSession 对象。

在 Spark Shell、PySpark Shell、Databricks、Jupyter Lab 等交互式环境中，已经默认创建好了 SparkSession，内置对象 Spark 即是默认创建的 SparkSession 对象。对于开发的需要提交到集群运行的代码，则需要自己创建 SparkSession。

【说明】为了便于案例组织及理解，本书所有案例中使用到 SparkSession 的地方均使用 spark 来表示。

创建一个 SparkSession 对象时，应该设置 master 和 appName，代码如下：

```
from pyspark.sql import SparkSession
spark = SparkSession.builder \
    .appName("myAppName").master("yarn").getOrCreate()
```

除了 master 和 appName，SparkSession.builder 还支持其他一些设置：

- config( )，用于设置 Spark 配置属性，例如 spark.executor.memory、spark.driver.memory。
- enableHiveSupport( )，用于启用 Hive 支持，可以在 Spark 中使用 Hive 的元数据和查询语言。

6.4 DataFrame 概述

DataFrame 和 RDD 都是弹性的、分布式的数据集，但与 RDD 不同，DataFrame 的数据结构限定为二维结构化数据。

6.4.1 什么是 DataFrame

DataFrame 是 Spark SQL 的核心数据结构之一，它是一个分布式的数据集合，可以看作一个二维表格，每行表示一条记录，每列表示一个属性，数据类型可以是基本类型、数组等。DataFrame 支持多种数据源，可以通过 SparkSession 对象创建，还可以与 Spark 的其他组件进行集成。

DataFrame 支持类 SQL 的查询语言，支持对数据集合进行快速查询和分析，具有以下特点：

1）结构化。DataFrame 是有结构的，每一列都有名称和数据类型，可以方便地使用类 SQL 的查询语言进行查询和分析。

2）不可变。与 RDD 一样，DataFrame 也是不可变的，一旦创建就不能更改其内容，只能通过转换操作生成新的 DataFrame。

3）延迟执行。与 RDD 一样，DataFrame 也是延迟执行的，在执行操作时不会立即计算，等到需要输出结果时才会计算。

4）高性能。由于 DataFrame 内部采用了 Catalyst 优化器和 Tungsten 引擎，因此可以获得比 RDD 更高的性能。

6.4.2 DataFrame 的组成

DataFrame 用于处理结构化数据，可以看作一个二维表格，因此 DataFrame 具有行、列以及表结构等信息。

在结构层面，DataFrame 使用 Schema 来记录元数据信息，用于描述 DataFrame 中每一列的名称和数据类型，以及解释数据的结构。DataFrame 通过 StructType 对象来表示 Schema，它包含了一个 StructField 数组，每个 StructField 表示 DataFrame 的一列，包含列名、列数据类型、是否可为空等属性。

在数据层面，DataFrame 由行和列组成。DataFrame 中的数据是以 Row 对象的形式存储的，Row 对象用来记录 DataFrame 中的一行数据，每个 Row 对象是一个数组，包含了该行数据的每个列的值。Row 对象是不可变的，一旦创建就不能修改，因为在分布式计算环境下，多个任务可能同时访问同一个 Row 对象，如果允许修改就会导致数据不一致。DataFrame 中的列是用 Column 对象表示的。Column 对象是一个包含表达式的字符串或表达式对象，它代表 DataFrame 中的一列数据，可以用于筛选、投影、聚合等操作。

6.5 DataFrame 的创建

在使用 DataFrame 对象之前，需要创建 DataFrame 对象，在 Spark SQL 中，可以通过多种方式来创建 DataFrame 对象。

6.5.1 通过 RDD 创建

DataFrame 和 RDD 一样，都是 Spark 中的分布式的数据集，因此可以通过对 RDD 增加 Schema 信息而将 RDD 转换成 DataFrame。可以通过两种方式将 RDD 转换成 DataFrame，一种是通过调用 SparkSession 的 createDataFrame( ) 方法并指定要转换的 RDD 和 Schema 信息，另一种是直接调用 RDD 的 toDF( ) 方法并指定 Schema 信息。

在下面的案例中，分别通过 3 种方式将 RDD 转换成 DataFrame，代码如下：

```
from pyspark.sql.types import StructType, StructField, StringType, IntegerType

# 通过 HDFS 文件创建 RDD
rdd = spark.sparkContext \
    .textFile("hdfs://node1:8020/input/datasets/WorldCupMatches.csv") \
    .map(lambda x: x.split(",")) \
    .filter(lambda x: (x[0] == "1930") and (x[2] == "Group 4")) \
    .map(lambda x: [int(x[0]), x[1], x[2]])
rdd.cache()
# 输出 RDD 的数据
print(rdd.collect())
# 通过 createDataFrame()方法将 RDD 转换成 DataFrame,仅指定列名称
df1 = spark.createDataFrame(rdd, ["Year", "Datetime", "Stage"])
print("DataFrame1 的元数据信息:")
df1.printSchema()
# 自定义一个 Schema,可以指定列名称、数据类型、是否可以为空
schema = StructType(fields=[
    StructField("Year", IntegerType(), False),
    StructField("Datetime", StringType(), False),
    StructField("Stage", StringType(), True),
])
# 通过 createDataFrame()方法将 RDD 转换成 DataFrame,指定具体的 Schema
df2 = spark.createDataFrame(rdd, schema)
print("DataFrame2 的元数据信息:")
df2.printSchema()
# 通过 RDD 的 toDF()方法将 RDD 转换成 DataFrame
df3 = rdd.toDF(schema)
print("DataFrame3 的数据:")
df3.show(truncate=False)
```

执行代码，输出结果如下：

```
[[1930, '13 Jul 1930 - 15:00', 'Group 4'], [1930, '17 Jul 1930 - 14:45', 'Group 4'], [1930, '20 Jul
1930 - 15:00', 'Group 4']]
DataFrame1 的元数据信息:
root
 |-- Year: long (nullable = true)
 |-- Datetime: string (nullable = true)
 |-- Stage: string (nullable = true)

DataFrame2 的元数据信息:
root
 |-- Year: integer (nullable = false)
 |-- Datetime: string (nullable = false)
```

```
 |-- Stage: string (nullable = true)

DataFrame3 的数据:
+----+---------------------+-------+
|Year|Datetime             |Stage  |
+----+---------------------+-------+
|1930|"13 Jul 1930 - 15:00 "|Group 4|
|1930|"17 Jul 1930 - 14:45 "|Group 4|
|1930|"20 Jul 1930 - 15:00 "|Group 4|
+----+---------------------+-------+
```

从结果可以知道，RDD 没有明确的数据结构，DataFrame 具有明确的数据结构，在将 RDD 转换成 DataFrame 时，如果 Schema 信息仅指定了列名称，则转换时的数据类型采用自动推断得出，RDD 的第 1 列是 int 类型，自动推断后的数据类型是 long，所有列都是可以为空的。RDD 的数据一般以列表的形式呈现，而 DataFrame 的数据可以通过 show()方法以打印表格的形式呈现，在 Databricks 和 JupyterLab 等 Web 环境中还可以使用表格的形式呈现。

6.5.2 通过 Pandas 的 DataFrame 创建

Pandas 中的 DataFrame 是一个二维表格，这与 Spark SQL 中的 DataFrame 类似，可以直接将 Pandas 的 DataFrame 转换成 Spark SQL 的 DataFrame。

【说明】由于 Pandas 不能直接读取 HDFS 的文件，需要借助其他库才行，所以这里读取本地文件。

在下面的案例中，通过 Pandas 读取本地文件创建一个 DataFrame，再调用 SparkSession 的 createDataFrame()方法将其转换成 Spark SQL 的 DataFrame，并打印表结构及数据量，代码如下：

```
import pandas as pd

# 通过读取数据文件,得到 Pandas 的 DataFrame
pdf = pd.read_csv("./WorldCupMatches.csv")

print("Pandas 的 DataFrame 类型:", type(pdf))
print("Pandas 的 DataFrame 数据抽样:")
print(pdf.sample(5))

# 将 Pandas 的 DataFrame 转换成 Spark 的 DataFrame
sdf = spark.createDataFrame(pdf)

print("Spark SQL 的 DataFrame 类型:", type(sdf))
print("Spark SQL 的 DataFrame 的元数据信息:")
sdf.printSchema()
print("Spark SQL 的 DataFrame 的数据量:", sdf.count())
```

执行代码，输出结果如下：

```
Pandas 的 DataFrame 类型: <class 'pandas.core.frame.DataFrame'>
Pandas 的 DataFrame 数据抽样:
```

```
     Year        Datetime   ... Home Team Initials Away Team Initials
212  1970  07 Jun 1970 - 12:00  ...            SWE           ISR
828  2014  13 Jul 2014 - 16:00  ...            GER           ARG
474  1994  21 Jun 1994 - 12:30  ...            ARG           GRE
671  2006  18 Jun 2006 - 18:00  ...            BRA           AUS
250  1974  22 Jun 1974 - 16:00  ...            ZAI           BRA

Spark SQL 的 DataFrame 类型：<class 'pyspark.sql.dataframe.DataFrame'>
Spark SQL 的 DataFrame 的元数据信息：
root
 |-- Year: long (nullable = true)
 |-- Datetime: string (nullable = true)
 |-- Stage: string (nullable = true)
 |-- Stadium: string (nullable = true)
 |-- City: string (nullable = true)
 |-- Home Team Name: string (nullable = true)
 |-- Home Team Goals: long (nullable = true)
 |-- Away Team Goals: long (nullable = true)
 |-- Away Team Name: string (nullable = true)
 |-- Win conditions: string (nullable = true)
 |-- Attendance: double (nullable = true)
 |-- Half-time Home Goals: long (nullable = true)
 |-- Half-time Away Goals: long (nullable = true)
 |-- Referee: string (nullable = true)
 |-- Assistant 1: string (nullable = true)
 |-- Assistant 2: string (nullable = true)
 |-- RoundID: long (nullable = true)
 |-- MatchID: long (nullable = true)
 |-- Home Team Initials: string (nullable = true)
 |-- Away Team Initials: string (nullable = true)

Spark SQL 的 DataFrame 的数据量：852
```

6.5.3 通过外部数据创建

Spark SQL 的 DataFrameReader 类提供了一系列 API 用于读取外部数据源创建 DataFrame，这些 API 可以用来读取各种不同的数据源，包括文本文件、CSV 文件、JSON 文件、Parquet 文件、ORC 文件、JDBC 数据源等。

1. 读取文件数据源

在下面的案例中，通过 DataFrameReader 中的不同 API 分别读取不同类型的文件来创建 DataFrame，代码如下：

```
textDF = spark.read.text("hdfs://node1:8020/input/datasets/WorldCupMatches.csv")
csvDF = spark.read.csv("hdfs://node1:8020/input/datasets/WorldCupMatches.csv", header =
True)
jsonDF = spark.read.json("hdfs://node1:8020/input/datasets/Jobs.json")
```

```
textDF.printSchema()
csvDF.printSchema()
jsonDF.printSchema()
```

执行代码，输出结果如下：

```
root
 |-- value: string (nullable = true)

root
 |-- Year: string (nullable = true)
 |-- Datetime: string (nullable = true)
 |-- Stage: string (nullable = true)
...

root
 |-- area: string (nullable = true)
 |-- city: string (nullable = true)
 |-- companyName: string (nullable = true)
 |-- jobTags: array (nullable = true)
 |    |-- element: string (containsNull = true)
 |-- lat: string (nullable = true)
...
```

从结果可以知道，text()方法将文件按行读取，每一行的所有数据作为一列，列名是value。csv()方法按照CSV文件格式进行读取，参数header指定文件中的第一行作为列名，最终读取出了所有的列，而不仅仅是一列。json()方法用于读取JSON文件，将JSON数据的key作为列名称，value作为列值，生成DataFrame。除了上述几个API，DataFrameReader类提供的API还包括：

- parquet()，用于读取Parquet文件。
- orc()，用于读取ORC文件。
- jdbc()，用于读取JDBC数据源。

除了这些读取特定格式文件的API外，Spark SQL还提供了一个通用的统一API，语法如下：

```
spark.read.format("text | csv |json |parquet |orc |jdbc |......")
.option("K", "V")
.schema(StructType | String)
.load("文件路径")
```

- format()，用于指定数据源的类型，除了与上述专用API对应的类型外，还支持Avro文件、Redis、Elasticsearch、MongoDB等其他数据源类型。
- option()，用于指定读取数据时的一些选项，比如读取CSV文件时将第一行作为列名，则可设置option（"header"，"True"）。
- schema()，用于指定读取的数据的Schema信息。
- load()，用于加载数据，如果外部数据源是文件的，需要指定文件路径。

采用统一API读取CSV文件创建DataFrame，只需要稍微修改一下代码，代码如下：

```
csvDF = spark.read.format("csv").option("header", "True") \
    .load("hdfs://node1:8020/input/datasets/WorldCupMatches.csv")
```

2. 读取 JDBC 数据源

Spark SQL 可以通过统一 API 来读取传统 JDBC 数据源中的数据创建 DataFrame，在使用 JDBC 数据源之前，需要将连接数据库的驱动程序放到 Spark 的 classpath 路径下，也就是 Spark 安装目录中的 jars 目录，或者在使用 spark-submit 提交应用程序的时候通过--jars 选项指定驱动程序的路径。比如读取 MySQL 数据库的数据创建 DataFrame 时，需要将 MySQL 数据库的驱动程序包 mysql-connector-java-8.0.28.jar 放到 Spark 的 classpath 下。

【说明】依赖的第三方库与安装软件一样，需要在集群中的所有节点上都上传。

在 MySQL 数据库中，创建表并插入数据，用于 Spark SQL 进行读取，语句如下：

```
mysql> create database spark;
mysql> use spark;
mysql> create table WorldCupMatches(Year int,Datetime varchar(20),Stage varchar(40));
mysql> insert into WorldCupMatches values
    -> (1930,'13 Jul 1930 - 15:00','Group 1'),
    -> (1930,'14 Jul 1930 - 12:45','Group 2'),
    -> (1934,'27 May 1934 - 16:30','Preliminary round');
```

读取 JDBC 数据，需要指定一些参数：

- url，数据库的链接字符串。
- user，连接数据库的用户。
- password，连接数据库的密码。
- query，读数据的查询语句。

编写 Spark 代码，从 MySQL 数据库中读取数据创建 DataFrame，代码如下：

```
df = spark.read.format("jdbc") \
    .option("url", "jdbc:mysql://node4:3306/spark") \
    .option("user", "root").option("password", "root") \
    .option("query", "select *  from WorldCupMatches").load()

df.printSchema()
df.show(truncate=False)
```

执行代码，输出结果如下：

```
root
 |-- Year: integer (nullable = true)
 |-- Datetime: string (nullable = true)
 |-- Stage: string (nullable = true)

+----+-------------------+-----------------+
|Year|Datetime           |Stage            |
+----+-------------------+-----------------+
```

```
|1930|13 Jul 1930 - 15:00|Group 1          |
|1930|14 Jul 1930 - 12:45|Group 2          |
|1934|27 May 1934 - 16:30|Preliminary round|
+----+-------------------+-----------------+
```

6.6 DataFrame 的基本操作

DataFrame 是 Spark SQL 中最核心的数据结构之一，用于表示分布式数据集合。与 RDD 一样，DataFrame 提供了许多丰富的操作，这些操作按照使用风格不同而被分为两种类型，即 DSL 语法风格和 SQL 语法风格。

6.6.1 DSL 语法风格

DSL（Domain Specific Language）即领域特定语言，它是一种针对特定领域的编程语言，与通用编程语言不同。DSL 风格是 Spark SQL 中常用的一种操作风格，它基于函数式编程，使用 DataFrame 的编程接口进行操作，使用方法链的方式来组合多个操作，可以直观地展示数据的处理流程。DSL 风格是一种类型安全的编程风格，可以通过编译器进行检查，能够捕获许多常见的错误。DSL 风格的代码非常灵活，因为可以使用多种不同的命令和操作来实现复杂的数据处理逻辑。DSL 风格的操作也被称为命令式风格，因为需要编写命令来指定具体的操作。此外，DSL 风格的代码通常更加适合开发人员，因为它需要对底层数据处理引擎的工作方式有更深入的理解。

1. printSchema 和 show 方法

printSchema()方法是 DataFrame 中的一个常用方法，用于将 DataFrame 的 Schema 打印到控制台。Schema 描述了 DataFrame 的数据结构，包括列名、数据类型和是否可以为空。

show()方法是 DataFrame 中的一个常用方法，用于以表格的形式显示 DataFrame 的前 n 行数据，默认显示前 20 行数据。如果某一列的数据过长，它会自动截断显示，可以通过参数设置数据是否被截断。show()方法的声明如下：

```
def show(self, n: int = 20, truncate: Union[bool, int] = True, vertical: bool = False) -> None
```

- n 表示需要显示的数据行数，默认 20 行。
- truncate 表示当列的数据过长时，数据是否截断显示。
- vertical 表示行数据是否以列式格式显示。

show()方法是一种常用的数据预览和调试方法，可以帮助我们快速查看数据的形式和结构，判断数据是否读取正确，并快速发现可能存在的问题。在实际的数据处理中，通常使用 show()方法来查看数据的前几行，以了解数据的整体结构和属性，帮助我们更好地进行后续的数据处理和分析。

2. select 和 selectExpr 方法

select()方法和 selectExpr()方法是 DataFrame 中的常用方法，它们用于选择和筛选 DataFrame 中的列，并返回一个新的 DataFrame。

select()方法的声明如下：

```
def select(self, *cols: "ColumnOrName") -> "DataFrame"
```

- cols 表示需要选择的列，可以是字符串列表，也可以是 Column 对象列表。

selectExpr()方法的声明如下：

```
def selectExpr(self, *expr: Union[str, List[str]]) -> "DataFrame"
```

- expr 表示要选择的列或者表达式列表。

虽然这两个方法的功能类似，但它们有一些不同的特点。select()方法只能传入列、列名，不支持表达式，selectExpr()方法是 select()方法的一个变体，它更为灵活，可以接受任何 SQL 表达式作为参数，可以是列名、算术表达式、聚合函数、条件语句等。

在下面的案例中，Spark 读取 HDFS 文件创建 DataFrame，select()方法选择了 DataFrame 的 3 列，其中 Year 和 Datetime 是字符串类型的列名称，col("Stage") 是一个 Column 列对象，selectExpr()方法采用了 SQL 表达式，对 Year 进行了加 4 操作，对 Datetime 和 Stage 列做了拼接操作，代码如下：

```
df = spark.read.csv("hdfs://node1:8020/input/datasets/WorldCupMatches.csv", header=True)
df.select("Year", "Datetime", col("Stage")).show(n=2)
df.selectExpr("Year", "Year + 4", "Datetime || Stage") \
.show(n=2, truncate=False)
```

执行代码，输出结果如下：

```
+----+-------------------+-------+
|Year|           Datetime|  Stage|
+----+-------------------+-------+
|1930|13 Jul 1930 - 15:00 |Group 1|
|1930|13 Jul 1930 - 15:00 |Group 4|
+----+-------------------+-------+
only showing top 2 rows

+----+----------+--------------------------+
|Year|(Year + 4)|concat(Datetime, Stage)     |
+----+----------+--------------------------+
|1930|1934.0     |13 Jul 1930 - 15:00 Group 1|
|1930|1934.0     |13 Jul 1930 - 15:00 Group 4|
+----+----------+--------------------------+
only showing top 2 rows
```

3. withColumn 方法

除了用 select()和 selectExpr()方法，DataFrame 还提供了 withColumn()方法来对列数据进行处理，该方法可以增加新的列，也可以对原有的列做数据转换，并返回一个新的 DataFrame。

withColumn()方法的声明如下：

```
def withColumn(self, colName: str, col: Column) -> "DataFrame"
```

- colName 表示列的名称，如果列名称与原有列名称相同，则新的列会覆盖原有的列，否则新的列会追加到 DataFrame 中。

- col 表示新列的数据。

在下面的案例中，Spark 读取 HDFS 文件创建 DataFrame，使用 withColumn( )方法对原有列做数据类型转换并计算，同时增加新的列，代码如下：

```
df = spark.read.csv("hdfs://node1:8020/input/datasets/WorldCupMatches.csv", header = True) \
    .select("Year", "Datetime", "Home Team Goals")
# 原始数据
df.show(n=5)
# 将 Home Team Goals 列的值加 5,再用 Home Team Goals 列的值乘以 5 后的值作为新列
df.withColumn("Home Team Goals",col("Home Team Goals").cast("int") + 5) \
    .withColumn("HomeTeamGoals",col("Home Team Goals").cast("int") * 5) \
    .show(n=5)
```

执行代码，输出结果如下：

```
+----+-------------------+---------------+
|Year|           Datetime|Home Team Goals|
+----+-------------------+---------------+
|1930|13 Jul 1930 - 15:00 |              4|
|1930|13 Jul 1930 - 15:00 |              3|
|1930|14 Jul 1930 - 12:45 |              2|
|1930|14 Jul 1930 - 14:50 |              3|
|1930|15 Jul 1930 - 16:00 |              1|
+----+-------------------+---------------+
only showing top 5 rows

+----+-------------------+---------------+-------------+
|Year|           Datetime|Home Team Goals|HomeTeamGoals|
+----+-------------------+---------------+-------------+
|1930|13 Jul 1930 - 15:00 |              9|           45|
|1930|13 Jul 1930 - 15:00 |              8|           40|
|1930|14 Jul 1930 - 12:45 |              7|           35|
|1930|14 Jul 1930 - 14:50 |              8|           40|
|1930|15 Jul 1930 - 16:00 |              6|           30|
+----+-------------------+---------------+-------------+
only showing top 5 rows
```

4. filter 和 where 方法

DataFrame 对象有两种方法可以用来过滤数据，即 filter( )方法和 where( )方法，它们用来从 DataFrame中选择特定的行，并返回一个新的 DataFrame。

filter( )方法的声明如下：

```
def filter(self, condition: "ColumnOrName") -> "DataFrame"
```

- condition 用于过滤数据的条件，返回一个布尔值，表示该行数据是否应该被保留。

where( )方法的定义如下：

```
where = copy_func(filter, sinceversion=1.3, doc=":func:`where` is an alias for :func:
`filter`.")
```

可以看到，where()方法其实是 filter()方法的一个别名，它们在功能上是等价的。

在下面的案例中，Spark 读取 HDFS 文件创建 DataFrame，使用 filter()方法和 where()方法过滤 DataFrame 中的数据，代码如下：

```
df = spark.read.csv("hdfs://node1:8020/input/datasets/WorldCupMatches.csv", header =
True).select("Year", "Datetime", "Stage", "Stadium")
print("使用 filter 过滤数据:")
df.filter("Stadium = 'Parque Central'").show()
print("使用 where 过滤数据:")
df.where("Stage = 'Group 2' and Stadium = 'Parque Central'").show()
```

执行代码，输出结果如下：

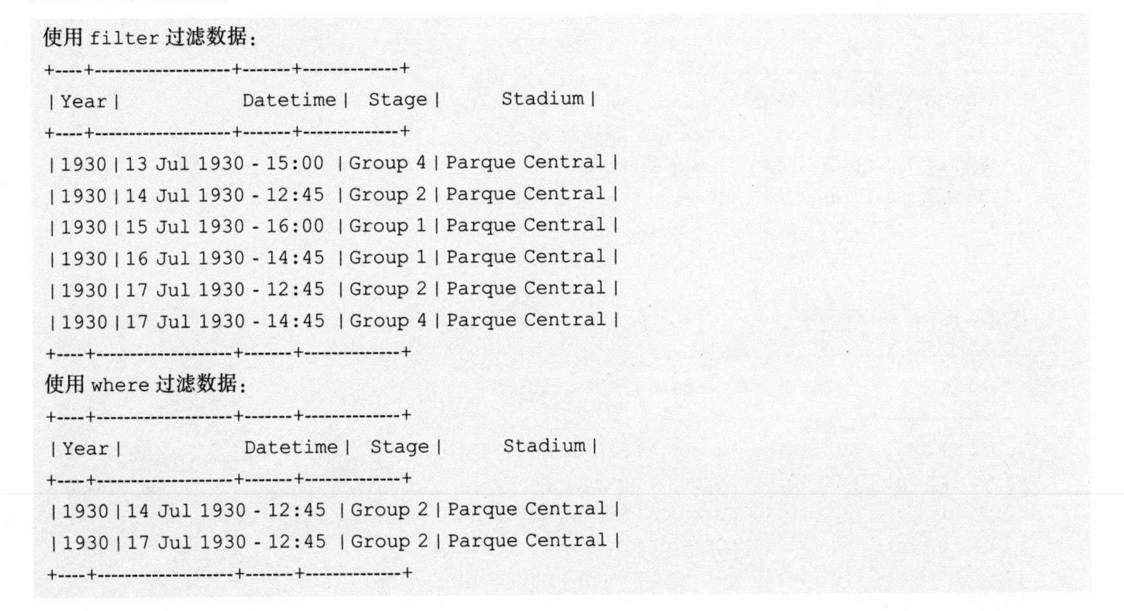

```
使用 filter 过滤数据:
+----+-------------------+-------+--------------+
|Year|           Datetime|  Stage|       Stadium|
+----+-------------------+-------+--------------+
|1930|13 Jul 1930 - 15:00 |Group 4|Parque Central|
|1930|14 Jul 1930 - 12:45 |Group 2|Parque Central|
|1930|15 Jul 1930 - 16:00 |Group 1|Parque Central|
|1930|16 Jul 1930 - 14:45 |Group 1|Parque Central|
|1930|17 Jul 1930 - 12:45 |Group 2|Parque Central|
|1930|17 Jul 1930 - 14:45 |Group 4|Parque Central|
+----+-------------------+-------+--------------+
使用 where 过滤数据:
+----+-------------------+-------+--------------+
|Year|           Datetime|  Stage|       Stadium|
+----+-------------------+-------+--------------+
|1930|14 Jul 1930 - 12:45 |Group 2|Parque Central|
|1930|17 Jul 1930 - 12:45 |Group 2|Parque Central|
+----+-------------------+-------+--------------+
```

5. sort 和 orderBy 方法

sort()和 orderBy()方法可以用来对 DataFrame 进行排序，这两个方法都可以接受一个或多个列名或列表达式作为排序的依据，并且可以指定排序的方式。

sort()方法的声明如下：

```
def sort(
    self, *cols: Union[str, Column, List[Union[str, Column]]], **kwargs: Any
) -> "DataFrame"
```

- cols 指定用于排序的列，支持字符串、Column 对象、列表等。
- ascending 指定排序是否是升序，默认是 True，如果指定该参数，元素需要与 cols 对应。

orderBy()方法的定义如下：

```
orderBy = sort
```

可以看到，orderBy( )方法就是 sort( )方法。

在下面的案例中，Spark 读取 HDFS 文件创建 DataFrame，使用 sort( )方法和 orderBy( )方法对 DataFrame中的数据进行排序，代码如下：

```
df = spark.read.csv("hdfs://node1:8020/input/datasets/WorldCupMatches.csv", header =
True).select("Year", "Datetime", "Stage", "Stadium") \
    .filter("Stadium = 'Parque Central'")
print("使用 sort 升序排序:")
df.sort(df.Stage).show()
print("使用 orderBy 降序排序:")
df.orderBy(["Stage", df.Datetime], ascending=[False, False]).show()
```

执行代码，输出结果如下；

```
使用 sort 升序排序:
+----+-------------------+-------+--------------+
|Year|           Datetime|  Stage|       Stadium|
+----+-------------------+-------+--------------+
|1930|16 Jul 1930 - 14:45 |Group 1|Parque Central|
|1930|15 Jul 1930 - 16:00 |Group 1|Parque Central|
|1930|14 Jul 1930 - 12:45 |Group 2|Parque Central|
|1930|17 Jul 1930 - 12:45 |Group 2|Parque Central|
|1930|13 Jul 1930 - 15:00 |Group 4|Parque Central|
|1930|17 Jul 1930 - 14:45 |Group 4|Parque Central|
+----+-------------------+-------+--------------+
使用 orderBy 降序排序:
+----+-------------------+-------+--------------+
|Year|           Datetime|  Stage|       Stadium|
+----+-------------------+-------+--------------+
|1930|17 Jul 1930 - 14:45 |Group 4|Parque Central|
|1930|13 Jul 1930 - 15:00 |Group 4|Parque Central|
|1930|17 Jul 1930 - 12:45 |Group 2|Parque Central|
|1930|14 Jul 1930 - 12:45 |Group 2|Parque Central|
|1930|16 Jul 1930 - 14:45 |Group 1|Parque Central|
|1930|15 Jul 1930 - 16:00 |Group 1|Parque Central|
+----+-------------------+-------+--------------+
```

6. distinct 方法

distinct( )方法用于对 DataFrame 中的数据进行去重处理，该方法没有参数，它是对 DataFrame 中的所有列进行比较。

在下面的案例中，Spark 读取 HDFS 文件创建 DataFrame，使用 distinct( )方法对 DataFrame 中的数据进行去重，代码如下：

```
df = spark.read.csv("hdfs://node1:8020/input/datasets/WorldCupMatches.csv", header =
True).select("Year", "Stage", "Stadium") \
    .filter("Stadium = 'Parque Central'")
df.distinct().show()
```

执行代码，输出结果如下：

```
+----+-------+--------------+
|Year| Stage |      Stadium|
+----+-------+--------------+
|1930|Group 1|Parque Central|
|1930|Group 4|Parque Central|
|1930|Group 2|Parque Central|
+----+-------+--------------+
```

7. groupBy 方法

groupBy( )方法用于按照指定的列或表达式对 DataFrame 进行分组，groupBy( )方法的返回值是 GroupedData 对象，而并不是一个新的 DataFrame，需要进行聚合操作才能得到一个新的 DataFrame。GroupedData 对象提供了一些常规的聚合方法，例如最大值、最小值、平均值、求和、计数等。常规的聚合方法只能处理一个聚合值，GroupedData 对象还提供了一个 agg( )方法，可以用来一次性处理多个聚合值。

groupBy( )方法的声明如下：

```
def groupBy(self, *cols: "ColumnOrName") -> "GroupedData"
```

- cols 是用于进行分组的列，可以是字符串列表，也可以是 Column 对象列表。

在下面的案例中，Spark 读取 HDFS 文件创建 DataFrame，并根据 Stage 进行分组，求主队的最大进球数，并使用 agg( )方法一次性求取了主队的最大进球数、最大现场观众数和最小现场观众数，代码如下：

```
from pyspark.sql.functions import sum, max, min

df = spark.read.csv("hdfs://node1:8020/input/datasets/WorldCupMatches.csv", header =
True) \
    .selectExpr("Stage", "cast(`Home Team Goals` as int)", "cast(Attendance as int)") \
    .filter("Stadium = 'Parque Central'")
print("原始数据:")
df.show()
print("最大进球数:")
df.groupBy("Stage").max("Home Team Goals").show()
print("求取多个聚合值:")
df.groupBy("Stage").agg(sum("Home Team Goals"), max("Attendance"), min("Attendance")).
show()
```

执行代码，输出结果如下：

```
原始数据:
+-------+---------------+----------+
|  Stage|Home Team Goals|Attendance|
+-------+---------------+----------+
|Group 4|              3|     18346|
|Group 2|              2|     24059|
|Group 1|              1|     23409|
|Group 1|              3|      9249|
```

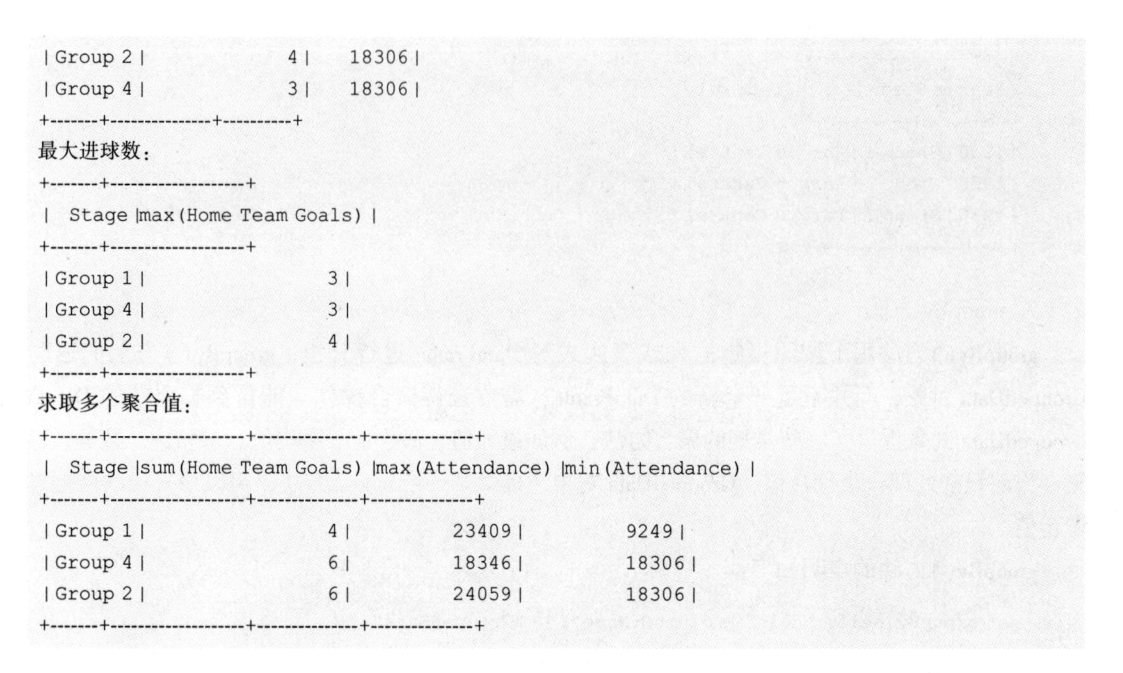

```
|Group 2|              4|    18306|
|Group 4|              3|    18306|
+-------+---------------+----------+
最大进球数:
+-------+-------------------+
|  Stage|max(Home Team Goals)|
+-------+-------------------+
|Group 1|                  3|
|Group 4|                  3|
|Group 2|                  4|
+-------+-------------------+
求取多个聚合值:
+-------+-------------------+--------------+--------------+
|  Stage|sum(Home Team Goals)|max(Attendance)|min(Attendance)|
+-------+-------------------+--------------+--------------+
|Group 1|                  4|         23409|          9249|
|Group 4|                  6|         18346|         18306|
|Group 2|                  6|         24059|         18306|
+-------+-------------------+--------------+--------------+
```

8. join 方法

join( )方法用于将两个 DataFrame 基于某个共同的列连接起来，生成一个新的 DataFrame。常见的 join 操作包括：

1）内连接（Inner Join）。指将两个 DataFrame 中 key 相同的行合并成一个结果集。具体操作是将两个 DataFrame 中 key 相同的行组合在一起，生成一个新的 DataFrame。内连接效果如图 6-1 所示。

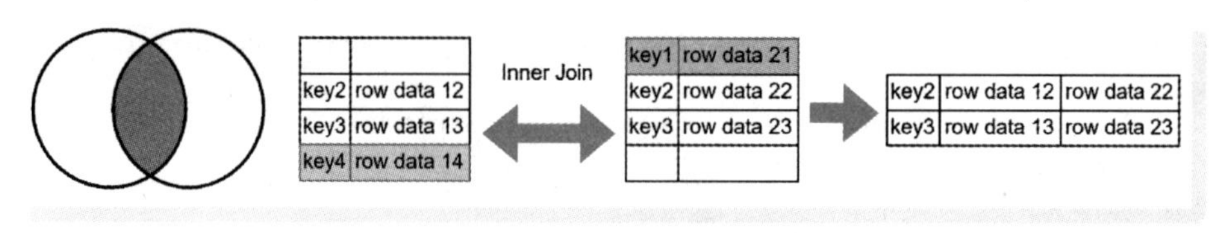

• 图 6-1　内连接效果

2）左外连接（Left Outer Join）。指将左侧 DataFrame 中的所有行都保留，右侧 DataFrame 中与左侧 DataFrame 中的 key 相同的行会被合并到结果中，如果右侧 DataFrame 中没有和左侧 DataFrame 中 key 相同的行，则结果中对应的列为 null。连接效果如图 6-2 所示。

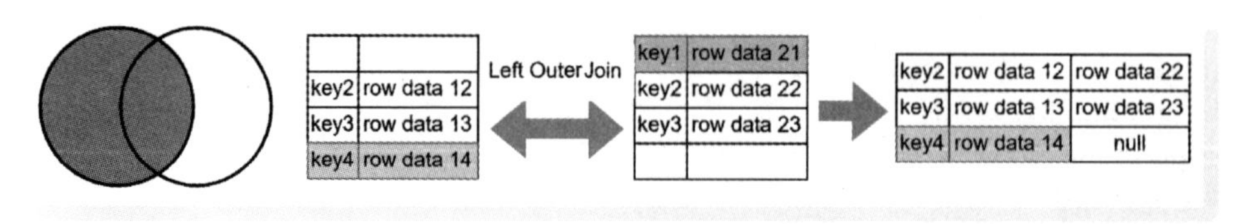

• 图 6-2　左外连接效果

3）右外连接（Right Outer Join）。指将右侧 DataFrame 中的所有行都保留，左侧 DataFrame 中与右

侧 DataFrame 中的 key 相同的行会被合并到结果中，如果左侧 DataFrame 中没有和右侧 DataFrame 中 key 相同的行，则结果中对应的列为 null。连接效果如图 6-3 所示。

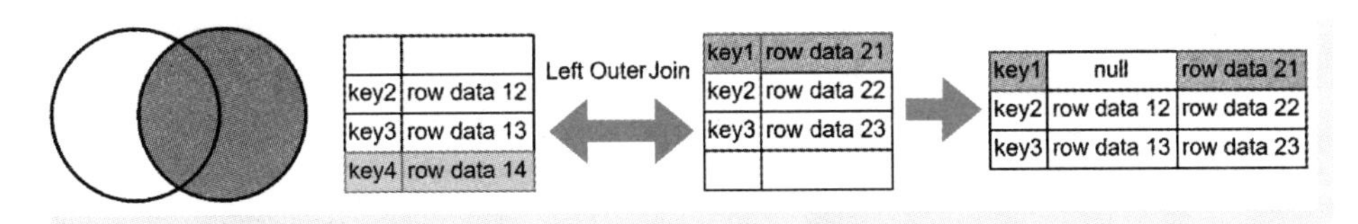

● 图 6-3　右外连接效果

4）全外连接（Full Outer Join）。指将左右两个 DataFrame 中的所有行都保留，对于左右 DataFrame 中 key 都存在的行，将它们合并到一起。对于左侧 DataFrame 中有而右侧 DataFrame 中没有的行，对应的列为 null；同样，对于右侧 DataFrame 中有而左侧 DataFrame 中没有的行，对应的列也为 null。连接效果如图 6-4 所示。

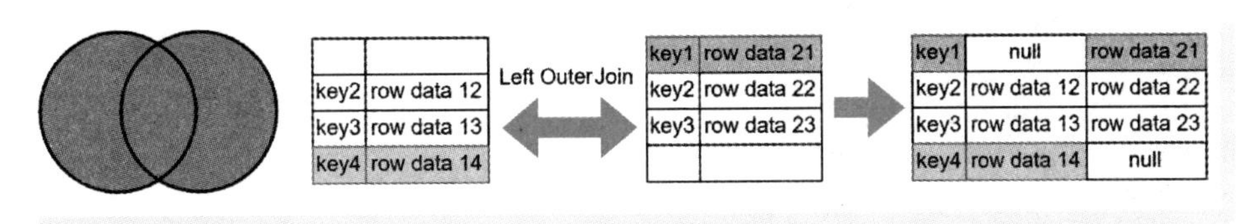

● 图 6-4　全外连接效果

在上述 4 种连接中，连接结果都会将左右两侧的 DataFrame 的行按 key 值对应合并到一起，形成新的结构。在 Spark 还存在另外两种连接方式，它们不会合并左右两侧 DataFrame 的行，不会产生新的数据结构，而是仅返回左侧 DataFrame 中满足连接条件的行，相当于对左侧的 DataFrame 做 filter 操作。它们是：

1）左半连接（Left Semi Join）。指返回左侧 DataFrame 中所有与右侧 DataFrame 中 key 相同的行，但是只返回左侧 DataFrame 的列，不返回右侧 DataFrame 的列。连接效果如图 6-5 所示。

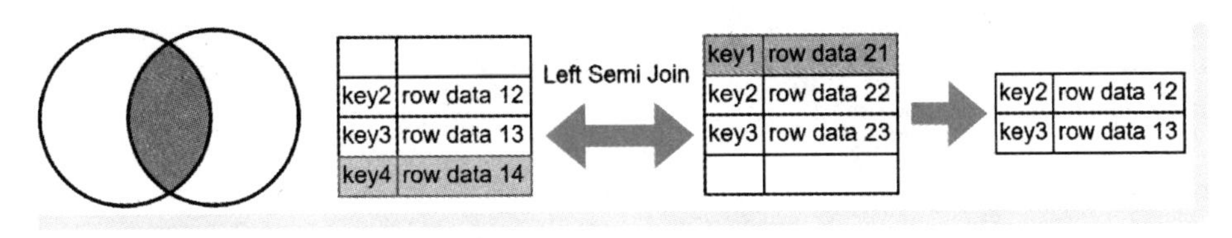

● 图 6-5　左半连接效果

2）左反连接（Left Anti Join）。指返回左侧 DataFrame 中所有没有在右侧 DataFrame 中出现的 key 所对应的行，但是只返回左侧 DataFrame 的列，不返回右侧 DataFrame 的列。连接效果如图 6-6 所示。

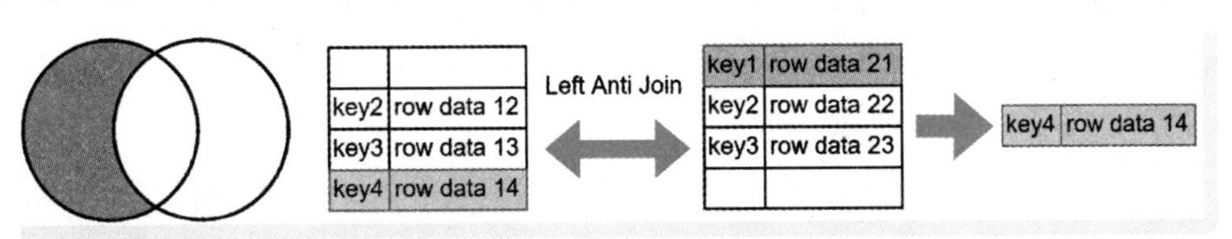

● 图 6-6　左反连接效果

在下面的案例中，Spark 读取 HDFS 文件创建 DataFrame，并构造出两个包含不同 Stage 的 DataFrame，然后对两个 DataFrame 进行不同类型的连接操作，代码如下：

```
df = spark.read.csv("hdfs://node1:8020/input/datasets/WorldCupMatches.csv", header = True) \
    .selectExpr("Stage", "cast(`Home Team Goals` as int)", "cast(Attendance as int)") \
    .filter("Stadium = 'Parque Central'")
df1 = df.groupBy("Stage").max("Home Team Goals").filter("Stage in ('Group 1', 'Group 2')")
df2 = df.groupBy("Stage").agg(sum("Home Team Goals")).filter("Stage in ('Group 2', 'Group 4')")

print("原始数据:")
df1.show()
df2.show()

print("内连接:")
df1.join(df2, "Stage").show()
print("左外连接:")
df1.join(df2, "Stage", "left").show()
print("左半连接:")
df1.join(df2, "Stage", "semi").show()
print("左反连接:")
df1.join(df2, "Stage", "anti").show()
```

执行代码，输出结果如下：

```
原始数据:
+-------+--------------------+
|  Stage|max(Home Team Goals)|
+-------+--------------------+
|Group 1|                   3|
|Group 2|                   4|
+-------+--------------------+

+-------+--------------------+
|  Stage|sum(Home Team Goals)|
+-------+--------------------+
|Group 4|                   6|
|Group 2|                   6|
+-------+--------------------+

内连接:
+-------+--------------------+--------------------+
|  Stage|max(Home Team Goals)|sum(Home Team Goals)|
+-------+--------------------+--------------------+
|Group 2|                   4|                   6|
+-------+--------------------+--------------------+

左外连接:
```

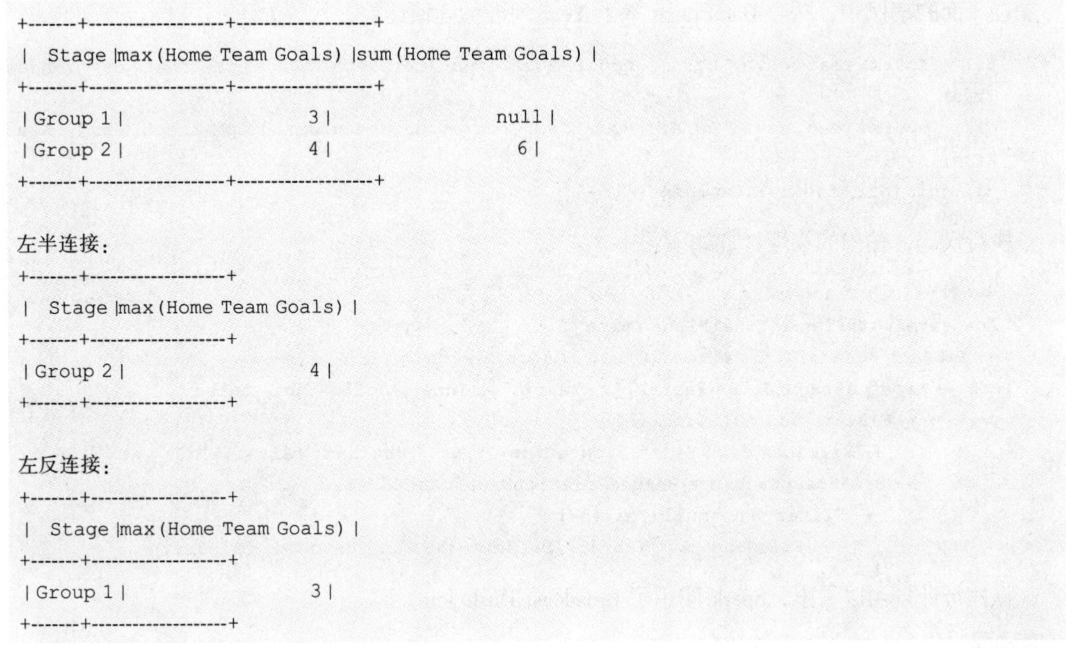

```
+-------+------------------+------------------+
|  Stage |max(Home Team Goals) |sum(Home Team Goals) |
+-------+------------------+------------------+
| Group 1 |                3 |              null |
| Group 2 |                4 |                 6 |
+-------+------------------+------------------+

左半连接:
+-------+------------------+
|  Stage |max(Home Team Goals) |
+-------+------------------+
| Group 2 |                4 |
+-------+------------------+

左反连接:
+-------+------------------+
|  Stage |max(Home Team Goals) |
+-------+------------------+
| Group 1 |                3 |
+-------+------------------+
```

6.6.2 Spark Join 策略介绍

在数据分析中将两个数据集进行连接操作是很常见的需求，Spark 提供了多种 Join 策略来对连接操作进行优化。不同的策略在执行上效率差别很大，作为数据分析人员，了解每种策略的执行过程和适用场景很有必要。

1. Broadcast Hash Join 策略

Broadcast Hash Join，又称为 Map-Side Join，连接操作在 map 端进行。适用于数据集较小、可以在内存中放下的情况。在这种情况下，可以将较小的数据集广播到所有的 Executor，然后在 Executor 上执行连接操作。Broadcast Hash Join 策略可以避免 Shuffle 操作，其实现过程如图 6-7 所示。

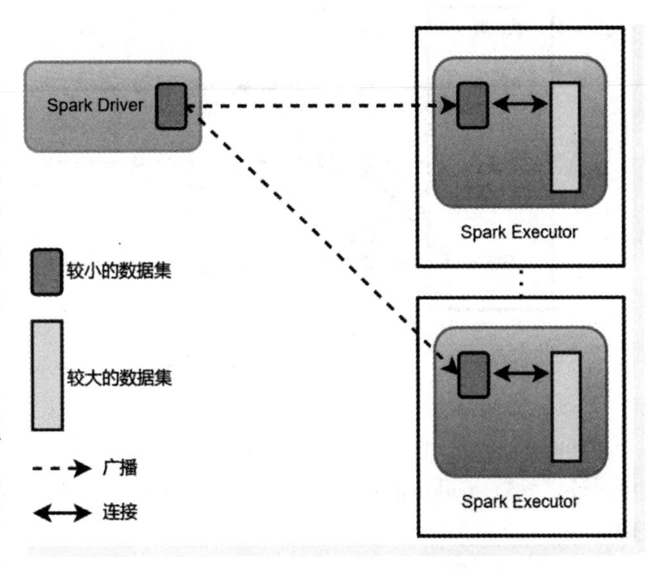

图 6-7 Broadcast Hash Join 策略

Broadcast Hash Join 策略要求数据集较小，参数 spark.sql.autoBroadcastJoinThreshold 可以配置其阈值，默认为 10485760（即 10MB），当 spark.sql.autoBroadcastJoinThreshold 设置成 -1 时，可关闭 Broadcast Hash Join。Broadcast Hash Join 策略仅支持等值连接的情况。

在下面的案例中，两个 DataFrame 基于 Year 列进行等值连接，代码如下：

```
df1 = spark.read.csv("hdfs://node1:8020/input/datasets/WorldCupMatches.csv", header=
True)
df2 = spark.read.csv("hdfs://node1:8020/input/datasets/WorldCupMatches.csv", header=
True)
df1.join(df2, "Year").explain()
```

执行代码，输出的物理计划如下：

```
== Physical Plan ==
AdaptiveSparkPlan isFinalPlan=false
+- Project [Year#17, Datetime#18,... 37 more fields]
   +- BroadcastHashJoin [Year#17], [Year#57], Inner, BuildRight, false
      :- Filter isnotnull(Year#17)
      :  +- FileScan csv [Year#17,Datetime#18,...] Batched: false...
      +- BroadcastExchange HashedRelationBroadcastMode...
         +- Filter isnotnull(Year#57)
            +- FileScan csv [Year#57,Datetime#58,...] Batched: false...
```

从执行计划可以看出，Spark 使用了 Broadcast Hash Join。

2. Shuffle Sort Merge Join 策略

Shuffle Sort Merge Join 适用于两个数据集中的 key 出现次数较均匀、数据集较大的情况。实现方式是对两个数据集的 key 使用相同的分区算法和分区数进行分区，目的就是保证相同的 key 都落到相同的分区里面。对每个分区中的数据进行排序，然后使用归并排序的方式进行连接操作，因此需要对数据集进行 Shuffle 和排序操作，因此当数据集较大时，效率会比较低。其实现过程如图 6-8 所示。

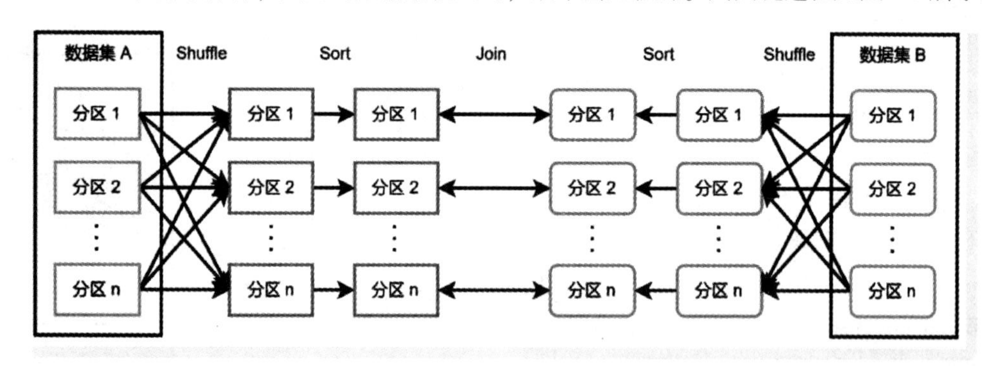

● 图 6-8　Shuffle Sort Merge Join 策略

Shuffle Sort Merge Join 策略仅支持等值连接，且要求用于连接的 key 可以排序。该策略是默认的，可以通过参数 spark.sql.join.preferSortMergeJoin 进行配置，默认是 True，即优先使用 Shuffle Sort Merge Join。

在下面的案例中，两个 DataFrame 基于 Year 列进行等值连接，并关闭 Broadcast Hash Join，代码如下：

```
# 关闭 Broadcast Hash Join
spark.conf.set("spark.sql.autoBroadcastJoinThreshold", -1)
```

```
df1 = spark.read.csv("hdfs://node1:8020/input/datasets/WorldCupMatches.csv", header =
True)
df2 = spark.read.csv("hdfs://node1:8020/input/datasets/WorldCupMatches.csv", header =
True)
df1.join(df2, "Year").explain()
```

执行代码，输出的物理计划如下：

```
== Physical Plan ==
AdaptiveSparkPlan isFinalPlan=false
+- Project [Year#17, Datetime#18, ... 37 more fields]
   +- SortMergeJoin [Year#17], [Year#74], Inner
      :- Sort [Year#17 ASC NULLS FIRST], false, 0
      :  +- Exchange hashpartitioning(Year#17, 200), ...
      :     +- Filter isnotnull(Year#17)
      :        +- FileScan csv [Year#17,Datetime#18,...]...
      +- Sort [Year#74 ASC NULLS FIRST], false, 0
         +- Exchange hashpartitioning(Year#74, 200), ...
            +- Filter isnotnull(Year#74)
               +- FileScan csv [Year#74,Datetime#75,...]...
```

从执行计划可以看出，Spark 使用了 Shuffle Sort Merge Join，数据在进行分区后有排序操作。

3. Shuffle Hash Join 策略

Shuffle Hash Join 是一种基于哈希表的连接算法，适用于数据集合比较小的情况。Shuffle Hash Join 的核心思想是将数据集合中的 key 进行哈希分区，然后将具有相同 key 值的数据放入同一个分区中，这样在同一个 Executor 中两张表哈希值一样的分区就可以在本地进行 Hash Join 来得到最终的结果。在进行连接之前，还会对小表哈希完的分区构建 Hash Map。Shuffle Hash Join 利用了分治思想，把大问题拆解成小问题去解决。其实现原理如图 6-9 所示。

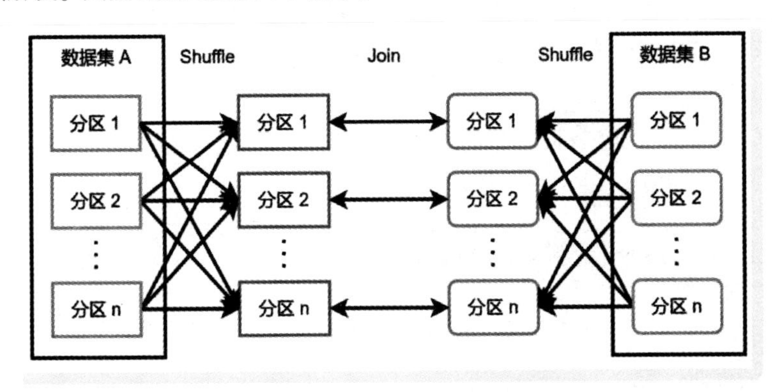

● 图 6-9 Shuffle Hash Join 策略

Shuffle Hash Join 策略需要对 key 进行 Shuffle 操作，因此它对于大数据集合来说是不适用的。

在下面的案例中，两个 DataFrame 基于 Year 列进行等值连接，并关闭 Broadcast Hash Join 和 Shuffle Sort Merge Join，代码如下：

```
# 关闭 Broadcast Hash Join
spark.conf.set("spark.sql.autoBroadcastJoinThreshold", -1)
# 为了启用 Shuffle Hash Join 必须将 spark.sql.join.preferSortMergeJoin 设置为 False
spark.conf.set("spark.sql.join.preferSortMergeJoin", False)
df1 = spark.read.csv("hdfs://node1:8020/input/datasets/WorldCupMatches.csv", header=
True)
df2 = spark.read.csv("hdfs://node1:8020/input/datasets/WorldCupMatches.csv", header=
True)
# Spark 底层优化会选择使用 Shuffle Sort Merge Join,需要手工指定强制使用 Shuffle Hash Join
df1.join(df2.hint("shuffle_hash"), "Year").explain()
```

执行代码，输出的物理计划如下：

```
== Physical Plan ==
AdaptiveSparkPlan isFinalPlan=false
+- Project [Year#17, Datetime#18, ... 37 more fields]
   +- ShuffledHashJoin [Year#17], [Year#74], Inner, BuildRight
      :- Exchange hashpartitioning(Year#17, 200), ...
      :  +- Filter isnotnull(Year#17)
      :     +- FileScan csv [Year#17,Datetime#18,...] Batched: false,...
      +- Exchange hashpartitioning(Year#74, 200), ...
         +- Filter isnotnull(Year#74)
            +- FileScan csv [Year#74,Datetime#75,...] Batched: false,...
```

从执行计划可以看出，Spark 使用了 Shuffled Hash Join。

4. Cartesian Product Join 策略

Cartesian Product Join，又称 Cross Join，即笛卡儿积，是一种嵌套循环（Nested Loop）连接算法。如果两个数据集在连接的时候未指定 key，则会将两个数据集中的所有行进行笛卡儿积操作，得到的结果集的行数是两个数据集行数的乘积。由于笛卡儿积操作会生成非常大的结果集，因此在使用时需要特别小心。如果两个数据集中的行数非常大，则可能会导致内存不足和性能问题。笛卡儿积的时间复杂度是 $O(n^2)$。

在下面的案例中，两个 DataFrame 连接的时候未指定 key，代码如下：

```
# 关闭 Broadcast Hash Join
spark.conf.set("spark.sql.autoBroadcastJoinThreshold", -1)
df1 = spark.read.csv("hdfs://node1:8020/input/datasets/WorldCupMatches.csv", header=
True)
df2 = spark.read.csv("hdfs://node1:8020/input/datasets/WorldCupMatches.csv", header=
True)
df1.join(df2).explain()
```

执行代码，输出的物理执行计划如下：

```
== Physical Plan ==
CartesianProduct
:- FileScan csv [Year#17,Datetime#18,...] Batched: false,...
+- FileScan csv [Year#74,Datetime#75,...] Batched: false,...
```

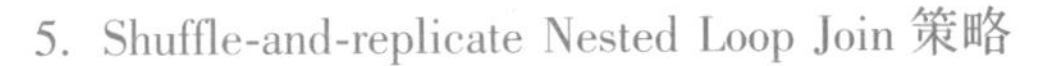

5. Shuffle-and-replicate Nested Loop Join 策略

Shuffle-and-replicate Nested Loop Join 可以被视为一种改进的嵌套循环连接算法。利用了 Spark 中的 Shuffle 机制，将两个数据集中相同 key 的数据分配到同一个节点上，并在每个节点上执行本地的嵌套循环连接算法。这种算法可以避免对网络带宽的过多依赖，降低连接操作的时间复杂度。Shuffle-and-replicate Nested Loop Join 策略适用于连接两个数据集大小差别较大的情况，其中一个数据集比较小，可以被复制到所有节点上。

在下面的案例中，两个 DataFrame 基于 Year 列进行等值连接，并指定连接策略，代码如下：

```
# 关闭 Broadcast Hash Join
spark.conf.set("spark.sql.autoBroadcastJoinThreshold", -1)
df1 = spark.read.csv("hdfs://node1:8020/input/datasets/WorldCupMatches.csv", header = True)
df2 = spark.read.csv("hdfs://node1:8020/input/datasets/WorldCupMatches.csv", header = True)
df1.join(df2.hint("shuffle_replicate_nl"), "Year").explain()
```

执行代码，输出的物理执行计划如下：

```
== Physical Plan ==
* (3) Project [Year#17, Datetime#18, ... 37 more fields]
+- CartesianProduct (Year#17 = Year#74)
   :- * (1) Filter isnotnull(Year#17)
   :  +- FileScan csv [Year#17,Datetime#18,...] Batched: false,...
   +- * (2) Filter isnotnull(Year#74)
      +- FileScan csv [Year#74,Datetime#75,...] Batched: false,...
```

6. Broadcast Nested Loop Join 策略

Broadcast Nested Loop Join 适用于一个数据集非常小、另一个数据集比较大的情况，且其中一个数据集中的 key 出现次数小于某个阈值。实现方式是将小的数据集广播到每个节点上，然后对大的数据集进行扫描，并将其中的每一行与广播的小数据集进行连接操作，因此效率较低，只适用于特定场景。

在下面的案例中，两个 DataFrame 基于 Year 进行非等值连接，代码如下：

```
df1 = spark.read.csv("hdfs://node1:8020/input/datasets/WorldCupMatches.csv", header = True)
df2 = spark.read.csv("hdfs://node1:8020/input/datasets/WorldCupMatches.csv", header = True)
df1.join(df2, df1.Year != df2.Year).explain()
```

执行代码，输出的物理执行计划如下：

```
== Physical Plan ==
AdaptiveSparkPlan isFinalPlan=false
+- BroadcastNestedLoopJoin BuildRight, Inner, NOT (Year#17 = Year#74)
   :- Filter isnotnull(Year#17)
   :  +- FileScan csv [Year#17,Datetime#18,...] Batched: false,...
   +- BroadcastExchange IdentityBroadcastMode, [plan_id=59]
```

```
+- Filter isnotnull(Year#74)
   +- FileScan csv [Year#74,Datetime#75,...] Batched: false,...
```

在实际应用中，可以根据数据量、分布情况、内存和网络带宽等因素来选择合适的连接策略，从而提高连接的性能。同时，Spark 也会自动选择最优的连接策略，因此在大多数情况下，我们不需要手动选择连接策略。

6.6.3 SQL 语法风格

DataFrame 的一个强大之处就是可以将它看作一个关系型数据表，然后可以在程序中使用 spark.sql()来执行 SQL 语句查询，结果返回一个 DataFrame。

SQL 风格是 Spark SQL 中常用的另一种操作风格，它使用 SQL 语言的方式来对 DataFrame 进行操作，可以更加方便地进行数据处理，尤其是在处理较为简单的数据时，SQL 风格更加易于编写。SQL 风格也被称为声明式风格，声明式风格是一种基于表达式的编程风格，强调程序应该是什么，而不是应该怎么做，我们只需声明想要的操作，而不需要显式地指定如何实现操作。在 DataFrame 中，这种风格使用 SQL 表达式来描述计算过程，将计算过程看作一系列的转换操作，而不是一步步执行的过程。SQL 风格的代码更加紧凑，简洁明了，而且更加容易理解，因为它模仿了人类自然语言的方式来描述数据处理操作。这种操作风格通常适用于熟悉 SQL 语言的数据分析师和数据工程师。

如果想使用 SQL 风格的语法，需要将 DataFrame 注册成视图。DataFrame 提供了几个方法来注册临时视图：

- createTempView()，注册一个临时视图，如果表已存在则报错。
- createOrReplaceTempView()，注册一个临时视图，如果存在则进行替换。
- createGlobalTempView()，注册一个全局视图，如果表已存在则报错。
- createOrReplaceGlobalTempView()，注册一个全局视图，如果存在则进行替换。

【说明】临时视图只能在当前 SparkSession 中使用；全局视图可以跨 SparkSession 使用，使用时需要用 global_temp 做前缀。

在下面的案例中，将 DataFrame 注册成临时视图，并使用 SQL 语句来进行操作，代码如下：

```
df = spark.read.csv("hdfs://node1:8020/input/datasets/WorldCupMatches.csv", header=True)
df.createOrReplaceTempView("origin_table")
df1 = spark.sql("select year, max(cast(Attendance as int)) from origin_table where year in
(1930, 1934) group by year")
df1.createOrReplaceTempView("table_max_attendance")
df2 = spark.sql("select year, min(cast(Attendance as int)) from origin_table where year in
(1930, 1934) group by year")
df2.createOrReplaceTempView("table_min_attendance")
spark.sql("select *  from table_max_attendance t1 left join table_min_attendance t2 on t1.
year = t2.year").show()
```

执行代码，输出结果如下：

```
+----+--------------------------+----+--------------------------+
|year |max(CAST(Attendance AS INT)) |year |min(CAST(Attendance AS INT)) |
```

```
+----+--------------------------+----+--------------------------+
|1930|                     79867|1930|                      2000|
|1934|                     55000|1934|                      3000|
+----+--------------------------+----+--------------------------+
```

6.7 DataFrame 的函数操作

数据分析人员需要处理大量数据，这些数据可能有不同的数据源、格式和类型。数据预处理是数据分析的一个重要环节，通过对数据进行清洗转换，可以使数据更加规范化和易于分析。为了有效地处理这些数据，就需要使用合适的工具和技术。DataFrame 是一种分布式的数据集合，可以处理海量数据，并且提供了丰富的函数，可以帮助数据分析人员进行各种数据处理操作，例如数据清洗、数据转换、数据统计和可视化等。调用这些内置函数，避免了开发人员手动编写代码进行数据处理和转换的烦琐工作。同时，这些内置函数还可以大大提高数据处理的效率和精度。

6.7.1 内置函数

PySpark 库提供了一个包 pyspark.sql.functions，其包含一系列的计算函数供 Spark SQL 使用。使用之前需要先导入相关的包，代码如下：

```
import pyspark.sql.functions as F
```

1. 基本计算函数

Spark SQL 提供了丰富的计算函数，方便数据分析人员进行数据处理和计算，见表 6-1。

表 6-1　Spark SQL 基本计算函数列表

函　数	功　能
abs()	对一个值取绝对值
exp()	对一个值取指数
sqrt()	对一个值开平方
cbrt()	对一个值开三次方
sin()	对一个值求正弦值
cos()	对一个值求余弦值
round()	对一个值进行四舍五入
ceil()	对一个值向上取整
floor()	对一个值向下取整

在下面的案例中，分别采用 DSL 风格和 SQL 风格，使用 Spark SQL 提供的计算函数对数据进行计算，代码如下：

```
df = spark.read.csv("hdfs://node1:8020/input/datasets/WorldCupMatches.csv", header =
True) \
```

```
    .selectExpr("Year", "cast(Attendance as int) as a") \
    .filter("Stadium = 'Parque Central'")
df.createOrReplaceTempView("temp")
df.select("Year", "a", F.cbrt("a"), F.round(F.cbrt("a")), F.ceil(F.cbrt("a")), F.abs(df
["a"]-20000)).show()
spark.sql("select year, a, sqrt(a), sin(a), rand() from temp").show()
```

执行代码，输出结果如下：

```
+----+-----+-----------------+----------------+------------+----------------+
|Year|    a|        CBRT(a) |round(CBRT(a), 0) |CEIL(CBRT(a))|abs((a - 20000))|
+----+-----+-----------------+----------------+------------+----------------+
|1930|18346|26.374270923146682|            26.0|          27|            1654|
|1930|24059|28.868608931415743|            29.0|          29|            4059|
|1930|23409|28.60625158788936 |            29.0|          29|            3409|
|1930|9249 |20.990925784761984|            21.0|          21|           10751|
|1930|18306|26.355088930908977|            26.0|          27|            1694|
|1930|18306|26.355088930908977|            26.0|          27|            1694|
+----+-----+-----------------+----------------+------------+----------------+

+----+-----+-----------------+------------------+------------------+
|year|    a|          SQRT(a)|            SIN(a)|            rand()|
+----+-----+-----------------+------------------+------------------+
|1930|18346|135.44740676735012|  -0.78400832219127|0.6930303352354428|
|1930|24059|155.10963864312237| 0.6314787332206656|0.7309570747495386|
|1930|23409|            153.0|-0.8377437043128914|0.7333116672512896|
|1930| 9249|96.17172141539321| 0.1506520639471211|0.9701677877348543|
|1930|18306|135.29966740535616|0.060355763346434325|0.4378873102057459|
|1930|18306|135.29966740535616|0.060355763346434325|0.38632643423695867|
+----+-----+-----------------+------------------+------------------+
```

2. 统计函数

数据统计是数据分析的重要组成部分，为了方便数据分析人员进行数据统计和分析，Spark SQL 提供了丰富的统计函数，这些统计函数可以帮助数据分析人员快速地对数据进行摘要和分析，从而更好地理解数据的特征和趋势，见表 6-2。

表 6-2 Spark SQL 统计函数列表

函　数	功　能
count()	对 DataFrame 中某列统计行数
sum()	对 DataFrame 中某列求和
avg() / mean()	对 DataFrame 中某列求均值
variance()	对 DataFrame 中某列求方差
stddev()	对 DataFrame 中某列求标准差
max()	对 DataFrame 中某列求最大值
min()	对 DataFrame 中某列求最小值

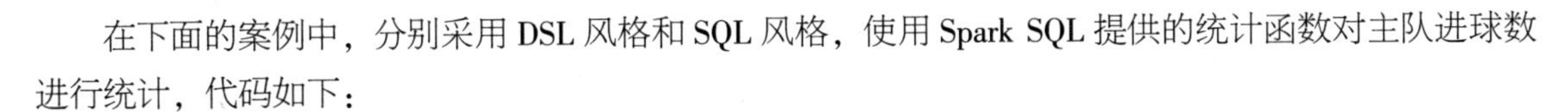

在下面的案例中，分别采用 DSL 风格和 SQL 风格，使用 Spark SQL 提供的统计函数对主队进球数进行统计，代码如下：

```
df = spark.read.csv("hdfs://node1:8020/input/datasets/WorldCupMatches.csv", header =
True) \
    .selectExpr("Year", "cast(`Home Team Goals` as int) as H")
df.createOrReplaceTempView("temp")
df.select(F.count("H"), F.sum("H"), F.max("H"), F.variance("H")).show()
spark.sql("select avg(H), stddev(H), min(H) from temp").show()
```

执行代码，输出结果如下：

```
+--------+------+------+------------------+
|count(H)|sum(H)|max(H)|       var_samp(H)|
+--------+------+------+------------------+
|     852|  1543|    10|2.5929216111396154|
+--------+------+------+------------------+

+------------------+------------------+------+
|            avg(H)|        stddev(H)|min(H)|
+------------------+------------------+------+
|1.8110328638497653|1.6102551385229658|     0|
+------------------+------------------+------+
```

在上面的案例中，统计函数对整张表中的所有记录进行统计，所以只有一行统计结果。统计函数还可以和 group by 语句结合使用，将整张表的数据按条件划分成多个分组，分别对每个分组中的数据做统计。当然，整张表的数据也可以看作一个巨大的分组。

3. 字符串相关的函数

Spark SQL 提供了丰富的字符串相关的函数，用来对字符串数据进行处理，见表 6-3。

表 6-3　Spark SQL 字符串相关的函数列表

函　数	功　能
length()	求字符串的长度
substring()	截取指定长度的字符串
replace()	替换字符串中的指定内容
lower()	将字符串转换成小写
upper()	将字符串转换成大写
reverse()	将字符串的值反转
trim()	去掉字符串两端的空格

在下面的案例中，分别采用 DSL 风格和 SQL 风格，使用 Spark SQL 提供的字符串相关的函数对字符串数据进行处理，代码如下：

```
df = spark.read.csv("hdfs://node1:8020/input/datasets/WorldCupMatches.csv", header=
True) \
```

```
    .filter("Stadium = 'Parque Central'").limit(2)
df.createOrReplaceTempView("temp")
df.select("Stage", F.length("Stage"), F.substring("Stage", 2, 3), F.lower("Stage")).show()
spark.sql("select Stage, replace(Stage, 'G', 'g'), upper(Stage), reverse(Stage) from temp").
show()
```

执行代码，输出结果如下：

```
+-------+-------------+---------------------+------------+
|  Stage|length(Stage)|substring(Stage, 2, 3)|lower(Stage)|
+-------+-------------+---------------------+------------+
|Group 4|            7|                  rou|     group 4|
|Group 2|            7|                  rou|     group 2|
+-------+-------------+---------------------+------------+

+-------+-------------------+-----------+-------------+
|  Stage|replace(Stage, G, g)|upper(Stage)|reverse(Stage)|
+-------+-------------------+-----------+-------------+
|Group 4|            group 4|    GROUP 4|      4 puorG|
|Group 2|            group 2|    GROUP 2|      2 puorG|
+-------+-------------------+-----------+-------------+
```

4. 时间相关的函数

Spark SQL 提供了丰富的与日期、时间相关的函数，可以用来对日期、时间进行处理，见表 6-4。

表 6-4 Spark SQL 时间相关的函数列表

函　数	功　能
current_date()	返回当前日期
current_timestamp()	返回当前时间戳
date_add()	返回指定日期加几天的日期
date_sub()	返回指定日期减几天的日期
datediff()	返回两个日期相差的天数
dayofmonth()	返回指定日期是所在月份的第几天
dayofweek()	返回指定日期是所在周的第几天
dayofyear()	返回指定日期是所在年的第几天
last_day()	返回指定日期所在月的最后一天
year()	返回指定日期所在的年
month()	返回指定日期所在的月

在下面的案例中，分别采用 DSL 风格和 SQL 风格，使用 Spark SQL 提供的时间相关的函数对时间进行处理，代码如下：

```
df = spark.read.csv("hdfs://node1:8020/input/datasets/WorldCupMatches.csv", header =
True).limit(1)
df.createOrReplaceTempView("temp")
```

```
df.select(F.current_date().alias("current_date"), F.date_add(F.current_date(), 5).alias
("date_add_5"), F.dayofmonth(F.current_date()).alias("dayofmonth")).show()
spark.sql("select current_timestamp() as current_timestamp, datediff(current_date(),'2023-
02-17') as datediff, year(current_date()) as year from temp").show()
```

执行代码，输出结果如下：

```
+------------+----------+----------+
|current_date|date_add_5|dayofmonth|
+------------+----------+----------+
|  2023-05-30|2023-06-04|        30|
+------------+----------+----------+

+--------------------+--------+----+
|   current_timestamp|datediff|year|
+--------------------+--------+----+
|2023-05-30 02:08:...|     102|2023|
+--------------------+--------+----+
```

5. 判断相关的函数

Spark SQL 提供了丰富的判断函数，可以用来判断数据是否满足特定的条件，见表 6-5。

表 6-5　Spark SQL 判断相关的函数列表

函　数	功　能
is distinct from	判断两个表达式是否具有不同的值
isfalse( )	判断表达式的值是否是 false
isnan( )	判断表达式是否是 NaN
isnotnull( )	判断表达式是否非空，等价于 is not null
isnull( )	判断表达式是否是空，等价于 is null
istrue( )	判断表达式的值是否是 true
forall( )	判断表达式是否对数组中的所有元素都有效

在下面的案例中，首先构造了包含 null 值和 NaN 值的临时视图，然后采用 SQL 风格使用 Spark SQL 提供的判断相关的函数对数据进行不同场景的判断，代码如下：

```
df = spark.read.csv("hdfs://node1:8020/input/datasets/WorldCupMatches.csv", header =
True) \
    .filter("Stadium = 'Parque Central'") \
    .selectExpr("`Home Team Initials` as hti1",
            "case `Home Team Initials` when 'USA' then null when 'YUG' then 'NaN' else `Home Team
Initials` end as hti2")
df.createOrReplaceTempView("temp")

spark.sql("select hti1, hti2,"
        "isnull(hti2) as isnull, isnotnull(hti2) as isnotnull,"
```

```
        "isnan(hti2) as isnan, hti1 is distinct from 'CHI' as notequal,"
        "forall(array(hti1), x -> substring(x, 3, 1) = 'G') as forall1,"
        "forall(array(hti1, hti2), x -> length(x) = 3) as forall2 "
        "from temp").show()
```

执行代码，输出结果如下：

```
+----+----+------+---------+-----+--------+-------+-------+
|hti1|hti2|isnull|isnotnull|isnan|notequal|forall1|forall2|
+----+----+------+---------+-----+--------+-------+-------+
| USA|null|  true|    false|false|    true|  false|   null|
| YUG| NaN| false|     true| true|    true|   true|   true|
| ARG| ARG| false|     true|false|    true|   true|   true|
| CHI| CHI| false|     true|false|   false|  false|   true|
| YUG| NaN| false|     true| true|    true|   true|   true|
| USA|null|  true|    false|false|    true|  false|   null|
+----+----+------+---------+-----+--------+-------+-------+
```

6. 炸裂函数

Spark SQL 提供的炸裂函数 explode()，可以将嵌套在 DataFrame 中的数组或者 Map 类型的列拆分成单独的行。这个操作可以用于扁平化数据，使得数据更容易处理和分析。

在下面的案例中，首先通过拆分字符串的方式构建一个包含数组的临时视图，然后使用炸裂函数将数组中的每个元素拆分成单独的行，代码如下：

```
df = spark.read.csv("hdfs://node1:8020/input/datasets/WorldCupMatches.csv", header = True) \
    .selectExpr("`Win conditions` as cond", "split(trim(`Win conditions`),' ') as arr") \
    .filter("Year = 1934").limit(2)
df.show(truncate=False)
df.createOrReplaceTempView("temp")
spark.sql("select arr, explode(arr) from temp").show(truncate=False)
```

执行代码，输出结果如下：

```
+-----------------------------+----------------------------------+
|cond                         |arr                               |
+-----------------------------+----------------------------------+
|Austria win after extra time |[Austria, win, after, extra, time]|
|                             |[]                                |
+-----------------------------+----------------------------------+

+----------------------------------+-------+
|arr                               |col    |
+----------------------------------+-------+
|[Austria, win, after, extra, time]|Austria|
|[Austria, win, after, extra, time]|win    |
|[Austria, win, after, extra, time]|after  |
|[Austria, win, after, extra, time]|extra  |
```

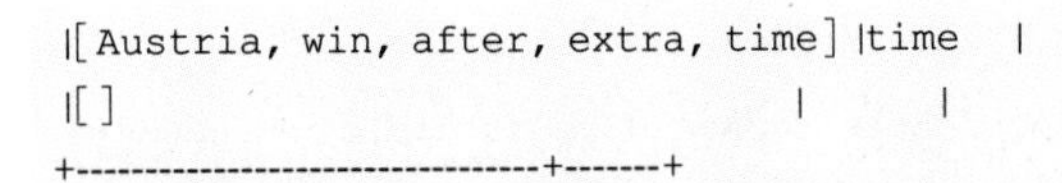

```
|[Austria, win, after, extra, time]|time   |
|[]                                |       |
+----------------------------------+-------+
```

【说明】炸裂函数只能作用于数组或 Map 类型的列，对其他数据类型无效，并且每条 SQL 语句中最多只能包含 1 次炸裂函数的调用。

6.7.2 窗口函数

在 PySpark 中，窗口可以看作由满足指定条件的数据记录构成的一个数据子集，通常由 partition by 子句来指定用于划分窗口的列，这与 group by 子句类似。在 group by 子句中，满足相同条件的数据是一个分组，在窗口函数中称为一个窗口。窗口中的数据可以使用 order by 子句进行排序，用于指定同一个窗口中的数据按什么规则进行排序，当然这不是必需的。因此，一个窗口的定义包含两个要素：partition by 和 order by。

在 PySpark 中，窗口函数使用 over( ) 函数来定义，在其中添加窗口定义，并紧跟在相应的聚合函数后面，该聚合函数会作用于同一个窗口中的所有记录。这一点与 group by 子句中使用的聚合函数不同，group by 中的聚合函数，一个分组仅有一个聚合值，属于多对一的关系；而窗口函数中一个窗口中的每条记录都会有自己的聚合值，属于一对一的关系。窗口函数是一种特殊的 SQL 函数，它可以在关系型数据中进行聚合计算。与普通的聚合函数不同的是，窗口函数可以将结果分组、排序，以及选择特定的窗口范围进行计算。与普通的分组聚合不同，使用窗口函数进行聚合，可以保留同一分组中的所有行，而不是将同一分组聚合成一行。

窗口函数的引入，解决了 group by 子句中仅能显示用于分组的列和聚合值，而不能显示未参与分组或聚合的其他列以及聚合前的明细数据问题。使用窗口函数，既可以显示聚合前的明细数据，又可以显示聚合结果，还可以显示不参与进行分组或聚合的其他列。

窗口函数的使用方式与普通的聚合函数类似，在聚合函数的后面紧跟 over( ) 函数，内部指定窗口定义就可以了。窗口函数根据函数功能不同，可以分为两种类型：排序类型的窗口函数和聚合类型的窗口函数。

1. 排序类型的窗口函数

排序类型的窗口函数通过对指定列排序来计算每一行相对于其他行的排名、行号、前/后行等信息。常见的排序类型的窗口函数见表 6-6。

表 6-6 Spark SQL 排序类型的窗口函数列表

函　数	功　能
row_number( )	计算每一行的行号
rank( )	算每一行的排名，如果有相等值，则排名相同且下一行排名加 1
dense_rank( )	计算每一行的排名，如果有相等值，则排名相同且下一行排名不加 1
ntile（N）	将行划分为 N 个分桶，并为每个分桶分配一个编号

在下面的案例中，将 1930 年的比赛按照比赛体育场进行窗口划分，按照主队进球数进行排序，分

别计算窗口函数的值，代码如下：

```
df = spark.read.csv("hdfs://node1:8020/input/datasets/WorldCupMatches.csv", header=True)
df.createOrReplaceTempView("temp")
spark.sql("select year, Stadium, Attendance, `Home Team Goals` as Home,"
        "row_number() over(partition by stadium order by `Home Team Goals`) as rn,"
        "rank() over(partition by stadium order by `Home Team Goals`) as rank,"
        "dense_rank() over(partition by stadium order by `Home Team Goals`) as dense,"
        "ntile(2) over(partition by stadium order by `Home Team Goals`) as ntile"
        " from temp where year = '1930'").show()
```

执行代码，输出结果如下：

```
+----+-----------------+----------+----+---+----+-----+-----+
|year|          Stadium|Attendance|Home| rn|rank|dense|ntile|
+----+-----------------+----------+----+---+----+-----+-----+
|1930|Estadio Centenario|     57735|   1|  1|   1|    1|    1|
|1930|Estadio Centenario|      2000|   1|  2|   1|    1|    1|
|1930|Estadio Centenario|     12000|   1|  3|   1|    1|    1|
|1930|Estadio Centenario|     41459|   3|  4|   4|    2|    1|
|1930|Estadio Centenario|     25466|   4|  5|   5|    3|    1|
|1930|Estadio Centenario|     70022|   4|  6|   5|    3|    2|
|1930|Estadio Centenario|     68346|   4|  7|   5|    3|    2|
|1930|Estadio Centenario|     42100|   6|  8|   8|    4|    2|
|1930|Estadio Centenario|     72886|   6|  9|   8|    4|    2|
|1930|Estadio Centenario|     79867|   6| 10|   8|    4|    2|
|1930|   Parque Central|     23409|   1|  1|   1|    1|    1|
|1930|   Parque Central|     24059|   2|  2|   2|    2|    1|
|1930|   Parque Central|     18346|   3|  3|   3|    3|    1|
|1930|   Parque Central|      9249|   3|  4|   3|    3|    2|
|1930|   Parque Central|     18306|   3|  5|   3|    3|    2|
|1930|   Parque Central|     18306|   4|  6|   6|    4|    2|
|1930|          Pocitos|      2549|   3|  1|   1|    1|    1|
|1930|          Pocitos|      4444|   4|  2|   2|    2|    2|
+----+-----------------+----------+----+---+----+-----+-----+
```

从结果可以知道，窗口函数返回了 1930 年的所有记录数，Attendance 列未参与分组、聚合、排序，也可以在结果集中显示。row_number( )函数计算窗口内每一行的行号，同一窗口内的行号从 1 递增至最大值。rank( )函数计算分组内排名，进球数有相等值的排名相同，但下一行排名会累加 1，所以前 3 行排名相同，都是 1，第 4 行的排名并不是 2 而是 4。dense_rank( )函数计算分组内排名，进球数有相等值的排名相同，但下一行排名不会累加 1，所以前 3 行排名相同，都是 1，第 4 行的排名并不是 4 而是 2。ntile(2) 将每个窗口的数据分成 2 个桶，第 1 个桶分配的编号是 1，第 2 个桶分配的编号是 2。

2. 聚合类型的窗口函数

聚合类型的窗口函数将行按照指定的列进行窗口划分，并在每个窗口内计算聚合函数的值。普通聚合函数后面添加 over( )函数并指定窗口定义，即可实现聚合类型的窗口函数。

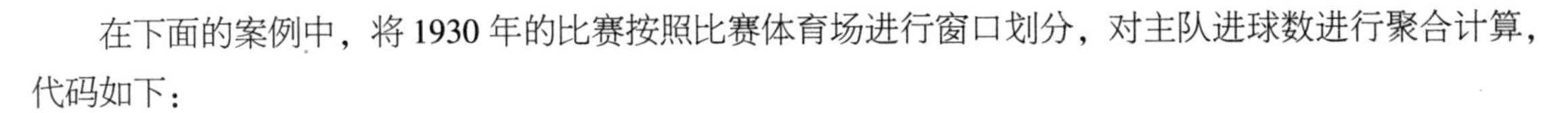

在下面的案例中，将 1930 年的比赛按照比赛体育场进行窗口划分，对主队进球数进行聚合计算，代码如下：

```
df = spark.read.csv("hdfs://node1:8020/input/datasets/WorldCupMatches.csv", header=True)
df.createOrReplaceTempView("temp")
spark.sql("select year, Stadium, `Home Team Goals`,"
        "count(`Home Team Goals`) over(partition by stadium) as count,"
        "sum(`Home Team Goals`) over(partition by stadium) as sum,"
        "max(`Home Team Goals`) over(partition by stadium) as max,"
        "avg(`Home Team Goals`) over(partition by stadium) as avg"
        " from temp where year = '1930'").show()
```

执行代码，输出结果如下：

```
+----+-----------------+--------------+-----+----+---+------------------+
|year|          Stadium|Home Team Goals|count| sum|max|               avg|
+----+-----------------+--------------+-----+----+---+------------------+
|1930|Estadio Centenario|             1|   10|36.0|  6|               3.6|
|1930|Estadio Centenario|             1|   10|36.0|  6|               3.6|
|1930|Estadio Centenario|             6|   10|36.0|  6|               3.6|
|1930|Estadio Centenario|             4|   10|36.0|  6|               3.6|
|1930|Estadio Centenario|             1|   10|36.0|  6|               3.6|
|1930|Estadio Centenario|             4|   10|36.0|  6|               3.6|
|1930|Estadio Centenario|             3|   10|36.0|  6|               3.6|
|1930|Estadio Centenario|             6|   10|36.0|  6|               3.6|
|1930|Estadio Centenario|             6|   10|36.0|  6|               3.6|
|1930|Estadio Centenario|             4|   10|36.0|  6|               3.6|
|1930|    Parque Central|             3|    6|16.0|  4|2.6666666666666665|
|1930|    Parque Central|             2|    6|16.0|  4|2.6666666666666665|
|1930|    Parque Central|             1|    6|16.0|  4|2.6666666666666665|
|1930|    Parque Central|             3|    6|16.0|  4|2.6666666666666665|
|1930|    Parque Central|             4|    6|16.0|  4|2.6666666666666665|
|1930|    Parque Central|             3|    6|16.0|  4|2.6666666666666665|
|1930|           Pocitos|             4|    2| 7.0|  4|               3.5|
|1930|           Pocitos|             3|    2| 7.0|  4|               3.5|
+----+-----------------+--------------+-----+----+---+------------------+
```

聚合类型的窗口函数与普通类型的窗口函数功能一致，均按函数本身的功能对数据进行聚合计算，所以对于窗口内的每一行，聚合函数的值都是一样的。窗口函数的结果集保留了聚合前窗口内的所有数据明细以及聚合函数的值。

6.7.3 自定义函数

Spark SQL 除了提供丰富的内置函数，还支持用户自定义函数（User Defined Functions，UDFs）。自定义函数是一种用于扩展 Spark SQL 函数库的方法，它允许开发人员自定义一些复杂的计算逻辑，并将其封装成 Spark SQL 中的函数，以便在 SQL 语句中使用。

在 Spark SQL 中定义自定义函数有两种方式。一种方式是使用 spark.udf.register( ) 方法将自定义函数注册到 Spark SQL 中，这种方式定义的自定义函数可以同时在 DSL 语法风格和 SQL 语法风格中使用。register( )方法的声明如下：

```
def register(
    self,
    name: str,
    f: Union[Callable[..., Any], "UserDefinedFunctionLike"],
    returnType: Optional["DataTypeOrString"] = None,
) -> "UserDefinedFunctionLike"
```

- name，UDF 的名称，用于在 SQL 语法风格中调用函数时使用。
- f，用户自定义函数的函数名称。
- returnType，用户自定义函数的返回值类型。
- register( )方法的返回值，是一个函数的引用，可用于 DSL 语法风格中调用函数时使用。

定义自定义函数的另一种方式是使用 pyspark.sql.functions.udf( )函数将自定义函数注册到 Spark SQL 中，这种方式定义的自定义函数仅可以在 DSL 语法风格中使用。udf( )函数的声明如下：

```
def udf(
    f: Optional[Union[Callable[..., Any], "DataTypeOrString"]] = None,
    returnType: "DataTypeOrString" = StringType(),
) -> Union["UserDefinedFunctionLike", Callable[[Callable[..., Any]], "UserDefinedFunction
Like"]]
```

- f，用户自定义函数的函数名称。
- returnType，用户自定义函数的返回值类型。
- udf( )函数的返回值是一个函数的引用，可用于在 DSL 语法风格中调用函数时使用。

在下面的案例中，定义了两个 Python 函数，str_to_datetime( )函数用于将字符串转换成时间戳，str_to_date( )函数用于将字符串转换成日期，通过定义自定义函数的两种方式分别将两个自定义函数注册到 Spark SQL，并在 SQL 中使用，代码如下：

```
from datetime import datetime
from pyspark.sql.functions import udf
from pyspark.sql.types import DateType, TimestampType

def str_to_datetime(data):
    date_format = "%d %b %Y - %H:%M "
    return datetime.strptime(data, date_format)

def str_to_date(data):
    date_format = "%d %b %Y - %H:%M "
    return datetime.strptime(data, date_format).date()

dsl_to_datetime = spark.udf.register("sql_to_datetime", str_to_datetime, TimestampType())
dsl_to_date = udf(str_to_date, DateType())

df = spark.read.csv("hdfs://node1:8020/input/datasets/WorldCupMatches.csv", header =
True).limit(2)
df.createOrReplaceTempView("temp")
```

```
df.select("Year", "Datetime",
        dsl_to_datetime("Datetime").alias("dsl_to_datetime"),
        dsl_to_date("Datetime").alias("dsl_to_date")).show()
spark.sql("select Year, Datetime, sql_to_datetime(Datetime) as sql_to_datetime from temp").
show()
```

执行代码，输出结果如下：

```
+----+-------------------+-------------------+-----------+
|Year|           Datetime|    dsl_to_datetime|dsl_to_date|
+----+-------------------+-------------------+-----------+
|1930|13 Jul 1930 - 15:00 |1930-07-13 15:00:00|1930-07-13|
|1930|13 Jul 1930 - 15:00 |1930-07-13 15:00:00|1930-07-13|
+----+-------------------+-------------------+-----------+

+----+-------------------+-------------------+
|Year|           Datetime|    sql_to_datetime|
+----+-------------------+-------------------+
|1930|13 Jul 1930 - 15:00 |1930-07-13 15:00:00|
|1930|13 Jul 1930 - 15:00 |1930-07-13 15:00:00|
+----+-------------------+-------------------+
```

6.8 DataFrame 的数据清洗

在数据分析过程中，数据清洗是一个非常重要的环节。它可以帮助数据分析人员对数据集中的不规范、不完整或者不准确的数据进行处理，从而提高数据的质量，使得后续的数据分析和建模更加准确和可靠。DataFrame 是一个强大的数据处理工具，可以帮助数据分析人员快速有效地清洗数据。

6.8.1 删除重复行

当数据集中存在重复行时，分析结果可能会出现偏差或误导性，数据集中的重复数据可能被多次计算或被给予更高的权重，从而影响分析结果的准确性和可靠性。删除数据集中的重复行，可以避免这种情况的发生，从而保证分析结果的准确性和可靠性。DataFrame 提供了 dropDuplicates( )方法，用来删除数据集中出现的重复行，保留重复数据的第 1 行，删除其余行。dropDuplicates( )方法的声明如下：

```
def dropDuplicates(self, subset: Optional[List[str]] = None) -> "DataFrame"
```

- subset，用于去重的列子集，默认值 None 根据所有列进行去重。
- dropDuplicates( )方法的返回值是一个不含重复行的 DataFrame。

在下面的案例中，构造了一个部分列包含重复行的数据集，并利用这些列对数据集进行去除重复行处理，代码如下：

```
df = spark.read.csv("hdfs://node1:8020/input/datasets/WorldCupMatches.csv", header =
True) \
```

```
    .select("Year", "Datetime", "Stage", "Stadium").where("Stage = 'Group 1' and Year = '1930'")

df.show()
df.dropDuplicates(["Year", "Stage", "Stadium"]).show()
```

执行代码，输出结果如下：

```
+----+------------------+-------+-----------------+
|Year|          Datetime|  Stage|          Stadium|
+----+------------------+-------+-----------------+
|1930|13 Jul 1930 - 15:00 |Group 1|          Pocitos|
|1930|15 Jul 1930 - 16:00 |Group 1|   Parque Central|
|1930|16 Jul 1930 - 14:45 |Group 1|   Parque Central|
|1930|19 Jul 1930 - 12:50 |Group 1|Estadio Centenario|
|1930|19 Jul 1930 - 15:00 |Group 1|Estadio Centenario|
|1930|22 Jul 1930 - 14:45 |Group 1|Estadio Centenario|
+----+------------------+-------+-----------------+

+----+------------------+-------+-----------------+
|Year|          Datetime|  Stage|          Stadium|
+----+------------------+-------+-----------------+
|1930|19 Jul 1930 - 12:50 |Group 1|Estadio Centenario|
|1930|15 Jul 1930 - 16:00 |Group 1|   Parque Central|
|1930|13 Jul 1930 - 15:00 |Group 1|          Pocitos|
+----+------------------+-------+-----------------+
```

从结果可以知道，数据集中的 **Year**、**Stage** 和 **Stadium** 这 3 列包含重复数据，删除重复行后的数据集中，这 3 列不再包含重复数据，并且从 **Datetime** 列可以知道，重复数据中被保留下来的是第 1 行数据，其余行被删除。

6.8.2 缺失值的处理

当数据集存在缺失值时，缺失值可能导致数据分析结果不准确或有误导性，对数据分析产生负面影响。缺失值的处理是数据分析中重要的一部分，不同的缺失值处理方法可能对结果产生不同的影响。

在处理缺失值之前，先构造一个包含缺失值的数据集，后续处理都基于该数据集，代码如下：

```
df = spark.read.csv("hdfs://node1:8020/input/datasets/WorldCupMatches.csv", header=True)
df.createOrReplaceTempView("temp")
df1 = spark.sql("select Year, Datetime, "
"case when substring(Stage, 1, 5) = 'Group' then Stage end Stage,"
"case when `Home Team Name` <> 'Uruguay' then `Home Team Name` end Team,"
"case when `Home Team Goals` > 4 then `Home Team Goals` end Home, "
"case when `Away Team Goals` = 0 then `Away Team Goals` end Away "
"from temp where year = '1930' and Stadium = 'Estadio Centenario'")
# 原始数据集
df1.show()
```

执行代码，输出结果如下：

```
+----+-------------------+-------+---------+----+----+
|Year|           Datetime|  Stage|     Team|Home|Away|
+----+-------------------+-------+---------+----+----+
|1930|18 Jul 1930 - 14:30 |Group 3|     null|null|   0|
|1930|19 Jul 1930 - 12:50 |Group 1|    Chile|null|   0|
|1930|19 Jul 1930 - 15:00 |Group 1|Argentina|   6|null|
|1930|20 Jul 1930 - 13:00 |Group 2|   Brazil|null|   0|
|1930|20 Jul 1930 - 15:00 |Group 4| Paraguay|null|   0|
|1930|21 Jul 1930 - 14:50 |Group 3|     null|null|   0|
|1930|22 Jul 1930 - 14:45 |Group 1|Argentina|null|null|
|1930|26 Jul 1930 - 14:45 |   null|Argentina|   6|null|
|1930|27 Jul 1930 - 14:45 |   null|     null|   6|null|
|1930|30 Jul 1930 - 14:15 |   null|     null|null|null|
+----+-------------------+-------+---------+----+----+
```

1. 删除有缺失值的行

当数据集中存在缺失值的行占比较小，删除这些行不会对数据集的信息造成太大的影响，或者数据集中存在的缺失值集中分布在某些行，而这些行对本次分析任务并不重要时，可以选择删除有缺失值的行。DataFrame 提供了 dropna( ) 方法来删除有缺失值的行，dropna( ) 方法的声明如下：

```
def dropna(
    self,
    how: str = "any",
    thresh: Optional[int] = None,
    subset: Optional[Union[str, Tuple[str, ...], List[str]]] = None,
) -> "DataFrame"
```

- how，删除方式，any 表示只要有列为 null 就删除，all 表示该行所有列都为 null 才删除，默认值是 any。
- thresh，指定阈值进行删除，表示最少有多少列包含有效数据，该行数据才保留。
- subset，指定列子集，表示需要在这些列中满足上面的条件，该行数据才保留。

在下面的案例中，通过 dropna( ) 方法在不同条件下删除包含缺失值的行，代码如下：

```
# 删除任意列包含 null 值的行
df1.dropna().show()
# 删除任意列包含 null 值的行,但如果该行至少有 4 列不为 null 则保留该行
df1.dropna(thresh=4).show()
# 删除任意列包含 null 值的行,但如果该行在指定的列中至少有 4 列不为 null 则保留该行
df1.dropna(thresh=4, subset=["Year", "Datetime", "Stage", "Home", "Away"]).show()
```

执行代码，输出结果如下：

```
+----+--------+-----+----+----+----+
|Year|Datetime|Stage|Team|Home|Away|
+----+--------+-----+----+----+----+
+----+--------+-----+----+----+----+
```

```
+----+-------------------+-------+---------+----+----+
|Year|           Datetime| Stage|     Team|Home|Away|
+----+-------------------+-------+---------+----+----+
|1930|18 Jul 1930 - 14:30 |Group 3|     null|null|   0|
|1930|19 Jul 1930 - 12:50 |Group 1|    Chile|null|   0|
|1930|19 Jul 1930 - 15:00 |Group 1|Argentina|   6|null|
|1930|20 Jul 1930 - 13:00 |Group 2|   Brazil|null|   0|
|1930|20 Jul 1930 - 15:00 |Group 4| Paraguay|null|   0|
|1930|21 Jul 1930 - 14:50 |Group 3|     null|null|   0|
|1930|22 Jul 1930 - 14:45 |Group 1|Argentina|null|null|
|1930|26 Jul 1930 - 14:45 |   null|Argentina|   6|null|
+----+-------------------+-------+---------+----+----+

+----+-------------------+-------+---------+----+----+
|Year|           Datetime| Stage|     Team|Home|Away|
+----+-------------------+-------+---------+----+----+
|1930|18 Jul 1930 - 14:30 |Group 3|     null|null|   0|
|1930|19 Jul 1930 - 12:50 |Group 1|    Chile|null|   0|
|1930|19 Jul 1930 - 15:00 |Group 1|Argentina|   6|null|
|1930|20 Jul 1930 - 13:00 |Group 2|   Brazil|null|   0|
|1930|20 Jul 1930 - 15:00 |Group 4| Paraguay|null|   0|
|1930|21 Jul 1930 - 14:50 |Group 3|     null|null|   0|
+----+-------------------+-------+---------+----+----+
```

从结果可以知道，由于原始数据集中所有行都包含缺失值，所以 dropna( )会删除所有行，dropna（thresh=4）保留了 6 列中至少 4 列不含缺失值的行，容忍 1 行有 2 列缺失，最后一个保留了在指定的 5 列中至少 4 列不含缺失值的行。

2. 删除有缺失值的列

当数据集中的数据量比较小时，删除含有缺失值的行可能会导致数据量进一步减小，从而影响模型的可靠性和准确性。如果数据集中缺失值集中在某些列，并且这些列在分析任务中不太重要，可以采取删除有缺失值的列的方式来处理。DataFrame 提供了 drop( )方法来删除指定的列，drop( )方法的声明如下：

```
def drop(self, *cols: "ColumnOrName") -> "DataFrame"
```

- cols，字符串或 Column 列表，指定需要删除的列。

在下面的案例中，由于 Home 和 Away 两列缺失严重，通过 drop( )方法删除这两列，代码如下：

```
df1.drop("Home", "Away").show()
```

执行代码，输出结果如下：

```
+----+-------------------+-------+---------+
|Year|           Datetime| Stage|     Team|
+----+-------------------+-------+---------+
|1930|18 Jul 1930 - 14:30 |Group 3|     null|
|1930|19 Jul 1930 - 12:50 |Group 1|    Chile|
```

```
|1930|19 Jul 1930 - 15:00 |Group 1|Argentina|
|1930|20 Jul 1930 - 13:00 |Group 2|  Brazil|
|1930|20 Jul 1930 - 15:00 |Group 4|Paraguay|
|1930|21 Jul 1930 - 14:50 |Group 3|     null|
|1930|22 Jul 1930 - 14:45 |Group 1|Argentina|
|1930|26 Jul 1930 - 14:45 |   null|Argentina|
|1930|27 Jul 1930 - 14:45 |   null|     null|
|1930|30 Jul 1930 - 14:15 |   null|     null|
+----+-------------------+-------+---------+
```

【说明】删除列的功能也可以用 df.select(cols) 选择需要保留的列的方式来实现，但是当DataFrame 的列太多的时候，用 select 方式需要书写的列名太多，用 drop 就比较方便。

3. 填充缺失值

当数据集中的数据量比较小、列也比较少的时候，无论是删除行还是删除列都可能影响模型的可靠性和准确性。此时，需要考虑采用其他方法来处理缺失值，如填充缺失值、使用插值方法等。DataFrame 提供了 fillna( )方法来填充缺失值，fillna( )方法的声明如下：

```
def fillna(
    self,
    value: Union["LiteralType", Dict[str, "LiteralType"]],
    subset: Optional[Union[str, Tuple[str, ...], List[str]]] = None,
) -> "DataFrame"
```

- value，指定用来填充的值或者规则。
- subset，指定需要填充的列。

在下面的案例中，通过 fillna( )方法对不同的列填充不同的值，代码如下：

```
# 对 Stage 列的缺失值填充"StageLoss"
df1.fillna("StageLoss", subset=["Stage"]).show()
# 对 Home 列的缺失值填充 5,Away 列的缺失值填充 6
df1.fillna({"Home": 5, "Away": 6}).show()
```

执行代码，输出结果如下：

```
+----+-------------------+---------+---------+----+----+
|Year|           Datetime|    Stage|     Team|Home|Away|
+----+-------------------+---------+---------+----+----+
|1930|18 Jul 1930 - 14:30 |  Group 3|     null|null|   0|
|1930|19 Jul 1930 - 12:50 |  Group 1|    Chile|null|   0|
|1930|19 Jul 1930 - 15:00 |  Group 1|Argentina|   6|null|
|1930|20 Jul 1930 - 13:00 |  Group 2|   Brazil|null|   0|
|1930|20 Jul 1930 - 15:00 |  Group 4| Paraguay|null|   0|
|1930|21 Jul 1930 - 14:50 |  Group 3|     null|null|   0|
|1930|22 Jul 1930 - 14:45 |  Group 1|Argentina|null|null|
|1930|26 Jul 1930 - 14:45 |StageLoss|Argentina|   6|null|
|1930|27 Jul 1930 - 14:45 |StageLoss|     null|   6|null|
|1930|30 Jul 1930 - 14:15 |StageLoss|     null|null|null|
+----+-------------------+---------+---------+----+----+
```

```
+----+------------------+-------+---------+----+----+
|Year|          Datetime| Stage|    Team|Home|Away|
+----+------------------+-------+---------+----+----+
|1930|18 Jul 1930 - 14:30 |Group 3|     null|   5|   0|
|1930|19 Jul 1930 - 12:50 |Group 1|    Chile|   5|   0|
|1930|19 Jul 1930 - 15:00 |Group 1|Argentina|   6|   6|
|1930|20 Jul 1930 - 13:00 |Group 2|   Brazil|   5|   0|
|1930|20 Jul 1930 - 15:00 |Group 4| Paraguay|   5|   0|
|1930|21 Jul 1930 - 14:50 |Group 3|     null|   5|   0|
|1930|22 Jul 1930 - 14:45 |Group 1|Argentina|   5|   6|
|1930|26 Jul 1930 - 14:45 |   null|Argentina|   6|   6|
|1930|27 Jul 1930 - 14:45 |   null|     null|   6|   6|
|1930|30 Jul 1930 - 14:15 |   null|     null|   5|   6|
+----+------------------+-------+---------+----+----+
```

6.9 DataFrame 的持久化

在 Spark Core 的章节中，我们知道 RDD 的数据是过程数据，在下一次要用到 RDD 的数据的时候，需要根据血缘关系，从头重新处理一遍 RDD 的数据。在 Spark SQL 中，DataFrame 的数据也是过程数据。DataFrame 也像 RDD 一样可以进行数据持久化，同样提供了 cache( )、persist( )、checkpoint( )方法来进行数据的持久化，使用方式与 RDD 一致。与 RDD 的持久化不同的地方是，RDD 的持久化级别默认是 MEMORY_ONLY，也就是仅持久化到内存，而 DataFrame 的持久化级别默认是 MEMORY_AND_DISK_SER，即数据以序列化的方式存储 1 份在内存中，如果内存不够，则部分分区的数据存储在磁盘上。

如果不再需要缓存的 DataFrame，可以调用 unpersist( )方法将其从缓存中移除，以便释放内存和磁盘空间。unpersist( )方法可以接受一个可选参数 blocking，默认为 False，表示在解除缓存时是否阻塞计算。将 blocking 设置为 False，可以立即释放缓存，但是可能会对后续的计算性能产生一定的影响。

6.10 DataFrame 的数据写出

与读取外部数据源创建 DataFrame 相对应，Spark SQL 的 DataFrameWriter 提供了一系列 API 将 DataFrame 的数据写出到外部存储系统中。包括写出到文本文件、CSV 文件、JSON 文件、Parquet 文件、ORC 文件、JDBC 数据源等。

在数据写出的时候，可以通过 mode( )方法指定数据的写出模式，用来指定目标数据文件或目标表已存在时的写出行为，可选项包括：

- append，追加，将 DataFrame 的数据内容追加到现有数据。
- overwrite，覆盖，用 DataFrame 的数据内容覆盖现有数据。
- error 或 errorifexists，报错，如果目标已存在则报错。

- ignore，忽略，如果目标已存在则忽略本次写出。

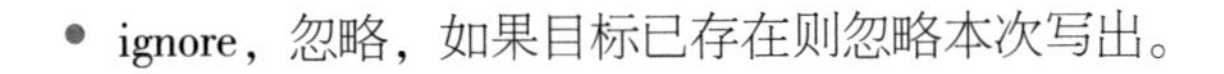

6.10.1 写出数据到文件

DataFrameWriter 提供了以下方法将数据写出到不同类型的文件：

- text( )，将数据写出到文本文件，该方法要求 DataFrame 仅包含一列，如果有多列则会报错。
- csv( )，将数据写出到 CSV 文件。
- json( )，将数据写出到 JSON 文件。
- parquet( )，将数据写出到 Parquet 文件。
- orc( )，将数据写出到 ORC 文件。

在下面的案例中，通过不同的方法将 DataFrame 的数据写出到不同的文件中，代码如下：

```
df = spark.read.csv("hdfs://node1:8020/input/datasets/WorldCupMatches.csv", header=True)

df.write.mode("overwrite").csv("hdfs://node1:8020/dataframe/output/write_to_csv")
df.write.mode("overwrite").json("hdfs://node1:8020/dataframe/output/write_to_json")
df.write.mode("overwrite").parquet("hdfs://node1:8020/dataframe/output/write_to_parquet")
```

执行代码，写出的文件如图 6-10 所示。

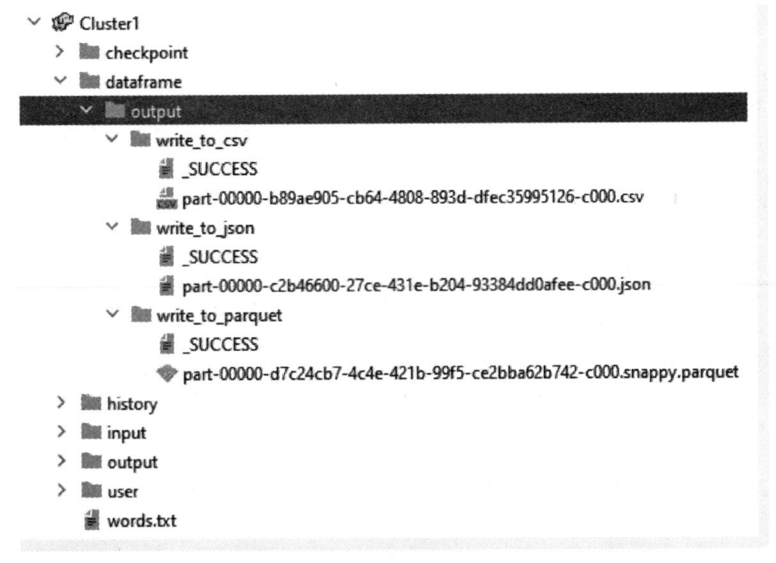

● 图 6-10 DataFrame 写出文件

除了写出到特定文件的 API 外，Spark SQL 还提供了一个通用的统一 API，语法如下：

```
df.write.mode("overwrite | append | error |ignore").format("text | csv |json |parquet |orc |
jdbc |......")
.option("K", "V")
.save("文件路径")
```

- format( )，用于指定数据写出类型，除了与上述专用 API 对应的类型外，还支持 Avro 文件、

Redis、Elasticsearch、MongoDB 等其他类型。

- option( )，用于指定写出数据时的一些选项，例如写出 CSV 文件时要将列名写到第一行，则可设置 option("header" , "True") 。
- save( )，用于保存数据，对于将数据写出到文件的，需要指定文件路径。

6.10.2 写出数据到数据库

可以通过统一 API 将 DataFrame 的数据写出到 JDBC 数据库中，与读取 JDBC 数据源的设置类似，写出到 JDBC 数据库也需要指定 url、user、password 选项，另外还需要指定 dbtable 选项，指定将数据写入到哪张表。

在下面的案例中，将 DataFrame 的数据写到 MySQL 数据库的 WorldCupMatchesOutput 表中，代码如下：

```
df = spark.read.csv("hdfs://node1:8020/input/datasets/WorldCupMatches.csv", header = True).limit(3)
df.select("Year", "Datetime", "Stage", "Stadium", "Attendance") \
    .write.mode("overwrite").format("jdbc") \
    .option("url", "jdbc:mysql://node4:3306/spark") \
    .option("user", "root").option("password", "root") \
    .option("dbtable", "WorldCupMatchesOutput").save()
```

执行代码，写入数据库中的数据如下：

```
mysql> show tables;
+----------------------+
| Tables_in_spark       |
+----------------------+
| WorldCupMatches       |
| WorldCupMatchesOutput |
+----------------------+
2 rows in set (0.01 sec)

mysql> select *  from WorldCupMatchesOutput;
+------+--------------------+---------+---------------+------------+
| Year | Datetime           | Stage   | Stadium        | Attendance |
+------+--------------------+---------+---------------+------------+
| 1930 | 13 Jul 1930 - 15:00 | Group 1 | Pocitos        | 4444       |
| 1930 | 13 Jul 1930 - 15:00 | Group 4 | Parque Central | 18346      |
| 1930 | 14 Jul 1930 - 12:45 | Group 2 | Parque Central | 24059      |
+------+--------------------+---------+---------------+------------+
3 rows in set (0.00 sec)
```

6.11 【实战案例】世界杯数据可视化分析

国际足联世界杯（FIFA World Cup）简称世界杯，是世界上规格最高、竞技水平最高、知名度最高、荣誉最高的足球比赛，与奥运会并称为全球体育两大最顶级赛事。自 1930 年举办首届世界杯以

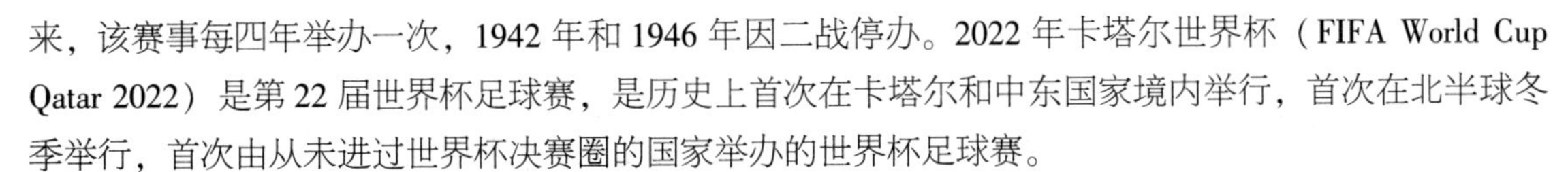

来，该赛事每四年举办一次，1942年和1946年因二战停办。2022年卡塔尔世界杯（FIFA World Cup Qatar 2022）是第22届世界杯足球赛，是历史上首次在卡塔尔和中东国家境内举行，首次在北半球冬季举行，首次由从未进过世界杯决赛圈的国家举办的世界杯足球赛。

本案例旨在分析1930—2014年历届世界杯数据，并进行可视化展示。

6.11.1 世界杯成绩汇总信息分析

WorldCups.csv 文件中包含了历届世界杯赛事的汇总信息，包含比赛主办国家和地区、冠军队伍、亚军队伍、季军队伍、第四名队伍、总参赛队伍、总进球数、现场观众人数等信息。

1. 数据加载与预处理

直接通过 SparkSession 加载 CSV，创建 DataFrame，可以看到数据集本身比较干净，无缺失值、异常值等。在队伍名称中同时存在"Germany FR"和"Germany"，数据预处理时需要完成队伍名称的归一化处理。数据集中进球数、观众人数等应该是数值，数据预处理时需要完成这些列的数据类型转换。代码如下：

```
# 数据加载
df = spark.read.csv("hdfs://node1:8020/input/datasets/WorldCups.csv", header=True)
# 数据预处理,队伍名称归一化
df = df.replace("Germany FR", "Germany")
# 数据预处理,列数据类型转换
df = df.withColumn("GoalsScored", df["GoalsScored"].cast("int")) \
    .withColumn("QualifiedTeams", df["QualifiedTeams"].cast("int")) \
    .withColumn("MatchesPlayed", df["MatchesPlayed"].cast("int")) \
    .withColumn("Attendance", df["Attendance"].cast("int"))
# 注册临时视图
df.createOrReplaceTempView("WorldCups")
```

2. 参赛队伍、总进球数、观众人数趋势分析

从预处理后的数据集中获取参赛队伍数、总进球数、观众人数信息，并做可视化展示，代码如下：

```
year = df.select("Year").rdd.flatMap(lambda x: x).collect()
qualified_teams = df.select("QualifiedTeams").rdd.flatMap(lambda x: x).collect()
goals_scored = df.select("GoalsScored").rdd.flatMap(lambda x: x).collect()
attendance = df.select("Attendance").rdd.flatMap(lambda x: x).collect()

line1 = Line().add_xaxis(year) \
    .add_yaxis("参赛队伍数", qualified_teams) \
    .add_yaxis("总进球数", goals_scored) \
    .extend_axis(yaxis=opts.AxisOpts(name="现场观众总数")) \
    .set_series_opts(label_opts=opts.LabelOpts(is_show=False)) \
    .set_global_opts(yaxis_opts=opts.AxisOpts(max_=200, name="参赛队伍 & 进球数"))

scatter = Scatter().add_xaxis(year) \
    .add_yaxis("现场观众总数", attendance, yaxis_index=1) \
```

```
    .set_series_opts(label_opts=opts.LabelOpts(is_show=False))

line1.overlap(scatter)
line1.render()
```

执行代码，渲染的图形如图 6-11 所示。

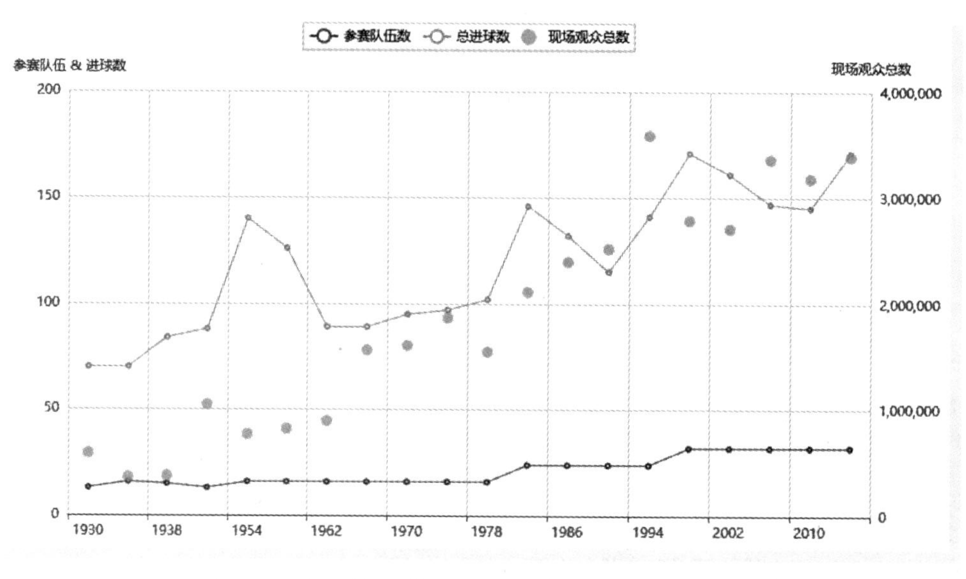

● 图 6-11　参赛队伍数、总进球数、现场观众总数趋势

从数据分布趋势可以知道，世界杯参赛队伍从 13 支扩展到现在的 32 支，这期间经历了两次队伍扩充，分别是 1982 年由 16 支队伍扩充到 24 支，以及 1998 年由 24 支队伍扩充到 32 支。随着世界杯参赛队伍的增多，比赛总进球数也在增加，但单届世界杯总进球数均没有超过 180 球。世界杯的现场观众总数整体呈上升趋势，观众总数最多的一届是 1994 年的美国世界杯。

3. 进入半决赛、决赛、冠军次数分析

从预处理后的数据集中获取进入半决赛、进入决赛以及获得冠军的队伍名称，统计对应的次数，代码如下：

```
# 统计进入半决赛的队伍及进入半决赛次数
spark.sql("select country, count(*) as semifinal from (select "
        "explode(split(Winner ||',' ||`Runners-Up` ||',' ||Third ||',' || Fourth, ',')) as country "
        "from WorldCups) group by country") \
.createOrReplaceTempView("WorldCups_Semifinal")
# 统计进入决赛的队伍及进入决赛次数
spark.sql("select country, count(*) as final from (select "
        "explode(split(Winner ||',' ||`Runners-Up`, ',')) as country "
        "from WorldCups) group by country") \
    .createOrReplaceTempView("WorldCups_Final")
# 统计获取冠军的队伍及获取冠军的次数
spark.sql("select winner as country, count(*) as winner "
```

```
        "from WorldCups group by 1") \
    .createOrReplaceTempView("WorldCups_Winner")

pdf = spark.sql("select t1.country,t1.semifinal,t2.final,t3.winner "
      "from WorldCups_Semifinal t1 "
      "left join WorldCups_Final t2 on t1.country = t2.country "
      "left join WorldCups_Winner t3 on t1.country = t3.country ") \
    .fillna(0).toPandas()

bar = Bar().add_xaxis(pdf["country"].to_list()) \
    .add_yaxis("半决赛", pdf["semifinal"].to_list()) \
    .add_yaxis("决赛", pdf["final"].to_list()) \
    .add_yaxis("冠军", pdf["winner"].to_list()) \
    .set_series_opts(label_opts=opts.LabelOpts(is_show=False)) \
    .set_global_opts(
    xaxis_opts=opts.AxisOpts(
        axislabel_opts={"interval": "0", "rotate": 45}
    )
)
bar.render()
```

执行代码，渲染的图形如图6-12所示。

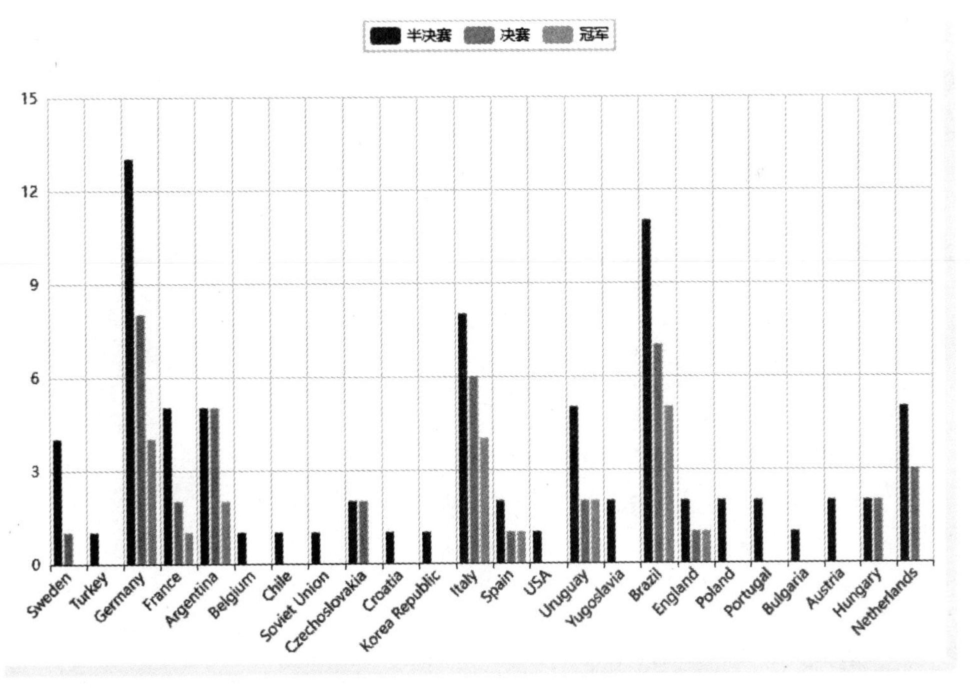

● 图6-12 半决赛、决赛、冠军趋势分布

从结果可以看出，德国队是进入半决赛和决赛次数最多的队伍，但是巴西队是获得冠军次数最多的队伍，而意大利队紧随德国队之后。夺冠次数的分布与进入半决赛、决赛的分布一致，这很容易理

解，因为只有进入半决赛，再进入决赛才有可能夺得冠军。

6.11.2 世界杯比赛信息分析

WorldCupMatches.csv 是世界杯比赛比分汇总数据，包含了 1930—2014 年世界杯赛事单场比赛的信息。

1. 数据加载与预处理

直接通过 SparkSession 加载 CSV，创建 DataFrame，在数据预处理步骤中，需要将队伍名称进行归一化处理，并将观众数、进球数等列转换成整数，代码如下：

```
# 数据加载
df = spark.read.csv("hdfs://node1:8020/input/datasets/WorldCupMatches.csv", header=True)
# 数据预处理,队伍名称归一化
df = df.replace("Germany FR", "Germany").replace("China PR", "China")
# 数据预处理,列数据类型转换
df = df.withColumn("HomeTeamGoals",df["Home Team Goals"].cast("int")) \
    .withColumn("AwayTeamGoals",df["Away Team Goals"].cast("int")) \
    .withColumn("Attendance",df["Attendance"].cast("int"))
# 注册临时视图
df.createOrReplaceTempView("WorldCupMatches")
```

2. 热门比赛分析

从数据集中取现场观众数最多的 5 场比赛，这些比赛即是热门比赛，代码如下：

```
pdf = spark.sql("select Year,Datetime,Stadium,Attendance as value, "
        "`Home Team Name` ||'\nVS\n' || `Away Team Name` as matches, "
        "'Datetime:'||Datetime||'\nStadium:'||Stadium||'\nAttendance:'||Attendance as info "
        "from WorldCupMatches order by Attendance desc limit 5") \
    .rdd.map(lambda x: x.asDict()).collect()

bar = Bar().add_xaxis([d["matches"] for d in pdf]) \
    .add_yaxis("观众数", pdf) \
    .set_series_opts(label_opts=opts.LabelOpts(is_show=False)) \
    .reversal_axis() \
    .set_series_opts(label_opts=opts.LabelOpts(
        position="insideLeft",
        horizontal_align="left",
        formatter=JsCode("function(x){return x.data.info;}"),
    ))
bar.render()
```

执行代码，渲染的图形如图 6-13 所示。

从结果可以看出，现场观赛人数最多的 5 场比赛中，前 4 场都来自 1950 年巴西世界杯，足以说明巴西人对足球的狂热。进一步可以看到，前 4 场比赛都发生在 Maracanã - Estádio Jornalista Mário Filho 体育场，其中文名是“马拉卡纳体育场”，位于巴西里约热内卢，是巴西乃至全世界久负盛名的足球体育场。

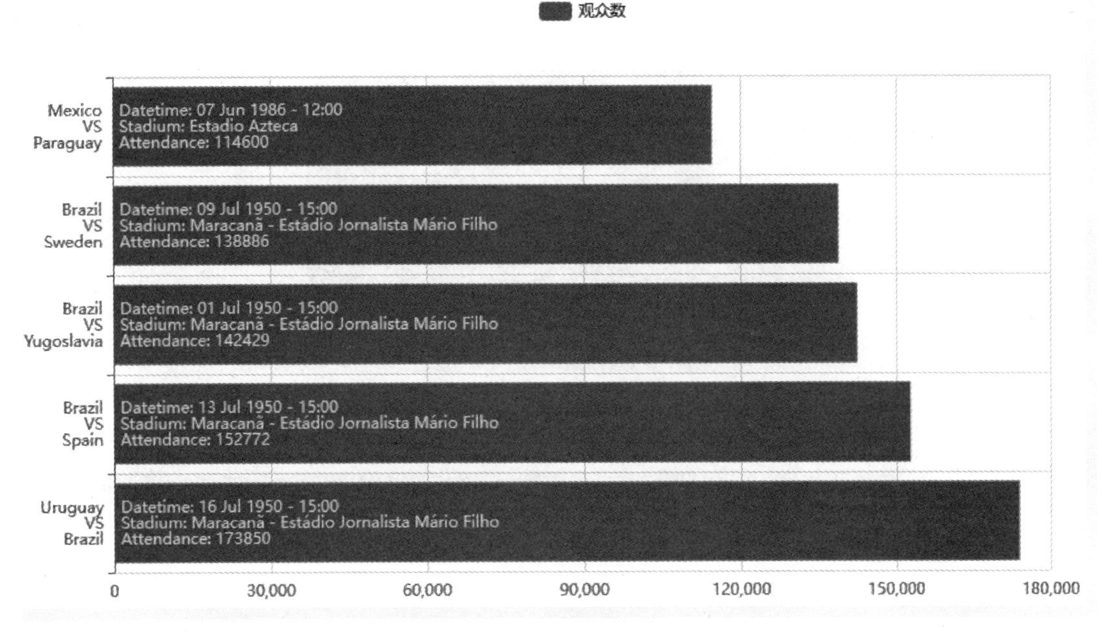

● 图 6-13　热门比赛分析

3. 比赛进球数分析

比赛最令人兴奋的就是进球了，下面分析一下历届比赛中单场比赛进球数最多的比赛及其比分，代码如下：

```
pdf = spark.sql("select Year, Datetime, Stadium, "
      "HomeTeamGoals + AwayTeamGoals as value, "
      "`Home Team Name` ||'\nVS \n'||`Away Team Name` as matches, "
      "'Datetime: ' ||Datetime ||', Stadium: ' ||Stadium ||'\nTotalGoals: ' ||"
      "(HomeTeamGoals + AwayTeamGoals) ||', Score: ' ||"
      "HomeTeamGoals ||'-' ||AwayTeamGoals as info "
      "from WorldCupMatches order by HomeTeamGoals + AwayTeamGoals desc limit 10") \
   .rdd.map(lambda x: x.asDict()).collect()
bar = Bar().add_xaxis([d["matches"] for d in result]) \
   .add_yaxis("进球数", result) \
   .set_series_opts(label_opts=opts.LabelOpts(is_show=False)) \
   .reversal_axis() \
   .set_series_opts(label_opts=opts.LabelOpts(
      position="insideLeft",
      horizontal_align="left",
      formatter=JsCode("function(x){return x.data.info;}"),
   ))
bar.render()
```

执行代码，渲染的图形如图 6-14 所示。

从结果可以看出，单场比赛进球数最多的 10 场中，比赛进球总数都在 9 个及以上，并且都是主队

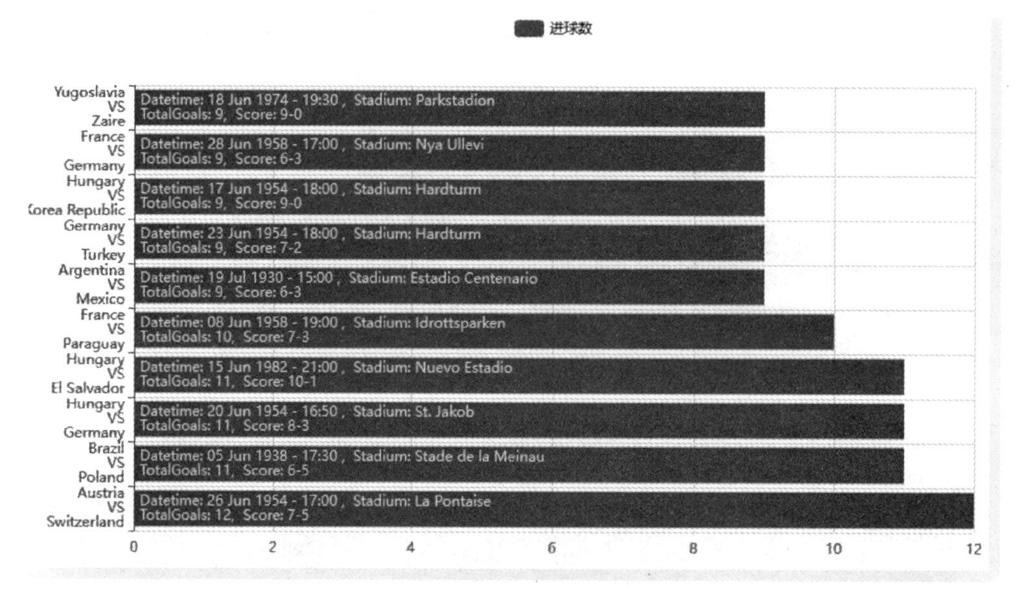

● 图 6-14 进球数分析

进球数多于客队进球数。进球数最多的一场比赛来自 1954 年瑞士世界杯 1/4 决赛，两队总共为球迷奉献了 12 个精彩进球，这也是历届世界杯单场进球最多的比赛。1982 年以后，单场比赛进球数已不足 9 个。

通过前面的分析可以发现：观众总人数最多的比赛是在 1994 年，达到 358.7 万人，而 1950 年的观众总数只有 104.5 万人，但是观看人数最多的 4 场比赛都是在 1950 年，而且都是巴西队的比赛。这可能是因为 1942 年和 1946 年的世界杯都没有举办，1950 年是 12 年来的首场世界杯，在巴西举办，巴西队一路杀入决赛，受到本国球迷的热烈追捧，比赛受到的关注度更高。

6.12 本章小结

本章主要介绍了用于处理结构化数据的 Spark SQL 模块，以及 Spark SQL 的主要特点及发展历程，并结合世界杯比赛数据集介绍了 Spark SQL 的主要数据抽象 DataFrame 的创建、基本操作、函数操作、数据清洗及预处理等。最后结合实际案例，用 Spark SQL 进行了历届世界杯比赛数据的分析，展示了 Spark SQL 在实际应用中的使用方法。学习本章的知识后，在大数据环境中，处理及分析结构化数据将不再有困难。

集成 Hive 数据仓库

Hive 是一个基于 Hadoop 的数据仓库工具，旨在为海量数据提供基于 SQL 的数据仓库服务。随着 Hadoop 和 MapReduce 技术的发展，Hive 也得到了不断发展和完善。早期的 Hive 数据仓库上积累了大量的数据，这些数据通常存储在 HDFS 上，但是 Hive 的查询速度相对较慢，因此 Hive 的性能问题成为数据分析人员普遍关注的问题之一。随着数据量和查询复杂度增加，Hive 的性能问题变得更加突出。Spark 是一个基于内存的计算框架，相比于 MapReduce，它的计算速度更快，能够更好地支持复杂的数据处理。通过将 Spark 与 Hive 集成，可以在 Hive 中使用 Spark 来执行查询。本章将介绍 Spark on Hive，它是指在 Hive 上运行 Spark 作业，从而提高查询速度并支持更复杂的数据处理。

7.1 Spark on Hive 操作数据仓库

Spark 是一个基于内存的计算框架，本身就是一个执行引擎，并且也可以执行 SQL 语句。但是 Spark 没有元数据管理功能，因此必须明确告诉 Spark 数据源在哪里、数据结构是什么。需要通过 SparkSession 提供的加载数据的功能来获取数据，并将 DataFrame 注册成临时视图才可以使用 SQL 语句进行查询。这些都是比较麻烦的事，可如果不做，则 Spark 会因为找不到表而报错。Hive 本身也是一个执行引擎，并且 Hive 提供了元数据管理功能，有了元数据，Hive 就可以清楚地知道数据在哪里，以及数据是什么结构。Spark on Hive 将 Spark 执行引擎和 Hive 的元数据服务进行集成，将 Spark 构建在 Hive 上，数据采用 Spark 进行计算，数据从哪里获取则由 Hive 的元数据服务告诉 Spark。Spark on Hive 可以让 Spark 方便、高效地处理早期 Hive 数据仓库中积累的大量数据。

7.1.1 安装 Hive

在使用 Hive 之前，需要下载并安装 Hive，直接通过官方网站下载 Hive 即可，下载网址为 https://hive.apache.org/general/downloads/。也可以直接通过命令进行下载，命令如下：

```
$ wget https://dlcdn.apache.org/hive/hive-3.1.3/apache-hive-3.1.3-bin.tar.gz
```

还可以通过国内镜像下载，命令如下：

```
$ wget https://mirrors.tuna.tsinghua.edu.cn/apache/hive/hive-3.1.3/apache-hive-3.1.3-bin.tar.gz
```

下载完成后，执行解压命令进行 Hive 软件的安装，命令如下：

```
$ tar -xzf apache-hive-3.1.3-bin.tar.gz -C apps/
```

解压完成后，Hive 的目录结构如图 7-1 所示。

```
hadoop@node1:~$ ls -al apps/apache-hive-3.1.3-bin/
total 84
drwxrwxr-x 10 hadoop hadoop  4096 Jun 16 07:44 .
drwxrwxr-x  5 hadoop hadoop  4096 Jun 16 07:44 ..
-rw-r--r--  1 hadoop hadoop 20798 Mar 28  2022 LICENSE
-rw-r--r--  1 hadoop hadoop   230 Mar 28  2022 NOTICE
-rw-r--r--  1 hadoop hadoop   540 Mar 28  2022 RELEASE_NOTES.txt
drwxrwxr-x  3 hadoop hadoop  4096 Jun 16 07:44 bin
drwxrwxr-x  2 hadoop hadoop  4096 Jun 16 07:44 binary-package-licenses
drwxrwxr-x  2 hadoop hadoop  4096 Jun 16 07:44 conf
drwxrwxr-x  4 hadoop hadoop  4096 Jun 16 07:44 examples
drwxrwxr-x  7 hadoop hadoop  4096 Jun 16 07:44 hcatalog
drwxrwxr-x  2 hadoop hadoop  4096 Jun 16 07:44 jdbc
drwxrwxr-x  4 hadoop hadoop 16384 Jun 16 07:44 lib
drwxrwxr-x  4 hadoop hadoop  4096 Jun 16 07:44 scripts
hadoop@node1:~$
```

● 图 7-1　Hive 安装目录结构

- bin 目录包含了启动 Hive 的可执行脚本和命令行工具，例如 hive、beeline 等。
- conf 目录包含了 Hive 的配置文件，例如 hive-site.xml、hive-default.xml 等。
- lib 目录包含了 Hive 所需的依赖库和 Jar 包，例如 Hadoop 依赖、MySQL 驱动等。
- scripts 目录包含了一些 Hive 的脚本，例如用于初始化 Hive 元数据的脚本。
- examples 目录包含了一些 Hive 的示例。

1. 配置环境变量

在安装 Hive 的节点上配置环境变量，命令如下：

```
$ vi .bashrc
```

环境变量配置内容如下：

```
export HIVE_HOME=/home/hadoop/apps/apache-hive-3.1.3-bin
PATH=$PATH:$HIVE_HOME/bin
export PATH
```

环境变量配置完成后，执行命令让新配置的环境变量生效，命令如下：

```
$ source ~/.bashrc
```

2. 配置 Hive

Hive 的配置中，最主要的是配置 Hive 的元数据相关的内容，通常使用 MySQL 作为 Hive 的元数据

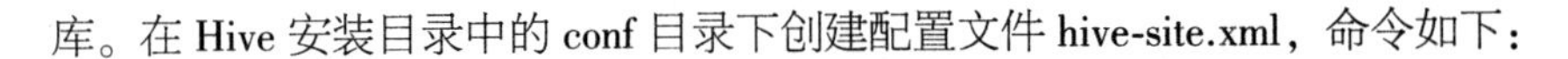

库。在 Hive 安装目录中的 conf 目录下创建配置文件 hive-site.xml，命令如下：

```
$ touch hive-site.xml
```

hive-site.xml 配置文件内容如下：

```
<? xml version="1.0" encoding="UTF-8" standalone="no"? >
<? xml-stylesheet type="text/xsl" href="configuration.xsl"? >
<configuration>
  <property>
    <name>javax.jdo.option.ConnectionURL</name>
    <value>jdbc:mysql://node4:3306/hive_metastore? useSSL=false</value>
  </property>
  <property>
    <name>javax.jdo.option.ConnectionDriverName</name>
    <value>com.mysql.cj.jdbc.Driver</value>
  </property>
  <property>
    <name>javax.jdo.option.ConnectionUserName</name>
    <value>root</value>
  </property>
  <property>
    <name>javax.jdo.option.ConnectionPassword</name>
    <value>root</value>
  </property>
  <property>
    <name>hive.metastore.schema.verification</name>
    <value>false</value>
  </property>
  <property>
    <name>hive.metastore.event.db.notification.api.auth</name>
    <value>false</value>
  </property>
  <property>
    <name>hive.metastore.warehouse.dir</name>
    <value>/user/hive/warehouse</value>
  </property>
</configuration>
```

由于元数据库使用 MySQL，所以需要将 MySQL 的驱动包 mysql-connector-java-8.0.28.jar 添加到 Hive 安装目录的 lib 目录下。

3. 创建元数据库

Hive 不会自动创建元数据库，而是需要手动连接到 MySQL 数据库，提前创建好元数据库 hive_metastore，语句如下：

```
mysql> create database hive_metastore;
```

4. 初始化元数据库

Hive 的元数据库有很多相关的表，Hive 提供了一个元数据初始化工具，可以直接进行元数据库的初始化，命令如下：

```
$ schematool -initSchema -dbType mysql -verbose
```

命令执行完成后，将会看到如下日志：

```
...
beeline> Initialization script completed
schemaTool completed
```

元数据库初始化完成后，在 MySQL 数据库中将会看到相关的表。

5. 验证 Hive

回到本书开头的 WordCount 案例，这里用该案例验证一下 Hive 是否安装成功。首先用 hive 命令连接到 Hive，命令如下：

```
$ hive
```

连接成功后，在 Hive 中创建一张表 wordsTable，语句如下：

```
hive> create table wordsTable(line String);
```

然后将文件内容加载到 Hive 的表中，语句如下：

```
hive> load data local inpath 'words.txt' into table wordsTable;
```

文件内容加载完成后，查询 Hive 的表中的数据，语句及结果如下：

```
hive> select * from wordsTable;
OK
Hello Python
Hello Spark You
Hello Python Spark
You know PySpark
Time taken: 0.239 seconds, Fetched: 4 row(s)
```

同时，在 HDFS 的/user/hive/warehouse/wordstable 路径下可以看到数据，如图 7-2 所示。

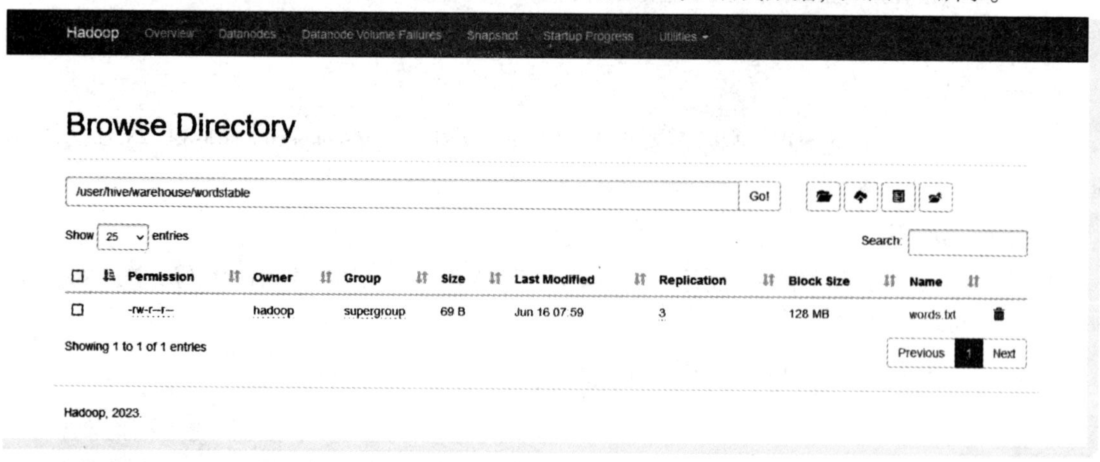

● 图 7-2　Hive 表的数据文件

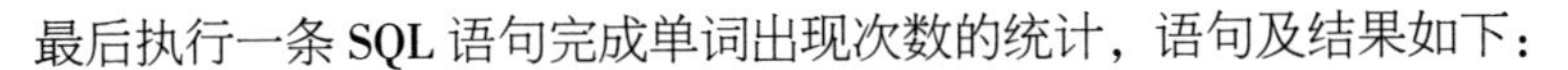

最后执行一条 SQL 语句完成单词出现次数的统计，语句及结果如下：

```
hive> select word, count(1) from (select explode(split(line,'')) as word from wordsTable) tmp
group by word;
...
Total MapReduce CPU Time Spent: 4 seconds 360 msec
OK
Hello       3
PySpark     1
Python      2
Spark       2
You         2
know        1
Time taken: 30.612 seconds, Fetched: 6 row(s)
```

从验证结果可以知道，Hive 安装成功，加载数据及数据查询处理都成功。

7.1.2 启动元数据服务

Hive Thrift Server 是 Hive 提供的一个服务，用于通过标准协议提供 Hive SQL 查询的能力。使得客户端可以像访问传统关系型数据库一样访问 Hive 中的数据，这也使得使用 Hive 进行数据分析和查询的过程更加方便和灵活。要开启 Hive Thrift Server，需要在 Hive 的配置文件 hive-site.xml 中增加如下内容：

```
<property>
  <name>hive.metastore.uris</name>
  <value>thrift://node1:9083</value>
</property>
```

修改完配置文件后，如果直接执行 hive 命令则会报错，报错内容如下：

```
hive> select *  from wordsTable;
FAILED: HiveException java.lang.RuntimeException: Unable to instantiate org.apache.hadoop.
hive.ql.metadata.SessionHiveMetaStoreClient
```

该异常主要是因为增加了配置项，但是却没有启动 Hive Thrift Server，导致 Hive 执行语句时无法连接元数据库。只需要启动 Hive Thrift Server 即可恢复正常，命令如下：

```
$ nohup hive --service metastore >> /dev/null 2>&1 &
```

7.1.3 配置 Spark on Hive

根据 Spark on Hive 的原理，Spark 要处理 Hive 数据仓库中的数据，需要进行一些配置和设置。首先，需要在 Spark 的配置文件中添加配置信息，让 Spark 知道如何访问 Hive 的元数据。在所有节点的 Spark 安装目录的 conf 目录中添加配置文件 hive-site.xml，配置内容如下：

```
<? xml version="1.0" encoding="UTF-8" standalone="no"? >
<? xml-stylesheet type="text/xsl" href="configuration.xsl"? >
<configuration>
```

```
  <property>
    <name>hive.metastore.warehouse.dir</name>
    <value>/user/hive/warehouse</value>
  </property>
  <property>
    <name>hive.metastore.local</name>
    <value>false</value>
  </property>
  <property>
    <name>hive.metastore.uris</name>
    <value>thrift://node1:9083</value>
  </property>
</configuration>
```

其次，需要将元数据库 MySQL 的驱动程序添加到所有节点的 Spark 安装目录的 jars 目录中。

7.1.4 验证 Spark on Hive

确保 Hive Thrift Server 正常启动，Spark 的配置文件以及元数据库的驱动程序添加好后，就可以验证 Spark 与 Hive 的集成了。在创建 SparkSession 时需要调用 enableHiveSupport( ) 方法配置 Spark，创建好 SparkSession 后就可以直接使用 SQL 语句来查询 Hive 数据仓库中的表，而无需再在代码中使用 spark.read.format( ).load( ) 方法来加载数据，也无需使用 df.createOrReplaceTempView( ) 方法来注册临时视图。

在下面的案例中，Spark 通过 Hive 的元数据服务访问 Hive 数据仓库中的数据，代码如下：

```
spark = SparkSession.builder.appName("SparkOnHive").master("yarn") \
    .enableHiveSupport().getOrCreate()
spark.sql("select *  from wordsTable").show()
```

执行代码，输出结果如下：

```
+-----------------+
|             line|
+-----------------+
|     Hello Python|
|  Hello Spark You|
|Hello Python Spark|
|  You know PySpark|
+-----------------+
```

从结果可以知道，Spark 已经能够成功读取 Hive 数据仓库中的数据，而无需指定数据源路径以及数据结构，Spark 与 Hive 集成成功。

7.2 使用 MySQL 替换 Hive 元数据服务

根据 Spark on Hive 的原理，Spark 访问 Hive 数据仓库的数据，实际上仅使用了 Hive 的元数据服

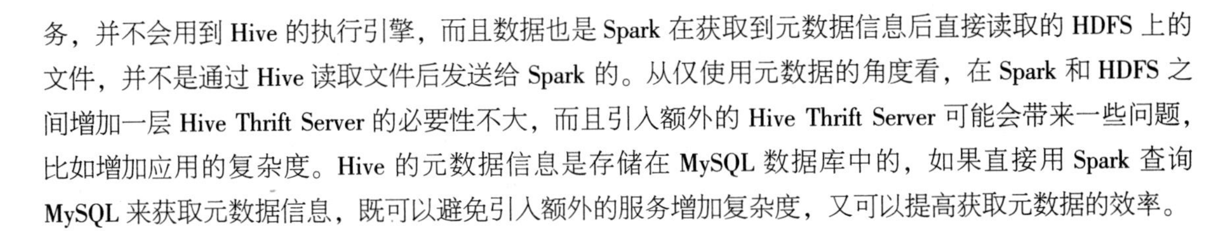

务，并不会用到 Hive 的执行引擎，而且数据也是 Spark 在获取到元数据信息后直接读取的 HDFS 上的文件，并不是通过 Hive 读取文件后发送给 Spark 的。从仅使用元数据的角度看，在 Spark 和 HDFS 之间增加一层 Hive Thrift Server 的必要性不大，而且引入额外的 Hive Thrift Server 可能会带来一些问题，比如增加应用的复杂度。Hive 的元数据信息是存储在 MySQL 数据库中的，如果直接用 Spark 查询 MySQL 来获取元数据信息，既可以避免引入额外的服务增加复杂度，又可以提高获取元数据的效率。

7.2.1 初始化 MySQL

在实际项目中，如果企业已经有了 Hive 数据仓库，那么在 Spark 中可以直接使用现有的元数据库。如果企业中没有现成的 Hive 数据仓库，也没有现成的元数据库，则需要手工创建元数据库并进行初始化。在 Hive 的安装包中，scripts/metastore/upgrade/mysql 目录下提供了基于 MySQL 数据的元数据初始化脚本 hive-schema-<version>.mysql.sql，直接使用最新版本的脚本来进行初始化，比如 hive-schema-3.1.0.mysql.sql。连接 MySQL 数据库，创建一个新的数据库，并进行元数据库的初始化，命令如下：

```
$ mysql -hnode4 -uroot -proot

mysql> create database mysql_metastore;
Query OK, 1 row affected (0.02 sec)
mysql> use mysql_metastore;
Database changed
mysql> source hive-schema-3.1.0.mysql.sql
mysql> show tables;
+------------------------------+
| Tables_in_mysql_metastore    |
+------------------------------+
| AUX_TABLE                    |
...
| WRITE_SET                    |
+------------------------------+
74 rows in set (0.00 sec)
```

7.2.2 配置 Spark on MySQL

找到 Spark 安装目录的 conf 目录下的 hive-site.xml 配置文件，删除配置文件中关于 Hive Thrift Server 的配置项 hive.metastore.uris，添加 MySQL 数据库的配置项，最终的配置文件内容如下：

```
<? xml version="1.0" encoding="UTF-8"? >
<? xml-stylesheet type="text/xsl" href="configuration.xsl"? >
<configuration>
  <property>
    <name>hive.metastore.warehouse.dir</name>
    <value>/user/hive/warehouse</value>
  </property>
  <property>
```

```
    <name>hive.metastore.local</name>
    <value>false</value>
  </property>
  <property>
    <name>javax.jdo.option.ConnectionURL</name>
<value>jdbc:mysql://node4:3306/mysql_metastore? useSSL=false</value>
  </property>
  <property>
    <name>javax.jdo.option.ConnectionDriverName</name>
    <value>com.mysql.cj.jdbc.Driver</value>
  </property>
  <property>
    <name>javax.jdo.option.ConnectionUserName</name>
    <value>root</value>
  </property>
  <property>
    <name>javax.jdo.option.ConnectionPassword</name>
    <value>root</value>
  </property>
</configuration>
```

7.2.3 验证 Spark on MySQL

配置文件完成后，可以编写代码验证 Spark 直接连接 MySQL 获取元数据信息。如果元数据库使用的是现有 Hive 的元数据库，则可以直接查询 Hive 数据仓库中的数据，如果元数据库是新建的数据库，则无法使用现有 Hive 数据仓库中的数据，但是新增表、新增数据并访问是没有问题的。

在下面的案例中，Spark 直接连接 MySQL 元数据库，实现创建表、插入数据以及查询数据，代码如下：

```
spark.sql("create table spark_on_mysql(id int, word varchar(20))")
spark.sql("insert into spark_on_mysql values(1, 'PySpark')")
spark.sql("select *  from spark_on_mysql").show()
```

执行代码，输出结果如下：

```
+---+-------+
|id|  word|
+---+-------+
|  1|PySpark|
+---+-------+
```

在 HDFS 上会同步创建相关目录及数据文件，如图 7-3 所示。

从结果可以知道，Spark 已经能够成功连接 MySQL 元数据库并操作 HDFS 上的文件。

【说明】在实际项目中，如果配置 Spark 直接连接 MySQL 元数据库，则应该配置 Spark 直接连接现有 Hive 的元数据库，而不应该连接新建的 MySQL 库，从而避免出现无法获取 Hive 数据仓库的元数据信息的问题。

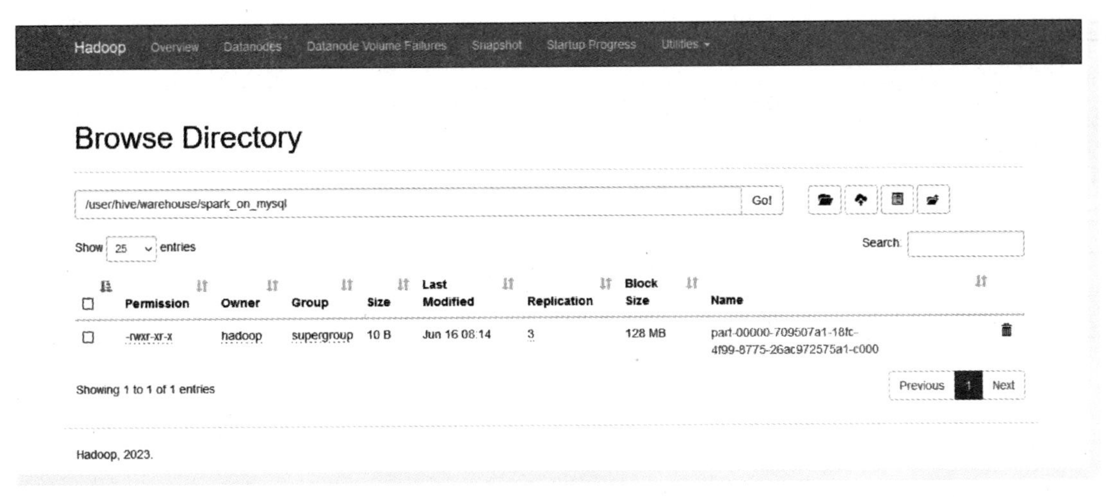

● 图 7-3　Spark on MySQL 数据文件

7.3 【实战案例】基于 Hive 数据仓库的电商数据分析

随着互联网和移动设备的普及，电子商务的快速发展已经改变了人们购物和消费产品与服务的方式。通过电子商务，企业可以通过为其产品或服务提供更便宜和更有效的分销渠道来获得更高的市场占有率。电子商务还可以提高企业的效率和生产力，从而降低企业的成本和提高利润率。通过电子商务，企业可以更好地了解其客户和目标市场，更好地满足客户的需求和期望，从而建立长期的客户关系。电商数据分析可以从多个角度对电商数据进行分析，如客户行为、商品销售、市场竞争、营销活动等。通过分析这些数据，从大量的电商数据中提取有用的信息，电商企业可以了解客户的偏好和行为习惯，发现潜在的销售机会和市场趋势，制定更好的产品定价和促销策略，以提高销售和盈利能力。

【说明】本案例使用的电子商务业务交易数据集来自 Kaggle 网站，数据集的下载地址是 https://www.kaggle.com/datasets/gabrielramos87/an-online-shop-business，许可协议“CC0：公共领域贡献”（CC0：Public Domain），需要的读者可以自行下载。

7.3.1 数据集成

电子商务业务交易数据集 SalesTransaction.csv 文件总共包含 8 列，每列说明见表 7-1。

表 7-1　电子商务业务交易数据集列信息列表

列　名　称	列　说　明
TransactionNo	交易编号，定义每笔交易的六位数唯一编号，代码中的字母“C”表示取消
Date	日期，生成每个事务的日期

（续）

列名称	列说明
ProductNo	产品编号，用于标识特定产品的五位或六位数的唯一字符
ProductName	产品名称
Price	价格，每种产品的单价，单位为英镑
Quantity	数量，每笔交易中每种产品的数量，已取消的交易为负值
CustomerNo	客户编号，定义每个客户的五位数唯一编号
Country	国家/地区，客户居住的国家/地区的名称

在 Hive 中创建一张表，用于存储交易数据，建表语句如下：

```
hive> create table SalesTransaction
    > (
    >  TransactionNo string,
    >  TransactionDate string,
    >  ProductNo string,
    >  ProductName string,
    >  Price decimal(10,2),
    >  Quantity int,
    >  CustomerNo string,
    >  Country string
    > )
    > row format delimited fields terminated by ','
    > tblproperties("skip.header.line.count"="1");
```

创建完成表结构后，将数据文件加载到表中，语句如下：

```
hive> load data local inpath 'SalesTransaction.csv' into table SalesTransaction;
```

加载完成后，查询数据前 5 条进行预览，语句及结果如下：

```
hive> select TransactionNo,TransactionDate,Price,Quantity from SalesTransaction limit 5;
OK
581482  12/9/2019       21.47  12
581475  12/9/2019       10.65  36
581475  12/9/2019       11.53  12
581475  12/9/2019       10.65  12
581475  12/9/2019       11.94  6
Time taken: 0.293 seconds, Fetched: 5 row(s)
```

由于数据集中数据质量还不错，仅有 55 条记录的客户编号缺失，不影响整体数据分析，所以不需要做数据清洗。

7.3.2 爆款产品分析

从数据中筛选销量最高的 10 款产品，形成畅销产品，筛选销售额最大的 10 款产品，形成高销产品，对畅销产品和高销产品分布进行分析。由于交易中存在取消的交易，在统计的时候需要剔除取消的交易。代码如下：

```
df1 = spark.sql("select productno, sum(quantity) as count, sum(quantity * price) as total"
        "from SalesTransaction where quantity > 0"
        "group by productno order by sum(quantity) desc limit 10 ").toPandas()
df2 = spark.sql("select productno, sum(quantity) as count, sum(quantity * price) as total"
        "from SalesTransaction where quantity > 0 "
        "group by productno order by sum(quantity * price) desc limit 10 ").toPandas()

bar1 = Bar(init_opts=opts.InitOpts(width="900px", height="300px")) \
    .add_xaxis(df1["productno"].to_list()) \
    .add_yaxis("销售总数", df1["count"].to_list()) \
    .extend_axis(yaxis=opts.AxisOpts(name="销售总额")) \
    .set_series_opts(label_opts=opts.LabelOpts(is_show=False)) \
    .set_global_opts(title_opts=opts.TitleOpts(title="销售总数 Top10"),
            yaxis_opts=opts.AxisOpts(max_=200000, name="销售总数"))
line1 = Line().add_xaxis(df1["productno"].to_list()) \
    .add_yaxis("销售总额", df1["total"].to_list(), yaxis_index=1)
bar1.overlap(line1)

bar2 = Bar(init_opts=opts.InitOpts(width="900px", height="300px")) \
    .add_xaxis(df2["productno"].to_list()) \
    .add_yaxis("销售总数", df2["count"].to_list()) \
    .extend_axis(yaxis=opts.AxisOpts(name="销售总额")) \
    .set_series_opts(label_opts=opts.LabelOpts(is_show=False)) \
    .set_global_opts(title_opts=opts.TitleOpts(title="销售总额 Top10"),
                yaxis_opts=opts.AxisOpts(max_=200000, name="销售总数"))
line2 = Line().add_xaxis(df2["productno"].to_list()) \
    .add_yaxis("销售总额", df2["total"].to_list(), yaxis_index=1)
bar2.overlap(line2)

page = Page(layout=Page.SimplePageLayout)
page.add(bar1)
page.add(bar2)
page.render()
```

执行代码，渲染的图形如图 7-4 所示。

从分布结果可以知道，产品编号为 23843、23166、22197、84077 的 4 款产品无论是销量还是销售额都排名前 4，可以称为爆款产品。产品编号为 85099B 的产品销量比较大，但是销售额却靠后，说明其产品价格偏低，可以适当提高产品价格。

7.3.3 月交易情况分析

数据集中大部分产品的交易发生在 2019 年，那么在 2019 年中每个月的产品销量如何？可以按月对交易情况进行统计，代码如下：

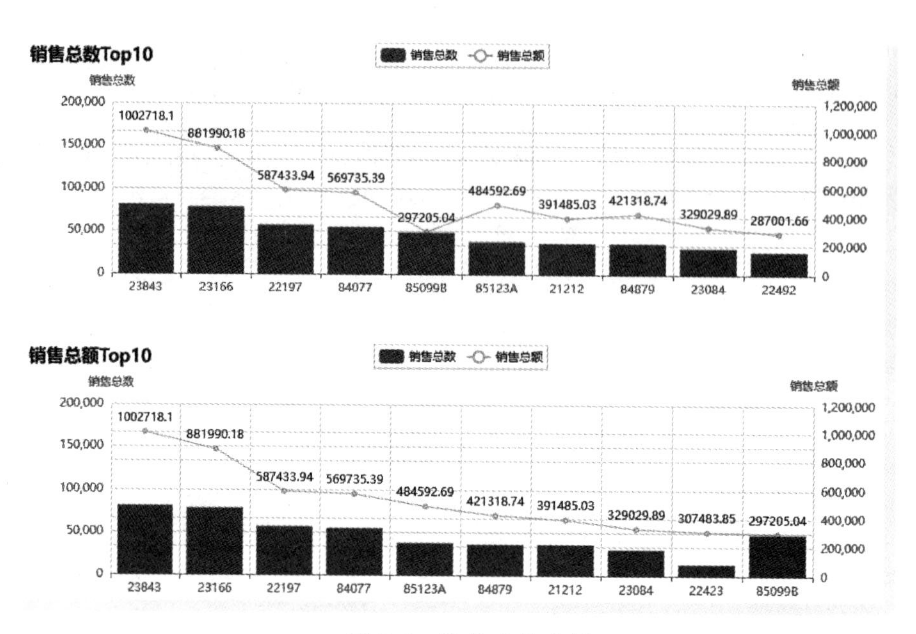

● 图 7-4 爆款产品分析

```
result = spark.sql(
    "select cast(month(to_date(TransactionDate, 'M/d/yyyy')) as string) as month, "
    "count(distinct case when quantity > 0 then TransactionNo end) as completed, "
    "count(distinct case when quantity < 0 then TransactionNo end) as cancelled, "
    "sum(case when quantity > 0 then quantity *  price end) as total "
    "from SalesTransaction where year(to_date(TransactionDate, 'M/d/yyyy')) = 2019 "
    "group by month order by cast(month as int)").toPandas()

bar = Bar().add_xaxis(result["month"].to_list()) \
    .add_yaxis("交易成功", result["completed"].to_list()) \
    .add_yaxis("交易取消", result["cancelled"].to_list()) \
    .extend_axis(yaxis=opts.AxisOpts(name="销售总额")) \
    .set_series_opts(label_opts=opts.LabelOpts(is_show=False)) \
    .set_global_opts(yaxis_opts=opts.AxisOpts(name="交易量"))
line = Line().add_xaxis(result["month"].to_list()) \
    .add_yaxis("销售总额", result["total"].to_list(), yaxis_index=1) \
    .set_global_opts(xaxis_opts=opts.AxisOpts(min_=1))

bar.overlap(line)
bar.render()
```

执行代码，渲染的图形如图 7-5 所示。

从分布结果可以知道，2019 年的每月交易量整体呈增长趋势，由于数据集中 12 月的交易记录只有前 9 天的，所以呈现出 12 月的交易量锐减，11 月交易量达到最大值。在整体交易记录中，取消的交易数量远低于成功的交易数量，交易成功率比较高，销售总额与交易量成正相关。

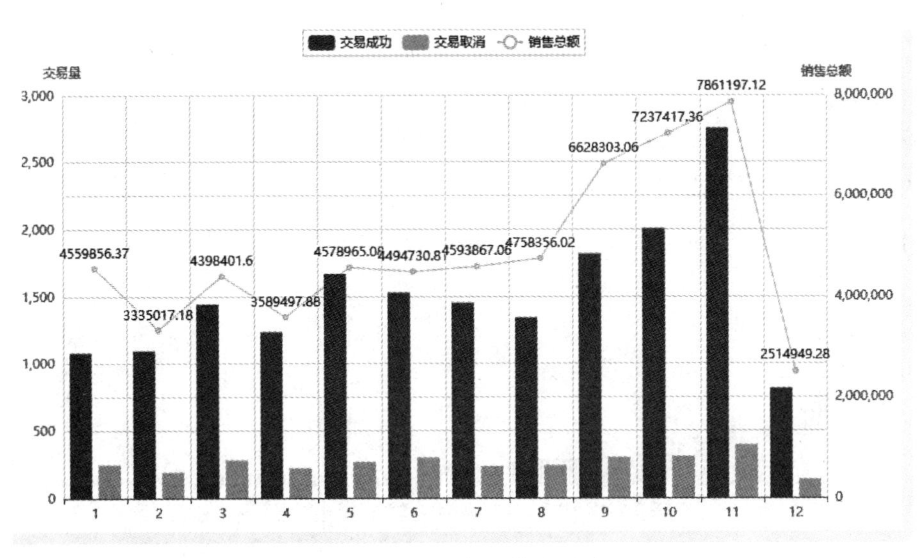

● 图 7-5　月交易情况分析

7.3.4 忠诚客户分析

忠诚的客户在进行购买决策时，会表现出多次对某一企业或产品的有偏向性的购买行为，具体可以体现为购买次数多、购买产品多、购买金额大等，忠诚客户是企业最有价值的客户。对数据集中的忠诚客户进行分析，分别从交易金额和交易次数等维度观察客户的购买倾向，代码如下：

```
df1 = spark.sql("select CustomerNo, sum(quantity) as count, sum(quantity * price) as total "
      "from SalesTransaction where quantity > 0 "
      "group by CustomerNo order by sum(quantity * price) desc limit 50").toPandas()
df2 = spark.sql("select TransactionCount, count(*) as count from "
      "(select CustomerNo, count(*) as TransactionCount from "
      "(select distinct TransactionNo, CustomerNo "
      "from SalesTransaction where quantity > 0 ) group by CustomerNo) "
      "group by TransactionCount order by TransactionCount").toPandas()

bar1 = Bar(init_opts=opts.InitOpts(width="900px", height="300px")) \
    .add_xaxis(df1["CustomerNo"].to_list()) \
    .add_yaxis("交易金额", df1["total"].to_list()) \
    .set_series_opts(label_opts=opts.LabelOpts(is_show=False)) \
    .set_global_opts(xaxis_opts=opts.AxisOpts(axislabel_opts={"interval": "0", "rotate":
90}),
        yaxis_opts=opts.AxisOpts(name="交易金额"))
bar2 = Bar(init_opts=opts.InitOpts(width="900px", height="300px")) \
    .add_xaxis(df2["TransactionCount"].to_list()) \
    .add_yaxis("交易次数", df2["count"].to_list()) \
    .set_series_opts(label_opts=opts.LabelOpts(is_show=False)) \
    .set_global_opts(yaxis_opts=opts.AxisOpts(name="客户数"))
```

```
page = Page(layout=Page.SimplePageLayout)
page.add(bar1)
page.add(bar2)
page.render()
```

执行代码，渲染的图形如图 7-6 所示。

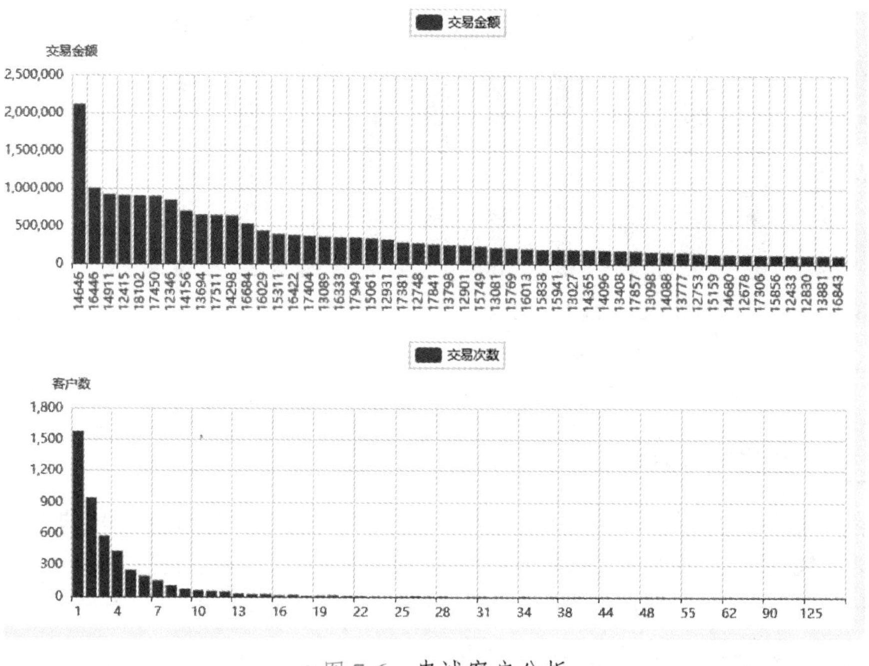

● 图 7-6　忠诚客户分析

从分布结果可以知道，编号为 14646 的客户交易金额远远超过其他客户，差额达到 2 倍以上，如果该数据不是异常数据，则该客户属于企业的最有价值的客户。其余客户交易总金额的趋势走势相对平缓，交易额贡献前 50 的客户交易额均在 10 万以上，交易额 50 万以上的客户仅 13 个。从交易次数趋势看，绝大部分客户的交易次数在 4 次以内，客户回头率并不高，企业可以考虑多做针对这些客户的营销，提高客户回头率。有 20 个客户的交易次数达到 44 次以上，甚至还有 2 个客户的交易次数达到 200，这些客户都是企业的高价值客户，应该精心维护，防止客户流失。

7.3.5　客户区域分析

电商企业的客户广泛分布在全球各地，不过从物流时效性、物流成本来考虑，客户还是会主要集中分布在离发货地比较近的地区。地理位置较近的客户也便于维护，做线下促销活动时也可以考虑邀请这些客户参与。对数据集中客户的地理区域进行分析，代码如下：

```
result = spark.sql("select Country, count(*) as count from"
        "(select distinct CustomerNo, Country from SalesTransaction where quantity > 0)"
        "group by Country").rdd.map(lambda x: (x[0], x[1])).collect()
pie = Pie().add(series_name="客户区域", data_pair=result) \
```

```
    .set_global_opts(legend_opts=opts.LegendOpts(is_show=False)) \
    .set_series_opts(label_opts=opts.LabelOpts(formatter='{b} : {d}% '))
pie.render()
```

执行代码，渲染的图形如图 7-7 所示。

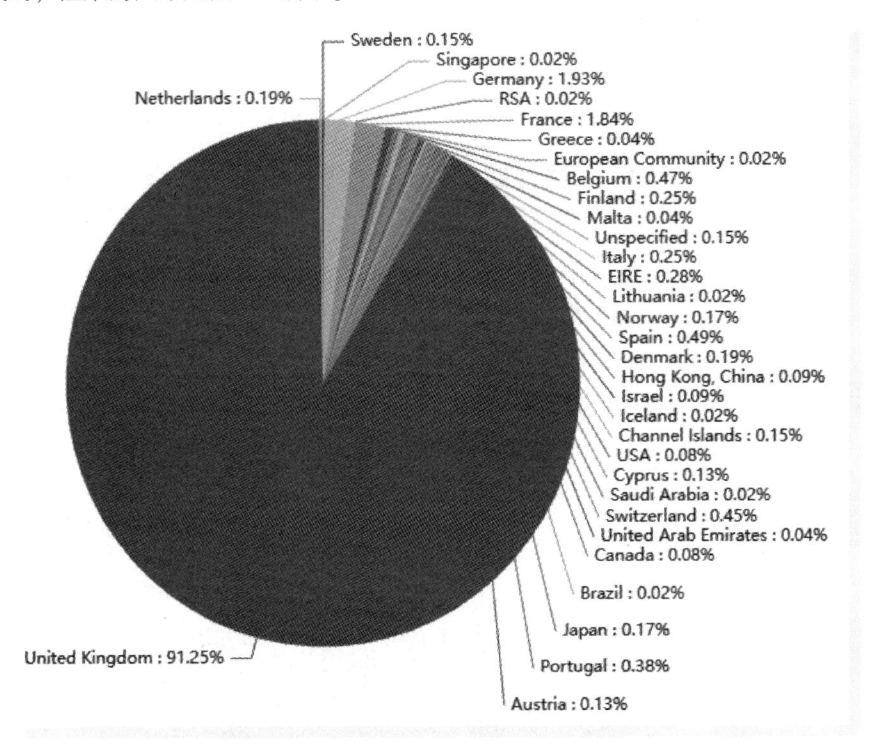

● 图 7-7　客户地理区域分析

从分布结果可以知道，该企业的大部分客户来自英国，占客源的 91.25%，德国和法国是另外两个主要客源地，分别占 1.93%和 1.84%，这与企业位于英国的关系很大。由于该企业客源主要集中在英国，因此维护好本地区的客户非常重要。另外该企业可以以德国和法国作为切入点，扩大这两个地区的市场，逐步打开全球市场。

7.4 本章小结

本章主要介绍了 Spark 与 Hive 数据仓库的集成，Hive 本身是大数据生态系统中的数据仓库，出现得比较早，存储了企业的大量数据，是数据开发、数据分析的一个基础组件。Spark 集成 Hive 后，可以直接使用 Hive 数据仓库中的数据，使得开发简单高效，同时由于 Spark 是基于内存的分布式计算引擎，相比 Hive 使用的 MapReduce，Spark 的计算效率明显比 Hive 提高很多。本章最后结合一个电商交易数据分析案例，介绍了如何通过 Spark 访问 Hive 数据仓库的数据进行数据分析。

Spark Streaming 流式数据处理

Spark Streaming 是 Spark 核心 API 的扩展，是一种分布式处理引擎，专为处理实时数据流而设计，可实现流数据的可扩展、高吞吐量、容错处理。它允许开发人员使用熟悉的 Spark API 来编写可扩展和容错的流应用程序。本章将介绍流式数据计算、Spark Streaming、Spark Streaming 的功能以及如何使用它来处理实时数据流。

【说明】基于 DStream 的 Spark Streaming 从 Spark 3.4.0 起已经弃用，流式数据处理已迁移到 Structured Streaming。由于在实际的项目环境中，还普遍存在着低版本的 Spark 集群，所以本书还是介绍一下基于 DStream 的 Spark Streaming。

8.1 流式数据处理概述

静态数据和流式数据是两种不同类型的数据，它们在数据生成、处理、分析和存储方面有着很大的区别。

8.1.1 静态数据和流式数据

数据从总体上可以分为静态数据和流式数据。

1. 静态数据

静态数据是指在一定时间段内生成的、不会发生变化的数据。这些数据通常是固定的、结构化的和可重复的，例如存储在数据库、文件系统或数据仓库中的数据。静态数据通常包含多行和多列，可以使用 Python、SQL 等语言进行查询、过滤和分析。

静态数据的特点：

- 数据量相对较大，不会随时间变化而增加或减少。
- 数据结构通常是固定的，列和数据类型预定义。
- 数据处理通常是离线的，通过批处理的方式进行。

静态数据适用于以下场景：

- 数据量比较大且相对稳定，不需要实时处理。

- 数据结构比较简单，不需要复杂的处理逻辑。
- 数据处理的时间窗口比较长，可以使用离线的批处理方式进行。

2. 流式数据

流式数据是指在不断产生、不断变化的数据。这些数据通常是实时生成、无限流动的，例如传感器数据、网络日志、社交媒体数据等。这些数据需要在几乎实时的情况下进行处理和分析。

流式数据的特点：

- 数据持续产生，也许是无穷无尽的。
- 数据量相对较小，可能随时间变化而增加或减少。
- 数据结构通常是动态的，列和数据类型需要根据数据源实时变化。
- 数据处理通常是实时的，需要在数据源不断产生数据的情况下进行。
- 数据的顺序可能颠倒或者不完整，系统无法控制数据到达的顺序。

流式数据适用于以下场景：

- 数据量比较小，但需要实时处理和分析。
- 数据结构比较复杂，需要根据数据源实时变化。
- 数据处理的时间窗口比较短，需要使用实时处理的方式进行。

8.1.2 批量计算和实时计算

对静态数据和流式数据的处理，对应着两种截然不同的计算模式：批量计算和实时计算。

批量计算是指将大量数据在一定时间范围内进行处理和分析，通常是按批次将数据收集和存储在一个地方，然后在批处理系统中进行离线处理和分析。这种处理方式通常适用于需要对历史数据进行分析、预测和决策的场景。比如，金融机构需要对历史数据进行分析，以预测未来市场趋势和做出投资决策，而这些数据可以在每天晚上从各种来源中提取和处理。

实时计算是指在数据到达时立即对其进行处理和分析，并尽快获得结果。这种处理方式适用于需要实时决策和快速响应的场景。比如，电商公司需要实时监测其网站的流量和交易数据，并根据实时情况调整其广告和促销策略。

批量计算和实时计算的主要区别在于数据处理的时延和处理方式。批量计算通常需要在一定的时间窗口内对大量数据进行分析和处理，因此其处理时延较高，但处理结果的准确性和完整性也更高。而实时计算需要立即对数据进行处理，因此其处理时延较低，但处理结果的准确性和完整性可能受到数据的限制和处理算法的复杂度等因素的影响。

8.1.3 流式计算

在大数据时代，数据不仅格式复杂，来源众多，而且数据量巨大。为了响应对流式数据的实时处理和分析不断增长的需求，流式计算应运而生。

流式计算（Stream Computing）是指对实时数据流进行连续计算和分析的技术。它秉承的一个理念是数据的价值随着时间的流逝而降低，因此当数据出现时就应该立即处理。流式计算能够在数据流中实时地提取、转换和处理数据，并实时生成计算结果。流式计算通常用于实时数据分析、事件处理、监控和警报等场景。

流式计算的主要特点包括：

- 实时性。流式计算能够对实时数据流进行连续计算和分析，实时地生成计算结果。
- 无限性。流式计算通常处理的是无限数据流，数据流不会停止，也不会有一个固定的结束时间。
- 流动性。数据在流式计算系统中以流的形式流动，而不是离散的批量数据。
- 复杂性。流式计算需要处理复杂的实时数据流，包括大量不同类型的数据。
- 可扩展性。流式计算需要支持高吞吐量和低延迟，具有良好的可扩展性和容错性。

在流式计算中，通常采用流水线处理的方式，将数据流切分为一个个小的数据块，并将它们分配给不同的计算节点进行处理和分析。这些计算节点通过流式数据处理引擎进行协同工作，实现对数据流的实时计算和分析。

流式计算应用广泛，例如实时监控、金融风险控制、智能交通、广告推荐等。流式计算技术使得数据分析和决策可以更加实时和精准，有助于提高企业的效率和竞争力。

8.2 Spark Streaming 概述

Spark Streaming 是 Spark 核心 API 的扩展，专为处理实时数据流而设计，支持实时数据流的可扩展、高吞吐量、容错流处理。数据可以从许多来源提取，例如文件、TCP 套接字、Kinesis、Kafka，并且可以使用以高级函数表示的复杂算法进行处理，例如 map、reduce、join、window。处理后的数据可以推送到文件系统、数据库和实时仪表板。Spark 官方提供的 Spark Streaming 的体系结构如图 8-1 所示。

图 8-1 Spark Streaming 体系结构

其内部的工作原理是 Spark Streaming 接收实时输入的数据流并将数据分成微小的批次，然后由 Spark 引擎进行处理以生成最终的结果流，如图 8-2 所示。

图 8-2 Spark Streaming 内部原理

8.3 StreamingContext 介绍

在前面的章节中，我们介绍了 SparkContext 是 Spark 应用程序的入口点，在 Spark 2.0 之后，Spark 提供了 SparkSession 作为 Spark 的统一入口点。在 Spark Streaming 中，Spark 提供了一个新对象 StreamingContext 作为 Spark Streaming 的入口点。StreamingContext 是 Spark 生态系统中用于处理实时数据的模块，它提供了一个高级 API，用于创建、配置和管理 Spark Streaming 应用程序。

在启动 Spark Streaming 应用程序之前需要创建 StreamingContext 对象，可以通过指定包含 Spark Streaming 设置的 SparkContext 对象和批处理时间间隔来创建 StreamingContext 对象，批处理间隔指定要处理的每个数据批次的持续时间，是 Spark Streaming 收集和处理数据的时间间隔。创建好 StreamingContext 对象后，可以通过它来创建数据流，并对数据流做一系列的转换处理。最后需要通过调用 start( ) 方法来启动 Spark Streaming 应用程序，并通过调用 awaitTermination( ) 方法来让 Spark Streaming 应用程序保持持续运行。代码如下：

```
from pyspark import SparkContext
from pyspark.streaming import StreamingContext

# 创建 StreamingContext 对象,批处理时间间隔是 5 秒钟
sc = SparkContext("yarn", "StreamingAppName")
ssc = StreamingContext(sc, 5)

# 这里通过 StreamingContext 对象 ssc 来获取数据流、处理数据

# 启动 Spark Streaming 应用程序并保持持续运行
ssc.start()
ssc.awaitTermination()
```

上述代码中，创建了一个名叫 ssc 的 StreamingContext 对象，指定了 Spark Streaming 的批量时间间隔是 5s，后续可以使用 ssc 来获取数据流、处理数据等，最后使用 start( ) 方法和 awaitTermination( ) 方法来启动运行 Spark Streaming 应用程序。这就是 Spark Streaming 整体的应用代码结构。

【说明】为了便于案例组织及理解，本书所有案例中使用到 StreamingContext 的地方均使用 ssc 来表示。

一个 Spark 应该程序只需要创建一个 SparkSession 对象，同理，一个 Spark Streaming 应用程序只能启动一个 StreamingContext，在同一个应用程序中同时启动多个 StreamingContext 则会报错。如果要启动一个新的 StreamingContext，则必须先将正在运行的 StreamingContext 停止，可以使用 ssc.stop( ) 方法来停止 StreamingContext。停止 StreamingContext 默认会同时停止 SparkContext，如果想仅停止 StreamingContext 而保持 SparkContext 存活，则在调用 stop( ) 方法时需要指定参数 stopSparkContext = False，即 ssc.stop(stopSparkContext = False)。一旦一个 StreamingContext 被停止，则无法重新启动该 StreamingContext，只能重新启动一个，或者重新启动 Spark Streaming 应用程序。

8.4 DStream 介绍

在前面的章节中，我们介绍了 Spark 的两种主要的核心数据抽象 RDD 和 DataFrame。在 Spark Streaming 中，Spark 提供了一种称为 DStream（Discretized Stream，离散化流）的高级数据抽象，它表示连续的数据流。StreamingContext 对象可以创建 DStream，DStream 可以根据来自文件、TCP 套接字、Kafka 和 Kinesis 等数据源的输入数据流创建，也可以通过对其他 DStream 应用高级操作来创建。DStream 是一系列表示数据流的 RDD，每个 RDD 都包含在同一批处理时间间隔内收集的数据。如图 8-3 所示。

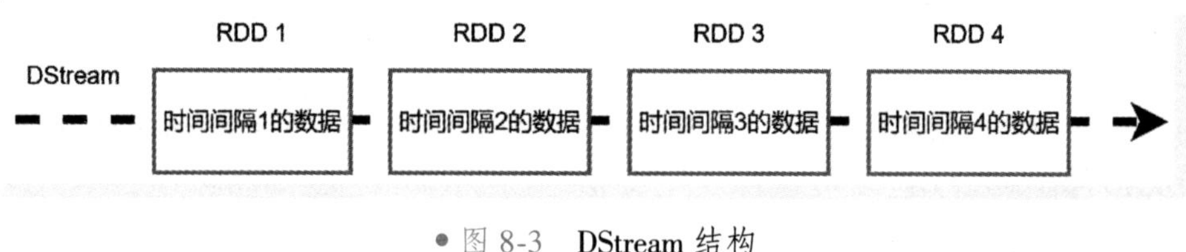

● 图 8-3 DStream 结构

由于 DStream 内部是使用一系列 RDD 来表示的，所以 RDD 的大部分 API 都可以应用到 DStream 上。

8.5 DStream 的创建

要通过 StreamingContext 对象创建 DStream，首先需要定义用于获取数据的输入数据源。Spark Streaming 支持多种输入数据源，包括：

- 文件系统，例如 HDFS、S3。
- 流媒体系统，例如 Kafka、Flume、Kinesis。
- 套接字，比如 TCP。

为了创建输入数据流 DStream，Spark 需要运行一个接收器（Receiver）进程，接收器从数据源中获取数据并将数据存储在 Spark 内存中形成 RDD，并最终形成 DStream。每个 DStream 都会与一个接收器关联，如果流式应用程序中存在多个 DStream，则会启动多个接收器进程。在流式应用程序中，StreamingContext 在启动后会一直处于活动状态，接收器就会在后台持续运行，因此它会占用分配给 Spark 的一个核。在流式应用程序中，需要为 Spark 分配足够多的核来运行接收器和处理接收到的数据。

【说明】在本地运行流式应用程序时，master 的值不能设置为 local 或 local[1]，因为这意味着只有一个线程在执行，该线程用于运行接收器，则无线程可用于处理数据，也就是应用程序可以接收数据但是无法进行处理。在集群上运行流式应用程序时，分配给 Spark 的核数必须大于应用中接收器的数量。

8.5.1 通过文件创建

StreamingContext 提供了 textFileStream( ) 方法用来从 Hadoop 兼容的文件系统中创建一个文本文件

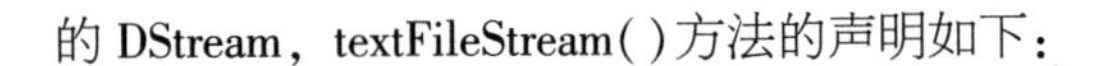

的 DStream，textFileStream( )方法的声明如下：

```
def textFileStream(self, directory: str) -> "DStream[str]"
```

- directory 指定要监控的文件目录。
- DStream[str] 是生成的输入流 DStream，输入流中的数据都是字符串。

在下面的案例中，通过 textFileStream( )方法监听 HDFS 上的目录，当目录中的文件发生变化时，打印监听到的新文件的内容，代码如下：

```
# 监听指定目录,目录中的文件有变化时获取文件内容
fileStream = ssc.textFileStream("hdfs://node1:8020/input/streaming")
# 打印数据流的内容
fileStream.pprint()
# 启动
ssc.start()
ssc.awaitTermination()
```

执行代码，应用会持续监听/input/streaming 目录下的文件，并且每隔 5s 输出一次监听到的新内容，将 words.txt 文件上传到 HDFS 上的/input/streaming 目录中，控制台输出结果如下：

```
-------------------------------------------
Time: 2023-08-16 08:24:15
++++-------------------------------------------


-------------------------------------------
Time: 2023-08-16 08:24:20
-------------------------------------------
Hello Python
Hello Spark You
Hello Python Spark
You know PySpark


-------------------------------------------
Time: 2023-08-16 08:24:25
-------------------------------------------
```

从输出结果可以知道，当监听目录中的文件未发生变更时无数据流产生，输出结果是空的，当监听目录中添加了新的文件时则产生了数据流，输出结果是文件内容。

通过监听目录中的文件来创建 DStream 需要注意：

- 监听目录可以是一个简单的目录，比如案例中的 hdfs://node1:8020/input/streaming，也可以通过通配符进行模式匹配，比如 hdfs://node1:8020/input/streaming/2023*，表示监听 HDFS 上/input/streaming 目录中所有以 2023 开头的目录。
- 所有文件必须采用相同的数据格式。
- 监听文件以文件的修改时间作为判断依据，而不是文件的创建时间。
- 目录下的文件越多，扫描增量文件所需的时间就越长，因为文件未变更也会被扫描。

8.5.2 通过套接字创建

StreamingContext 提供了 socketTextStream( )方法用来从一个 TCP 端口获取 Socket 数据创建 DStream，socketTextStream( )方法的声明如下：

```
def socketTextStream(
    self, hostname: str, port: int, storageLevel: StorageLevel = StorageLevel.MEMORY_AND_
DISK_2
) -> "DStream[str]"
```

- hostname 指定要监听的主机地址。
- port 指定要监听的 TCP 端口。

在下面的案例中，通过监听 node4 节点的 9999 端口，获取 Socket 数据并创建输入数据流，代码如下：

```
# 监听 node4 节点的 9999 端口,获取 Socket 数据流
socketStream = ssc.socketTextStream("node4", 9999)
# 流式单词出现次数统计
countStream = socketStream.flatMap(lambda x: x.split(" ")) \
    .map(lambda x: (x, 1)) \
    .reduceByKey(lambda a, b: a + b)
# 输出统计结果
countStream.pprint()
# 启动
ssc.start()
ssc.awaitTermination()
```

在执行代码前，需要在 node4 上启动 Socket 服务端，确保 Spark Streaming 程序能够连接成功。在 node4 上使用 Linux 系统自带的 nc 命令即可启动一个 Socket 服务端，命令如下：

```
$ nc -lk 9999
```

Socket 服务端启动后，执行案例代码，等待应用程序正常运行，控制台可看到打印输出的时间戳。回到 node4 节点，以一定的时间间隔逐行向用 nc 命令启动的 Socket 服务端输入以下数据：

```
Hello Python
Hello Spark You
```

在 Spark Streaming 应用程序的控制台则会输出统计结果，输出结果如下：

```
-------------------------------------------
Time: 2023-06-16 08:31:05
-------------------------------------------
('Hello', 1)
('Python', 1)

-------------------------------------------
Time: 2023-06-16 08:31:10
```

```
-------------------------------------------
('Hello', 1)
('Spark', 1)
('You', 1)
```

从结果可以知道，Socket 服务端输入的每行数据都被 Spark Streaming 应用程序接收到并进行了单词出现次数的统计。

8.5.3 通过 RDD 队列创建

StreamingContext 提供了 queueStream( ) 方法用来基于一个 RDD 队列创建输入流 DStream，queueStream( ) 方法的声明如下：

```
def queueStream(
    self,
    rdds: List[RDD[T]],
    oneAtATime: bool = True,
    default: Optional[RDD[T]] = None,
) -> "DStream[T]"
```

- rdds 指定数据源 RDD 队列。
- oneAtATime 指定是否每次只读取一条 RDD 数据，默认值为 True，当设置为 False 时表示每次读取队列中的所有 RDD。
- default 指定当队列中无数据时的默认 RDD。

在下面的案例中，创建一个 RDD 队列，通过 RDD 队列创建一个 DStream，并对数据进行转换、计数等，代码如下：

```
# 定义一个队列
rddQueue = [sc.parallelize(range(1, 1001))]
# 往队列中写入数据
for i in range(5):
    rddQueue += [sc.parallelize(range(1, 1001))]
# 通过 RDD 队列创建输入流
queueStream = ssc.queueStream(rddQueue)
counts = queueStream.map(lambda x: (x % 3, 1)) \
    .reduceByKey(lambda a, b: a + b)
counts.pprint()

# 启动
ssc.start()
ssc.awaitTermination()
```

执行代码，输出结果如下：

```
-------------------------------------------
Time: 2023-06-16 08:33:25
-------------------------------------------
(2, 333)
```

```
(0, 333)
(1, 334)

-------------------------------------------
Time: 2023-06-16 08:33:30
-------------------------------------------
(2, 333)
(0, 333)
(1, 334)

...
```

如果调用 queueStream( )方法时指定参数 oneAtATime = False，则会一次性读取队列中的所有数据，输出结果如下：

```
-------------------------------------------
Time: 2023-06-16 08:34:40
-------------------------------------------
(0, 1998)
(2, 1998)
(1, 2004)
```

【说明】由于 RDD 队列流的数据通常来自程序创建的 RDD 队列，而并非外部数据源，因此这些数据并非真实场景中的实时数据，所以 RDD 队列创建 DStream 的方式一般仅用于开发及代码验证，不用于生产环境。

8.6 DStream 的 Transformation 操作

在流式计算应用场景中，数据流会源源不断地到达，Spark Streaming 会对每个微小批次内的数据进行操作，而这些操作都会转换成对基础 RDD 的操作，比如在 8.5.2 小节的案例中使用了 flatMap 和 map 操作，如图 8-4 所示。

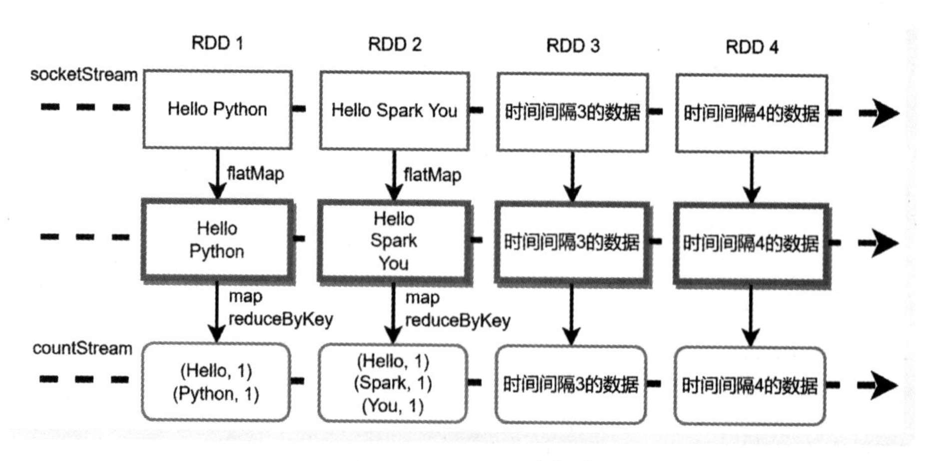

● 图 8-4 DStream 的操作

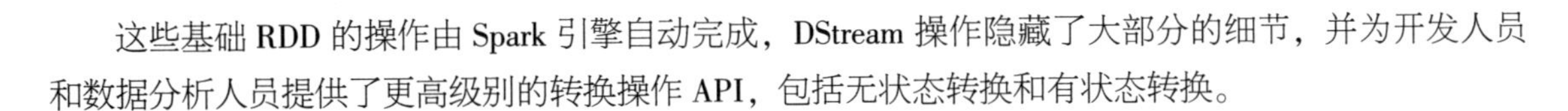

这些基础 RDD 的操作由 Spark 引擎自动完成，DStream 操作隐藏了大部分的细节，并为开发人员和数据分析人员提供了更高级别的转换操作 API，包括无状态转换和有状态转换。

8.6.1 无状态转换

DStream 的无状态转换操作不会记录历史状态信息，每次对新的微小批次数据进行处理时，只会记录当前批次的数据状态。比如在 8.5.2 小节的案例中，两个微小批次的数据都包含单词 Hello，由于不会记录历史状态，所以在处理第 2 个微小批次时不会将第 1 个批次的数据记录包含在内，每个批次的单词出现次数统计中 Hello 的次数都是 1，这就是采用了无状态转换。DStream 常见的无状态转换操作见表 8-1。

表 8-1　常见的 DStream 无状态转换操作列表

操　作	说　明
map(func)	对源 DStream 的每个元素，调用一个 func 函数进行转换，返回一个新的 DStream
flatMap(func)	与 map 类似，对源 DStream 的每个元素，调用一个 func 函数进行转换，并将最终结果做扁平化处理
filter(func)	对源 DStream 的元素进行过滤，仅保留满足 func 函数的元素，返回一个新的 DStream
repartition(numPartitions)	通过创建更多或更少的分区来改变源 DStream 的并行度
count()	统计源 DStream 中每个 RDD 的元素个数
countByValue()	作用于元素类型为 K 的 DStream，返回一个（K，Long）型的新的 DStream，其中 Long 表示 K 在源 DStream 的 RDD 中出现的次数
reduce(func)	利用函数 func 对源 DStream 的 RDD 中的元素做聚合操作，返回一个新的 DStream
reduceByKey(func, [numTasks])	作用于由 K-V 型 RDD 组成的 DStream，对 RDD 的元素根据 K 分组后对 V 做聚合操作，返回一个新的由 K-U 型 RDD 组成的 DStream，其中 U 是对 V 聚合的结果
union(otherStream)	将两个 DStream 的 RDD 进行联合，返回一个新的 DStream
join(otherStream, [numTasks])	作用于两个元素为键值对的 DStream，（K，V）和（K，U），将两个 DStream 的元素按照 K 进行连接，返回一个元素为（K，（V，U））键值对的新 DStream
cogroup(otherStream, [numTasks])	作用于两个元素为键值对的 DStream，（K，V）和（K，U），返回一个元素为（K，Seq[V]，Seq[U]）三元组的新 DStream
transform(func)	通过对源 DStream 的每个 RDD 应用 RDD-to-RDD 的函数，返回一个新的 DStream，支持在新的 DStream 中进行任何 RDD 操作

DStream 的无状态转换操作与基础 RDD 的转换算子功能基本一致，这里不再重复举例。

值得注意的是 DStream 可以与 DStream 进行 join 操作，K-V 型 RDD 可以与 K-V 型 RDD 进行 join 操作，但 DStream 不能直接与普通 K-V 型 RDD 进行 join 操作。借助 DStream 提供的 transform()方法，可以将 DStream 的每个 RDD 与普通 RDD 进行 join 操作，代码如下：

```
# 定义一个普通的 K-V 型 RDD
kvRdd = sc.parallelize([("v%s" % j, j) for j in range(1, 4)])
# 定义一个队列
queue = []
```

```
for i in range(2, 3):
    queue+=[sc.parallelize([("v%s" %(i * j), i * j) for j in range(1, 3)])]
# 通过 RDD 队列创建输入流
queueStream = ssc.queueStream(queue)
# 通过 transform 将 DStream 中的元素与 RDD 进行 join
queueStream.transform(lambda rdd: rdd.fullOuterJoin(kvRdd)).pprint()
# 启动
ssc.start()
ssc.awaitTermination()
```

执行代码，输出结果如下：

```
-------------------------------------------
Time: 2023-06-16 08:36:00
-------------------------------------------
('v2', (2, 2))
('v1', (None, 1))
('v4', (4, None))
('v3', (None, 3))
```

8.6.2 有状态转换

DStream 的有状态转换是指在流式数据处理过程中，将历史批次中的数据状态与当前批次中的数据状态结合，产生新的状态，再对新状态进行进一步处理的操作。这与无状态转换不同，无状态转换仅对当前批次中的数据进行处理，不考虑历史数据。

为了支持有状态转换，需要在 DStream 创建时设置检查点目录，以保证可靠地保存状态。在有状态转换过程中，每个批次都会更新状态并保存到检查点目录中，以备后续恢复使用。通过 StreamingContext 设置检查点目录的代码如下：

```
ssc.checkpoint("hdfs://node1:8020/checkpoint")
```

1. updateStateByKey 方法

DStream 提供的 updateStateByKey( )方法就是一种典型的有状态转换操作，该操作可以在每个批次中对相同的 key 进行累加操作，并将结果保存在状态中，然后将新状态与下一个批次中的数据再次结合，产生新的状态，如此往复，不断更新状态。updateStateByKey( )方法的声明如下：

```
def updateStateByKey(
    self: "DStream[Tuple[K, V]]",
    updateFunc: Callable[[Iterable[V], Optional[S]], S],
    numPartitions: Optional[int] = None,
    initialRDD: Optional[Union[RDD[Tuple[K, S]], Iterable[Tuple[K, S]]]] = None,
) -> "DStream[Tuple[K, S]]"
```

- updateFunc 是状态更新函数，用来指定状态如何更新。该函数接收两个参数，Iterable[V] 是当前批次的数据值，Optional[S] 是历史保存的状态。该函数的返回值 S 是新的状态，用于更新之前保存的状态。如果该函数返回 None，则表示当前处理的键值对数据及历史状态将被丢弃。

- initialRDD 是一个可选的状态参数，用于作为初始状态记录。

对 8.5.2 小节的案例进行调整，定义一个自定义状态更新函数，将当前计数与历史计数相加，并将 reduceByKey( )替换成 updateStateByKey( )，代码如下：

```
# 自定义的状态更新函数 newValues 是当前批次数据,runningCount 是历史记录状态
def updateFunction(newValues, runningCount):
    # 如果历史记录中某个 key 并不存在,则从 0 开始
    if runningCount is None:
        runningCount = 0
    # 返回当前计数值与历史记录状态的计数值相加
    return sum(newValues, runningCount)
# 设置检查点目录
ssc.checkpoint("hdfs://node1:8020/checkpoint")
# 监听 node4 节点的 9999 端口,获取 Socket 数据流
socketStream = ssc.socketTextStream("node4", 9999)
# 流式单词出现次数统计
countStream = socketStream.flatMap(lambda x: x.split(" ")) \
    .map(lambda x: (x, 1)) \
    .updateStateByKey(updateFunction)
# 输出统计结果
countStream.pprint()
ssc.start()
ssc.awaitTermination()
```

确保 node4 节点 9999 端口的 Socket 服务端正常启动后，执行代码，并在 Socket 服务端输入数据，输出结果如下：

```
-------------------------------------------
Time: 2023-06-16 08:39:30
-------------------------------------------
('Hello', 1)
('Python', 1)

-------------------------------------------
Time: 2023-06-16 08:39:35
-------------------------------------------
('Hello', 2)
('Python', 1)
('Spark', 1)
('You', 1)

-------------------------------------------
Time: 2023-06-16 08:39:40
-------------------------------------------
('Hello', 2)
('Python', 1)
('Spark', 1)
('You', 1)
```

从输出结果可以知道，由于保存了历史状态，在第 2 批次的数据中，虽然单词 Hello 只有 1 个，但是历史状态中单词 Hello 在第 1 批次的数据中已经出现过 1 次，所以第 2 批次的计数结果是 2。同时，由于存在历史状态的记录，即使案例中并未输入第 3 批次的数据，程序依然会持续按时间间隔输出结果，而后续的输出结果均仅包含第 2 批次数据更新后的历史状态记录。

2. 窗口操作

Spark Streaming 还提供了窗口操作，允许通过滑动窗口对数据进行转换。窗口转换操作是一种通过对数据流按照时间窗口分组来进行处理的转换操作。在一个时间窗口内，可以对数据进行聚合操作，从而得到该窗口内的计算结果。窗口转换操作的示意图如图 8-5 所示。

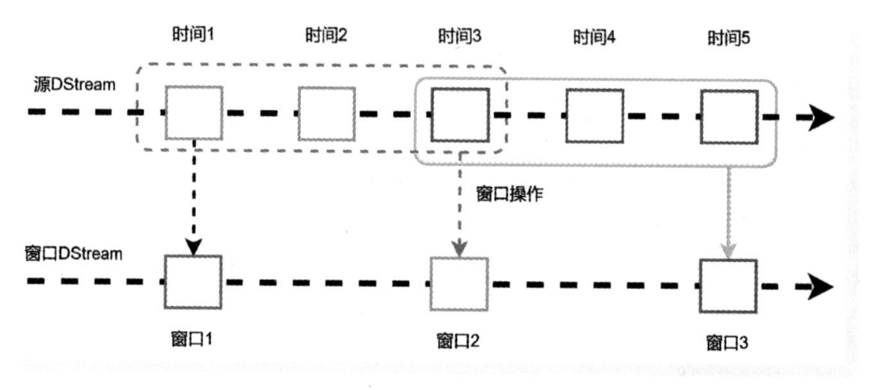

• 图 8-5　窗口转换操作示意图

窗口转换操作可以通过一些参数来配置窗口的大小和滑动的步长，以适应不同的数据处理需求。在上图中，每个窗口中包含 3 个批次的数据，因此窗口大小是 3，而后一个窗口比前一个窗口向前滑动了 2 个批次，因此滑动步长是 2。

DStream 常见的窗口转换操作见表 8-2。

表 8-2　常见的 DStream 窗口转换操作列表

操　作	说　明
window(windowDuration, slideDuration)	基于源 DStream 的窗口化的数据，计算得到一个新的 DStream
countByWindow(windowDuration, slideDuration)	返回数据流的一个滑动窗口中元素的个数
reduceByWindow(reduceFunc, [invReduceFunc], windowDuration, slideDuration)	利用函数 reduceFunc 对滑动窗口内的元素进行聚合操作，得到一个新的单元素流。函数 reduceFunc 需要满足结合律，从而支持并行计算。invReduceFunc 是一个可选的逆向 reduce 函数，主要用来处理滑出当前窗口的数据。对于 Python 而言，invReduceFunc 函数无效
reduceByKeyAndWindow(func, [invFunc], windowDuration, [slideDuration], [numTasks])	每个窗口的聚合值都是基于之前的窗口的聚合值进行增量计算得到的。它利用 func 函数对新移入窗口的数据做聚合，利用 invFunc 函数对移出窗口的数据做反向聚合操作。对于 Java/Scala，该方法是更加高效的 reduceByKeyAndWindow，但是对于 Python 而言，invFunc 函数无效
countByValueAndWindow(windowDuration, slideDuration, [numTasks])	作用于（K，V）键值对组成的 DStream 上，统计每一个 K 的出现次数，返回一个由（K，V）键值对组成的新 DStream

任何窗口操作都需要指定两个重要的参数：

- windowDuration 用于指定窗口大小。
- slideDuration 用于指定滑动步长。

【说明】windowDuration 和 slideDuration 必须设置成批处理时间间隔的整数倍，否则会出现同一批次的数据被划分到多个窗口的混乱情况。

在下面的案例中，微小批次的时间间隔是 5s，窗口大小是 10s，滑动步长是 5s，通过 reduceByKeyAndWindow( )方法，对当前窗口中的数据按照 K 做聚合操作，代码如下：

```
ssc.checkpoint("hdfs://node1:8020/checkpoint")

ssc.socketTextStream("node4", 9999) \
    .flatMap(lambda x: x.split(" ")) \
    .map(lambda x: (x, 1)) \
    .reduceByKeyAndWindow(lambda a, b: a + b,
                          lambda x, y: x - y,
                          windowDuration=10,
                          slideDuration=5) \
    .pprint()

ssc.start()
ssc.awaitTermination()
```

确保 node4 节点 9999 端口的 Socket 服务端正常启动后，执行代码，并在 Socket 服务端输入数据，输出结果如下：

```
-------------------------------------------
Time: 2023-06-16 08:40:55
-------------------------------------------
('Hello', 1)
('Python', 1)

-------------------------------------------
Time: 2023-06-16 08:41:00
-------------------------------------------
('Hello', 2)
('Python', 1)
('Spark', 1)
('You', 1)

-------------------------------------------
Time: 2023-06-16 08:41:05
-------------------------------------------
('Hello', 1)
('Spark', 1)
('You', 1)

-------------------------------------------
```

```
Time: 2023-06-16 08:41:10
-------------------------------------------
```

从结果可以知道，第 1 个窗口只含第 1 批次的数据，所以单词的计数都是 1；第 2 个窗口包含第 1 批次和第 2 批次的数据，所以 Hello 的计数是 2，其余单词的计数是 1；第 3 个窗口中，由于窗口大小只能容纳两个批次的数据，第 1 批次的数据被移出，只剩下第 2 批次的数据，所以单词的计数都是 1；第 4 个窗口中，由于第 2 批次的数据也被移出，所以窗口内数据为空。执行过程示意图如图 8-6 所示。

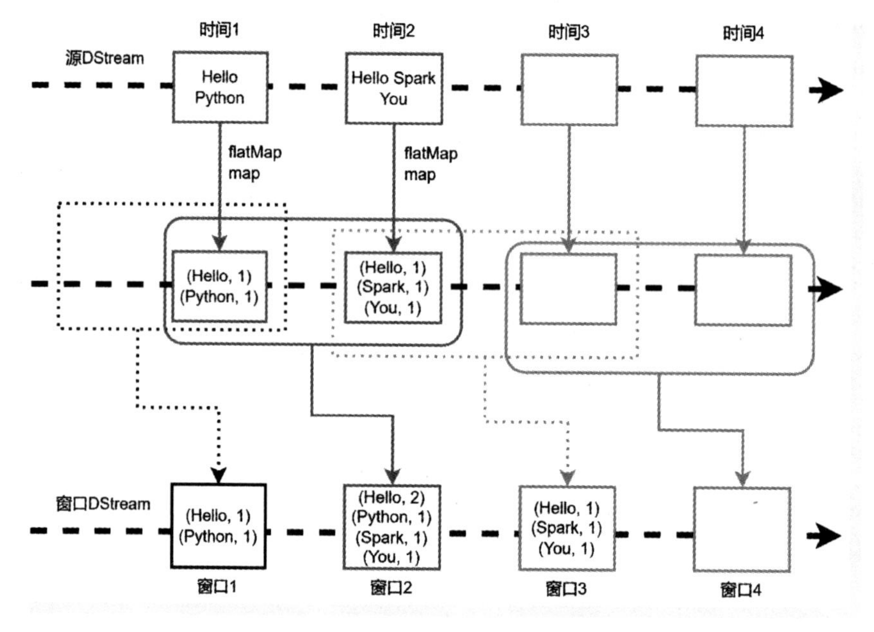

● 图 8-6 滑动窗口示意图

8.7 DStream 的输出操作

DStream 的输出操作是非常重要的，它是将处理后的流式数据输出到外部系统或存储介质的关键步骤，输出的数据便于后续的使用或展示。由于输出操作实际上允许外部系统使用转换后的数据，因此它们会触发执行所有 DStream 转换。

DStream 常见的输出操作见表 8-3。

表 8-3 常见的 DStream 输出操作列表

操　作	说　明
pprint( )	在 Driver 程序的节点上打印每批次数据的前 10 个元素
saveAsTextFiles(prefix, [suffix])	将 DStream 的内容另存为文本文件，每批次的数据单独生成一个文件，并根据 prefix 和 suffix 对文件进行命名：prefix-TIME_IN_MS [.suffix]

（续）

操　作	说　明
foreachRDD(func)	最通用的输出运算符，利用 func 函数将流中的每个 RDD 数据推送到外部系统，例如将 RDD 保存到文件，或通过网络将其写入数据库。函数 func 是在 Driver 程序中执行的

pprint()方法用于将 DStream 中的数据打印到控制台，其主要作用是方便开发人员在调试时查看数据。该方法只是将数据打印到控制台，不能进行进一步的数据处理或存储。在实际生产环境中，应该尽量避免使用 pprint()方法，而是将处理后的数据存储到文件或数据库中，方便后续的查询和分析。

saveAsTextFiles()方法用于将 DStream 中的数据以文本文件的形式保存到本地文件系统或分布式文件系统中，以便后续离线分析。对于需要通过外部程序读取数据的场景，可将实时计算得到的数据保存到文件系统，供外部程序读取。但是文件的写入操作可能会占用大量的系统资源，而且每批次数据单独生成一个文件，会导致文件系统上生成大量的文件，占用较多的磁盘空间，因此需要及时清理。

foreachRDD()是一个功能强大的方法，可以用于对 DStream 中的每个 RDD 执行自定义函数操作，可以使用 RDD 的所有操作和函数，从而完成对 DStream 中数据的处理，还可以将数据写入外部存储。foreachRDD()具有很高的灵活性和扩展性，可以将 DStream 中的数据以各种形式输出，例如写入数据库、写入文件、通过网络传输等。

使用 foreachRDD()方法需要注意以下几点：

1）自定义函数必须是可序列化的，需要避免使用外部变量，因为这个函数将会被分发到集群的不同节点执行。

2）由于自定义函数是在每个时间间隔结束时执行的，所以需要保证自定义函数的执行时间足够短，否则可能会导致下一个时间间隔的数据被堆积。

3）当需要将 DStream 的数据推送到关系型数据库时，如果需要创建数据库连接，则应该注意：

- 不要在 Driver 端创建连接，因为可能出现序列化或反序列化失败的问题。
- 不要为每个 RDD 的数据创建一个连接，一方面会导致连接数过多，另一方面创建连接的开销很大。
- 尽量让一次数据库连接处理一个分区的数据。
- 应该尽量使用共享数据库连接池。

在下面的案例中，对数据流中的单词进行计数，使用 foreachRDD()方法将每个 RDD 的数据按照分区分批次写入到 MySQL 数据库，数据库的连接通过连接池获取。

在 MySQL 数据库中创建目标表，语句如下：

```
mysql> use spark;
mysql> create table stream_word_count(date_time datetime, word varchar(40), word_count integer);
```

Spark 代码如下：

```
import mysql.connector.pooling from datetime import datetime as dt
# 定义连接池
connection_pool = None
```

```
# 定义处理方法
def sendToMySQL(records):
    global connection_pool
    if not connection_pool:
        # 创建连接池
        connection_pool = mysql.connector.pooling.MySQLConnectionPool(
            pool_name='mysql_pool', pool_size=5, pool_reset_session=True,
            host='node4', user='root', password='root',
            database='spark')
    date_time = dt.now().strftime("%Y-%m-%d %H:%M:%S")
    conn = connection_pool.get_connection()
    cursor = conn.cursor()
    # 将当前分区的数据插入到数据库
    for record in records:
        query = "insert into stream_word_count(date_time, word, word_count) values (%s, %s,
%s)"
        cursor.execute(query, (date_time, record[0], record[1]))
    conn.commit()
    cursor.close()
    conn.close()

# 定义流式数据处理逻辑
ssc.socketTextStream("node4", 9999) \
    .flatMap(lambda x: x.split(" ")) \
    .map(lambda x: (x, 1)) \
    .reduceByKeyAndWindow(lambda a, b: a + b,
                lambda x, y: x - y,
                windowDuration=10,
                slideDuration=5) \
    .foreachRDD(lambda rdd: rdd.foreachPartition(sendToMySQL))

ssc.start()
ssc.awaitTermination()
```

执行代码，并在 Socket 服务端输入数据。由于案例中并没有使用 pprint( ) 方法输出到控制台，而是输出到 MySQL 数据库中，所以连接数据库，查询表中的数据，结果如下：

```
mysql> select * from stream_word_count;
+---------------------+--------+------------+
| date_time           | word   | word_count |
+---------------------+--------+------------+
| 2023-06-16 08:45:57 | Hello  |          2 |
| 2023-06-16 08:45:57 | Python |          1 |
| 2023-06-16 08:45:57 | Spark  |          1 |
| 2023-06-16 08:45:58 | You    |          1 |
| 2023-06-16 08:46:00 | Hello  |          2 |
| 2023-06-16 08:46:00 | Python |          1 |
| 2023-06-16 08:46:00 | Spark  |          1 |
```

```
|2023-06-16 08:46:00 |You      |          1 |
+-------------------+--------+-----------+
9 rows in set (0.00 sec)
```

8.8 DStream 的 SQL 操作

在传统的批处理系统中，Spark SQL 提供了一种执行 SQL 查询的方法，让数据开发及分析人员可以直接通过 SQL 语句来处理和分析数据。在处理流式数据时，我们也希望将查询与数据流进行集成，以便直接通过 SQL 语句来进行处理。但是，由于 DStream 内部是一系列表示数据流的 RDD，所以 DStream 不直接支持 SQL 操作。为了解决这个问题，可以将 DStream 转换为 DataFrame，并在 DataFrame 上执行 SQL 操作。这种方法的好处是可以使用标准 SQL 语句进行流式数据处理。将 DStream 转换为 DataFrame，实际上是将内部的一系列 RDD 转换成一系列 DataFrame，因此需要获取内部的 RDD。在前面章节介绍的内容中，至少有两种方法从 DStream 中获取 RDD，因此对应两种方法将 DStream 转换成 DataFrame，即通过 transform( )方法或 foreachRDD( )方法，再结合通过 RDD 创建 DataFrame 的 3 种方式，即可将 DStream 转换成 DataFrame。由于 SparkSession 和 SparkConf 只能在 Driver 程序中访问，而 RDD 的处理是在 Executor 上进行的，所以需要定义一个方法，通过 globals( ) 来获取 SparkSession，再通过 SparkSession 将 RDD 转换成 DataFrame。

在下面的案例中，定义了一个方法来获取 SparkSession，定义了一个方法来将 RDD 转换成 DataFrame 并用 SQL 语句进行操作，最后可以通过两种方法将 DStream 转换成 DataFrame，代码如下：

```
#定义方法用来获取 SparkSession
def getSparkSessionInstance(sparkConf):
    if ("sparkSessionSingletonInstance" not in globals()):
        globals()["sparkSessionSingletonInstance"] = SparkSession \
            .builder \
            .config(conf=sparkConf) \
            .getOrCreate()
    return globals()["sparkSessionSingletonInstance"]

#定义处理方法
def processRDD(time, rdd):
    if rdd.isEmpty():
        return
    #获取 SparkSession
    sparkSession = getSparkSessionInstance(rdd.context.getConf())
    df = sparkSession.createDataFrame(rdd, schema=["word", "count"])
    df.createOrReplaceTempView("dstream_table")
    sparkSession.sql("select word, count from dstream_table").show()

#定义流式数据处理逻辑
wordStream = ssc.socketTextStream("node4", 9999) \
    .flatMap(lambda x: x.split(" ")) \
```

```
    .map(lambda x: (x, 1)) \
    .reduceByKeyAndWindow(lambda a, b: a + b,
                          lambda x, y: x - y,
                          windowDuration=10,
                          slideDuration=5) \
    .foreachRDD(processRDD) # 方式 1,使用 foreachRDD 进行处理
    # .transform(processRDD).pprint() # 方式 2,使用 transform 进行处理

ssc.start()
ssc.awaitTermination()
```

执行代码，并在 Socket 服务端输入数据，控制台中将会以表格的形式输出数据，输出结果如下：

```
+------+-----+
|  word|count|
+------+-----+
|Hello|    1|
|Python|    1|
+------+-----+

+------+-----+
|  word|count|
+------+-----+
|Hello|    2|
|Python|    1|
|Spark|    1|
|  You|    1|
+------+-----+
```

8.9 DStream 的持久化

在前面的章节中，我们介绍了 Spark 的两种主要的核心数据抽象 RDD 和 DataFrame，它们都是过程数据，为了充分利用系统资源，过程数据计算完之后会被清理掉，在下次使用的时候需要重新计算。数据重新计算的代价非常高，在某些情况下会导致性能瓶颈，因此 Spark 提供了持久化机制来持久化计算过程中需要重复使用的数据，避免重复计算。与 RDD 和 DataFrame 类似，DStream 中也是过程数据，同样面临数据重复计算的问题，因此 Spark 也为 DStream 提供了持久化机制，同样使用 cache( )、persist( ) 和 checkpoint( ) 方法来进行数据的持久化。

对于有状态转换，包括 updateStateByKey( ) 方法和窗口操作，持久化功能是隐式执行的，无需开发人员和分析人员调用持久化方法，因此必须为有状态转换设置检查点目录。对于无状态转换，如果需要用 checkpoint( ) 方法来持久化数据，则需要设置检查点目录。

8.10 【实战案例】地震数据处理分析

地震是自然界的一种常见现象，会对人们的生产和生活带来很大的影响。地震分析和预测一直是

科学家们关注的重点之一。随着数据科学的发展，使用数据分析方法对地震数据进行分析和预测成为可能。实时地震数据分析是指在不间断地接收地震数据流并分析数据的过程中，实时地发现和预测地震活动。这种实时地震数据分析是非常重要的，因为它可以提供及时的预警，使人们有更多的时间采取行动，从而减少地震造成的损失。

在本案例中，我们使用希腊地震数据集，该数据集包含了 1965—2022 年期间的地震数据。数据集包括地震时间、纬度、经度、震源深度、震级大小。

【说明】本案例使用的希腊地震数据集来自 Kaggle 网站，数据集的下载地址是 https://www.kaggle.com/datasets/nickdoulos/greeces-earthquakes，许可协议“CC0：公共领域贡献”（CC0：Public Domain），需要的读者可以自行下载。

8.10.1 数据集成

本案例采用流式数据分析，数据集不是静态存放在 HDFS 上的，而是需要通过创建数据流的方法，将数据集转换成流式数据。在 node4 节点上，使用 Python 启动一个 Socket 服务，监听客户端连接，在客户端成功连接后，以每秒钟 1000 条数据的速率向客户端发送数据，直到数据发送结束，以此来模拟流式数据的生成，代码如下：

```
import socket
import time

# 创建 Socket 对象,监听端口
server_socket = socket.socket(socket.AF_INET, socket.SOCK_STREAM)
server_socket.bind(('node4', 9999))
server_socket.listen(1)

while True:
    # 等待客户端连接
    client_socket, client_address = server_socket.accept()
    # 读取文件并逐行发送数据
    with open('/home/hadoop/Earthquakes.csv', 'r') as f:
        for line in f:
            try:
                client_socket.send(line.encode())
            except:
                f.close()
                break
            # 暂停 1ms
            time.sleep(0.001)
```

在 node4 节点上运行以上代码，等待客户端连接。

8.10.2 震级大小分布分析

对地震震级分布进行分析可以帮助人们更好地了解地震的活动特征和规律，帮助研究人员更好地了解地震的发生机制、能量释放过程等，从而更好地评估地震的危害性和灾害风险。实时接收地震数据流，按照地震震级数据进行统计，可以得到震级分布，代码如下：

```
ssc.checkpoint("hdfs://node1:8020/checkpoint")

def updateFunction(newValues, runningCount):
    if runningCount is None:
        runningCount = 0
    return sum(newValues, runningCount)

schema = StructType([
    StructField("MAGNITUDE", StringType(), False),
    StructField("COUNT", IntegerType(), False)
])

def foreachFunction(rdd):
    df = rdd.toDF(schema=schema).orderBy("MAGNITUDE").toPandas()
    bar = Bar() \
        .add_xaxis(df["MAGNITUDE"].to_list()) \
        .add_yaxis("震级大小", df["COUNT"].to_list()) \
        .set_series_opts(label_opts=opts.LabelOpts(is_show=False)) \
        .set_global_opts(yaxis_opts=opts.AxisOpts(name="次数"),
                        xaxis_opts=opts.AxisOpts(name="震级大小"))
    bar.render()

earthStream = ssc.socketTextStream("node4", 9999)
earthStream = earthStream.map(lambda x: re.split(", |\s", x)) \
    .map(lambda x: (x[5], 1)) \
    .updateStateByKey(updateFunction) \
    .foreachRDD(foreachFunction)

ssc.start()
ssc.awaitTermination()
```

执行代码，实时监测渲染的图形。可以发现，早些年希腊地震震级主要集中在2.5~3.5级之间，如图8-7所示。

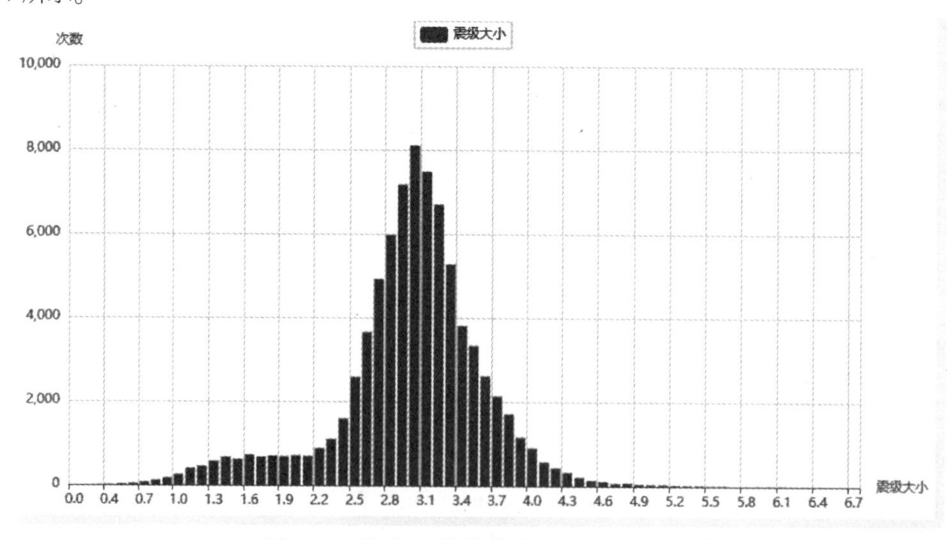

● 图8-7　早些年希腊地震的震级大小分布

随着时间的推移，地震越来越频繁，但震级主要集中在 1.0~2.4 级之间，整体的震级主要集中在 1.0~3.5 级之间，并且出现了两个震级峰值，如图 8-8 所示。

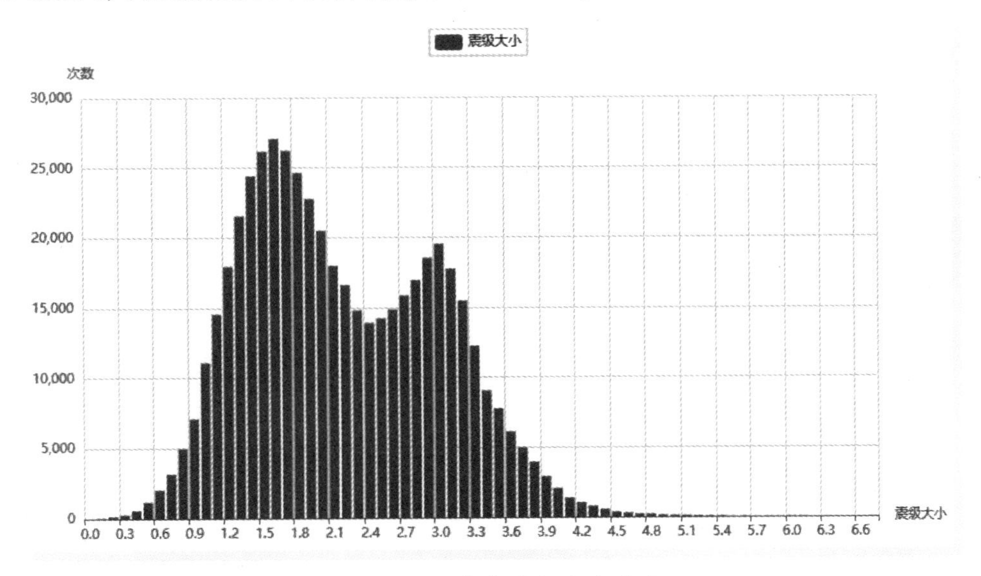

● 图 8-8　整体震级大小分布

从结果可以知道，希腊地震虽然频繁，但震级普遍偏低，对人们的生产生活不会造成重大灾害。

8.10.3　震源深度分布分析

震源深度对地震破坏的程度有很大影响，通常情况下，震源深度越浅，地震对地表造成的破坏也就越大。地震产生的能量不仅要传递到地表，还会引起地表的振动和变形，可能导致建筑物和其他结构的倒塌、岩石崩塌等破坏，给人们的生命和财产带来很大威胁。对地震数据流中的震源深度进行统计，可以得到震源深度的分布情况，代码如下：

```
ssc.checkpoint("hdfs://node1:8020/checkpoint")

def updateFunction(newValues, runningCount):
    if runningCount is None:
        runningCount = 0
    return sum(newValues, runningCount)

schema = StructType([
    StructField("DEPTH", IntegerType(), False),
    StructField("COUNT", IntegerType(), False)
])

def foreachFunction(rdd):
    df = rdd.toDF(schema=schema).orderBy("DEPTH").toPandas()
    bar = Bar() \
        .add_xaxis(df["DEPTH"].to_list()) \
```

```
        .add_yaxis("震源深度", df["COUNT"].to_list()) \
        .set_series_opts(label_opts=opts.LabelOpts(is_show=False)) \
        .set_global_opts(yaxis_opts=opts.AxisOpts(name="次数"),
                 xaxis_opts=opts.AxisOpts(name="震源深度"))
    bar.render()

earthStream = ssc.socketTextStream("node4", 9999)
earthStream = earthStream.map(lambda x: re.split(", |\s", x)) \
    .map(lambda x: (int(x[4]), 1)) \
    .updateStateByKey(updateFunction) \
    .foreachRDD(foreachFunction)

ssc.start()
ssc.awaitTermination()
```

执行代码，实时监测渲染的图形，震源深度分布如图 8-9 所示。

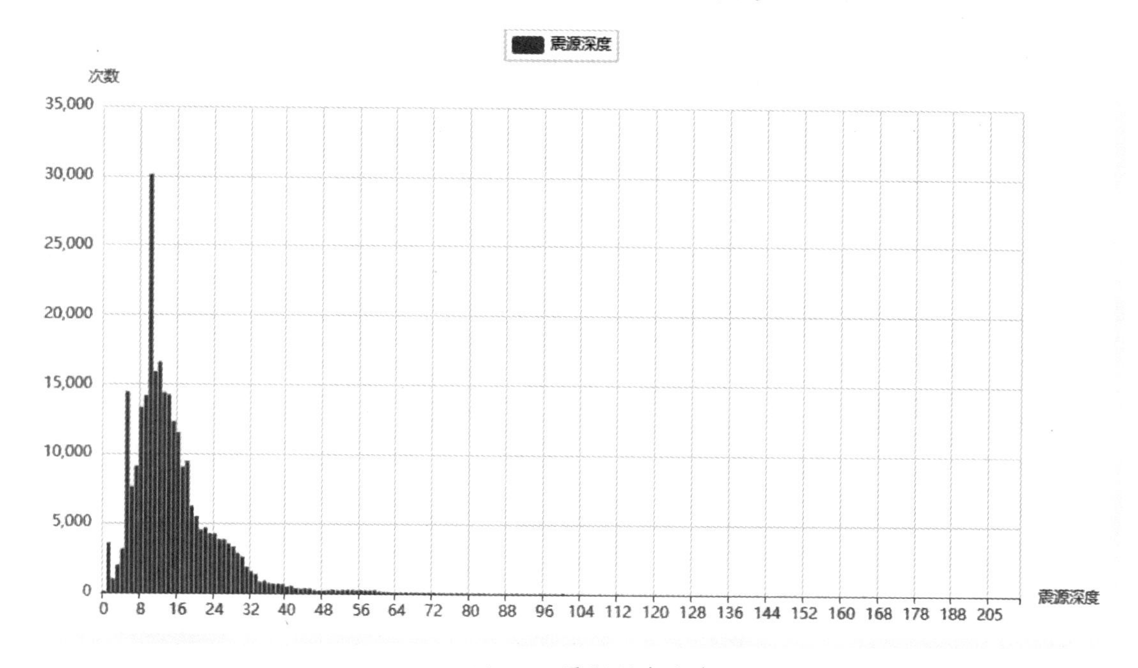

● 图 8-9 震源深度分布

地震的震源深度与地壳的构造、岩石的物理性质、板块运动速度等因素有关。希腊地震的震源深度主要集中在 10 公里左右，可能与希腊位于欧亚板块和非洲板块的交界处有关。这个地区板块运动剧烈，地壳活动频繁，地震震源深度较浅。

8.10.4 震中坐标分布分析

地震震中坐标的分布对于地震研究和地震灾害防治都非常重要。通过分析地震震中坐标的分布，可以了解地震的发生规律和特点，有助于预测未来的地震活动和提高地震预警的准确度。此外，还可

以结合地震发生地的地质构造、岩石类型等因素，研究地震活动的原因和机制，为地震预测和防治提供科学依据。坐标通常以经度和纬度来表示，对地震数据流中的经纬度进行统计分析，可以得到地震震中分布情况，代码如下：

```
ssc.checkpoint("hdfs://node1:8020/checkpoint")

def updateFunction(newValues, runningCount):
    if runningCount is None:
        runningCount = 0
    return sum(newValues, runningCount)

schema = StructType([
    StructField("Latitude", StringType(), False),
    StructField("Longitude", StringType(), False),
    StructField("COUNT", IntegerType(), False)
])

def foreachFunction(rdd):
    df = rdd.map(lambda x: (x[0][0], x[0][1], x[1])) \
        .toDF(schema=schema) \
        .orderBy("COUNT", ascending=False).limit(5000).toPandas()
    m = folium.Map(location=[38.0, 24.0], zoom_start=7)
    for index, row in df.iterrows():
        folium.CircleMarker([row['Latitude'], row['Longitude']],
                            radius=row['COUNT'] / 10, color='blue',
                            fill=True, fill_opacity=1, fill_color='blue') \
            .add_to(m)
    m.save("render.html")

earthStream = ssc.socketTextStream("node4", 9999)
earthStream = earthStream.map(lambda x: re.split(", |\s", x)) \
    .map(lambda x: ((x[2], x[3]), 1)) \
    .updateStateByKey(updateFunction) \
    .foreachRDD(foreachFunction)

ssc.start()
ssc.awaitTermination()
```

执行代码，实时监测渲染的图形，震中坐标分布情况如图 8-10 所示。

希腊全境均有地震活动，而最频繁的地震活动主要集中在沃洛斯、锡斯维、纳夫帕克托斯、帕特雷、莱谢纳、加斯图尼、凯法利尼亚岛等地区，这些地区位于地中海地震带上。这条地震带是全球最活跃的地震带之一，也是地中海地区地震频发、灾害严重的主要原因之一。

8.10.5 中等地震分布分析

希腊地震主要集中在 1.0~3.5 级地震之间，不会对人们的生产生活造成影响，甚至很多地震人们都感觉不到。但是由于地中海地震带非常活跃，且震源深度主要集中在 10 公里左右，所以中等强度

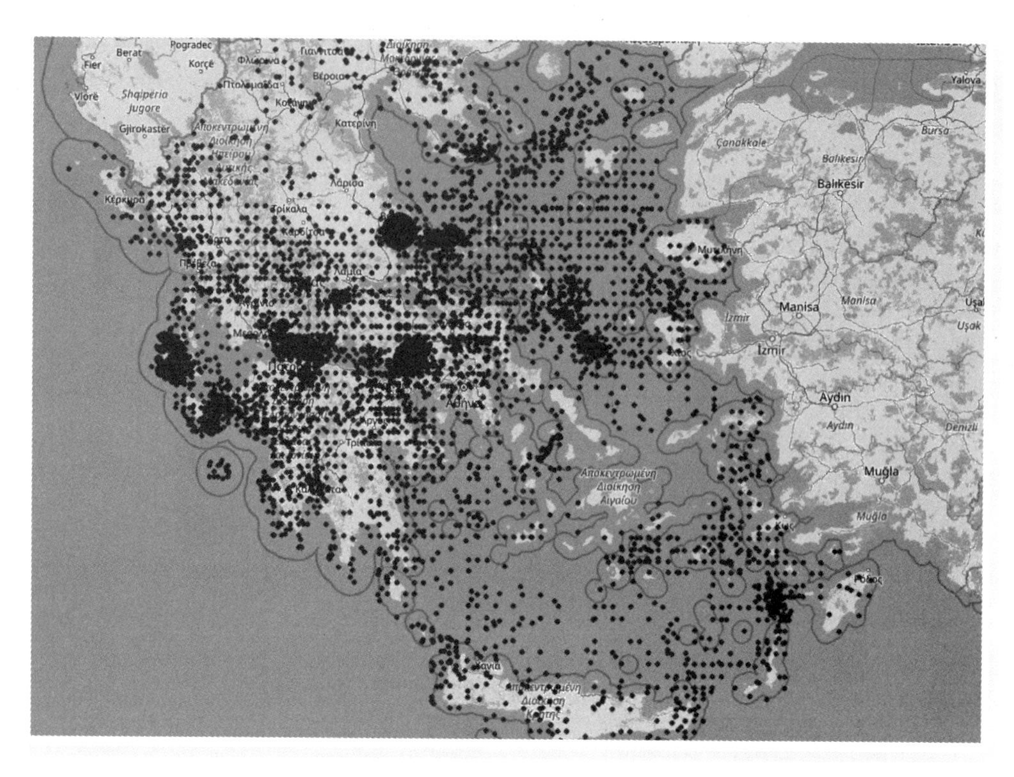

● 图 8-10 震中坐标分布

的地震也会造成不小的影响，4.5 级以上地震可以造成一定的影响，6.0 级以上地震可能会造成较大的破坏，对中等强度的地震进行提前预防还是很有必要的。对地震数据流中的数据进行监测，筛选震级在 4.5 级以上的地震形成地震预警，代码如下：

```
ssc.checkpoint("hdfs://node1:8020/checkpoint")

def updateFunction(newValues, runningCount):
    if runningCount is None:
        runningCount = 0
    return sum(newValues, runningCount)

schema = StructType([
    StructField("Latitude", StringType(), False),
    StructField("Longitude", StringType(), False),
    StructField("MAGNITUDE", FloatType(), False),
    StructField("COUNT", IntegerType(), False)
])

def foreachFunction(rdd):
    df = rdd.map(lambda x: (x[0][0], x[0][1], x[0][2], x[1])) \
        .toDF(schema=schema)
```

```
    df4 = df.where("MAGNITUDE < 6").toPandas()
    df6 = df.where("MAGNITUDE >= 6").toPandas()
    m = folium.Map(location=[38.0, 24.0], zoom_start=7)
    for index, row in df4.iterrows():
        folium.CircleMarker([row['Latitude'], row['Longitude']],
          radius=int(row['MAGNITUDE'] * row['COUNT'] / 2), color='orange',
          fill=True, fill_opacity=1, fill_color='orange').add_to(m)
    for index, row in df6.iterrows():
        folium.CircleMarker([row['Latitude'], row['Longitude']],
          radius=row['MAGNITUDE'] * row['COUNT'], color='red',
          fill=True, fill_opacity=1, fill_color='red').add_to(m)
    m.save("render.html")

earthStream = ssc.socketTextStream("node4", 9999)
earthStream = earthStream.map(lambda x: re.split(", |\s", x)) \
    .filter(lambda x: x[5] >= "4.5") \
    .map(lambda x: ((x[2], x[3], float(x[5])), 1)) \
    .updateStateByKey(updateFunction) \
    .foreachRDD(foreachFunction)

ssc.start()
ssc.awaitTermination()
```

执行代码，实时监测渲染的图形，中等强度地震分布预警情况如图 8-11 所示。

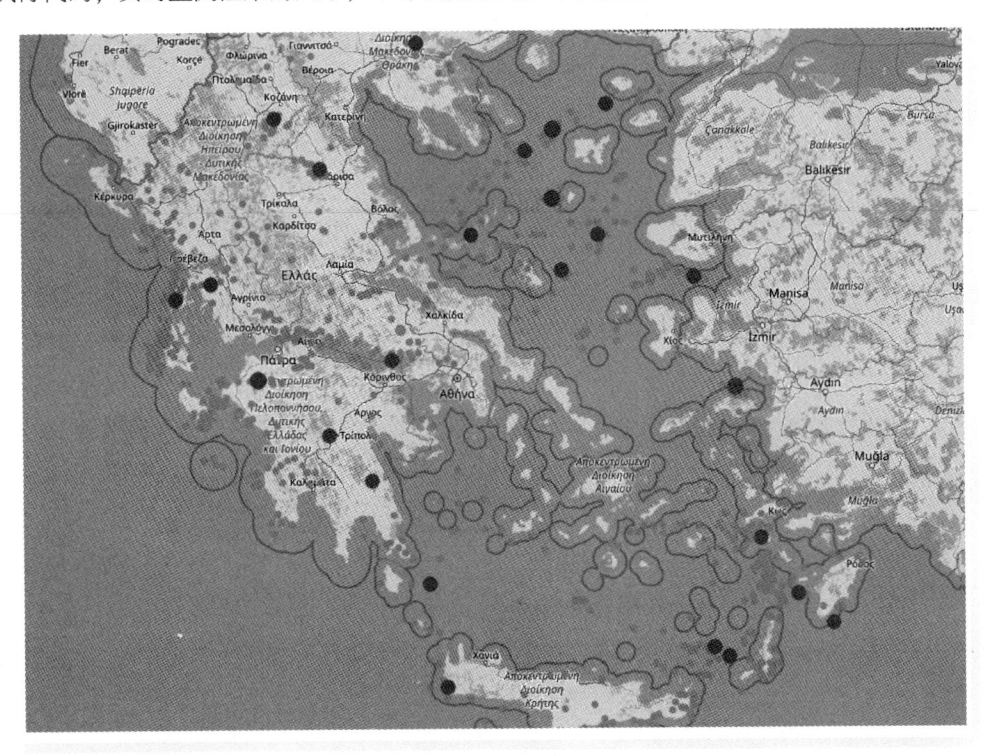

● 图 8-11　中等强度地震分布

对于处于地中海地震带上的希腊来说，地震活动频繁，因此需要做好防震准备和应急响应工作。

8.11 本章小结

本章主要介绍了 Spark Streaming 流式数据处理的基本概念和流程，介绍了基于 RDD 的 DStream 的创建、转换、输出、SQL 等操作。Spark Streaming 是一种强大的流式数据处理框架，可以快速高效地处理实时数据，并且可以结合 Spark 的强大特性进行数据处理和分析。通过 Spark Streaming 可以轻松地处理实时数据，并实现复杂的数据处理和分析任务，从而提高数据处理的效率和准确性。最后通过对实时地震数据流的分析，介绍了 Spark Streaming 在实时数据分析场景中的使用方法。

Structured Streaming 结构化流处理

结构化流处理（Structured Streaming）是在 Spark SQL 引擎上构建的可扩展且容错的流处理引擎。可以像对静态数据表达批处理计算一样表达流式计算。Spark SQL 引擎负责以增量方式连续运行，并在流数据持续到达时更新最终结果。Structured Streaming 使用 DataFrame API 来表示流聚合、时间窗口、连接等操作。系统通过检查点和预写日志确保端到端的一次容错保证。本章将介绍 Structured Streaming 的基本概念、数据处理步骤、时间窗口处理、延迟数据处理等，以及如何使用它来处理实时数据流。

9.1 编程模型

在结构化流处理中，数据流被视为连续不断追加的表，并且流式处理计算可以表示为标准的批处理。这种连续追加的表模型使得流式处理与传统的批处理模型非常相似，因为 Spark 将流式处理计算作为增量查询在无界表上运行。这种方式带来了很多好处，包括：

1）一致性。结构化流处理提供了与批处理相似的一致性保证，每个批处理间隔内的计算结果是确定的，不受并行性和处理顺序的影响。

2）容错性。结构化流处理使用检查点机制来实现容错性，检查点会定期保存计算状态和元数据，以便在故障发生时能够恢复计算。

3）高性能。结构化流处理利用了 Spark 的优化器和执行引擎，可以对查询进行优化和并行化，以提高处理性能。

4）灵活性。结构化流处理支持各种数据源和接收器，可以轻松处理各种数据格式和处理需求。

5）查询管理和监控。结构化流处理提供了管理和监控流式查询的功能，可以查看查询的状态、启动和停止查询、修改参数等。这种集成的查询管理和监控功能使得对实时数据处理过程的管理更加方便。

通过将流式处理计算表示为标准的批处理式查询，结构化流处理简化了实时数据处理的复杂性，提供了一种统一的编程模型。

9.1.1 基本概念

传统的批处理模型将数据视为有界的数据集，一次性加载并处理整个数据集。而结构化流处理则采用了一种增量处理的方式，其关键思想是将实时数据流视为无界的数据集，不断追加新的数据记录，最终形成一个无界表，如图 9-1 所示。

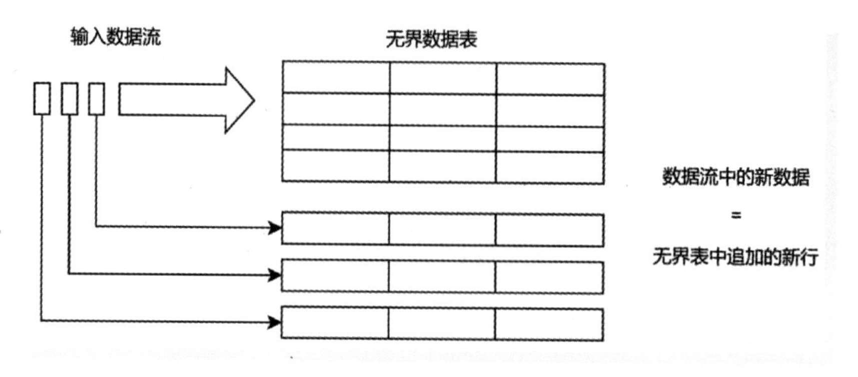

● 图 9-1　输入数据流追加到无界表

在无界表上对输入数据流的查询处理将生成结果表，引擎每隔一定的时间周期会触发对无界表的计算并更新结果表，如图 9-2 所示。

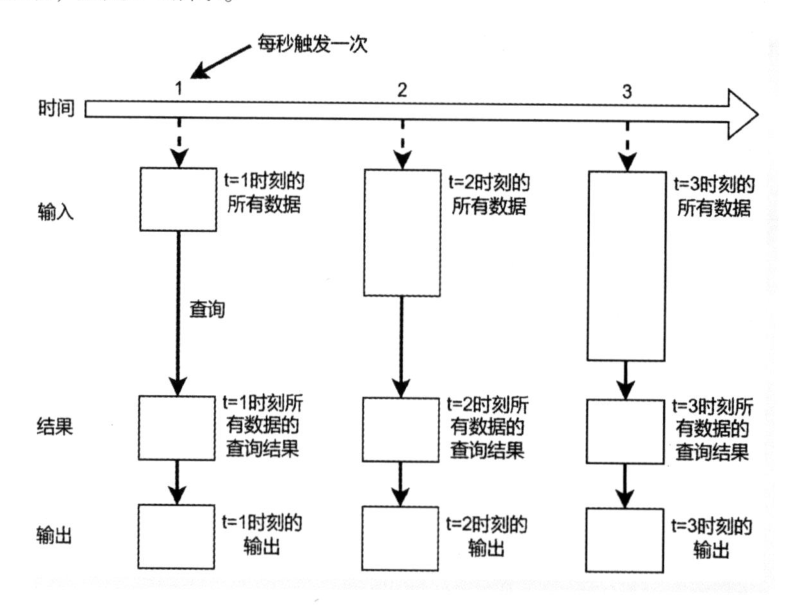

● 图 9-2　Structured Streaming 编程模型

在编程模型中的“输出”被定义为写入外部存储的内容。输出可以在不同的模式下定义：

1）追加模式（Append Mode）。只有自上次触发器以来在结果表中追加的新行才会写入外部存储。这仅适用于结果表中现有行不应更改的查询。

2）完整模式（Complete Mode）。整个更新的结果表将写入外部存储，由存储连接器决定如何处理整个表的写入。

3）更新模式（Update Mode）。只有自上次触发器以来在结果表中更新的行才会写入外部存储。

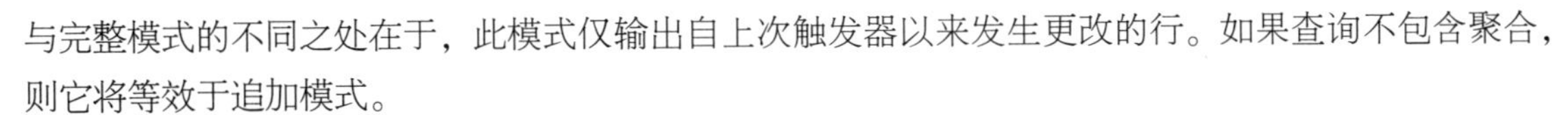

与完整模式的不同之处在于，此模式仅输出自上次触发器以来发生更改的行。如果查询不包含聚合，则它将等效于追加模式。

根据编程模型，编写 Structured Streaming 程序包括如下基本步骤：

1）创建 SparkSession 对象。

2）创建输入数据源。

3）定义数据流计算过程。

4）启动流式计算并根据实际情况输出计算结果。

9.1.2 事件时间和延迟数据

在结构化流处理中，存在三个与时间相关的概念：事件时间（Event Time）、接收时间（Arrival Time）和处理时间（Processing Time）。这些概念在实时数据处理中起着重要的作用，可以帮助我们理解数据的时间属性和如何处理基于时间的操作。

事件时间是数据记录中所包含的时间戳，它表示数据生成的实际时间。它通常是由数据源生成的时间戳，反映了数据在源头生成的时间信息。事件时间在处理数据时特别有用，比如基于时间窗口的聚合操作，可以根据事件时间来分组和计算数据。然而，事件时间在数据流中可能是乱序的，即事件时间不一定按照生成顺序进行排列。

接收时间是指数据到达系统的时间，当数据从外部数据源传递到结构化流处理系统时，系统会记录下数据到达的时间。接收时间是在数据流中对数据进行处理的基准时间。它通常用于处理基于接收时间的操作，比如实时计算数据的延迟和数据的到达速率。

处理时间是指数据在结构化流处理系统中被处理的时间，它是系统处理数据的本地时间，可以理解为系统的时钟时间。处理时间用于处理基于处理时间的操作，比如实时计算当前时间窗口内的聚合结果。处理时间是最简单和最常用的时间概念，因为它不需要依赖外部时间戳信息。

由于网络传输、系统负载或其他因素可能导致数据到达处理系统的顺序与数据生成的顺序不一致，因此事件时间在数据流中可能是乱序的。如果数据生成的时间较早，但到达处理系统的时间较晚，且明显晚于同一时段生成的数据，此时可以将明显晚到的数据称为延迟数据。延迟数据在实时数据处理中是一个常见的情况，因为数据需要经过传输和处理才能到达目标系统。因此，处理延迟数据需要特殊的策略和技术，以确保数据的准确性和实时性。处理延迟数据的常见策略包括：

1）等待处理。一种策略是等待延迟数据到达，直到当前处理时间达到或超过数据的事件时间。这样可以确保按照正确的事件时间顺序处理数据，但会导致处理时间延迟，可能影响系统的实时性能。

2）丢弃延迟数据。另一种策略是丢弃延迟到达的数据，只处理当前处理时间之前到达的数据。这种策略可以保持实时性能，但会导致数据丢失和计算结果的不完整。

3）水印（Watermark）。水印是一种时间概念，用于衡量事件时间数据的进展情况。自 Spark 2.1 之后，结构化流处理开始支持水印。水印可以认为是一个延迟边界，用于确定流处理系统应该处理哪些数据，哪些数据可以被认为是延迟数据。水印可以帮助系统处理延迟数据，比如基于水印设定窗口的触发时间，丢弃过时的延迟数据。

9.1.3 容错语义

容错语义是指在处理数据时，如何保证系统的健壮性和数据的完整性与一致性。在流式数据处理中，容错语义是非常重要的，因为处理实时数据时，系统容易受到各种异常情况的影响，如网络抖动、节点宕机等。

提供端到端的精确一次语义（Exactly Once）是结构化流处理设计背后的关键目标之一。结构化流处理支持精确一次语义，这意味着每个输入数据将被准确地处理一次，而且不会重复处理或丢失。为了实现这一目标，结构化流处理设计了源、接收器和执行引擎，以可靠地跟踪处理的确切进度，以便通过重新启动或重新处理来处理任何类型的故障。

可重放源是指可以重新读取先前已读取的数据的数据源，它是一种具备重复访问数据的能力，以便在需要时重新处理数据的组件。可重放源是为了实现结构化流处理中的精确一次语义而引入的。结构化流处理通过将输入数据的偏移量（类似于 Kafka 偏移量或 Kinesis 序列号）与处理状态结合使用来确保仅对数据处理一次。

结构化流处理使用一致性检查点和预写日志来实现容错。检查点是对当前处理状态的一种快照，包括输入数据、处理逻辑和状态信息。当发生故障时，系统可以使用检查点来恢复到先前的一致状态并继续处理数据。预写日志用来记录输入数据的先前处理状态和已提交的输出结果，它是一种持久化的日志，用于记录数据的处理操作。预写日志中的数据会在写入外部系统之前进行记录，以确保数据的一致性和可靠性。当系统发生故障或重启时，可以使用预写日志来恢复到故障发生之前的状态。结合一致性检查点和预写日志，结构化流处理可以保证数据的可靠处理和容错恢复能力。

幂等接收器是一种接收数据的组件，它具备幂等性的特性。当结构化流处理将结果写入外部系统（如文件系统、数据库或消息队列）时，幂等接收器可以确保输出结果的幂等性，即相同的数据只会被写入接收器一次，不会产生重复的输出。这样可以防止数据的重复写入，确保结果的准确性。

结构化流处理将可重放源与幂等接收器结合使用，实现了端到端的精确一次语义。当数据流经过处理过程时，先前已处理过的数据可以从可重放源中重新读取，并通过幂等接收器确保输出结果的幂等性。这意味着即使在面对故障、重启或重试的情况下，系统也可以保证每个输入数据只被处理一次，并且输出结果不会受到重复写入的影响。

9.2 流式 DataFrame 的创建

Structured Streaming 处理的数据与 Spark Streaming 一样，是源源不断的数据流，区别在于 Spark Streaming 底层的数据抽象是 DStream，而 Structured Streaming 底层采用的数据抽象是 DataFrame。流式 DataFrame 可以通过 SparkSession.readStream()返回的 DataStreamReader 类进行创建。与用于创建静态 DataFrame 的 DataFrameReader 类类似，可以指定源的详细信息：数据格式（Format）、架构（Schema）、选项（Options）等。

结构化流处理提供了一些内置数据源，用来创建流式 DataFrame，见表 9-1。

表 9-1　结构化流处理内置数据源列表

数 据 源	是否容错	说　明
文件源	是	读取作为数据流写入目录中的文件来创建数据流，文件将按文件修改时间的顺序进行处理，支持文本文件、CSV、JSON、ORC、Parquet 等，但文件必须以原子方式放置在给定目录中
Socket 源	否	从 Socket 连接读取文本数据，应该仅用于测试，因为这不提供端到端容错保证
Rate 源	是	以每秒指定的行数生成数据，每个输出行包含一个消息调度时间 Timestamp 和一个从 0 开始的长整型消息计数 Value，此源用于测试和基准测试
Kafka 源	是	从 Kafka 读取数据，它与 Kafka 版本 0.10.0 或更高版本兼容

9.2.1 通过文件源创建

通过文件源创建流式 DataFrame 是一种常见的方法，它允许从文件系统中读取实时数据并进行处理。在下面的案例中，通过监听 HDFS 上的文件路径，根据指定的 Schema 创建一个流式 DataFrame，最终将 DataFrame 的内容输出到控制台，代码如下：

```
schema = StructType().add("Word", StringType(), nullable=False)
df = spark.readStream.schema(schema) \
    .text("hdfs://node1:8020/input/streaming")
query = df.groupBy("Word").count() \
    .writeStream.format("console").outputMode("complete") \
    .trigger(processingTime="10 seconds").start()
query.awaitTermination()
```

执行代码，并在 HDFS 上的/input/streaming 目录下持续上传包含不同单词的文件，文件 1 的内容如下：

```
Hello
Python
Spark
```

文件 2 的内容如下：

```
Spark
Streaming
Structured
Streaming
```

在监听到有新文件产生时，控制台输出结果如下：

```
-------------------------------------------
Batch: 0
-------------------------------------------
+------+-----+
| Word|count|
+------+-----+
|Hello|    1|
```

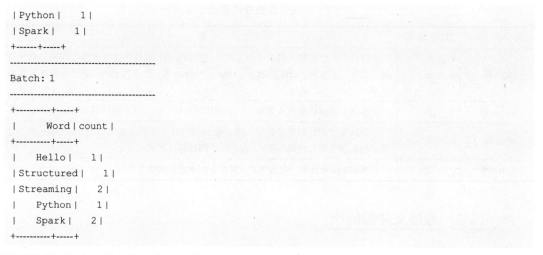

```
|Python|    1|
|Spark|    1|
+------+-----+
-------------------------------------------
Batch: 1
-------------------------------------------
+----------+-----+
|      Word|count|
+----------+-----+
|     Hello|    1|
|Structured|    1|
| Streaming|    2|
|    Python|    1|
|     Spark|    2|
+----------+-----+
```

可以看到，每次上传文件都会产生增量数据，数据都会被追加到结果中并生成最终的结果数据。

9.2.2 通过 Socket 源创建

通过 Socket 创建流式 DataFrame，可以实时接收来自网络的数据流，不过由于 Socket 源不提供容错保证，所以一般用于代码验证及测试。在下面的案例中，通过 Socket 源从 node4 的 9999 端口获取网络数据流创建流式 DataFrame，代码如下：

```
df = spark.readStream.format("socket") \
    .option("host", "node4").option("port", 9999).load()
df.writeStream.format("console").start().awaitTermination()
```

在 node4 的 9999 端口启动 Socket 服务，执行代码，并在 Socket 服务端持续输入数据，控制台输出结果如下：

```
-------------------------------------------
Batch: 1
-------------------------------------------
+------------+
|       value|
+------------+
|Socket Hello|
+------------+
-------------------------------------------
Batch: 2
-------------------------------------------
+------------+
|       value|
+------------+
|Socket Spark|
+------------+
```

9.2.3 通过 Rate 源创建

Rate 源主要是按照指定的生成速率，持续不断地生成带有时间戳和长整数数值的数据，由于源数据不含其他有价值的数据，所以一般也仅用于代码验证及测试。在下面的案例中，通过 Rate 源，以每秒生成 2 条数据的速率生成数据，代码如下：

```
df = spark.readStream.format("rate") \
    .option("rowsPerSecond", 2).option("rampUpTime", 1) \
    .option('includeTimestamp', 'true') \
    .load()
df.writeStream.format('console').option("truncate", "false") \
    .start().awaitTermination()
```

执行代码，控制台输出结果如下：

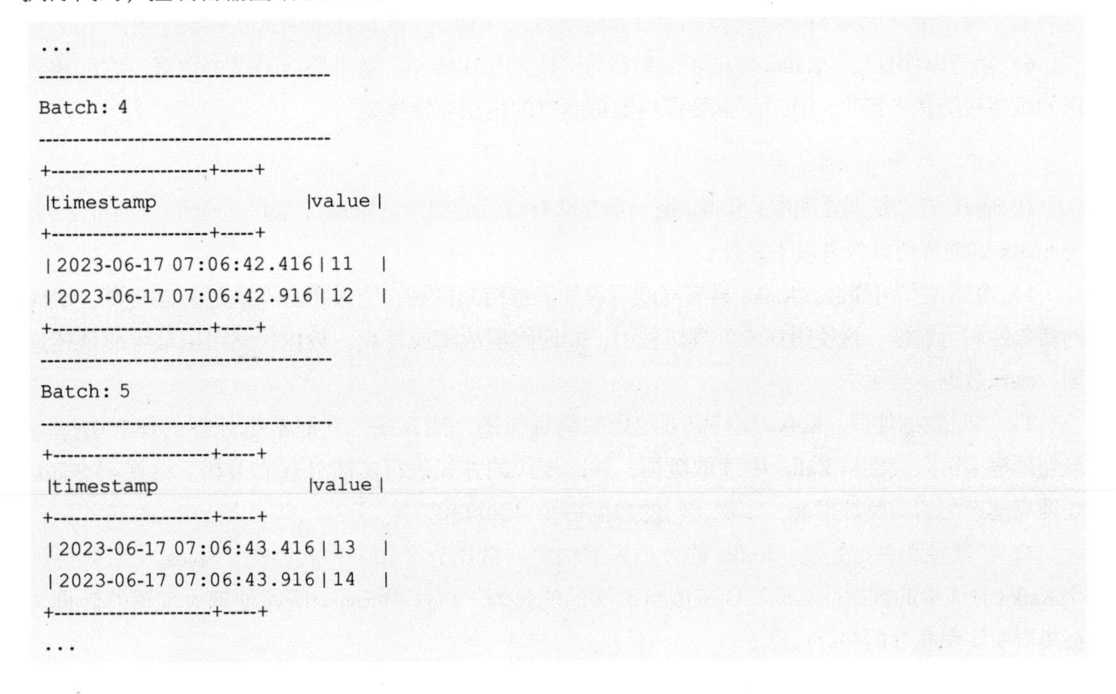

```
...
-------------------------------------------
Batch: 4
-------------------------------------------
+-----------------------+-----+
|timestamp              |value|
+-----------------------+-----+
|2023-06-17 07:06:42.416|11   |
|2023-06-17 07:06:42.916|12   |
+-----------------------+-----+
-------------------------------------------
Batch: 5
-------------------------------------------
+-----------------------+-----+
|timestamp              |value|
+-----------------------+-----+
|2023-06-17 07:06:43.416|13   |
|2023-06-17 07:06:43.916|14   |
+-----------------------+-----+
...
```

9.2.4 通过 Kafka 源创建

Kafka 是由 LinkedIn 公司开发的分布式消息队列系统，最初是为了解决 LinkedIn 网站的实时数据处理和日志传输需求而创建的。随着时间的推移，Kafka 逐渐发展成为一种通用的分布式消息队列系统，并在各个行业得到广泛应用。

1. Kafka 的特点

作为一个分布式消息队列系统，Kafka 具有以下几个特点：

1）高吞吐量。Kafka 被设计成具有极高的吞吐量，它能够处理大规模的数据流，每秒可以处理成千上万条消息。这使得 Kafka 非常适合处理高并发的实时数据流，满足了大规模数据处理的需求。

2）可扩展性。Kafka 的架构支持水平扩展，可以方便地增加更多的节点来应对数据量的增长。通过增加更多的分区和副本，Kafka 能够轻松地扩展到更多的机器上，从而提供更高的处理能力和容错性。

3）持久性。Kafka 具备可靠的消息存储和持久化机制，消息被持久化到磁盘上，并且可以根据配置的保留策略进行长期存储。这意味着即使消费者离线或者发生故障，消息仍然可以被保留和重新读取，确保数据不丢失。

4）容错性。Kafka 采用了分布式架构，并通过副本机制实现数据的冗余备份，当某个节点发生故障时，其他副本可以接管工作，保证数据的可用性和不中断的消息传递。Kafka 使用 Zookeeper 来进行协调和管理，确保集群的稳定运行。

5）灵活性。Kafka 的设计非常灵活，支持多种数据格式和协议，它可以处理各种类型的数据，包括结构化数据、二进制数据和文本数据等。同时，Kafka 与许多其他工具和技术集成良好，可以方便地与流处理框架（比如 Spark）、数据存储系统（比如 HDFS）以及其他消息队列系统进行集成。

6）消息顺序保证。Kafka 保证了消息在分区内的顺序传递，对于同一分区的消息，它们将按照发送的顺序被消费者接收，这对于需要保持数据顺序的应用非常重要。

2. Kafka 与 Spark 结合的好处

在 Spark 流式数据处理中，Kafka 是一个非常有价值的组件。Kafka 作为一个分布式消息队列系统，与 Spark 的结合可以带来以下好处：

1）容错性和可靠性。Kafka 具有高度可靠的消息传递机制，它采用分布式的复制机制，确保消息的持久性和可靠性。这使得在流处理过程中，即使出现故障或重启，数据仍然可以被可靠地传递和处理，确保数据不会丢失。

2）实时数据处理。Kafka 支持高吞吐量的消息传递，使其成为实时数据处理的理想选择。Spark 流处理框架可以直接从 Kafka 中读取数据，并以流式的方式进行实时处理和分析。这使得 Spark 能够处理高速产生的实时数据流，实现实时的数据转换、计算和监控。

3）扩展性和并行处理。Kafka 的分布式架构允许数据分区和分布式处理，Spark 可以并行读取多个 Kafka 分区中的数据，从而实现高度可扩展的流处理。这使得 Spark 能够处理大规模的数据流，并在集群中实现高效的并行计算。

4）消息语义和状态管理。Kafka 提供不同的消息传递语义，例如至少一次（At Least Once）和精确一次（Exactly Once）语义。这些语义对于流处理任务非常重要，可以确保消息不丢失、不重复，并保持处理的一致性。Spark 可以利用 Kafka 的消息语义，实现准确的状态管理和结果计算。

3. Kafka 的安装

Kafka 作为大数据生态系统中的一个组件，需要独立安装，安装前需要通过官方网站下载安装包，官方下载地址是 https://kafka.apache.org/downloads，选择合适的版本下载安装即可。本书选择使用 3.3.2 版本，直接在 node4 节点上通过命令下载安装包，命令如下：

```
$ wget https://downloads.apache.org/kafka/3.3.2/kafka_2.12-3.3.2.tgz
```

下载完成后，将安装包进行解压，目标目录 apps，命令如下：

```
$ mkdir -p apps
$ tar -zxf kafka_2.12-3.3.2.tgz -C apps/
```

解压完成后，Kafka 的目录结构如图 9-3 所示。

```
hadoop@node4:~$ ls -al apps/kafka_2.12-3.3.2/
total 72
drwxr-xr-x 7 hadoop hadoop  4096 Dec 21 21:18 .
drwxrwxr-x 3 hadoop hadoop  4096 Jun 19 05:35 ..
-rw-r--r-- 1 hadoop hadoop 14844 Dec 21 21:14 LICENSE
-rw-r--r-- 1 hadoop hadoop 28184 Dec 21 21:14 NOTICE
drwxr-xr-x 3 hadoop hadoop  4096 Dec 21 21:18 bin
drwxr-xr-x 3 hadoop hadoop  4096 Dec 21 21:18 config
drwxr-xr-x 2 hadoop hadoop  4096 Jun 19 05:35 libs
drwxr-xr-x 2 hadoop hadoop  4096 Dec 21 21:18 licenses
drwxr-xr-x 2 hadoop hadoop  4096 Dec 21 21:18 site-docs
hadoop@node4:~$
```

● 图 9-3　Kafka 目录结构

- bin 目录包含了 Kafka 的命令行工具脚本，例如启动服务端的 kafka-server-start.sh 脚本、创建主题的 kafka-topics.sh 脚本等。
- config 目录包含了 Kafka 的配置文件，其中最重要的文件是 server.properties，用于配置 Kafka 服务端的参数。
- libs 目录包含了 Kafka 运行所需的依赖库文件。

Kafka 的安装支持多种模式，集群模式需要对 server.properties 配置文件进行配置，传统的集群模式需要借助 Zookeeper 来进行协调和管理，最新的 Kraft 集群模式则不需要 Zookeeper。除了集群模式，Kafka 在单节点模式下也是可以正常运行的，在单节点模式下，可以直接使用 Kafka 的默认配置来运行，而不需要修改配置文件。在单节点模式下，可以在安装包解压完成后直接启动 Zookeeper 和 Kafka 服务，命令如下：

```
$ cd apps/kafka_2.12-3.3.2
$ bin/zookeeper-server-start.sh -daemon config/zookeeper.properties
$ bin/kafka-server-start.sh -daemon config/server.properties
```

启动完成后，通过 jps 命令可以查看当前系统的进程，其中 QuorumPeerMain 是 Zookeeper 的进程，kafka 则是 Kafka 的进程，如图 9-4 所示。

```
hadoop@node4:~$ cd apps/kafka_2.12-3.3.2/
hadoop@node4:~/apps/kafka_2.12-3.3.2$ bin/zookeeper-server-start.sh -daemon config/zookeeper.properties
hadoop@node4:~/apps/kafka_2.12-3.3.2$ bin/kafka-server-start.sh -daemon config/server.properties
hadoop@node4:~/apps/kafka_2.12-3.3.2$ jps
4998 Jps
4427 QuorumPeerMain
4894 Kafka
hadoop@node4:~/apps/kafka_2.12-3.3.2$
```

● 图 9-4　Kafka 相关进程

接下来可以通过命令创建一个名称为 Topic1 的 Topic，命令如下：

```
$ bin/kafka-topics.sh --create --bootstrap-server node4:9092 --topic Topic1 --partitions 1 --
replication-factor 1
```

使用 Kafka 自带的命令，启动一个控制台生产者，用于向 Topic1 中生产数据，命令如下：

```
$ bin/kafka-console-producer.sh --bootstrap-server node4:9092 --topic Topic1
```

重新打开一个 Linux 的命令行终端，使用 Kafka 自带的命令，启动一个控制台消费者，用于消费 Topic1 中的数据，命令如下：

```
$ bin/kafka-console-consumer.sh --bootstrap-server node4:9092 --topic Topic1
```

在生产者端输入数据，在消费者端看到同样的数据被输出，则说明 Kafka 安装成功，可以正常生产及消费数据。

4. 通过 Kafka 源创建 DataFrame

由于 Kafka 是一个独立的组件，Spark 在连接 Kafka 的时候需要添加额外的依赖包才能连接到 Kafka，主要的依赖包有 kafka-clients-3.3.2.jar、spark-sql-kafka-0-10_2.12-3.4.0.jar、spark-token-provider-kafka-0-10_2.12-3.4.0.jar、commons-pool2-2.11.1.jar。

在下面的案例中，通过监听 Kafka 的 Topic1，实时获取 Kafka 中的数据生成 DataFrame，代码如下：

```
df = spark.readStream.format("kafka") \
    .option("kafka.bootstrap.servers", "node4:9092") \
    .option("subscribe", "Topic1").load()
df.printSchema()
# Kafka 中数据的具体值
df.selectExpr("key", "CAST(value AS STRING) as value", "topic", "offset", "partition", "times
tamp") \
    .writeStream.format("console") \
    .start().awaitTermination()
```

执行代码，在 Kafka 生产者端输入数据，数据内容如下：

```
hello spark
hello python
```

控制台输出结果如下：

```
root
 |-- key: binary (nullable = true)
 |-- value: binary (nullable = true)
 |-- topic: string (nullable = true)
 |-- partition: integer (nullable = true)
 |-- offset: long (nullable = true)
 |-- timestamp: timestamp (nullable = true)
 |-- timestampType: integer (nullable = true)

-------------------------------------------
Batch: 1
```

```
-------------------------------------------
+----+-----------+------+------+---------+-------------------+
| key |       value | topic |offset |partition |            timestamp |
+----+-----------+------+------+---------+-------------------+
| null | hello spark |Topic1 |     10 |          0 | 2023-06-17 08:01:... |
| null |hello python |Topic1 |     11 |          0 | 2023-06-17 08:01:... |
+----+-----------+------+------+---------+-------------------+
```

从结果可以知道，Kafka 数据源获取的数据，包含了主题、偏移量、时间戳等信息，而真实的消息数据存储在 value 列。

9.3 流式 DataFrame 的操作

Structured Streaming 底层采用的数据抽象是 DataFrame，因此 Structured Streaming 可以对底层数据应用 Spark SQL 中静态 DataFrame 的各种操作，包括 select、where、groupBy、map、filter 等，可以非常方便地对数据进行处理和分析。同时由于 Structured Streaming 处理的是实时数据流，因此需要考虑到实时性和延迟的因素。因为数据流是不断产生的，处理过程中需要考虑到数据的时序性，所以需要一些特殊的处理机制。

9.3.1 事件时间窗口

事件时间窗口是在流式数据处理中按照事件时间对数据进行分组和聚合的一种方式。在流式数据处理中，数据往往是无序到达的，可能存在乱序的情况，事件时间窗口提供了一种基于事件时间进行有序处理和分析的机制。事件时间窗口将数据流按照时间段进行划分，并对每个时间段内的数据进行聚合或处理。事件时间窗口的大小取决于事件的特性和重要性，Spark 使用 window( ) 函数指定窗口的大小，并通过它来对数据进行分组和聚合。在数据分析中，事件时间窗口常用于描述用户行为、市场趋势和活动效果等方面的数据变化。

在流式数据的单词出现次数统计中，假设以 12:00 作为时间起点，以 10min 的时间段为一个窗口，每 5min 统计一次结果，则可以划分事件时间窗口为 12:00—12:10、12:05—12:15、12:10—12:20、12:15—12:25 等。这些事件时间窗口是有重叠的，比如 12:05—12:10 这个时间段，既属于窗口 12:00—12:10，又属于窗口 12:05—12:15，在这个时间段内接收到的数据应该同时增加两个窗口中单词的计数。Spark 内部执行引擎关于计数的索引，会同时基于时间窗口和单词这两个参数。在流式数据处理中，基于事件时间窗口的单词分组聚合，如图 9-5 所示。

在下面的案例中，从 Kafka 数据源获取数据，使用数据中的时间作为事件时间，以 10min 为一个窗口，每 5min 统计一次结果，统计时间窗口内的单词出现次数，代码如下：

```
df = spark.readStream.format("kafka") \
    .option("kafka.bootstrap.servers", "node4:9092") \
    .option("subscribe", "Topic1").load()
words=df.selectExpr("split(CAST(value AS STRING),\",\")[0] as timestamp",
```

```
    "explode(split(split(CAST(value AS STRING),\",\")[1],\" \")) as word")
# 窗口的大小
windowDuration = '10 minutes'
# 滑动的步长
slideDuration = '5 minutes'
words.groupBy(
    # 使用 timestamp 列作为窗口划分的依据
    F.window(words.timestamp, windowDuration, slideDuration),
    words.word
).count().orderBy('window', ascending=False) \
    .writeStream.outputMode('complete').format("console") \
    .option("truncate", False) \
    .start().awaitTermination()
```

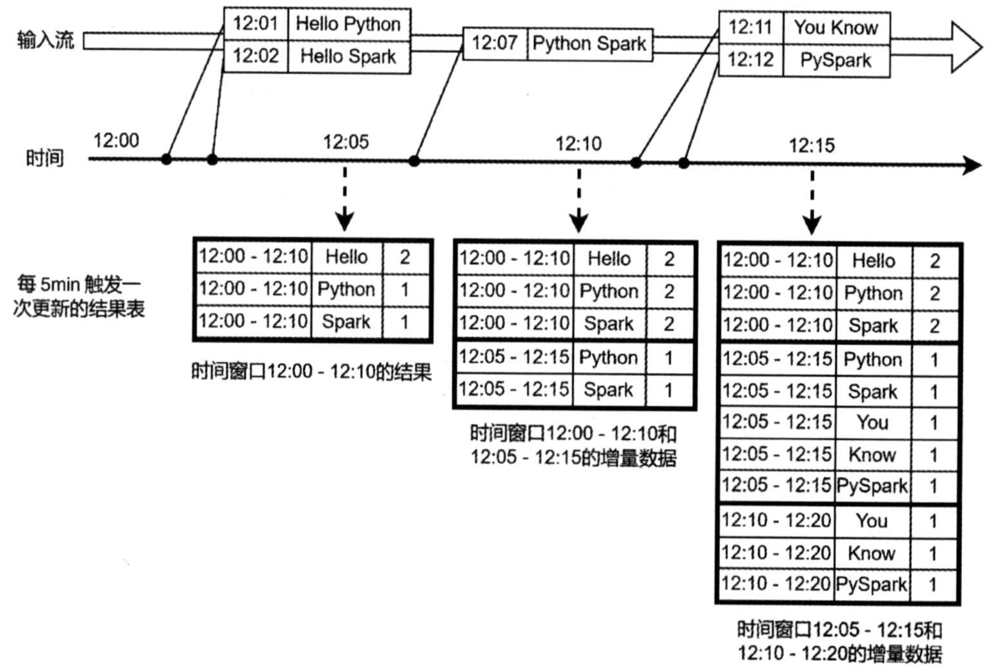

● 图 9-5　基于事件时间窗口的单词分组聚合

执行代码，在 Kafka 生产者中输入数据，数据内容如下：

```
2023-06-17 12:01:00,Hello Python
2023-06-17 12:02:00,Hello Spark
2023-06-17 12:07:00,Python Spark
2023-06-17 12:11:00,You Know
2023-06-17 12:12:00,PySpark
```

控制台输出结果如下：

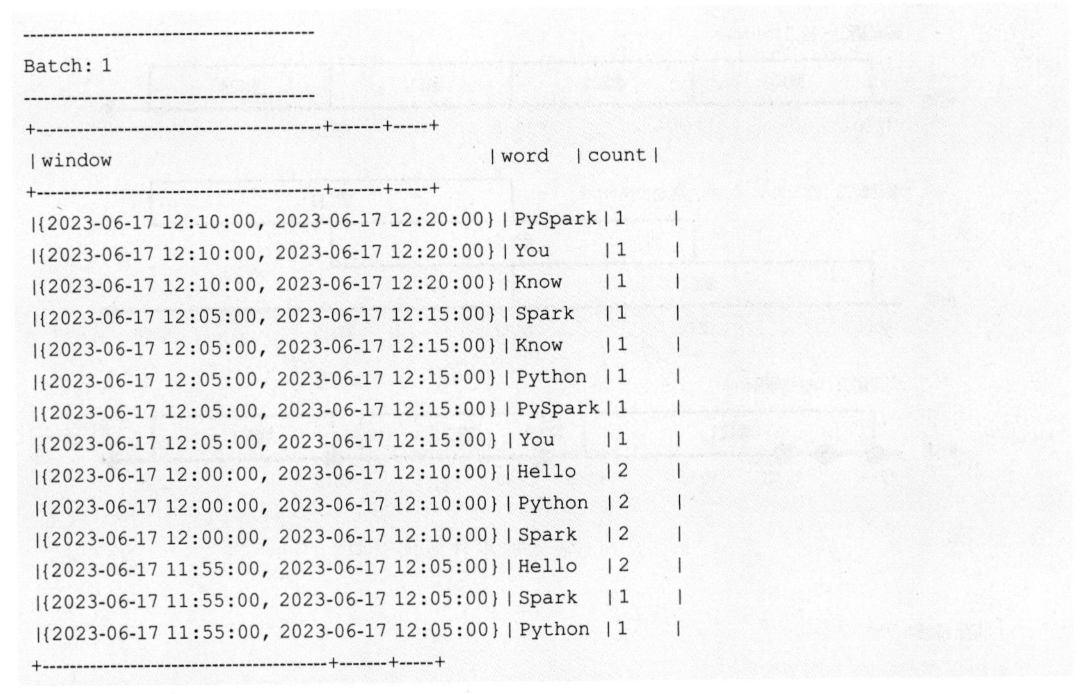

```
-------------------------------------------
Batch: 1
-------------------------------------------
+------------------------------------------+-------+-----+
|window                                    |word   |count|
+------------------------------------------+-------+-----+
|{2023-06-17 12:10:00, 2023-06-17 12:20:00}|PySpark|1    |
|{2023-06-17 12:10:00, 2023-06-17 12:20:00}|You    |1    |
|{2023-06-17 12:10:00, 2023-06-17 12:20:00}|Know   |1    |
|{2023-06-17 12:05:00, 2023-06-17 12:15:00}|Spark  |1    |
|{2023-06-17 12:05:00, 2023-06-17 12:15:00}|Know   |1    |
|{2023-06-17 12:05:00, 2023-06-17 12:15:00}|Python |1    |
|{2023-06-17 12:05:00, 2023-06-17 12:15:00}|PySpark|1    |
|{2023-06-17 12:05:00, 2023-06-17 12:15:00}|You    |1    |
|{2023-06-17 12:00:00, 2023-06-17 12:10:00}|Hello  |2    |
|{2023-06-17 12:00:00, 2023-06-17 12:10:00}|Python |2    |
|{2023-06-17 12:00:00, 2023-06-17 12:10:00}|Spark  |2    |
|{2023-06-17 11:55:00, 2023-06-17 12:05:00}|Hello  |2    |
|{2023-06-17 11:55:00, 2023-06-17 12:05:00}|Spark  |1    |
|{2023-06-17 11:55:00, 2023-06-17 12:05:00}|Python |1    |
+------------------------------------------+-------+-----+
```

对于流式数据处理，Spark 支持 3 种常见的事件时间窗口：

1）滚动窗口（Tumbling Window）。滚动窗口是固定大小的时间窗口，连续且不重叠，输入数据只能绑定到唯一的一个窗口。它将数据流划分为固定长度的时间段，并对每个窗口内的数据进行聚合或处理。

2）滑动窗口（Sliding Window）。滑动窗口类似于滚动窗口，它具有固定的大小，如果滑动的步长小于窗口的大小，窗口可能会重叠，这种情况下输入数据可能绑定到多个窗口。当滑动的步长等于窗口的大小时，滑动窗口就变成了滚动窗口。

3）会话窗口（Session Window）。会话窗口是根据数据之间的时间间隔来定义的，而不是固定大小的窗口。它基于数据之间的间隔时间划分数据流，并对每个会话内的数据进行处理。Spark 使用 session_window( )函数来定义会话窗口。会话窗口初始状态下以接收到的第 1 条数据作为窗口的起点，以指定的时间间隔作为窗口的大小。如果在指定的时间间隔内接收到新的数据，则会以新的数据作为起点重新计算时间间隔，并且窗口的大小会自动扩展。如果在指定的时间间隔内未接收到新的数据，则窗口关闭。超过时间间隔后接收到的数据将会作为下一个会话窗口的起点。

Spark 支持的 3 种常见的事件时间窗口的示意图如图 9-6 所示。

使用会话窗口有一些限制：

- 不支持 Update 作为输出模式。
- 分组键中除了 session_window 之外，至少应该有一列。
- 对于批处理查询，支持全局窗口（分组键中只有 session_window）。

修改前面的案例，将滑动窗口修改为会话窗口，修改后的代码如下：

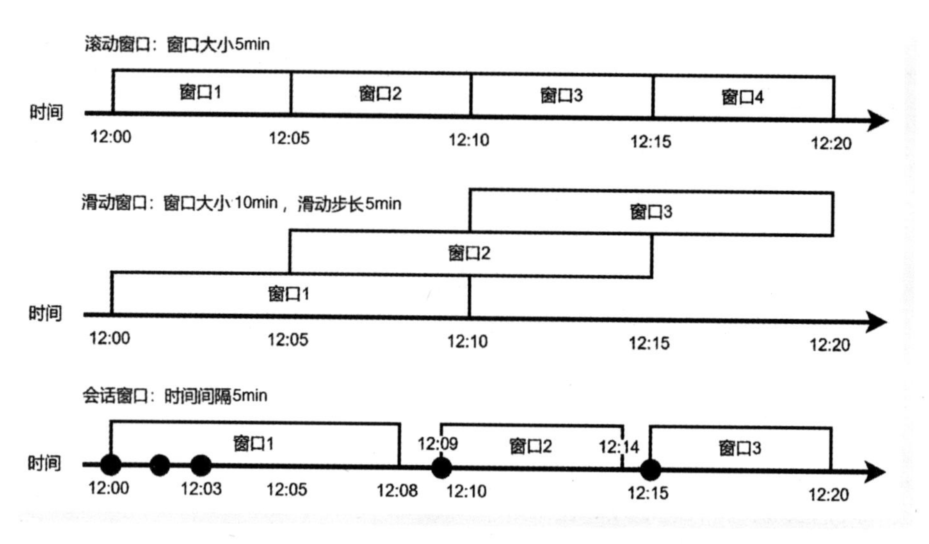

● 图 9-6　常见的事件时间窗口

```
# 间隙持续时间
gapDuration = '5 minutes'

words.groupBy(
    # 使用 timestamp 列作为窗口划分的依据
    F.session_window(words.timestamp, gapDuration),
    words.word
).count() \
    .writeStream.outputMode('complete').format("console") \
    .option("truncate", False) \
    .start().awaitTermination()
```

执行修改后的代码，在 Kafka 生产者中输入数据，控制台输出结果如下：

```
-------------------------------------------
Batch: 1
-------------------------------------------
+------------------------------------------+------+-----+
|session_window                            |word  |count|
+------------------------------------------+------+-----+
|{2023-06-17 12:01:00, 2023-06-17 12:06:00}|Hello |1    |
|{2023-06-17 12:01:00, 2023-06-17 12:06:00}|Python|1    |
+------------------------------------------+------+-----+

-------------------------------------------
Batch: 2
-------------------------------------------
+------------------------------------------+------+-----+
|session_window                            |word  |count|
+------------------------------------------+------+-----+
```

```
|{2023-06-17 12:01:00, 2023-06-17 12:07:00}|Hello  |2    |
|{2023-06-17 12:01:00, 2023-06-17 12:06:00}|Python|1    |
|{2023-06-17 12:02:00, 2023-06-17 12:07:00}|Spark  |1    |
+------------------------------------------+------+-----+

-------------------------------------------
Batch: 3
-------------------------------------------
+------------------------------------------+-------+-----+
|session_window                            |word   |count|
+------------------------------------------+-------+-----+
|{2023-06-17 12:11:00, 2023-06-17 12:16:00}|You    |1    |
|{2023-06-17 12:01:00, 2023-06-17 12:07:00}|Hello  |2    |
|{2023-06-17 12:11:00, 2023-06-17 12:16:00}|Know   |1    |
|{2023-06-17 12:12:00, 2023-06-17 12:17:00}|PySpark|1    |
|{2023-06-17 12:07:00, 2023-06-17 12:12:00}|Python |1    |
|{2023-06-17 12:01:00, 2023-06-17 12:06:00}|Python |1    |
|{2023-06-17 12:02:00, 2023-06-17 12:12:00}|Spark  |2    |
+------------------------------------------+-------+-----+
```

从结果可以知道，会话窗口并非以 5min 的整数倍时间点作为窗口的起始点和结束点，而是以数据到达的实际时间作为起始点，增加指定时间间隙后作为窗口的结束点。在 Batch 1 中，第 1 条数据到达后，时间窗口为 12:01—12:06。在 Batch 2 中，当第 2 条数据到达后，由于分组条件中包含时间戳和单词两列，所以单词 Spark 的时间窗口为 12:02—12:07，而单词 Hello 的时间窗口从原来的 12:01—12:06 自动扩展为 12:01—12:07。在 Batch 3 中，当所有数据都到达后，单词 Spark 的时间窗口自动扩展为 12:02—12:12，而单词 Python 在第 1 个窗口结束点 12:06 前并未收到新数据，所以第 1 个窗口关闭，在 12:07 收到新数据后则新开了一个窗口，所以单词 Python 最终属于两个时间窗口 12:01—12:06 和 12:07—12:12。

9.3.2 处理延迟数据和水印

延迟数据在实时数据处理中是一个常见的情况，现在考虑如果数据延迟到达，那么应该如何处理延迟的数据。比如，在 12:12 的时候应用程序接收到了在 12:04 产生的数据，基于事件时间窗口的处理应该按照事件时间 12:04 进行处理，因此该数据应该用于更新时间窗口 12:00—12:10 的结果，而不应该用于更新时间窗口 12:10—12:20 的结果。处理结果如图 9-7 所示。

基于事件时间窗口操作在处理乱序到达的数据时，需要维护一个状态来跟踪每个事件时间窗口的终止时间和每个窗口内的数据。当窗口内的数据增加时，需要实时更新状态并计算结果，这容易引起一些问题：

1）内存占用问题。应用程序需要将所有窗口的状态都维护在内存中，如果窗口数量或窗口内数据量较大，会导致内存占用问题。

2）计算延迟问题。如果一个窗口内的数据延迟到达，那么这个窗口的状态需要一直维护，直到延迟的数据到达。如果延迟的数据一直没有到达，会导致这个窗口的状态一直被维护，造成计算延迟。

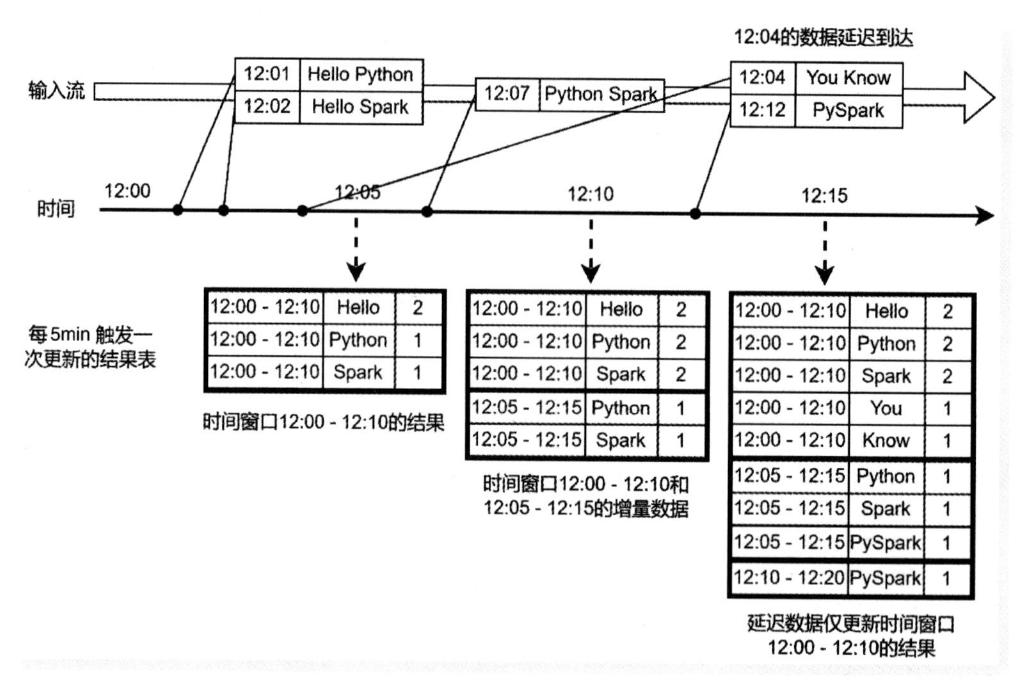

● 图 9-7 处理延迟数据

3）计算性能问题。如果窗口内的数据不断增加，那么需要实时更新状态并计算窗口计算结果，这可能会造成计算的负担过重，导致计算性能下降。

4）计算错误问题。在一些场景下，由于乱序数据的延迟到达，可能会导致窗口计算结果不准确，从而影响数据处理的正确性。

为了解决这些问题，在 Spark 2.1 中引入了水印机制来处理基于事件时间的窗口操作。水印是一种基于事件时间的时间戳标记，表示流数据中处理时间窗口的边界，即告诉 Spark 引擎该水印时间戳之前的数据已经全部到达，不会再出现更早的数据，不应该再接收比该水印时间戳更早的事件时间数据。通过引入水印机制，可以保障事件时间窗口的正确性，从而避免状态溢出和结果错误等问题。

水印机制的基本原理是在数据流中插入水印时间戳，水印时间戳比当前处理时间戳要小一些。因为数据流中的数据可能存在乱序，所以需要设置一个延迟时间，等待乱序数据到达，以便在水印时间戳之前，所有数据都已经到达。当水印时间戳到达后，就可以触发窗口计算并输出结果。可以通过指定事件时间列和数据在事件时间方面的延迟阈值来定义水印，对于在时间 T 结束的特定窗口，Spark 引擎将保持状态并允许延迟数据更新状态，直到引擎处理的最大事件时间-延迟阈值>T。也就是阈值内的延迟数据将被接受，超过阈值的数据将被丢弃。

对于阈值内的延迟数据将被接收，假如延迟阈值定义为 10min，则当 Spark 引擎处理到事件时间为 12:12 的数据时，水印时间戳为 12:02，水印时间戳所在的窗口有 12:00—12:10，时间窗口的结束时间 T 是 12:10，此时延迟到达的 12:04 的数据将被接收，如图 9-8 所示。

超过阈值的延迟数据将被丢弃，假如延迟阈值定义为 1min，则当 Spark 引擎处理到事件时间为

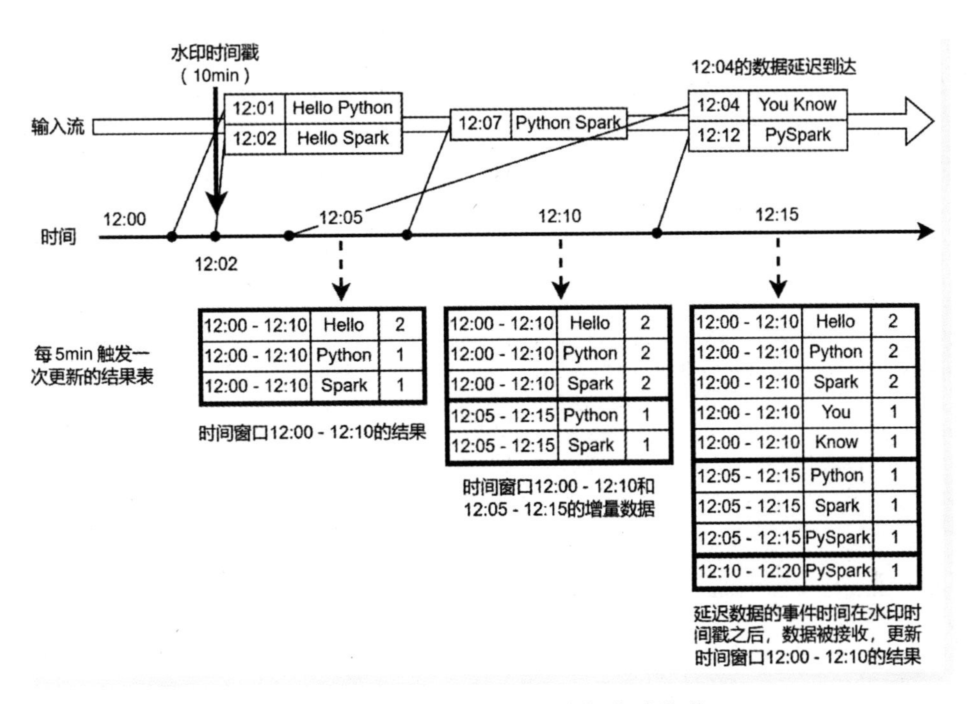

● 图 9-8　延迟阈值内的数据将被接收

12:12 的数据时，水印时间戳为 12:11，水印时间戳所在的窗口有 12:05—12:15 和 12:10—12:20，时间窗口的最小结束时间 T 是 12:15，此时延迟到达的 12:04 的数据将被丢弃，如图 9-9 所示。

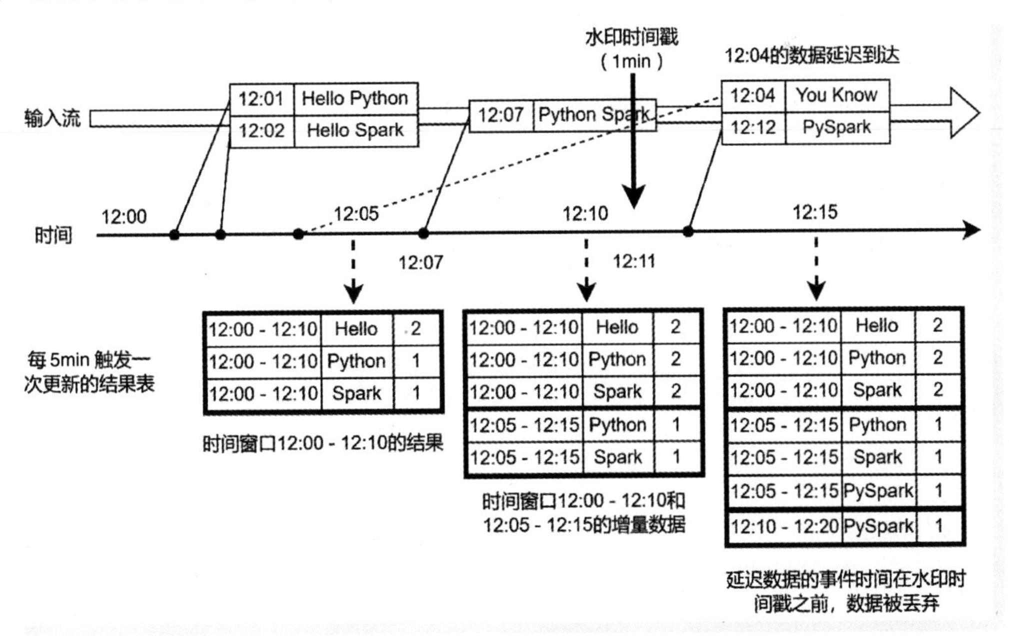

● 图 9-9　超过延迟阈值的数据将被丢弃

添加水印时需要设置合理的水印时间，以确保窗口计算的正确性。水印时间一般是事件时间减去一个固定的延迟时间，这个延迟时间取决于业务需求和数据处理能力，通常要根据实际数据延迟情况和处理能力来确定。如果水印时间设置过短，可能会导致一些迟到的数据被丢弃，影响计算结果的正确性；如果水印时间设置过长，可能会导致一些过时的数据参与计算，同样影响计算结果的正确性。因此，需要根据实际情况设置合理的水印时间来保证计算结果的准确性。

在下面的案例中，在事件列上添加水印，延迟时间阈值为 1min，代码如下：

```
df = spark.readStream.format("kafka") \
    .option("kafka.bootstrap.servers", "node4:9092") \
    .option("subscribe", "Topic1").load()

words = df \
    .selectExpr("to_timestamp(split(CAST(value AS STRING), \", \")[0]) as timestamp",
"explode(split(split(CAST(value AS STRING), \", \")[1], \" \")) as word").withWatermark("tim-
estamp", "1 minutes")
# 窗口的大小
windowDuration = '10 minutes'
# 滑动的步长
slideDuration = '5 minutes'
words.groupBy(
    # 使用 timestamp 列作为窗口划分的依据
    F.window(words.timestamp, windowDuration, slideDuration),
    words.word
).count() \
    .writeStream.outputMode('update').format("console") \
    .option("truncate", False) \
    .start().awaitTermination()
```

执行代码，在 Kafka 生产者中输入数据，数据内容如下：

```
2023-06-17 12:01:00,Hello Python
2023-06-17 12:02:00,Hello Spark
2023-06-17 12:07:00,Python Spark
2023-06-17 12:12:00,PySpark
2023-06-17 12:04:00,You Know
```

首先输入前 4 行内容，控制台输出结果如下：

```
-------------------------------------------
Batch: 1
-------------------------------------------
+------------------------------------------+-------+-----+
|window                                    |word   |count|
+------------------------------------------+-------+-----+
|{2023-06-17 12:05:00, 2023-06-17 12:15:00}|PySpark|1    |
|{2023-06-17 11:55:00, 2023-06-17 12:05:00}|Hello  |2    |
|{2023-06-17 11:55:00, 2023-06-17 12:05:00}|Spark  |1    |
|{2023-06-17 12:05:00, 2023-06-17 12:15:00}|Spark  |1    |
|{2023-06-17 12:10:00, 2023-06-17 12:20:00}|PySpark|1    |
```

```
|{2023-06-17 12:00:00, 2023-06-17 12:10:00}|Python |2     |
|{2023-06-17 11:55:00, 2023-06-17 12:05:00}|Python |1     |
|{2023-06-17 12:05:00, 2023-06-17 12:15:00}|Python |1     |
|{2023-06-17 12:00:00, 2023-06-17 12:10:00}|Spark  |2     |
|{2023-06-17 12:00:00, 2023-06-17 12:10:00}|Hello  |2     |
+------------------------------------------+-------+-----+
```

接着反复输入最后两行数据，控制台输出结果如下：

```
-------------------------------------------
Batch: 3
-------------------------------------------
+------------------------------------------+-------+-----+
|window                                    |word   |count|
+------------------------------------------+-------+-----+
|{2023-06-17 12:05:00, 2023-06-17 12:15:00}|PySpark|2     |
|{2023-06-17 12:10:00, 2023-06-17 12:20:00}|PySpark|2     |
+------------------------------------------+-------+-----+

-------------------------------------------
Batch: 4
-------------------------------------------
+------------------------------------------+-------+-----+
|window                                    |word   |count|
+------------------------------------------+-------+-----+
|{2023-06-17 12:05:00, 2023-06-17 12:15:00}|PySpark|3     |
|{2023-06-17 12:10:00, 2023-06-17 12:20:00}|PySpark|3     |
+------------------------------------------+-------+-----+
```

从输出结果可以知道，在反复输入的最后两行数据中，最后1行的事件时间是12：04而被丢弃，所以最后的输出结果中仅含单词PySpark的统计结果，而不含单词You Know的统计结果。

需要注意的是，水印的使用需要满足以下条件才能清除窗口的状态（从Spark 2.1.1开始，可能会在将来发生更改）：

- 输出模式必须为Append或Update。Complete模式要求保留所有聚合数据，因此不能使用水印来清除窗口的状态。
- 聚合必须具有事件时间列或事件时间列上的窗口。
- 必须在与聚合中使用的时间戳列相同的列上调用withWatermark()方法来指定水印。比如df.withWatermark("timestamp", "1 minutes").groupBy("receive_timestamp").count()在Append输出模式下无效，因为水印是在与聚合列不同的列上定义的。
- 必须在聚合操作之前调用withWatermark()方法才能使用水印来清除窗口的状态。比如df.groupBy("receive_timestamp").count().withWatermark("timestamp", "1 minutes") 在Append输出模式下无效，因为水印定义在聚合操作之后。

9.3.3 连接操作

自Spark 2.0引入以来，Structured Streaming支持流和静态DataFrame之间的连接，在Spark 2.3中，

增加了对流-流连接的支持，即可以连接两个流式 DataFrame。Structured Streaming 中 DataFrame 的连接操作与普通的批处理 DataFrame 连接操作基本一致，但需要注意其在流式数据中的特殊性质，流连接的结果是增量生成的，类似于流聚合结果。

在两个数据流之间生成连接结果的挑战在于，在任何时间点连接双方的数据集视图都不完整，从一个输入流接收的任何行都可以匹配来自其他输入流的任何未来尚未接收的行。随着流的运行，流状态的大小将无限增长，因为必须保存所有过去的输入，任何新输入都可以与过去的任何输入匹配。为了避免无界状态，需要定义额外的连接条件，在 Structured Streaming 中，连接操作可以使用水印来确保连接的正确性，同时清除过时的旧状态。当 DataFrame 进行连接时，指定连接的键以及水印。水印确定了连接键中时间戳的允许范围。在连接过程中，任何在水印之前的事件，都可以保证能够被正确连接。而对于在水印之后的事件，则无法保证能够正确连接。

在下面的案例中，定义了一个包含列 line 和 val_len 的静态 DataFrame，一个通过 Kafka 输入源创建的流式 DataFrame 包含列 line 和 timestamp，一个通过 Kafka 输入源创建的、包含列 line 和 word 的流式 DataFrame，并实现它们之间的连接操作，代码如下：

```
staticDF = spark.read \
    .text("hdfs://node1:8020/words.txt") \
    .selectExpr("value as line", "length(value) as val_len")

kafkaStream = spark.readStream.format("kafka") \
    .option("kafka.bootstrap.servers", "node4:9092") \
    .option("subscribe", "Topic1").load()

streamDF1 = kafkaStream \
    .selectExpr("split(CAST(value AS STRING),\",\")[1] as line",
    "to_timestamp(split(CAST(value AS STRING),\",\")[0]) as timestamp")

streamDF2 = kafkaStream \
    .selectExpr("split(CAST(value AS STRING),\",\")[1] as line",
    "explode(split(split(CAST(value AS STRING),\",\")[1],\" \")) as word")

query = streamDF1.join(streamDF2, "line").join(staticDF, "line") \
    .writeStream.format("console") \
    .option("truncate", False) \
    .start()

query.awaitTermination()
```

执行代码，在 Kafka 生产者中输入数据，数据内容如下：

```
2023-06-17 12:01:00,Hello Python
2023-06-17 12:02:00,Hello Spark You
```

控制台输出结果如下：

```
-------------------------------------------
Batch: 1
-------------------------------------------
```

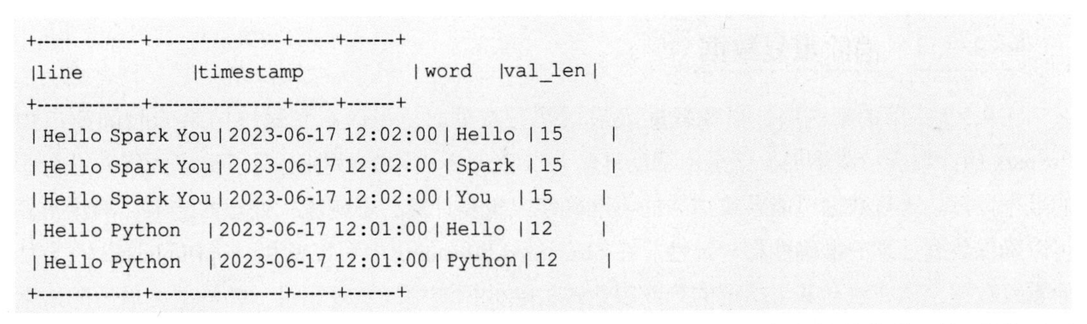

```
+--------------+------------------+------+-------+
|line          |timestamp         |word  |val_len|
+--------------+------------------+------+-------+
|Hello Spark You|2023-06-17 12:02:00|Hello |15     |
|Hello Spark You|2023-06-17 12:02:00|Spark |15     |
|Hello Spark You|2023-06-17 12:02:00|You   |15     |
|Hello Python  |2023-06-17 12:01:00|Hello |12     |
|Hello Python  |2023-06-17 12:01:00|Python|12     |
+--------------+------------------+------+-------+
```

从结果可以知道，最终结果以 3 个 DataFrame 都含有的列 line 作为连接键将其他列都连接到了一起。

水印和事件时间约束对于内连接是可选的，但是对于外连接，必须指定它们。这是因为为了在外连接中生成 NULL 结果，引擎必须知道输入的行将来什么时候不匹配。因此，必须指定水印和事件时间约束以生成正确的结果。外连接中 NULL 结果将延迟生成，具体取决于指定水印延迟和事件时间范围条件，就是要因为过了延迟阈值再生成 NULL 结果。

在流式处理查询中，支持的连接类型见表 9-2。

表 9-2　结构化流支持的连接类型列表

左输入	右输入	连接类型	说明
静态的	静态的	所有类型	支持，因为它不在流数据上，即使它可以存在于流式处理查询中
流	静态的	内	支持，无状态
流	静态的	左外	支持，无状态
流	静态的	右外	不支持
流	静态的	全外	不支持
流	静态的	左半	支持，无状态
静态的	流	内	支持，无状态
静态的	流	左外	不支持
静态的	流	右外	支持，无状态
静态的	流	全外	不支持
静态的	流	左半	不支持
流	流	内	支持，可选两侧指定水印 + 状态清理的时间限制
流	流	左外	有条件支持，必须在右侧指定水印 + 时间限制才能正确结果
流	流	右外	有条件支持，必须在左侧指定水印 + 时间限制才能正确结果
流	流	全外	有条件支持，必须在一侧指定水印 + 时间限制才能正确结果
流	流	左半	有条件支持，必须在右侧指定水印 + 时间限制才能正确结果

【说明】从 Spark 2.4 开始，仅当查询处于追加输出模式时，才能使用连接，尚不支持其他输出模式。在连接之前，不能使用流式聚合操作，不能使用其他非 map 类型的操作，不能在更新模式下使用 mapGroupsWithState 和 flatMapGroupsWithState。

9.3.4 消除重复数据

在 9.3.2 小节的案例中，当反复输入最后两行数据时，可以看到最终结果的时间窗口中单词 PySpark 的计数会持续增加，这是由于反复输入导致无界表中的数据出现了重复的行，进行了重复的数据计算。重复数据可能导致结果的不准确性或重复计算，影响流式处理的结果，消除重复数据可以确保数据处理的准确性和一致性。在 Structured Streaming 中可以使用 dropDuplicates( ) 方法来消除重复数据，该方法会基于指定的列或表达式去除数据流中的重复记录，并输出去重后的结果。

修改 9.3.2 小节的案例，对流式数据使用 dropDuplicates( ) 方法消除重复数据，代码如下：

```
df = spark.readStream.format("kafka") \
    .option("kafka.bootstrap.servers", "node4:9092") \
    .option("subscribe", "Topic1").load()

words = df \
    .selectExpr("to_timestamp(split(CAST(value AS STRING), \", \")[0]) as timestamp",
"explode(split(split(CAST(value AS STRING), \", \")[1], \" \")) as word").withWatermark("tim-
estamp", "1 minutes").dropDuplicates()
    # 窗口的大小
    windowDuration = '10 minutes'
    # 滑动的步长
    slideDuration = '5 minutes'
    words.groupBy(
        # 使用 timestamp 列作为窗口划分的依据
        F.window(words.timestamp, windowDuration, slideDuration),
        words.word
    ).count() \
        .writeStream.outputMode('update').format("console") \
        .option("truncate", False) \
        .start().awaitTermination()
```

执行修改后的代码，按照与 9.3.2 小节相同的方式输入相同的数据，反复输入最后两行数据，控制台输出结果如下：

```
-------------------------------------------
Batch: 3
-------------------------------------------
+------+----+-----+
|window|word|count|
+------+----+-----+
+------+----+-----+


-------------------------------------------
Batch: 4
-------------------------------------------
+------+----+-----+
```

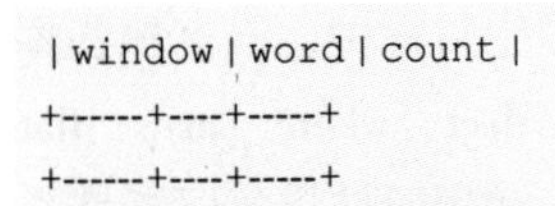

```
|window|word|count|
+------+----+-----+
+------+----+-----+
```

从结果可以知道，由于在应用程序中使用 dropDuplicates( )消除了流式数据中的重复行，所以无论最后两行数据输入多少次，均会被认为是重复数据，不会重复进行计算，最终输出结果是空的。

9.3.5 不支持的操作

流式 DataFrame 有一些限制，不完全支持所有的静态 DataFrame 操作。这是因为流式处理具有实时性和连续性的特点，数据是以流的形式逐个到达的，并且处理过程是持续进行的。因此，一些针对静态 DataFrame 的操作可能无法直接应用于流式 DataFrame。

- 流式 DataFrame 不支持限制和获取前 N 行。
- 不支持对流式 DataFrame 执行不同的操作。
- 只有在聚合后且在完整输出模式下，流式 DataFrame 才支持排序操作。
- 流式 DataFrame 上不支持几种类型的外部联接。

此外，还有一些 DataFrame 方法在流式 DataFrame 上不起作用。这些操作将立即运行查询并返回结果，这在流式 DataFrame 上没有意义。相反，这些功能可以通过显式启动流式查询来实现。

- count( )方法无法从流式 DataFrame 中返回单个计数。而是使用 df.groupBy( ).count( )返回包含运行计数的流式 DataFrame。
- foreach( )方法需要改用 df.writeStream.foreach( )方法。
- show( )方法需要改用 df.writeStream.format("console")。

9.4 启动流式处理查询

一旦定义了最终结果 DataFrame，剩下的就是开始流计算。必须使用通过 writeStream( )方法返回的 DataStreamWriter，并在此类中指定以下一项或多项。

- 输出模式：指定写入输出接收器的内容。
- 输出接收器的详细信息：例如 format、location 等。
- 查询名称：可以选择指定查询的唯一名称以进行标识。
- 触发间隔：可以选择指定触发间隔。如果未指定，系统将在上一处理完成后立即检查新数据的可用性。如果由于先前的处理尚未完成而错过了触发时间，则系统将立即触发处理。
- 检查点位置：对于可以保证端到端容错的某些输出接收器，需指定系统将写入所有检查点信息的位置。检查点位置应该是 HDFS 兼容的容错文件系统中的一个目录。

9.4.1 输出模式

在 Structured Streaming 中，输出模式主要用来指定如何将计算的最终结果写入到输出目标。Structured Streaming 支持以下几种输出模式：

1）追加模式。这是默认的输出模式，只将新计算出的结果追加到输出目标中。只有那些添加到结果表中的行永远不会更改的查询才支持追加模式，这意味着只有 select、where、map、flatMap、filter、join 等的查询将支持追加模式。这种模式保证每一行只输出一次，适用于结果集逐渐增长的场景，每次追加新结果而不修改已有结果。

2）完整模式。将每次计算得到的完整结果写入输出目标，适用于全量计算的场景，每次计算会覆盖先前的结果。

3）更新模式。只更新输出目标中发生变化的部分，适用于增量计算的场景，每次计算只更新变化的数据。

不同类型的流式数据处理查询支持不同的输出模式，其兼容性见表 9-3。

表 9-3　流式数据处理查询与输出模式的兼容性列表

<table>
<tr><th colspan="2">查询类型</th><th>支持的输出模式</th><th>说明</th></tr>
<tr><td rowspan="2">使用聚合的查询</td><td>带水印的事件时间聚合</td><td>追加模式
更新模式
完整模式</td><td>追加模式使用水印删除旧的聚合状态
更新模式使用水印删除旧的聚合状态
完整模式不会删除旧的聚合状态，因为根据定义，此模式保留结果表中的所有数据</td></tr>
<tr><td>其他聚合</td><td>更新模式
完整模式</td><td>由于没有定义水印（仅在其他类别中定义），不会删除旧的聚合状态；不支持追加模式，因为聚合可以更新，从而违反此模式</td></tr>
<tr><td colspan="2">带有 mapGroupsWithState 的查询</td><td>更新模式</td><td>带有 mapGroupsWithState 的查询不允许聚合</td></tr>
<tr><td rowspan="2">带有 flatMapGroupsWithState 的查询</td><td>追加操作模式</td><td>追加模式</td><td>flatMapGroupsWithState 之后允许聚合</td></tr>
<tr><td>更新操作模式</td><td>更新模式</td><td>flatMapGroupsWithState 查询中不允许聚合</td></tr>
<tr><td colspan="2">带有 joins 的查询</td><td>追加模式</td><td>尚不支持更新和完整模式</td></tr>
<tr><td colspan="2">其他查询</td><td>追加模式
更新模式</td><td>不支持完整模式，因为将所有未聚合的数据保留在结果表中是不可行的</td></tr>
</table>

9.4.2　输出接收器

在 Structured Streaming 中，输出接收器（Output Sinks）是指用于将流式计算结果写入到外部存储系统或输出目标的组件。Structured Streaming 提供了多种内置的输出接收器，可以根据需求选择合适的输出接收器来存储和处理流式计算结果。在编写流式数据查询时，可以通过 writeStream( ) 方法选择输出接收器，并通过 format( ) 方法指定输出接收器的类型，代码如下：

```
query = result.writeStream.format("console").start()
```

1. 常见的输出接收器

以下为 Structured Streaming 中常见的输出接收器：

- 控制台接收器（Console Sink）。将计算结果输出到控制台，不支持容错，这是调试和测试阶段常用的接收器，可以直接在控制台上查看计算结果。

- 内存接收器（Memory Sink）。将计算结果存储在内存中，以表格的形式保留在 Spark 内存中，以支持查询实时结果，不支持容错。由于数据存储在内存中，当内存限制不足时，旧数据将被丢弃。这对于在应用程序内部进行调试和测试非常有用，但不适合在生产环境中持久存储结果。
- 文件接收器（File Sink）。将计算结果写入文件系统，可以将结果保存为文本文件、JSON 文件、Parquet 文件等格式，支持精确一次的容错语义，适用于需要离线分析和批处理的场景。
- 数据库接收器（JDBC Sink）。将计算结果写入关系型数据库，可以将结果持久化到 MySQL、PostgreSQL 等数据库中，方便后续查询和分析。
- Kafka 接收器（Kafka Sink）。将计算结果写入 Kafka 消息队列，支持至少一次的容错语义，适用于将结果发送给其他消费者进行实时处理或下游应用系统的场景。
- Foreach Sink。Foreach 接收器允许自定义处理流式计算结果，通过编写自定义函数，可以将计算结果发送到外部系统、写入数据库、调用 API 等。
- ForeachBatch Sink。ForeachBatch 接收器允许对流式计算结果进行批量处理，可以对每个微批次的数据进行自定义的操作。它提供了更高级别的控制，可以处理流式计算的原始数据，并按照需要将结果发送到外部系统、写入数据库、调用 API 等，支持至少一次的容错语义。
- Delta Lake Sink。将计算结果写入 Delta Lake 存储，提供了事务一致性和版本控制等特性，适用于数据湖和数据仓库场景。

在下面的案例中，通过 Kafka 的 Topic1 创建输入流，对流式数据进行处理后将数据输出到 Kafka 接收器的 Topic2，注意输出到 Kafka 的数据需要包含 value 列，代码如下：

```
df = spark.readStream.format("kafka") \
    .option("kafka.bootstrap.servers", "node4:9092") \
    .option("subscribe", "Topic1").load()

words=df.selectExpr("split(CAST(value AS STRING),\",\")[0] as timestamp",
    "split(CAST(value AS STRING),\",\")[1] as value",
    "explode(split(split(CAST(value AS STRING),\",\")[1],\" \")) as word")

words.writeStream.format("kafka") \
    .option("kafka.bootstrap.servers", "node4:9092") \
    .option("topic", "Topic2") \
    .option("checkpointLocation", "hdfs://node1:8020/checkpoint") \
    .start().awaitTermination()
```

执行修改后的代码，在 Kafka 的 Topic1 中生产数据，数据内容如下：

```
2023-06-17 12:01:00,Hello Python
2023-06-17 12:02:00,Hello Spark You
```

在 Kafka 的 Topic2 中将接收到处理后的新数据，数据内容如下：

```
Hello Python
Hello Python
Hello Spark You
```

```
Hello Spark You
Hello Spark You
```

从 Topic2 接收到的数据可以知道，流式数据处理中仅会将 value 列的数据输出到 Kafka 中。

2. foreach 和 foreachBatch 的使用

foreach 和 foreachBatch 操作允许对流查询的输出应用任意操作和编写逻辑。它们的用法略有不同，foreach 允许在每一行上定制写逻辑，foreachBatch 允许在每个微批处理的输出上进行任意操作和定制逻辑。

foreachBatch( )方法允许指定对流式查询的每个微批的输出数据执行的函数，指定的函数包含两个参数，一个是 DataFrame，它包含微批的输出数据，另一个是 batchId，它是微批的唯一 ID。在下面的案例中，使用 foreachBatch( )方法将流式数据处理的结果按照批次输出到关系型数据库中，每个微批的数据输出到一张表中，代码如下：

```
def writeToMySQL(df, batchId):
    df.write.mode("overwrite").format("jdbc") \
        .option("url", "jdbc:mysql://node4:3306/spark") \
        .option("user", "root").option("password", "root") \
        .option("dbtable", "spark_stream_{}".format(batchId)) \
        .option("showSql", True).save()
    pass

df = spark.readStream.format("kafka") \
    .option("kafka.bootstrap.servers", "node4:9092") \
    .option("subscribe", "Topic1").load()

words = df \
    .selectExpr("explode(split(split(CAST(value AS STRING),\",\")[1],\" \"))") \
    .groupBy("col").count()

words.writeStream.outputMode("complete") \
    .foreachBatch(writeToMySQL) \
    .start().awaitTermination()
```

执行代码，在 Kafka 生产者中输入数据，数据内容如下：

```
2023-06-17 12:01:00,Hello Python
2023-06-17 12:02:00,Hello Spark You
```

数据库中输出结果如下：

```
mysql> show tables;
+-----------------+
| Tables_in_spark |
+-----------------+
| spark_stream_0  |
| spark_stream_1  |
+-----------------+
```

```
2 rows in set (0.00 sec)

mysql> select *  from spark_stream_1;
+--------+-------+
| col    | count |
+--------+-------+
| You    |     1 |
| Hello  |     2 |
| Python |     1 |
| Spark  |     1 |
+--------+-------+
4 rows in set (0.00 sec)
```

foreach()方法用于对流式数据进行逐行处理，每当流式数据集的新批次到达时，foreach()方法会对每一行数据应用自定义的函数。由于 foreach()方法是逐行处理数据的，因此当涉及数据库操作时，不应该直接在自定义函数中创建数据库连接。foreach()方法除了接受自定义函数作为处理逻辑外，还可以接受一个类的实例对象作为参数，前提条件是类对象具有名为 process 的方法，以及可选的open()和 close()方法。当涉及数据库的操作时，可以传递一个类对象作为参数，并在 open()方法中实现数据库连接的创建，在 close()方法中实现数据库连接的关闭等。对于每个微批的数据的每一个分区，引擎会调用一次类对象的 open()方法，当 open()方法返回 True 时，则引擎会调用 process()方法对分区中的每一行数据进行处理。在下面的案例中，使用 foreach()方法对流式数据的处理结果进行自定义处理，通过自定义函数打印每行数据，通过类对象将数据输出到数据库中，代码如下：

```
import pymysql
from pymysql.connections import Connection

class ForeachWriter:
    connection: Connection = None

    def open(self, partition_id, epoch_id):
        if self.connection is None:
            print("创建连接,批次{},分区{}".format(epoch_id, partition_id))
            self.connection = pymysql.connect(host="node4", user="root",
                password="root", database="spark",autocommit=True)
        return True

    def process(self, row):
        sql = "insert into spark_stream_write(col,count) values('{}',{}) on duplicate key
update count = {}" \
            .format(row["col"], str(row["count"]), str(row["count"]))
        self.connection.cursor().execute(sql)
        pass

    def close(self, error):
        if self.connection is not None:
            print("关闭连接")
```

```
            self.connection.close()
        pass

df = spark.readStream.format("kafka") \
    .option("kafka.bootstrap.servers", "node4:9092") \
    .option("subscribe", "Topic1").load()

words = df \
    .selectExpr("explode(split(split(CAST(value AS STRING), \", \")[1], \" \"))") \
    .groupBy("col").count()

words.writeStream.outputMode("complete") \
    .foreach(lambda r: print("自定义输出:", r["col"], r["count"])) \
    .start()

writer = ForeachWriter()
words.repartition(2).writeStream.outputMode("complete") \
    .foreach(writer) \
    .start().awaitTermination()
```

执行代码，在 Kafka 生产者中输入数据，数据内容如下：

```
2023-06-17 12:01:00,Hello Python
2023-06-17 12:02:00,Hello Spark You
2023-06-17 12:07:00,Python Spark
2023-06-17 12:12:00,PySpark
2023-06-17 12:04:00,You Know
```

数据库中输出结果如下：

```
mysql> show tables;
+--------------------+
| Tables_in_spark    |
+--------------------+
| spark_stream_write |
+--------------------+
1 row in set (0.00 sec)

mysql> select * from spark_stream_write;
+---------+-------+
| col     | count |
+---------+-------+
| PySpark |     1 |
| You     |     2 |
| Python  |     2 |
| Hello   |     2 |
| Spark   |     2 |
| Know    |     1 |
+---------+-------+
6 rows in set (0.00 sec)
```

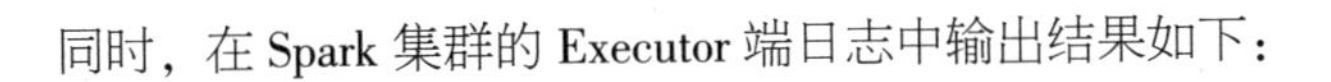

同时，在 Spark 集群的 Executor 端日志中输出结果如下：

```
自定义输出：Hello 2
自定义输出：Know 1
自定义输出：PySpark 1
自定义输出：Python 2
自定义输出：Spark 2
自定义输出：You 2
...
创建连接,批次 1,分区 0
关闭连接
...
创建连接,批次 1,分区 1
关闭连接
```

从结果可以知道，Kafka 输入数据共 5 条，包含单词 6 个，所以最终逐行输出 6 条记录；而在输出到数据库时，由于对处理结果做了重分区操作，分区数是 2，所以总共创建了 2 次数据库连接。

在使用 foreach( ) 方法时，如果需要创建数据库连接，需要注意的是：

- 不要在 Driver 端创建连接，因为可能出现序列化或反序列化失败的问题。
- 不要为每个 RDD 的数据创建一个连接，一方面会导致连接数过多，另一方面创建连接的开销很大。
- 尽量让一次数据库连接处理一个分区的数据，可以适当减少分区的数量。
- 应该尽量使用共享数据库连接池。

9.4.3 触发器

在 Structured Streaming 中，触发器（Trigger）用来控制作业在批处理中触发的机制。触发器定义了如何在流式 DataFrame 中处理数据，并在何时开始计算结果。它可以控制 Spark 作业是持续处理还是在一段时间后停止处理并输出结果。Spark 支持几种不同类型的触发器：

1）未指定。这是默认的情况，如果未显式指定触发器设置，则查询将以微批处理模式执行，其中微批处理将在前一个微批处理已完成时进行处理。

2）固定间隔微批次。查询将以微批处理模式执行，其中微批处理将以用户指定的时间间隔启动。

- 如果上一个微批处理在间隔内完成，则引擎将等到上一个时间间隔结束，再开始下一个微批处理。
- 如果上一个微批处理需要比间隔更长的时间才能完成，即一个微批时间间隔无法保证当前微批的数据处理完成，那么下一个微批处理将在上一个微批完成时立即开始，而不会等待下一个时间间隔。
- 如果没有新数据可用，则不会启动微批处理。

3）当前可用微批次。查询将处理所有可用数据，然后自动停止。它基于源选项以及多个微批处理数据，该触发器为处理提供了强有力的保证，无论上次运行中剩下多少批次，它都能确保执行时的所有可用数据在终止前得到处理，它将首先处理所有未提交的批次。

9.5 管理流式查询

在 Structured Streaming 中，可以使用 StreamingQuery 对象来管理流式处理查询。它可以用来启动、停止、获取和列出查询，并查看所有查询的状态。通过 DataStreamWriter 的 start( )方法可以得到 StreamingQuery 对象，代码如下：

```
query = df.writeStream.format("console").start()
```

StreamingQuery 对象提供了一些可用的方法：

- query.id( )，获取当前查询的唯一标识。
- query.runId( )，获取当前查询的运行 ID。
- query.name( )，获取自动生成的名称或用户指定的名称。
- query.explain( )，打印查询的详细执行计划。
- query.awaitTermination( )，阻塞进程，直到查询结束。
- query.stop( )，停止查询。
- query.exception( )，如果查询异常结束，获取异常信息。

可以在一个 SparkSession 中启动任意数量的查询，它们都将同时运行，共享集群资源。可以使用 spark.streams 获取 StreamingQueryManager，用于管理当前活动的查询。

- spark.streams.active，获取当前活动的流式查询列表。
- spark.streams.get(id)，通过查询对象的唯一标识获取查询对象。
- spark.streams.awaitAnyTermination( )，阻塞进程，直到查询结束。

9.6 监控流式查询

StreamingQuery 和 StreamingQueryManager 不仅可以用来管理流式查询，还可以用来监控流式查询。

- query.recentProgress( )：返回当前查询的最近状态更新，包括执行时间、处理行数等信息。
- query.lastProgress( )：返回最近一次查询的状态更新，包括执行时间、处理行数等信息。

除了使用以上方法获取查询的状态，还可以使用异步编程的方式监控流式查询。在 Structured Streaming 中，可以通过注册一个 StreamingQueryListener 来实现异步监控流式查询。StreamingQueryListener 是一个接口，可以监听流式查询的生命周期事件，例如查询启动、查询停止、查询进度更新等事件。

在下面的案例中，注册了一个 StreamingQueryListener 来实现异步监控流式查询，代码如下：

```
from pyspark.sql.streaming import StreamingQueryListener

class MyListener(StreamingQueryListener):
    def onQueryStarted(self, event):
        print("查询启动")
        pass
```

```
    def onQueryProgress(self, event):
        print("查询处理状态:", event.progress)
        pass

    def onQueryTerminated(self, event):
        print("查询停止")
        pass

my_listener = MyListener()
spark.streams.addListener(my_listener)

df = spark.readStream.format("kafka") \
    .option("kafka.bootstrap.servers", "node4:9092") \
    .option("subscribe", "Topic1").load()

words = df \
    .selectExpr("explode(split(split(CAST(value AS STRING),\",\")[1],\" \"))") \
    .groupBy("col").count()

words.writeStream.outputMode("complete") \
    .format("console") \
    .start().awaitTermination()
```

执行代码，在 Kafka 生产者中输入数据，数据内容如下：

```
2023-06-17 12:01:00,Hello Python
2023-06-17 12:02:00,Hello Spark You
2023-06-17 12:07:00,Python Spark
2023-06-17 12:12:00,PySpark
2023-06-17 12:04:00,You Know
```

控制台输出的结果如下：

```
查询启动
...
-------------------------------------------
Batch: 1
-------------------------------------------
+-------+-----+
|    col|count|
+-------+-----+
|    You|    2|
|  Hello|    2|
|   Know|    1|
|PySpark|    1|
| Python|    2|
|  Spark|    2|
+-------+-----+
...
```

```
查询处理状态：{
  "id" : "321d619c-c0ee-4869-b7b4-e274522d70b5",
  "runId" : "b231a5e9-f9fa-4eb6-bc3f-9a9308f873ce",
  "name" : null,
  ...
  "sources" : [ {
    "description" : "KafkaV2[Subscribe[Topic1]]",
    ...
    "numInputRows" : 5,
    "inputRowsPerSecond" : 333.33333333333337,
    "processedRowsPerSecond" : 0.5592841163310962,
    ...
  } ],
  "sink" : {
    "description" : "org.apache.spark.sql.execution.streaming.ConsoleTable $@1274e730",
    "numOutputRows" : 6
  }
}
```

从结果可以知道，引擎可以实时监控流式查询的状态，包括唯一标识、数据源信息、数据行数、输出接收器信息等。

9.7 【实战案例】气象数据处理分析

天气数据是一种重要的信息资源，对于气象预测、城市规划、交通管理等领域具有重要意义。通过对天气数据进行分析，可以帮助气象学家预测未来的天气情况，提供准确的天气预报，对社会生活、农业生产和交通运输等有重要影响。通过对天气数据进行分析，可以监测空气质量、气候变化等环境指标，帮助制定环境保护政策和措施，促进可持续发展。结合流式处理技术，可以实时获取、处理和分析天气数据，从而得出有价值的洞察和结论。

在本案例中，我们使用伦敦天气数据集，数据集包含了1979—2020年的15341条天气数据，数据集LondonWeather.csv文件总共包含10列，每列说明见表9-4。

表9-4 伦敦天气数据集列信息列表

列 名 称	列 说 明
date	记录的测量日期
cloud_cover	云量测量，表示天空被云覆盖的程度。以oktas为单位进行测量
sunshine	阳光时长，表示记录的阳光可见时间，以小时（hrs）为单位
global_radiation	辐射测量，表示每平方米接收到的辐射能量。以瓦特每平方米（W/m^2）为单位进行测量
max_temp	记录某一天的最高温度，以摄氏度（℃）为单位
mean_temp	表示某一天的平均温度，以摄氏度（℃）为单位
min_temp	记录某一天的最低温度，以摄氏度（℃）为单位

（续）

列 名 称	列 说 明
precipitation	降水量测量，包括雨水、雪和冰雹等降水的量度，以毫米（mm）为单位
pressure	表示记录的大气压力，以帕斯卡（Pa）为单位
snow_depth	表示积雪深度，即地面上积累的雪的垂直深度，以厘米（cm）为单位

【说明】本案例使用的伦敦天气公共数据集来自 Kaggle 网站，数据集的下载地址是 https://www.kaggle.com/datasets/emmanuelfwerr/london-weather-data，许可协议“CC0：公共领域贡献”（CC0：Public Domain），需要的读者可以自行下载。

9.7.1 数据集成

本案例采用流式数据分析，数据集不是静态存放在 HDFS 上的，而是需要通过创建数据流的方法，将数据集转换成流式数据。在 node4 节点上启动 Kafka，使用 Python 读取天气数据文件，以每秒钟 100 条的速率发送数据到 Kafka，代码如下：

```
from kafka import KafkaProducer
import time

# 创建 Kafka 生产者对象
producer = KafkaProducer(bootstrap_servers='node4:9092')

# 读取文本文件数据并发送到 Kafka
with open('/home/hadoop/LondonWeather.csv', 'r') as file:
    for line in file:
        # 发送数据到 Kafka 的指定主题
        producer.send('Topic1', line.encode('utf-8'))
        # 刷新缓冲区,确保消息被发送到 Kafka
        producer.flush()
        # 暂停 10ms
        time.sleep(0.01)

# 关闭 Kafka 生产者连接
producer.close()
```

9.7.2 云量分布分析

伦敦天气数据集中的云量数据可以提供有关每天的云覆盖情况的信息。通过对云量数据进行分析，可以了解伦敦地区的天空情况，包括晴朗、多云或阴天的比例。实时接收天气数据流，按照云量分布数据进行统计，可以得到云量分布，代码如下：

```
def Visualization(df, batchid):
    result = df.dropna().orderBy("cloud_cover").toPandas()
    bar = Bar() \
        .add_xaxis(result["cloud_cover"].to_list()) \
```

```
        .add_yaxis("云量分布", result["count"].to_list()) \
        .set_series_opts(label_opts=opts.LabelOpts(is_show=False)) \
        .set_global_opts(yaxis_opts=opts.AxisOpts(name="天数"),
                         xaxis_opts=opts.AxisOpts(name="云量分布"))
    bar.render()
    pass

df = spark.readStream.format("kafka") \
    .option("kafka.bootstrap.servers", "node4:9092") \
    .option("subscribe", "Topic1").load() \
    .selectExpr("CAST(value AS STRING) as value") \
    .selectExpr("split(value, ',') as values") \
    .selectExpr("to_date(values[0], 'yyyyMMdd') as date",
            "cast(values[1] as float) as cloud_cover",
            "cast(values[2] as float) as sunshine",
            "cast(values[3] as float) as global_radiation",
            "cast(values[4] as float) as max_temp",
            "cast(values[5] as float) as mean_temp",
            "cast(values[6] as float) as min_temp",
            "cast(values[7] as float) as precipitation",
            "cast(values[8] as float) as pressure",
            "cast(values[9] as float) as snow_depth",
            )

    weathers = df.selectExpr("cloud_cover") \
        .groupBy("cloud_cover") \
        .count() \
        .writeStream.outputMode('complete') \
        .foreachBatch(Visualization) \
        .start().awaitTermination()
```

执行代码，实时监测渲染的图形，云量分布趋势如图 9-10 所示。

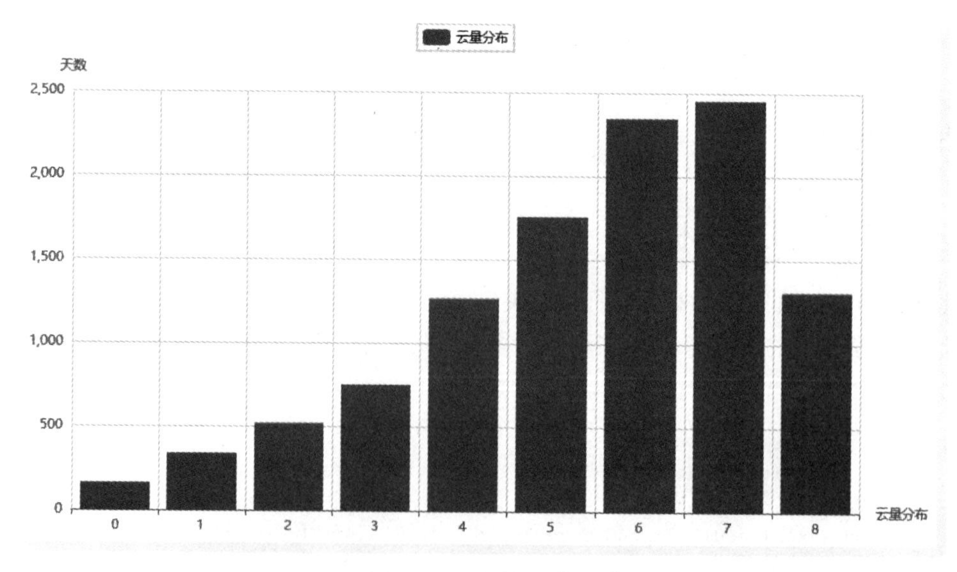

● 图 9-10　云量分布趋势

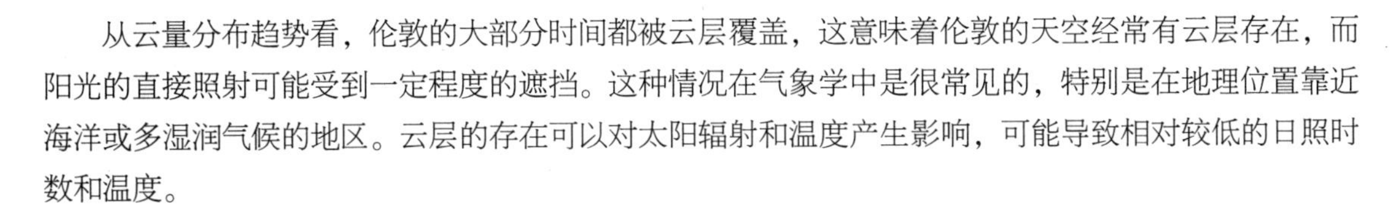

从云量分布趋势看，伦敦的大部分时间都被云层覆盖，这意味着伦敦的天空经常有云层存在，而阳光的直接照射可能受到一定程度的遮挡。这种情况在气象学中是很常见的，特别是在地理位置靠近海洋或多湿润气候的地区。云层的存在可以对太阳辐射和温度产生影响，可能导致相对较低的日照时数和温度。

9.7.3 气温分布分析

伦敦天气数据集中的气温数据提供了有关每天的最高、最低和平均气温的信息。通过对气温数据进行分析，可以了解伦敦地区的温度变化情况，包括季节性变化、极端气温事件和长期趋势等。实时接收天气数据流，按照平均气温进行统计，可以得到气温分布，代码如下：

```
def Visualization(df, batchid):
    result = df.dropna().orderBy("month")
    xaxis_data = result.select("month").collect()
    temps = result.select("temps").rdd.flatMap(lambda x: x).collect()
    yaxis_data = []
    for temp in temps:
        yaxis_data.append(list(map(float, list(temp))))

    try:
        plot = Boxplot()
        plot.add_xaxis(xaxis_data)
        plot.add_yaxis("气温分布", plot.prepare_data(yaxis_data))
        plot.set_series_opts(label_opts=opts.LabelOpts(is_show=False))
        plot.set_global_opts(yaxis_opts=opts.AxisOpts(name="摄氏度(℃)"),
                  xaxis_opts=opts.AxisOpts(name="气温分布"))
        plot.render()
    except:
        pass
    pass

df = spark.readStream.format("kafka") \
        .option("kafka.bootstrap.servers", "node4:9092") \
        .option("subscribe", "Topic1").load() \
        .selectExpr("CAST(value AS STRING) as value") \
        .selectExpr("split(value,',') as values") \
        .selectExpr("to_date(values[0],'yyyyMMdd') as date",
               "cast(values[1] as float) as cloud_cover",
               "cast(values[2] as float) as sunshine",
               "cast(values[3] as float) as global_radiation",
               "cast(values[4] as float) as max_temp",
               "cast(values[5] as float) as mean_temp",
               "cast(values[6] as float) as min_temp",
               "cast(values[7] as float) as precipitation",
               "cast(values[8] as float) as pressure",
               "cast(values[9] as float) as snow_depth",
               )
```

```
weathers = df.selectExpr("month(date) as month",
                "mean_temp",
                ) \
    .groupBy("month") \
    .agg(collect_list("mean_temp").alias("temps")) \
    .writeStream.outputMode('complete') \
    .foreachBatch(Visualization) \
    .start().awaitTermination()
```

执行代码，实时监测渲染的图形，温度分布趋势如图 9-11 所示。

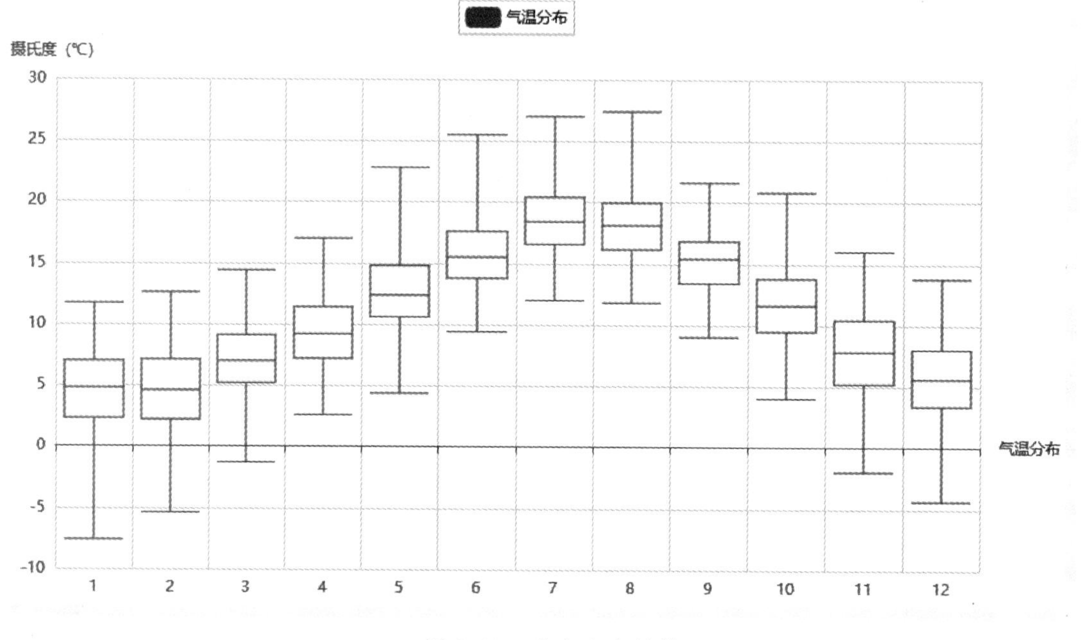

● 图 9-11 温度分布趋势

作为位于北半球的城市，伦敦的气温呈现出典型的北半球特点。北半球有明显的四季变化，伦敦也受到这种季节变化的影响，气温在不同季节之间有明显的变化。伦敦的冬季气温较低，可能会出现降雪和寒冷天气，夏季气温较高，通常在 20 摄氏度左右，有时可能接近 30 摄氏度，但整体来说还是比较凉爽的。

9.7.4 降水量分布分析

伦敦天气数据集提供了降水量的测量数据，通过对降水数据进行分析，可以了解伦敦地区的降水分布情况、降水强度和降水频率等信息。实时接收天气数据流，按照降水量进行统计，可以得到降水量分布，代码如下：

```
def Visualization(df, batchid):
    result = df.dropna().orderBy("month_index").toPandas()
```

```
    month = result["month"].to_list()
    precipitation = list(zip(*(result["precipitation"].to_list())))

    scatter = Scatter()
    scatter.add_xaxis(month)
    for p in precipitation:
        scatter.add_yaxis("降水分布", p)
    scatter.set_series_opts(label_opts=opts.LabelOpts(is_show=False))
    scatter.set_global_opts(yaxis_opts=opts.AxisOpts(name="毫米(mm)"),
                            xaxis_opts=opts.AxisOpts(name="降水分布"),
                            visualmap_opts=opts.VisualMapOpts(max_=70))
    scatter.render()
    pass

df = spark.readStream.format("kafka") \
    .option("kafka.bootstrap.servers", "node4:9092") \
    .option("subscribe", "Topic1").load() \
    .selectExpr("CAST(value AS STRING) as value") \
    .selectExpr("split(value, ',') as values") \
    .selectExpr("to_date(values[0], 'yyyyMMdd') as date",
                "cast(values[1] as float) as cloud_cover",
                "cast(values[2] as float) as sunshine",
                "cast(values[3] as float) as global_radiation",
                "cast(values[4] as float) as max_temp",
                "cast(values[5] as float) as mean_temp",
                "cast(values[6] as float) as min_temp",
                "cast(values[7] as float) as precipitation",
                "cast(values[8] as float) as pressure",
                "cast(values[9] as float) as snow_depth",
                )

weathers = df.selectExpr("month(date) as month_index",
                         "date_format(date, 'MMM') as month",
                         "precipitation",
                         ) \
    .groupBy("month_index", "month") \
    .agg(collect_list("precipitation").alias("precipitation")) \
    .writeStream.outputMode('complete') \
    .foreachBatch(Visualization) \
    .start().awaitTermination()
```

执行代码，实时监测渲染的图形，降水量分布趋势如图 9-12 所示。

相对于其他地区而言，伦敦的降水量普遍较低，年降水量属于偏低水平。伦敦的降水分布相对均匀，没有明显的湿季和旱季。降水在全年各个月份都有分布，但并没有特别明显的降水集中期。伦敦的降水主要以雨水形式出现，大西洋海洋性气候对其降水量会产生一定影响，夏季可能会有偶尔的雷雨，但相对稳定的气候模式使得伦敦的降水量整体保持在较低水平。

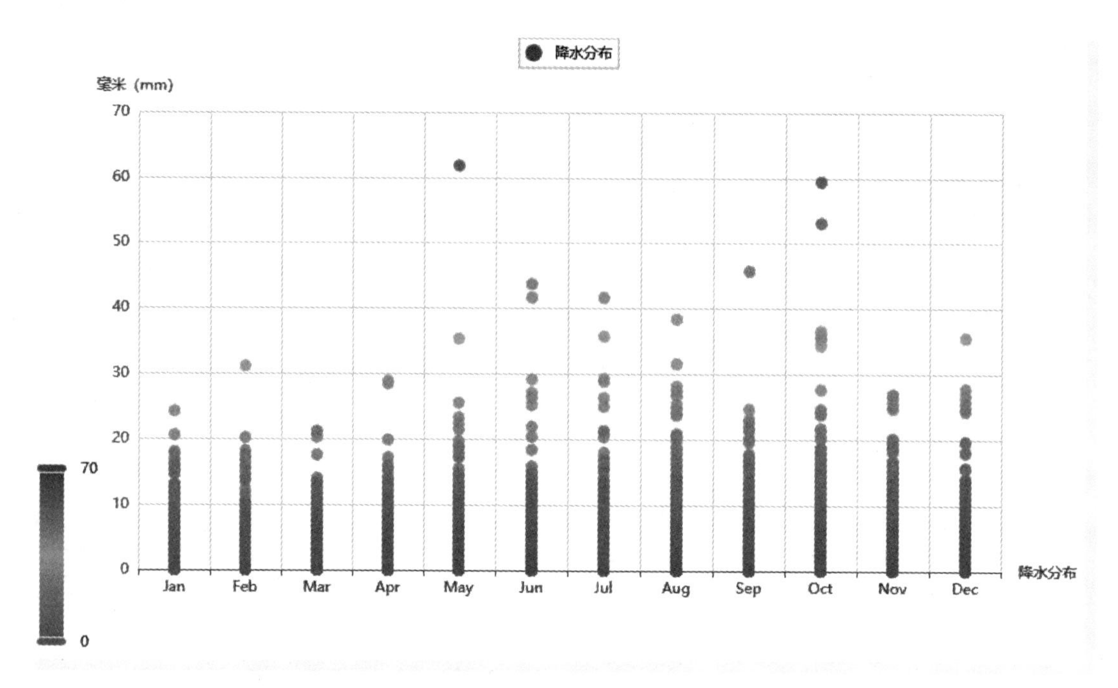

• 图 9-12 降水量分布趋势

9.8 本章小结

本章主要介绍了 Structured Streaming 流式数据处理的基本概念和处理流程，介绍了流式 DataFrame 的创建、转换、输出等操作，以及流式 DataFrame 的事件窗口操作和延迟数据处理等。与 Spark Streaming 一样，Structured Streaming 也是一种强大的流式数据处理框架，可以快速高效地处理实时数据，Structured Streaming 采用全新的设计方式，可以实现毫秒级的实时响应，比 Spark Streaming 更高效。通过 Structured Streaming 可以轻松地处理实时数据，并实现复杂的数据处理和分析任务，从而提高数据处理的效率和准确性。最后通过对实时伦敦天气数据流的分析，介绍了 Structured Streaming 在实时数据分析场景中的使用方法。

Spark 机器学习库 MLlib

MLlib（Machine Learning Library）是 Apache Spark 的一个机器学习库，提供了许多基础的算法和实用工具，用于构建和评估机器学习模型。MLlib 库的目标是简化机器学习的工程实践，使大规模机器学习变得容易，能够方便地扩展到更大规模的数据，并提供跨多个模型和数据处理工具的无缝集成。MLlib 提供了常见的机器学习算法，包括分类、回归、聚类、推荐等多种领域的算法，例如逻辑回归、决策树、随机森林、K 均值聚类、SVM 等。本章将介绍机器学习的基本概念、MLlib 的基本原理和算法。

10.1 机器学习介绍

机器学习是一种基于统计学和人工智能理论的计算机算法，通过设计算法和模型，使计算机在没有被特别编程的情况下自主从数据中学习和改进，从而让计算机更好地完成任务。机器学习是人工智能领域的一个分支，在许多领域都有应用，例如自然语言处理、计算机视觉、金融反欺诈、医学等。

10.1.1 基本概念

在机器学习中，主要涉及以下几个概念：

1）数据集。机器学习需要使用一组数据来进行学习和预测，这个数据集就是机器学习算法的输入，数据集通常包括特征和标签。

2）特征。特征是数据集中的输入变量，是根据机器学习任务的需求来选择的，可以是数值型、分类型、文本型等。

3）标签。标签通常是机器学习任务的输出变量，可分为分类标签和连续标签，用于对输入的数据进行分类或预测。

4）模型。模型是机器学习算法的训练结果，其可以将输入数据映射到输出标签。

5）建模过程。建模是机器学习过程中最重要的步骤之一，其将数据集分为训练集和测试集，并使用特定的算法进行训练和优化模型。

6）评估指标。评估指标是用于评估模型性能的指标，例如准确率、精确率、召回率、F1 值等。

7）模型调优。模型调优是指对机器学习模型进行优化，提高模型性能和准确率的过程。

10.1.2 评估指标

混淆矩阵是对分类模型性能进行评估的常用工具，通常用于评估二分类问题中的分类准确性。二分类问题中，模型对于每个测试样本会预测其属于正类（Positive）还是负类（Negative），而混淆矩阵反映了这些预测结果与真实标签之间的关系。二分类系统中，正类是指我们期望分类器对其进行正确分类的样本，也就是我们想要的结果，比如识别一张图片中是否包含猫，那么猫的图片就是正类；负类是指我们不希望分类器对其进行分类的样本，也就是我们不想要的结果，比如不包含猫的图片就是负类。模式分类器有 4 种分类结果：

1）TP（True Positive）。正确的正类，一个样本是正类且被判定为正类。

2）FN（False Negative）。错误的负类，误判，一个样本是正类但被判定为负类。

3）FP（False Positive）。错误的正类，误判，一个样本是负类但被判定为正类。

4）TN（True Negative）。正确的负类，一个样本是负类且被判定为负类。

这 4 种分类结果的关系如图 10-1 所示。

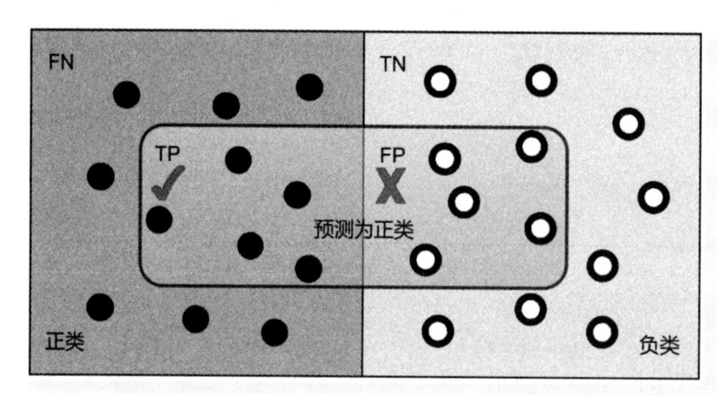

● 图 10-1　模式分类结果

通过混淆矩阵可以计算出一系列评估指标，例如准确率、精确率、召回率、F1 值等。混淆矩阵可以帮助数据科学家了解分类器在不同情况下的表现情况，并对分类器进行改进。

1. 准确率

准确率（Accuracy）是衡量分类器分类效果的常用指标之一，它表示分类器正确分类的样本占总样本数的比例。准确率的计算方法如下：

准确率 = 正确分类数 / 样本总数

计算公式如下：

$$\text{Accuracy}=\frac{TP+TN}{TP+TN+FP+FN} \tag{10-1}$$

准确率的值越高表示分类器的分类效果越好。但当不同类别的样本数量差别较大时，只比较准确率往往不够全面，需要考虑其他评估指标，如精确率和召回率等。

2. 精确率

精确率（Precision）是一种用于评估模型分类性能的指标，它表示分类为正类的样本中有多少是正确的正类。精确率的计算方法如下：

精确率 = 正确的正类数 /（正确的正类数 + 错误的正类数）

计算公式如下：

$$\text{Precision}=\frac{\text{TP}}{\text{TP}+\text{FP}} \tag{10-2}$$

精确率的值越高表示分类器准确性越高。但精确率不考虑未被分类器检索到而错误分类为负类的情况，若未检索到的正类增多，将会导致模型结果失真。

3. 召回率

召回率（Recall）是一种用于评估模型分类性能的指标，它表示实际为正类的样本中，有多少被分类器正确地检索到。召回率的计算方法如下：

召回率 = 正确的正类数 /（正确的正类数 + 错误的负类数）

计算公式如下：

$$\text{Recall}=\frac{\text{TP}}{\text{TP}+\text{FN}} \tag{10-3}$$

召回率的值越高表示分类器越能够更好地检索到正样本。与精确率不同，召回率不考虑将负样本错误分类为正样本的情况。

4. F1 值

F1 值（F-measure）是精确率和召回率的加权调和平均，综合考虑了分类器的精确率和召回率。F1 值越高表示分类器的综合性能越好。F1 值的计算公式如下：

$$\text{F-measure}=\frac{2\times\text{Precision}\times\text{Recall}}{\text{Precision}+\text{Recall}} \tag{10-4}$$

F1 值通常用于评估二分类模型的性能，与其他指标相比，它更稳定，能够有效应对数据集分布不均衡等问题。当精确率和召回率的值较为接近时 F1 值会升高，当两者存在很大差距时 F1 值会降低。

10.1.3 主要过程

机器学习的主要过程包括以下几个步骤：

1）数据收集。机器学习模型需要大量的训练数据，数据可以来自各种来源，例如数据仓库、传感器、API 等。

2）数据预处理。将原始数据进行清洗、转换、标准化、降维等操作，使其适用于机器学习模型的训练和预测。

3）特征工程。选择和提取对机器学习任务有用的特征，包括特征选择、特征构建和特征降维等方法。

4）模型选择和训练。选择适合问题的机器学习算法，并使用训练数据拟合模型。常见的机器学习算法包括决策树、支持向量机、神经网络等。

5）模型评估和优化。使用测试数据评估模型精度和效果，并根据评估结果进行模型优化。常用的评估指标包括准确率、精确率、召回率、F1 值等。

6）模型部署和应用。训练好的模型可以用于新数据的预测和分类任务，可以在生产系统中部署和应用，例如智能客服系统、推荐系统等。

10.1.4 基于大数据的机器学习

传统的机器学习采用传统统计学或经典机器学习算法，通常依赖于特征工程，需要通过人工提取和选择特征来进行建模。受技术和单机存储的限制，传统机器学习通常处理相对较小的、精心筛选的、结构化的数据集，比如数十万或百万级别的样本数据集，使用经典的机器学习算法进行学习和预测。尽管传统机器学习在许多领域有着广泛应用，但其并不能处理复杂多变的问题，对于数据丰富度、数据变化范围、时效性等的要求存在一定的局限性，特别是在处理大数据时，由于需要手动运行特征工程，并且无法利用集群的处理能力，因此不能快速准确地进行学习和预测。

基于大数据的机器学习采用分布式存储和计算技术来处理海量数据，例如 Spark、Flink 等，支持跨多个节点的数据处理和模型训练。通过使用分布式技术，大规模的数据可以被轻松处理。此外，基于大数据的机器学习还可以利用未经处理的数据，如文本、图像、视频等进行学习和预测。基于大数据的机器学习更加强调数据的数量和质量，能够处理海量数据和非结构化数据，提高了模型的泛化能力和准确度。基于大数据的机器学习还需要考虑算法的可扩展性和运行效率，因为算法需要处理大量数据，必须能够快速运行。为此，Spark 专门引入了 Spark MLlib，这是一个为 Spark 设计的大规模机器学习库，该库包含各种机器学习算法和工具。对于数据分析及开发人员而言，只需要具有 Spark 编程基础，了解机器学习的基本原理和方法，以及模型和参数的含义，就可以轻松地通过调用相应的 API 来实现基于海量数据的机器学习。

10.2 MLlib 介绍

MLlib 是一个为 Spark 设计的大规模机器学习库，能够支持大规模数据集上的通用机器学习算法，包括分类、回归、聚类、协同过滤、特征提取和数据预处理等。MLlib 集成了 Spark 分布式计算、可扩展性和大规模并行化的优势，能够为机器学习任务提供高效和可伸缩的解决方案。MLlib 支持各种机器学习任务，包括分类、回归、聚类、协同过滤和推荐系统等。MLlib 还提供了各种模型评估和超参数调整工具，这使得数据分析人员能够在 Spark 中高效地进行模型训练和预测。MLlib 提供了简单易用的 API，允许用户使用 Python、Scala 或 Java 来训练模型、预测及评估。此外，它还支持 Python 和 R 的交互运行，方便用户基于大数据的机器学习进行快速原型开发和测试。MLlib 能够与 Hadoop、Hive 等通用技术集成使用，也可以用于流处理，这意味着它可以在数据输入时即时进行处理和学习训练，而无需等待所有数据被处理完毕才进行。在高级别上，MLlib 主要包括以下几个方面：

- 算法工具：常见的学习算法，如分类、回归、聚类和协同过滤。
- 特征化工具：特征提取、变换、降维和选择等。

- 管道（Pipelines）：用于构建、评估和优化机器学习管道的工具。
- 持久性：保存和加载算法、模型和管道。
- 实用工具：线性代数、统计、数据处理等。

MLlib 支持的主要机器学习算法见表 10-1。

表 10-1 MLlib 支持的主要机器学习算法

类 型	算 法
基本统计 （Basic Statistics）	概要统计（Summary Statistics）、相关性（Correlation）、假设检验（Hypothesis testing）、随机数据生成（Random Data Generation）
分类 （Classification）	逻辑回归（Logistic Regression）、决策树（Decision Tree）、随机森林（Random Forest）、梯度提升树（Gradient-Boosted Trees）、多层感知器（Multilayer Perceptron）
回归 （Regression）	线性回归（Linear Regression）、决策树（Decision Tree）、随机森林（Random Forest）、梯度提升树（Gradient-Boosted Trees）、生存回归（Survival Regression）、单调回归（Isotonic Regression）
聚类 （Clustering）	K-means、高斯混合模型（Gaussian Mixture Model，GMM）、隐含狄利克雷分布（Latent Dirichlet Allocation，LDA）、二分 K-means（Bisecting K-means）
降维 （Dimensionality Reduction）	主成分分析（Principal Component Analysis，PCA）、奇异值分解（Singular Value Decomposition，SVD）
协同过滤 （Collaborative Filtering）	基于 ALS（Alternating Least Squares）的协同过滤（Collaborative Filtering）
特征工程 （Extracting，transforming and selecting features）	词频-逆文档频率（Term Frequency-Inverse Document Frequency，TF-IDF）、Word2Vec、Tokenizer、StopWordsRemover、Normalizer、StandardScaler

MLlib 库主要分成两个包，spark.mllib 包中包含了基于 RDD 的原始算法和工具，是老版本的包，从 Spark 2.0 开始，基于 RDD 的老版本 API 已进入维护模式。spark.ml 包则是基于 DataFrame 的高层次的 API，是目前 Spark 机器学习的主要 API，本书主要介绍基于 DataFrame 的 spark.ml 包。

10.3 数据预处理

在机器学习过程中，数据集可能会存在一些问题：数据类型问题，例如有的是文字、有的是数字，有的含时间序列，有的连续、有的间断；数据质量问题，例如有噪声、有异常、有缺失、有重复，数据出错，量纲不一，数据是偏态，数据量太大或太小等。数据预处理是对原始数据进行清洗、整理和转换，以便让数据更加适合模型的特性，提高机器学习算法的表现和健壮性，从而让机器学习任务获得更好的结果和效果。

具体而言，数据预处理包括以下任务：

- 数据清洗：清除异常值、空值、重复值等不合法或无用的数据。
- 数据转换：将数据转换成与算法兼容的数据，比如将分类型数据转为整数类型，以利于计算和分析。

- 特征提取与选择：挑选最相关的特征或将特征从原始数据中提取出来，使其更加有助于分析和模型训练。
- 特征缩放：统一数据的规模和比例，降低特征之间的差异性，便于模型使用。
- 数据集划分：将原始数据按照一定比例随机划分成训练集和测试集，用于机器学习模型的训练和评估，提高模型的泛化性能。

10.3.1 缺失值处理

MLlib 提供了处理缺失值的方法，可以帮助我们找到并替换缺失值，以使数据更好地适应模型。对于 DataFrame 的缺失值处理，在 6.8.2 小节中已经介绍过，基于 DataFrame 的机器学习，也可以使用对应的方法来删除包含缺失值的行或列，或者填充缺失值。此外，MLlib 中提供的 Imputer 类，可以用来填充缺失值，将缺失值填充为均值、中位数、众数或指定值。可以使用 Imputer.setStrategy(strategy) 将 Imputer 设置为使用均值、中位数或众数来填充缺失值也可以使用 Imputer.setMissingValue(missingValue) 来设置指定的缺失值。

修改一下 6.8.2 小节的案例，使用 MLlib 提供的 Imputer 类，用中位数来填充 Goals 列，用众数来填充 Away 列，代码如下：

```
from pyspark.ml.feature import Imputer

df = spark.read.csv("hdfs://node1:8020/input/datasets/WorldCupMatches.csv", header=True)
df.createOrReplaceTempView("temp")
df1 = spark.sql("select Year, Datetime, "
            "case when substring(Stage, 1, 5) = 'Group' then Stage end Stage, "
            "case when `Home Team Name` <> 'Uruguay' then `Home Team Name` end Team, "
             "cast(case when `Home Team Goals` > 2 then `Home Team Goals` end as int) as
Goals, "
            "cast(case when `Away Team Goals` <> 0 then `Away Team Goals` end as int) as Away "
            "from temp where year = '1930' and Stadium = 'Estadio Centenario'")
df1.show()

# 创建一个 Imputer 对象并设置处理策略为中位数
median = Imputer(
    inputCols=["Goals"],
    outputCols=["Goals"]
).setStrategy("median")
# 使用 Imputer 对 DataFrame 进行数据处理
df2 = median.fit(df1).transform(df1)
df2.show()

# 创建一个 Imputer 对象并设置处理策略为众数
mode = Imputer(
    inputCols=["Away"],
    outputCols=["Away"]
).setStrategy("mode")
# 使用 Imputer 对 DataFrame 进行数据处理
```

```
df3 = mode.fit(df2).transform(df2)
df3.show()
```

执行代码，输出结果如下：

```
+----+------------------+-------+---------+-----+----+
|Year|          Datetime|  Stage|     Team|Goals|Away|
+----+------------------+-------+---------+-----+----+
|1930|18 Jul 1930 - 14:30 |Group 3|     null| null|null|
|1930|19 Jul 1930 - 12:50 |Group 1|    Chile| null|null|
|1930|19 Jul 1930 - 15:00 |Group 1|Argentina|    6|   3|
|1930|20 Jul 1930 - 13:00 |Group 2|   Brazil|    4|null|
|1930|20 Jul 1930 - 15:00 |Group 4| Paraguay| null|null|
|1930|21 Jul 1930 - 14:50 |Group 3|     null|    4|null|
|1930|22 Jul 1930 - 14:45 |Group 1|Argentina|    3|   1|
|1930|26 Jul 1930 - 14:45 |   null|Argentina|    6|   1|
|1930|27 Jul 1930 - 14:45 |   null|     null|    6|   1|
|1930|30 Jul 1930 - 14:15 |   null|     null|    4|   2|
+----+------------------+-------+---------+-----+----+

+----+------------------+-------+---------+-----+----+
|Year|          Datetime|  Stage|     Team|Goals|Away|
+----+------------------+-------+---------+-----+----+
|1930|18 Jul 1930 - 14:30 |Group 3|     null|    4|null|
|1930|19 Jul 1930 - 12:50 |Group 1|    Chile|    4|null|
|1930|19 Jul 1930 - 15:00 |Group 1|Argentina|    6|   3|
|1930|20 Jul 1930 - 13:00 |Group 2|   Brazil|    4|null|
|1930|20 Jul 1930 - 15:00 |Group 4| Paraguay|    4|null|
|1930|21 Jul 1930 - 14:50 |Group 3|     null|    4|null|
|1930|22 Jul 1930 - 14:45 |Group 1|Argentina|    3|   1|
|1930|26 Jul 1930 - 14:45 |   null|Argentina|    6|   1|
|1930|27 Jul 1930 - 14:45 |   null|     null|    6|   1|
|1930|30 Jul 1930 - 14:15 |   null|     null|    4|   2|
+----+------------------+-------+---------+-----+----+

+----+------------------+-------+---------+-----+----+
|Year|          Datetime|  Stage|     Team|Goals|Away|
+----+------------------+-------+---------+-----+----+
|1930|18 Jul 1930 - 14:30 |Group 3|     null|    4|   1|
|1930|19 Jul 1930 - 12:50 |Group 1|    Chile|    4|   1|
|1930|19 Jul 1930 - 15:00 |Group 1|Argentina|    6|   3|
|1930|20 Jul 1930 - 13:00 |Group 2|   Brazil|    4|   1|
|1930|20 Jul 1930 - 15:00 |Group 4| Paraguay|    4|   1|
|1930|21 Jul 1930 - 14:50 |Group 3|     null|    4|   1|
|1930|22 Jul 1930 - 14:45 |Group 1|Argentina|    3|   1|
|1930|26 Jul 1930 - 14:45 |   null|Argentina|    6|   1|
|1930|27 Jul 1930 - 14:45 |   null|     null|    6|   1|
|1930|30 Jul 1930 - 14:15 |   null|     null|    4|   2|
+----+------------------+-------+---------+-----+----+
```

从结果可以知道，对于 df1，Goals 和 Away 列存在大量缺失值，使用 Imputer 类进行缺失值填充后，Goals 的中位数是 4，所以 df2 中 Goals 列缺失值填充 4，Away 的众数是 1，所以 df3 中 Away 列缺失值填充 1。

对于缺失值的填充，不同的场景可以采用不同的填充策略，例如：

- 年收入：商品推荐场景下填充平均值。
- 行为时间点：填充众数。
- 价格：商品匹配场景下填充平均值。
- 人体寿命：人口估计场景下填充平均值。
- 驾龄：没有填写这一项的用户可能没有车，可以填充 0。
- 本科毕业时间：没有填写这一项的用户可能没有上大学，可以填充正无穷。
- 婚姻状态：没有填写这一项的用户可能对自己的隐私比较敏感，可以单独设一个分类，例如“1-已婚，0-未婚，9-未知”。

10.3.2 无量纲化处理

在机器学习算法实践中，往往有着将不同规格的数据转换到同一规格，或不将同分布的数据转换到某个特定分布的需求，这种需求统称为将数据无量纲化。在梯度和矩阵为核心的算法中，例如逻辑回归、支持向量机、神经网络，无量纲化可以加快求解速度。在距离类模型，例如 K 近邻、K-Means 聚类中，无量纲化可以帮我们提升模型精度，避免某一个取值范围特别大的特征对距离计算造成影响。数据的无量纲化可以是线性的，也可以是非线性的。线性的无量纲化包括中心化处理和缩放处理。中心化的本质是让所有记录减去一个固定值，即让样本数据平移到某个位置。缩放的本质是通过除以一个固定值，将数据固定在某个范围之中，取对数也算是一种缩放处理。

常见的无量纲化处理方法包括中心化、标准化、归一化、区间缩放等。

1. 中心化

中心化就是把数据整体移动到以原点为中心点的位置，使得数据分布在以原点为中心的对称空间中。在数据分析中，通常将数据标准化为 0 均值的形式，避免不同维度数据之间因为量纲不一致造成的影响。中心化的计算公式为：

$$x_i' = x_i - \mu \tag{10-5}$$

式中，x_i是数据集的第 i 个元素，μ 是数据集的均值。

2. 标准化

标准化就是将数据转换为具有可比性的数据，使得每个特征的均值为 0，标准差为 1。当数据按均值 μ 中心化后，再按标准差 σ 缩放，数据就会服从均值为 0、方差为 1 的正态分布（即标准正态分布），而这个过程，就叫作数据标准化。标准化的公式为：

$$x_i' = \frac{x_i - \mu}{\sigma} \tag{10-6}$$

标准化可以消除数据量纲单位的影响，是数据预处理的一种重要的方式，被广泛地使用在许多机

器学习算法中，例如支持向量机、逻辑回归和类神经网络。

3. 归一化

归一化也称为规范化或缩放，是将数据按比例缩放，使其值域落在一个特定的范围内，通常是 [0,1]，使得不同特征之间具有可比性，并且降低由于数据量纲不同而导致的误差，使得数据的利用效果更好，易于比较和分析处理。

最大最小归一化是归一化的一种常用方法，它通过对原始数据减去最小值并除以取值范围来实现归一化。当数据按照最小值中心化后，再按极差（最大值 - 最小值）缩放，数据移动了最小值个单位，并且会被收敛到 [0,1] 之间，这个过程，就叫作数据最大最小归一化。最大最小归一化的公式为：

$$x_i' = \frac{x_i - x_{\min}}{x_{\max} - x_{\min}} \tag{10-7}$$

最大值与最小值非常容易受到异常点的影响，所以这种方法鲁棒性较差，只适合传统精确小数据场景。

在下面的案例中，对 Home Team Goals 列使用 StandardScaler 做标准化，对 Attendance 列使用 MinMaxScaler 做最大最小归一化，并使用 Pipeline 按顺序执行它们，代码如下：

```
from pyspark.ml import Pipeline
from pyspark.ml.feature import StandardScaler, MinMaxScaler, VectorAssembler
df = spark.read.csv("hdfs://node1:8020/input/datasets/WorldCupMatches.csv", header=True)
df.createOrReplaceTempView("temp")
df1 = spark.sql("select cast(`Home Team Goals` as int) as Home, "
    "cast(Attendance as int) as Attend "
    "from temp where year = '1934' and Stage = 'Preliminary round'")

# 使用 VectorAssembler 将两个特征组合成一个向量
assembler = VectorAssembler(inputCols=["Home", "Attend"], outputCol="features")
data = assembler.transform(df1)

# 创建一个标准化转换器
standard = StandardScaler(inputCol="features", outputCol="Standard_Home", withMean=True)
# 建立 MinMaxScaler 转换器
minmax = MinMaxScaler(inputCol="features", outputCol="MinMax_Attend")

pipeline = Pipeline(stages=[standard, minmax])

df2 = pipeline.fit(data).transform(data)
df2.select("Home", "Attend", "Standard_Home", "MinMax_Attend") \
    .show(truncate=False)
```

执行代码，输出结果如下：

```
+----+------+----------------------------------------+-------------+
|Home|Attend|Standard_Home                           |MinMax_Attend|
+----+------+----------------------------------------+-------------+
|3   |16000 |[-0.4743416490252569,-0.09827872056540046]|[0.2,0.32]   |
```

```
|4   |9000  |[0.15811388300841897,-0.8845084850886041] |[0.4,0.04]   |
|3   |33000 |[-0.4743416490252569,1.811136421848094]   |[0.2,1.0]    |
|3   |14000 |[-0.4743416490252569,-0.32291579614345867]|[0.2,0.24]   |
|5   |8000  |[0.7905694150420949,-0.9968270228776333]  |[0.6,0.0]    |
|3   |21000 |[-0.4743416490252569,0.46331396837974503] |[0.2,0.52]   |
|7   |25000 |[2.0554804791094465,0.9125881195358614]   |[1.0,0.68]   |
|2   |9000  |[-1.1067971810589328,-0.8845084850886041] |[0.0,0.04]   |
+----+------+-----------------------------------------+-------------+
```

10.3.3 特征数据处理

机器学习中的特征数据处理是构建有效模型的关键步骤之一，好的特征数据处理可以提高模型的准确性，同时也有助于简化模型设计和优化。将原始数据转换为统一的特征向量表示形式，可以便于机器学习算法进行处理，提高算法效率、减少模型过拟合、帮助模型解释。

1. 数值类型的特征处理

在机器学习中，对类型的特征进行特征数据处理的方法不同。对于数值型特征，一般采用归一化或标准化的方法进行特征缩放。数值型特征的取值范围一般比较大，归一化或标准化可以使得模型更容易收敛。对于归一化，可以使用 MinMaxScaler，而对于标准化，可以使用 StandardScaler。

2. 类别类型的特征处理

机器学习中的大多数算法，譬如逻辑回归、支持向量机 SVM、KNN 算法等都只能够处理数值型数据，不能处理文字。然而在现实中，许多标签和特征在数据收集完毕的时候，都不是以数字来表现的。为了让数据适应算法和库，必须将数据进行编码，也就是将文字型数据转换为数值型数据。StringIndexer 可以将字符串类型的类别特征转换为相应的数字型类别特征。

有一些类别特征彼此没有联系或者不能相互计算，例如性别可能为男、女，学历可能为小学、初中、高中、本科等，我们不能说性别男+某个取值=女，也不能说学历小学+某个取值=初中，所以不能单纯地将类别转换成简单数值。这种类别类型的特征可以通过独热编码技术（One Hot Encoding）进行处理，独热编码将类别特征转化为向量形式，以便模型进行处理。独热编码又称一位有效编码，其方法是使用 N 位状态寄存器来对 N 个状态进行编码，每个状态都有独立的寄存器位，并且在任意时候，其中只有一位有效。在回归、分类、聚类等机器学习算法中，特征之间距离的计算或相似度的计算是非常重要的。常用的距离或相似度的计算都是在欧式空间的相似度计算，例如余弦相似性。使用独热编码将离散特征的取值扩展到欧式空间，离散特征的某个取值就对应欧式空间的某个点。

通过独热编码，可以将一个具有 N 个分类属性的特征，扩充到 N 个具有 0、1 值的特征。哑变量又称为虚拟变量、虚设变量或名义变量，哑变量编码是一种用于将分类特征转换为数值特征的方法，它将一个分类特征分为多个二元特征，并将每个特征的取值转换为 0 或 1，来反映某个变量的不同属性。对于有 N 个分类属性的自变量，通常需要选取 1 个分类作为参照，因此可以产生 N-1 个哑变量。将哑变量引入回归模型，虽然使模型变得较为复杂，但可以更直观地反映出该自变量的不同属性对于因变量的影响，可以提高模型的精度和准确度。

在下面的案例中，使用 StringIndexer 对彩虹的 7 种颜色进行数字类型转换，并使用独热编码 One-

HotEncoder 对数据进行编码，代码如下：

```
from pyspark.ml.feature import StringIndexer, OneHotEncoder

# 创建数据集
color = [(1, "赤"), (2, "橙"), (3, "黄"), (4, "绿"), (5, "青"), (6, "蓝"), (7, "紫")]
df = spark.createDataFrame(color, ["id", "Color"])

# StringIndexer 将文本分类变量映射到数值型分类变量
stringIndexer = StringIndexer(inputCol="Color", outputCol="ColorIndex")
indexed = stringIndexer.fit(df).transform(df)

# OneHotEncoder 将数值型分类变量转化为二进制形式
encoder = OneHotEncoder(inputCol="ColorIndex", outputCol="OneHotColor", dropLast=False)
encoded = encoder.fit(indexed).transform(indexed)
encoded.show()
```

执行代码，输出结果如下：

```
+---+-----+----------+-------------+
| id|Color|ColorIndex|  OneHotColor|
+---+-----+----------+-------------+
|  1|   赤|       4.0|(7,[4],[1.0])|
|  2|   橙|       0.0|(7,[0],[1.0])|
|  3|   黄|       6.0|(7,[6],[1.0])|
|  4|   绿|       2.0|(7,[2],[1.0])|
|  5|   青|       5.0|(7,[5],[1.0])|
|  6|   蓝|       3.0|(7,[3],[1.0])|
|  7|   紫|       1.0|(7,[1],[1.0])|
+---+-----+----------+-------------+
```

3. 连续类型的特征处理

在采集的数据集中，还可能存在连续型特征，例如年龄、身高、体重等。有时候需要对连续型特征进行分类，以便更好地进行分析，比如在对人群进行年龄段分析时，将年龄离散化为几个年龄段会更易于处理和分析。连续型特征可以采用分桶技术处理，分桶可以将连续型特征的值域划分为不同的桶或者区间，然后用桶号或区间编号来代替原始的连续值，便于模型处理。Bucketizer 可以将连续型特征转换为离散型特征，它提供了一种将连续特征转换为离散特征的便捷方法。

在下面的案例中，使用 Bucketizer 将连续型特征年龄转换为离散化的年龄阶段，代码如下：

```
from pyspark.ml.feature import Bucketizer

ages = [(1, 6), (2, 18), (3, 33), (4, 44), (5, 55), (6, 66), (7, 77)]
df = spark.createDataFrame(ages, ["id", "Age"])

splits = [0, 10, 30, 60, float('inf')]
bucketizer=Bucketizer(inputCol="Age",outputCol="Bucket",splits=splits)
bucketed = bucketizer.transform(df)
bucketed.show(truncate=False)
```

执行代码，输出结果如下：

```
+---+---+------+
|id |Age|Bucket|
+---+---+------+
|1  |6  |0.0   |
|2  |18 |1.0   |
|3  |33 |2.0   |
|4  |44 |2.0   |
|5  |55 |2.0   |
|6  |66 |3.0   |
|7  |77 |3.0   |
+---+---+------+
```

10.4 特征提取和转换

MLlib 提供了强大的特征提取和转换工具，使分析人员能够有效地从原始数据中提取和创建特征，准备数据用于机器学习模型训练。常用的特征提取和转换工具包括 TF-IDF、Word2Vec、StopWordsRemover、Tokenizer、Normalizer、StandardScaler 等。

TF-IDF 指的是词频与逆文档频率的乘积，是一种用于文本分类、信息检索与数据挖掘的常用加权技术，常用于挖掘文章中的关键词，而且算法简单高效，常用于最开始的文本数据清洗。TF-IDF 有两层意思，一层是词频 TF，另一层是逆文档频率 IDF。TF 指的是某个单词在文本中出现的次数，它的值越大说明该词在文本中越重要。TF 通常会被归一化处理，即使用单词出现的次数除以文本中单词的总数，即频率。但是，仅仅使用 TF 作为特征有一个问题，那就是常见的词汇，例如“是”、“了”、“的”，几乎在所有文本中都会出现，其 TF 值大，但也不一定代表其重要性。因此，需要使用 IDF 来弥补这个问题，即计算某个词在所有文本中出现的频率，IDF 会给常见的词较小的权重，它的大小与一个词的常见程度成反比，其结果将被用于对该词的重要性进行加权。TF-IDF 的计算公式为：

$$\begin{aligned}\mathrm{TFIDF}(t,d,D) &= \mathrm{TF}(t,d) \times \mathrm{IDF}(t,D) \\ &= \frac{n_{t,d}}{\sum_k n_{k,d}} \times \log \frac{|D|+1}{|j:t \in d_j|+1}\end{aligned} \tag{10-8}$$

式中，t 指某个单词，d 指某个文本，D 指文档库，$n_{t,d}$表示单词 t 在文本 d 中出现的次数，$\sum_k n_{k,d}$ 表示所有单词在文本 d 中出现的总次数，$\mathrm{TF}(t,d)$ 表示单词 t 在文本 d 中出现的频率，$|D|$表示文档库的总数量，$t \in d_j$表示单词 t 在文本 d_j中至少出现一次，$|j: t \in d_j|$ 表示文档库 D 中包含单词 t 的文档的数量，$\mathrm{IDF}(t,D)$ 表示总文本数量与包含单词 t 的文本数量之比的对数。

在下面的案例中，对 words.txt 文件做词频、逆文档频率的计算，代码如下：

```
from pyspark.ml import Pipeline
from pyspark.ml.feature import HashingTF, IDF, Tokenizer

data = spark.read.text("hdfs://node1:8020/words.txt")
```

```
# 将文本拆分成单词
tokenizer = Tokenizer(inputCol="value", outputCol="words")
# 计算词频 TF
hashingTF = HashingTF(inputCol='words', outputCol='tf')
# 计算逆文档频率 IDF
idf = IDF(inputCol='tf', outputCol='idf')

pipeline = Pipeline(stages=[tokenizer, hashingTF, idf])
df = pipeline.fit(data).transform(data)
df.cache()

df.select("words", "tf").show(truncate=False)
df.select("idf").show(truncate=False)
```

执行代码，输出结果如下：

```
+--------------------+------------------------------------------+
|words               |tf                                        |
+--------------------+------------------------------------------+
|[hello, python]       |(262144,[50301,250593],[1.0,1.0])               |
|[hello, spark, you]   |(262144,[173558,214962,250593],[1.0,1.0,1.0])|
|[hello, python, spark]|(262144,[50301,173558,250593],[1.0,1.0,1.0]) |
|[you, know, pyspark]    |(262144,[133073,140931,214962],[1.0,1.0,1.0])|
+--------------------+------------------------------------------+

+----------------------------------------------------------------------------------+
|idf                                                                                      |
+----------------------------------------------------------------------------------+
|(262144,[50301,250593],[0.5108256237659907,0.22314355131420976])                        |
|(262144,[173558,214962,250593],[0.5108256237659907,0.5108256237659907,0.22314355131420976])|
|(262144,[50301,173558,250593],[0.5108256237659907,0.5108256237659907,0.22314355131420976]) |
|(262144,[133073,140931,214962],[0.9162907318741551,0.9162907318741551,0.5108256237659907]) |
+----------------------------------------------------------------------------------+
```

输出结果中，262144 是 HashingTF 中特征维度的数量 numFeatures，默认值是2^{18}。tf 列中包含单词的 ID 和词频向量，idf 列中包含单词的 ID 和逆文档频率向量。可以看出，由于每个单词在每行记录中出现的次数都是 1，所以词频向量中的值都是 1，表示出现次数。单词 hello 在所有文本中共出现 3 次，逆文档频率是 0.22，单词 you、python、spark 在所有文本中共出现 2 次，逆文档频率是 0.51，单词 know、pyspark 在所有文本中共出现 1 次，逆文档频率是 0.92。

StopWordsRemover 是一个数据处理工具，用于过滤掉自然语言文本中的常见词汇，这些常见词汇称为停用词。在自然语言处理中，停用词不包含重要含义，但在文本中出现频率很高，如“是”、“了”、“的”等。这种单词在机器学习、文本分析和搜索引擎等应用中往往是无意义的，因此需要在处理文本数据时将它们去除。StopWordsRemover 通常接受一个字符串类型的输入，可以将 StopWordsRemover 集成在大多数数据处理和自然语言处理框架中。StopWordsRemover 可以降低文本数据处理的复杂度和噪声，具有使有监督和无监督机器学习算法更加准确的作用。此外，可以根据应用的需求自定义停用词表，从而使工具更加具有针对性。

在下面的案例中，使用自定义停用词为 hello、know，将 words.txt 文件中的停用词去除，代码如下：

```
from pyspark.ml import Pipeline
from pyspark.ml.feature import Tokenizer, StopWordsRemover

data = spark.read.text("hdfs://node1:8020/words.txt")
# 将文本拆分成单词
tokenizer = Tokenizer(inputCol="value", outputCol="words")
# 去除停用词
stopwords = StopWordsRemover(inputCol='words',
                             stopWords=["hello", "know"],
                             outputCol='feature')

pipeline = Pipeline(stages=[tokenizer, stopwords])
df = pipeline.fit(data).transform(data)
df.cache()

df.show(truncate=False)
```

执行代码，输出结果如下：

```
+-----------------+---------------------+--------------+
|value            |words                |feature       |
+-----------------+---------------------+--------------+
|Hello Python     |[hello, python]      |[python]      |
|Hello Spark You  |[hello, spark, you]  |[spark, you]  |
|Hello Python Spark|[hello, python, spark]|[python, spark]|
|You know PySpark |[you, know, pyspark] |[you, pyspark] |
+-----------------+---------------------+--------------+
```

Word2Vec 是谷歌在 2013 年提出的一种词向量表示模型，它能够将单词转化为低维向量表示，以便机器学习系统进行处理。Word2Vec 模型基于神经网络，通过建立一个 3 层的神经网络来学习单词的向量表示。在该神经网络中，输入层为单词，隐藏层为单词的向量表示，输出层为单词的上下文单词。Word2Vec 模型有两种基本的实现模式，分别是 CBOW 和 Skip-gram。CBOW 模型用来以一个单词的上下文来预测目标单词。在这种模型中，使用上下文单词的平均向量来表示目标单词。Skip-gram 模型则是以一个单词来预测它的上下文单词。在这种模型中，使用目标单词的向量来表示一个单词的上下文。

在下面的案例中，将 words.txt 文件中的单词转换为特征向量，代码如下：

```
from pyspark.ml import Pipeline
from pyspark.ml.feature import Tokenizer, Word2Vec

data = spark.read.text("hdfs://node1:8020/words.txt")
# 将文本拆分成单词
tokenizer = Tokenizer(inputCol="value", outputCol="words")
# 将单词转化为向量
```

```
wordvec = Word2Vec(inputCol='words', outputCol='feature', minCount=0)

pipeline = Pipeline(stages=[tokenizer, wordvec])
df = pipeline.fit(data).transform(data)
df.cache()

df.select("words","feature").show(truncate=40)
```

执行代码，输出结果如下：

```
+--------------------+--------------------------------------+
|               words|                               feature|
+--------------------+--------------------------------------+
|      [hello, python]|[-0.003671873942948878,-6.33803429082...|
|  [hello, spark, you]|[-0.002239055860021229,-0.00148498758...|
|[hello, python, spark]|[-0.003229451288158694 8,-5.7879062175...|
|  [you, know, pyspark]|[3.3398499726899 9E-4,-0.0010805038424...|
+--------------------+--------------------------------------+
```

10.5 回归算法介绍

回归算法是机器学习中一类重要的算法，其主要任务是根据给定的输入数据，建立一个函数模型，预测一个连续的输出结果。MLlib 机器学习库的 pyspark.ml.regression 包中提供了很多常见的回归算法，包括线性回归、决策树回归、随机森林回归、生存回归等。

10.5.1 线性回归算法介绍

线性回归（Linear Regression）是一种最基本的回归算法，它假设因变量和自变量之间是线性关系。所谓线性就是指自变量与因变量之间的关系可以用一条直线或超平面来近似表示，即函数关系可以通过一次函数表示。所谓回归通常是指在提供一组自变量的情况下，预测因变量的值，即找到可以表示自变量与因变量之间关系的直线或超平面的过程。线性回归算法通过最小化平方误差来找到一条最优的直线，从而将自变量映射到因变量。线性回归的示意图如图 10-2 所示。

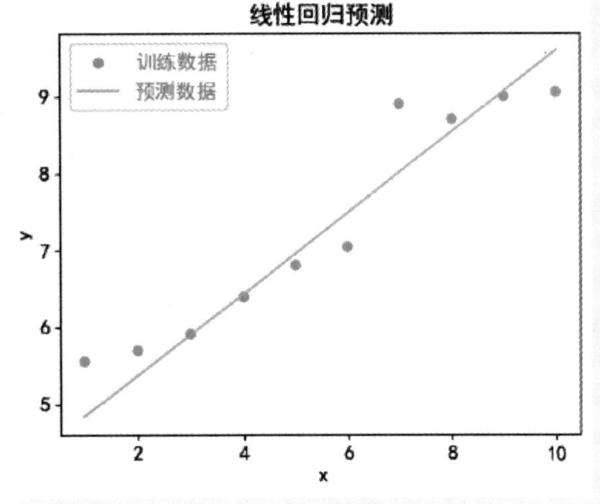

图 10-2　线性回归示意图

线性回归可以分为简单一元线性回归和多元线性回归，它们的区别在于自变量的个数不同。

一元线性方程的数学表示为：

$$y=a+bx \tag{10-9}$$

式中，x 是自变量，y 是因变量。当给定 2 个点后，就可以确定 a 和 b 的值。确定 a 和 b 的值之后，就可以在直角坐标系中画出一条直线，然后通过任意 x 都可以通过函数求出 y 的值。

简单一元线性回归是指建立 1 个因变量和 1 个自变量之间的线性关系模型，即只用 1 个 x 来预测 y，数学表示为：

$$y=\theta_0+\theta_1x+\varepsilon \tag{10-10}$$

式中，x 是自变量，y 是因变量，θ_0和θ_1是回归系数，ε 是误差系数，即理论值与真实值之间的差异。这种模型适用于描述两个变量之间的简单线性回归关系，通常用于预测和解释。

现实世界是复杂的，数量关系往往也不是简单的一元关系，在机器学习中通常会使用多个特征来进行预测。当输入样本有 n 个特征，用 n 个 x 来预测 y 时，那就是多元线性回归，数学表示为：

$$\hat{y}=\theta_0+\theta_1x_1+\theta_2x_2+\cdots+\theta_nx_n \tag{10-11}$$

式中，y 是目标变量，即标签，通常用$\hat{y}$表示，是预测值而不是真实值，因为存在误差。x_i是样本上的特征。θ_i是回归系数，即线性模型的参数，需要通过训练数据来找到最优解。常用的求解方法是最小二乘法，即将数据的平均偏差最小化。

1. 最小二乘法

对于回归模型而言，预测值和真实值越接近越好，即$|y-\hat{y}|$越小越好。但是绝对值的计算非常麻烦，也不方便求导，通常可以将绝对值转换为平方，即$(y-\hat{y})^2$越小越好。假设有 m 个样本，则我们希望它们的平方和最小，即 $\sum_{i=1}^{m}(y_i-\hat{y}_i)^2$ 最小。将这个平方和求均值，就可以得到均方差，表示为：

$$\frac{1}{m}\sum_{i=1}^{m}(y_i-\hat{y}_i)^2 \tag{10-12}$$

寻找最佳的参数来使得均方差最小，就是最小二乘法。

2. 求解过程

假设$x_0=1$，则多元线性回归函数可变形为：

$$\hat{y}=\theta_0x_0+\theta_1x_1+\theta_2x_2+\cdots+\theta_nx_n \tag{10-13}$$

设第 i 个样本的特征向量表示为：

$$\hat{x}_i=\begin{bmatrix}x_{i0}\\x_{i1}\\\vdots\\x_{in}\end{bmatrix} \tag{10-14}$$

模型的未知参数表示为：

$$\theta=\begin{bmatrix}\theta_0\\\theta_1\\\vdots\\\theta_n\end{bmatrix} \tag{10-15}$$

则第 i 个样本的预测值可以表示为：

$$\hat{y}_i = \theta^{\mathrm{T}} \hat{x}_i \tag{10-16}$$

对于 m 个样本，所有的特征向量可以表示成特征矩阵形式：

$$\boldsymbol{X} = \begin{bmatrix} x_{10} & x_{11} & x_{12} & \cdots & x_{1n} \\ x_{20} & x_{21} & x_{22} & \cdots & x_{2n} \\ x_{30} & x_{31} & x_{32} & \cdots & x_{3n} \\ \vdots & \vdots & \vdots & \ddots & \vdots \\ x_{m0} & x_{m1} & x_{m2} & \cdots & x_{mn} \end{bmatrix} = \begin{bmatrix} \hat{x}_1^{\mathrm{T}} \\ \hat{x}_2^{\mathrm{T}} \\ \hat{x}_3^{\mathrm{T}} \\ \vdots \\ \hat{x}_m^{\mathrm{T}} \end{bmatrix} \tag{10-17}$$

所有的预测值可以表示为：

$$\hat{y} = \begin{bmatrix} \hat{y}_1 \\ \hat{y}_2 \\ \hat{y}_3 \\ \vdots \\ \hat{y}_m \end{bmatrix} \tag{10-18}$$

所有的真实值可以表示为：

$$y = \begin{bmatrix} y_1 \\ y_2 \\ y_3 \\ \vdots \\ y_m \end{bmatrix} \tag{10-19}$$

对均方差进行变形：

$$\begin{aligned} J(\theta) &= \frac{1}{2m} \sum_{i=1}^{m} (y_i - \hat{y}_i)^2 \\ &= \frac{1}{2m} \sum_{i=1}^{m} (y_i - \theta^{\mathrm{T}} \hat{x}_i)^2 \end{aligned} \tag{10-20}$$

$J(\theta)$就是模型的损失函数，这里它代表的意义是所有样本均方差的平均数的 1/2。损失其实就是误差，损失函数的值越小，说明模型的误差越小，和真实结果越接近。

将损失函数展开：

$$J(\theta) = \frac{1}{2m}[(y_1 - \theta^{\mathrm{T}}\hat{x}_1)^2 + (y_2 - \theta^{\mathrm{T}}\hat{x}_2)^2 + \cdots + (y_m - \theta^{\mathrm{T}}\hat{x}_m)^2] \tag{10-21}$$

写成矩阵相乘的形式为：

$$J(\theta) = \frac{1}{2m}\begin{bmatrix} y_1 - \theta^{\mathrm{T}}\hat{x}_1 & y_2 - \theta^{\mathrm{T}}\hat{x}_2 & \cdots & y_m - \theta^{\mathrm{T}}\hat{x}_m \end{bmatrix} \begin{bmatrix} y_1 - \theta^{\mathrm{T}}\hat{x}_1 \\ y_2 - \theta^{\mathrm{T}}\hat{x}_2 \\ \vdots \\ y_m - \theta^{\mathrm{T}}\hat{x}_m \end{bmatrix} \tag{10-22}$$

因为：

$$\begin{bmatrix} y_1-\theta^{\mathrm{T}}\hat{x}_1 \\ y_2-\theta^{\mathrm{T}}\hat{x}_2 \\ \vdots \\ y_m-\theta^{\mathrm{T}}\hat{x}_m \end{bmatrix} = \begin{bmatrix} y_1 \\ y_2 \\ \vdots \\ y_m \end{bmatrix} - \begin{bmatrix} \theta^{\mathrm{T}}\hat{x}_1 \\ \theta^{\mathrm{T}}\hat{x}_2 \\ \vdots \\ \theta^{\mathrm{T}}\hat{x}_m \end{bmatrix} \tag{10-23}$$

由于$\theta^{\mathrm{T}}\hat{x}_i=\hat{y}_i$是一个标量，而标量的转置等于自身，即$\theta^{\mathrm{T}}\hat{x}_i=(\theta^{\mathrm{T}}\hat{x}_i)^{\mathrm{T}}=\hat{x}_i^{\mathrm{T}}\theta$，所以：

$$\begin{aligned} \begin{bmatrix} y_1-\theta^{\mathrm{T}}\hat{x}_1 \\ y_2-\theta^{\mathrm{T}}\hat{x}_2 \\ \vdots \\ y_m-\theta^{\mathrm{T}}\hat{x}_m \end{bmatrix} &= \begin{bmatrix} y_1 \\ y_2 \\ \vdots \\ y_m \end{bmatrix} - \begin{bmatrix} \hat{x}_1^{\mathrm{T}}\theta \\ \hat{x}_2^{\mathrm{T}}\theta \\ \vdots \\ \hat{x}_m^{\mathrm{T}}\theta \end{bmatrix} \\ &= y - \begin{bmatrix} \hat{x}_1^{\mathrm{T}} \\ \hat{x}_2^{\mathrm{T}} \\ \vdots \\ \hat{x}_m^{\mathrm{T}} \end{bmatrix}\theta \\ &= y - X\theta \end{aligned} \tag{10-24}$$

将式（10-24）代入式（10-22），可以得到损失函数：

$$J(\theta)=\frac{1}{2m}(y-X\theta)^{\mathrm{T}}(y-X\theta) \tag{10-25}$$

计算$J(\theta)$对θ求导数：

$$\begin{aligned} \frac{\partial J(\theta)}{\partial\theta} &= \frac{\partial}{\partial\theta}\left[\frac{1}{2m}(y^{\mathrm{T}}-\theta^{\mathrm{T}}X^{\mathrm{T}})(y-X\theta)\right] \\ &= \frac{1}{2m}\left(\frac{\partial}{\partial\theta}[y^{\mathrm{T}}y-y^{\mathrm{T}}X\theta-\theta^{\mathrm{T}}X^{\mathrm{T}}y+\theta^{\mathrm{T}}X^{\mathrm{T}}X\theta]\right) \\ &= \frac{1}{2m}\left(\frac{\partial y^{\mathrm{T}}y}{\partial\theta}-\frac{\partial y^{\mathrm{T}}X\theta}{\partial\theta}-\frac{\partial\theta^{\mathrm{T}}X^{\mathrm{T}}y}{\partial\theta}+\frac{\partial\theta^{\mathrm{T}}X^{\mathrm{T}}X\theta}{\partial\theta}\right) \\ &= \frac{1}{2m}\left(-\frac{\partial y^{\mathrm{T}}X\theta}{\partial\theta}-\frac{\partial\theta^{\mathrm{T}}X^{\mathrm{T}}y}{\partial\theta}+\frac{\partial\theta^{\mathrm{T}}X^{\mathrm{T}}X\theta}{\partial\theta}\right) \end{aligned} \tag{10-26}$$

由矩阵微分公式：

$$\frac{\partial x^{\mathrm{T}}a}{\partial x}=\frac{\partial a^{\mathrm{T}}x}{\partial x}=a \tag{10-27}$$

$$\frac{\partial x^{\mathrm{T}}Bx}{\partial x}=(B+B^{\mathrm{T}})x \tag{10-28}$$

可以得到：

$$\begin{aligned}\frac{\partial J(\theta)}{\partial\theta}&=\frac{1}{2m}(-X^{T}y-X^{T}y+(X^{T}X+X^{T}X)\theta)\\&=\frac{1}{m}(-X^{T}y+X^{T}X\theta)\end{aligned}\tag{10-29}$$

假设$X^{T}X$是正定矩阵，则损失函数$J(\theta)$是关于θ的凸函数，令导数等于 0，可以得到最优解：

$$-X^{T}y+X^{T}X\theta=0\tag{10-30}$$

$$X^{T}X\theta=X^{T}y\tag{10-31}$$

$$(X^{T}X)^{-1}X^{T}X\theta=(X^{T}X)^{-1}X^{T}y\tag{10-32}$$

最终可以求得：

$$\theta=(X^{T}X)^{-1}X^{T}y\tag{10-33}$$

3. 特点及适用场景

线性回归算法具有一些优点：

1）线性回归模型简单，易于理解和解释。

2）建模速度快，不需要很复杂的计算，对于大规模数据集也可以快速进行计算。

3）在满足特定的假设条件下，线性回归模型可以给出参数的统计显著性检验。

4）线性回归模型作为一种基本模型，对许多机器学习模型都有启发作用。

5）线性回归模型是许多非线性模型的基础，其他非线性模型可以被解释为在线性回归模型的基础上添加一个非线性项或将特征进行变换后的模型。

线性回归算法也有一些缺点：

1）需要严格的假设，线性回归模型假设特征和输出值之间具有线性关系，对于非线性模型，线性回归表现较差。

2）数据中存在噪声或异常值时，线性回归模型会受到较大的影响，容易出现过拟合或欠拟合的情况。

3）在特征空间较大时，对每个特征都需要估计一个系数，计算量会变得很大。

4）线性回归模型对数据分布的偏态和缺失值敏感。

基于以上特点，线性回归算法适用于以下一些场景：

1）特征与输出值之间存在线性关系。

2）数据集中的特征数较少，且多数特征与输出值之间存在线性或近似线性关系。

3）数据集中存在噪声或离群值，但是这些数据不会破坏整个数据集的总体分布。

4）对于需要解释模型结果的领域，线性回归模型适合作为一种基准模型进行比较。

在 PySpark MLlib 中，可以使用 pyspark.ml.regression.LinearRegression 类来实现线性回归算法。

10.5.2 回归树算法介绍

决策树（Decision Tree）是属于有监督学习的一种基本的分类与回归方法，模仿人类做决策的过程，可以认为是 if-else 规则的集合，符合直觉并且很直观。决策树由节点和有向边组成，结点有 3 种类型：

1）根节点。根节点是决策树的起点，代表所有样本数据的总体，是整个决策树的入口。

2）内部节点。内部节点是除了根节点和叶子节点之外的节点，每一个内部节点代表样本数据的一个特征的条件判断。通过样本数据的特征进行分支（比如性别特征分成男和女两个分支），将某节点的数据强行分到条件概率大的那一类中去，构成决策树的各个分支，最终导致叶子节点的产生。

3）叶子节点。叶子节点是决策树的终点，代表着一个决策结果，由最终的特征决定。它不再进行条件判断和分支，而是表示一种类别或取值，用以预测新的数据。

决策树的示意图如图 10-3 所示。

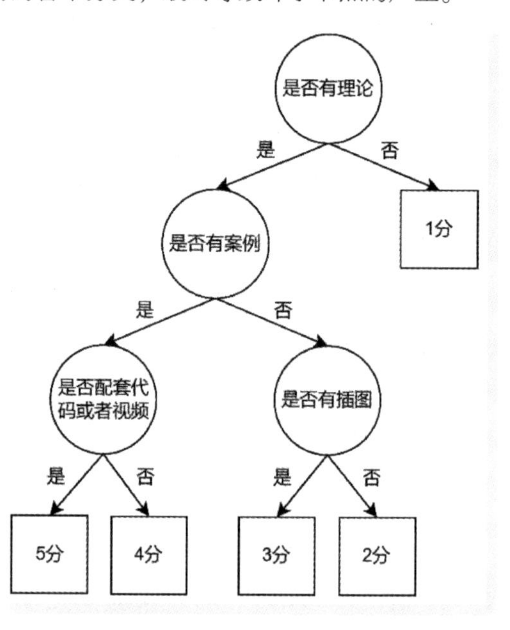

● 图 10-3　决策树示意图

在决策树中有 3 种算法：ID3、C4.5 和 CART（Classification and Regression Tree）。ID3 和 C4.5 只能处理离散型数据，生成的决策树是多叉树，只能处理分类，不能处理回归。而 CART 算法可以处理离散型数据和连续型数据，既可以用于分类，也可以用于回归。回归树的基本原理，就是 CART 算法。

1. CART 回归树

CART 算法假设决策树是二叉树，内部节点特征的取值只有“是”和“否”，左分支是取值为“是”的分支，右分支是取值为“否”的分支。这样的决策树等价于递归地二分每个特征。CART 回归树的生成是递归生成二叉树的过程，回归树使用平方误差作为最小化的准则，和最小二乘回归模型定义方差损失的方式一样。

假设有 N 个样本，每个样本有 d 个特征，对于给定的训练数据集：

$$D=\{(x_1,y_1),(x_2,y_2),\cdots,(x_N,y_N)\} \tag{10-34}$$

式中，$x_i=(x_i^{(1)},x_i^{(2)},\cdots,x_i^{(d)})$是第 i 个输入样本的特征向量，y 是连续型的输出值，选取样本的第 j 个特征$x^{(j)}$作为切分变量，以及样本在第 j 个特征处的取值 s 作为切分点，可以将输入样本切分成 2 个区域$R_1(j,s)=\{x|x^{(j)}\leqslant s\}$和$R_2(j,s)=\{x|x^{(j)}>s\}$，每个区域分别对应预测值$c_1$和$c_2$。通常情况下，一次切分并不能使模型达到最优，因此可以再次选择切分变量和切分点对区域R_1和R_2继续切分成R_1、R_2、R_3、R_4，每个区域分别对应预测值c_1、c_2、c_3、c_4，依此递归，直到模型达到最优。假设已经将输入样本切分成 M 个区域R_1，R_2，R_3，…，R_M，并且在每个区域R_m上有一个预测值c_m，则回归树模型可以表示为：

$$f(x)=\sum_{m=1}^{M}c_m I(x\in R_m) \tag{10-35}$$

式中，I 是指示函数，

$$I=\begin{cases}1, & x\in R_m\\ 0, & x\notin R_m\end{cases}$$

2. 损失函数优化求解

回归树使用平方误差作为最小化的准则，则模型的损失函数可以表示为：

$$J = \sum_{i=1}^{n} [y_i - f(x_i)]^2 = \sum_{i=1}^{n} \left[y_i - \sum_{m=1}^{M} c_m I(x_i \in R_m)\right]^2 \tag{10-36}$$

式（10-36）是按样本遍历的，而所有样本均会被切分到叶子节点，因此可以转换为按叶子节点遍历：

$$J = \sum_{m=1}^{M} \sum_{x_i \in R_m} (y_i - c_m)^2 \tag{10-37}$$

要使平方误差最小化，计算损失函数 J 对 c_m 求导数：

$$\frac{\partial J}{\partial c_m} = \frac{\partial \sum_{m=1}^{M} \sum_{x_i \in R_m} (y_i - c_m)^2}{\partial c_m} \tag{10-38}$$

对于一个确定的叶子节点，m 取值确定，节点上的样本个数 N_m 也确定，式（10-38）可变为：

$$\begin{aligned} \frac{\partial J}{\partial c_m} &= \frac{\partial \sum_{x_i \in R_m} (y_i - c_m)^2}{\partial c_m} \\ &= 2\sum_{x_i \in R_m} (y_i - c_m) \\ &= 2\left(\sum_{x_i \in R_m} y_i - N_m c_m\right) \end{aligned} \tag{10-39}$$

令导数等于 0，可以得到最优解：

$$c_m = \frac{1}{N_m} \sum_{x_i \in R_m} y_i \tag{10-40}$$

即每个叶子节点上的预测值 c_m 等于该叶子节点上所有样本真实输出值的均值。

3. 回归树生成

现在我们知道了回归树的基本原理和 c_m 的计算方法，那么，如何选择切分变量和切分点呢？

对于 N 个输入样本，每个样本都有 d 个特征，选取样本的第 j 个特征 $x^{(j)}$ 作为切分变量，以及样本在第 j 个特征处的取值 s 作为切分点，将输入样本切分成 2 个区域 $R_1(j,s) = \{x \mid x^{(j)} \leqslant s\}$ 和 $R_2(j,s) = \{x \mid x^{(j)} > s\}$，每个区域分别对应预测值 c_1 和 c_2。循环遍历输入样本的所有特征，对于第 j 个特征，循环遍历每个样本在第 j 个特征的取值 s，使得：

$$L(j,s) = \min_{j,s}\left[\min_{c1} \sum_{x_i \in R_1(j,s)} (y_i - c_1)^2 + \min_{c2} \sum_{x_i \in R_2(j,s)} (y_i - c_2)^2\right] \tag{10-41}$$

取得最小值，此时的 $x^{(j)}$ 和 s 即是最优切分变量和切分点。

根据损失函数最小化准则，有：

$$\hat{c_1} = \frac{1}{N_1} \sum_{x_i \in R_1} y_i \tag{10-42}$$

$$\hat{c_2} = \frac{1}{N_2} \sum_{x_i \in R_2} y_i \tag{10-43}$$

式（10-41）可以改写为：

$$L(j,s)=\min_{j,s}\left[\sum_{x_i\in R_1(j,s)}(y_i-\hat{c}_1)^2+\sum_{x_i\in R_2(j,s)}(y_i-\hat{c}_2)^2\right] \tag{10-44}$$

步骤 1，对于特定的 j，循环遍历每个样本在第 j 个特征的取值 s，可以得到 N 个预测值 c_m。将这 N 个预测值 c_m 带入 $\sum_{x_i\in R_m(j,s)}(y_i-c_m)^2$，可以得到 N 个平方误差值。选择这 N 个平方误差值中最小的一个，可以得到对于特定 j 的最优切分点 s。

步骤 2，对于样本的 d 个特征，循环遍历每个特征，重复执行步骤 1，可以得到 d 个最优切分点 s，即 d 个平方误差。从这 d 个平方误差中选择最小的一个，可以令式 10-41 取值最小，即可以得到最优的切分变量 $x^{(j)}$ 和 j。

完成步骤 1 和步骤 2，可以将 N 个样本切分成 2 个子节点，对每个子节点分别继续执行步骤 1 和步骤 2，直到满足停止条件为止，即可生成回归树。这样生成的回归树通常称为最小二乘回归树。

4. 回归树案例

假设使用回归树创建一个给图书评分的模型，样本数据见表 10-2。

表 10-2　图书评分模型样本数据

样本编号	理论评分	案例评分	插图评分	代码或者视频评分	图书评分
1	2	3	3	3	1
2	3	2	4	2	2
3	4	3	5	4	4
4	3	4	4	3	3
5	4	3	2	5	4
6	5	4	3	4	5
7	4	4	4	5	5

模型的所有特征为“理论评分”“案例评分”“插图评分”“代码或者视频评分”，模型的输出值是“图书评分”。

（1）第 1 次切分

1）选择“理论评分”为切分变量，样本的特征值与输出值的对应关系见表 10-3。

表 10-3　理论评分特征与输出值的对应关系

样本编号	1	2	4	3	5	7	6
理论评分	2	3	3	4	4	4	5
图书评分	1	2	3	4	4	5	5

选择样本值 $s=2$ 作为切分点，则 $R_1=\{2\}$，$R_2=\{3,3,4,4,4,5\}$，可以计算出 $c_1=\frac{1}{1}=1$，$c_2=\frac{1}{6}(2+3+4+4+5+5)=\frac{23}{6}=3.83$。

选择样本值 $s=3$ 作为切分点，则$R_1=\{2,3,3\}$，$R_2=\{4,4,4,5\}$，可以计算出$c_1=\frac{1}{3}(1+2+3)=2$，$c_2=\frac{1}{4}(4+4+5+5)=\frac{18}{4}=4.5$。

同理，可以得到其他切分点的预测值，见表 10-4。

表 10-4　理论评分特征各切分点的预测值

切　分　点	2	3	4	5
c_1	1	2	3.17	3.43
c_2	3.83	4.5	5	0

将以上切分点及预测值带入式（10-44），可以得到：

当切分点 $s=2$ 时，$L(s)=(1-1)^2+\{(2-3.83)^2+(3-3.83)^2+(4-3.83)^2+(4-3.83)^2+(5-3.83)^2+(5-3.83)^2\}=6.8334$。

当切分点 $s=3$ 时，$L(s)=\{(1-2)^2+(2-2)^2+(3-2)^2\}+\{(4-4.5)^2+(4-4.5)^2+(5-4.5)^2+(5-4.5)^2\}=3$。

同理，可以得到其他切分点的函数 L 的值，见表 10-5。

表 10-5　理论评分特征各切分点的损失值

切　分　点	2	3	4	5
$L(s)$	6.8334	3	10.83	13.71

从结果可以知道，如果选择“理论评分”作为切分变量，则当 s=3 作为切分点时，损失最小。

2）选择“案例评分”为切分变量，样本的特征值与输出值的对应关系见表 10-6。

表 10-6　案例评分特征与输出值关系

样本编号	2	1	3	5	4	6	7
案例评分	2	3	3	3	4	4	4
图书评分	2	1	4	4	3	5	5

选择样本值 $s=2$ 作为切分点，则$R_1=\{2\}$，$R_2=\{3,3,3,4,4,4\}$，可以计算出$c_1=\frac{2}{1}=2$，$c_2=\frac{1}{6}(1+4+4+3+5+5)=\frac{22}{6}=3.67$。

同理，可以得到其他切分点的预测值，见表 10-7。

表 10-7　案例评分特征各切分点的预测值

切　分　点	2	3	4
c_1	2	2.75	3.43
c_2	3.67	4.33	0

将以上切分点及预测值带入式 10-44，可以得到：

当切分点 $s=2$ 时，$L(s)=(2-2)^2+\{(1-3.67)^2+(4-3.67)^2+(4-3.67)^2+(3-3.67)^2+(5-3.67)^2+(5-3.67)^2\}=11.33$。

同理，可以得到其他切分点的函数 L 的值，见表 10-8。

表 10-8 案例评分特征各切分点的损失值

切 分 点	2	3	4
$L(s)$	11.33	13.5	13.71

从结果可以知道，如果选择“案例评分”作为切分变量，则当 $s=2$ 作为切分点时，损失最小。

3）选择“插图评分”为切分变量，样本的特征值与输出值的对应关系见表 10-9。

表 10-9 插图评分特征与输出值的对应关系

样本编号	5	1	6	2	4	7	3
插图评分	2	3	3	4	4	4	5
图书评分	4	1	5	2	3	5	4

可以得到各切分点的函数 L 的值，见表 10-10。

表 10-10 插图评分特征各切分点的损失值

切 分 点	2	3	4	5
$L(s)$	13.34	13.67	13.58	13.71

从结果可以知道，如果选择“插图评分”作为切分变量，则当 $s=2$ 作为切分点时，损失最小。

4）选择“代码或者视频评分”为切分变量，样本的特征值与输出值的对应关系见表 10-11。

表 10-11 代码或者视频评分特征与输出值的对应关系

样本编号	2	1	4	3	6	5	7
代码或者视频评分	2	3	3	4	4	5	5
图书评分	2	1	3	4	5	4	5

可以得到各切分点的函数 L 的值，见表 10-12。

表 10-12 代码或者视频评分特征各切分点函数的损失值

切 分 点	2	3	4	5
$L(s)$	11.33	3	10.5	13.71

从结果可以知道，如果选择“代码或者视频评分”作为切分变量，则当 $s=3$ 作为切分点时，损失最小。

在遍历完所有特征后，可以得到各个特征损失最小的切分点及对应的损失值，见表 10-13。

表 10-13　各个特征损失最小的切分点及对应的损失值

特征名称	理论评分	案例评分	插图评分	代码或者视频评分
切分点	3	2	2	3
损失值	3	11.33	13.34	3

从结果可以知道，选择“理论评分”作为切分变量、3 作为切分点，或者选择“代码或者视频评分”作为切分变量、3 作为切分点，这两种情况的损失值都是 3，都是最小的，因此，第 1 次切分可以得到 2 棵树，以选择“理论评分”作为切分变量为例，生成的树如图 10-4 所示。

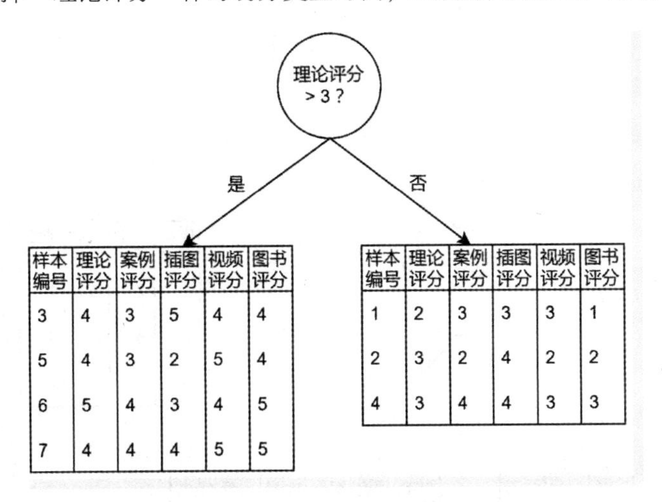

● 图 10-4　以理论评分切分

（2）第 2 次切分

第 1 次切分结果的左叶子节点包含 4 个样本，回归树并未达到最优，可以对左叶子节点继续切分。此时，左叶子节点的样本数据见表 10-14。

表 10-14　左叶子节点的样本数据

样本编号	理论评分	案例评分	插图评分	代码或者视频评分	图书评分
3	4	3	5	4	4
5	4	3	2	5	4
6	5	4	3	4	5
7	4	4	4	5	5

由于“理论评分”特征在第 1 次切分中已经使用了，所以第 2 次切分从未使用的 3 个特征中进行选择。重复与第 1 次切分相同的过程，依次遍历特征及特征值，选取最优的 j 和 s，可以得到第 2 次切分的各个特征损失最小的切分点及对应的损失值，见表 10-15。

表 10-15　第 2 次切分各个特征损失最小的切分点及对应的损失值

特征名称	案例评分	插图评分	代码或者视频评分
切分点	3	2	4
损失值	0	0.67	0

从结果可以知道，选择“案例评分”作为切分变量、3 作为切分点，或者选择“代码或者视频评分”作为切分变量、4 作为切分点，这两种情况的损失值都是 0，都是最小的，因此，第 2 次切分也可以得到 2 棵树，以选择“案例评分”作为切分变量为例，生成的树如图 10-5 所示。

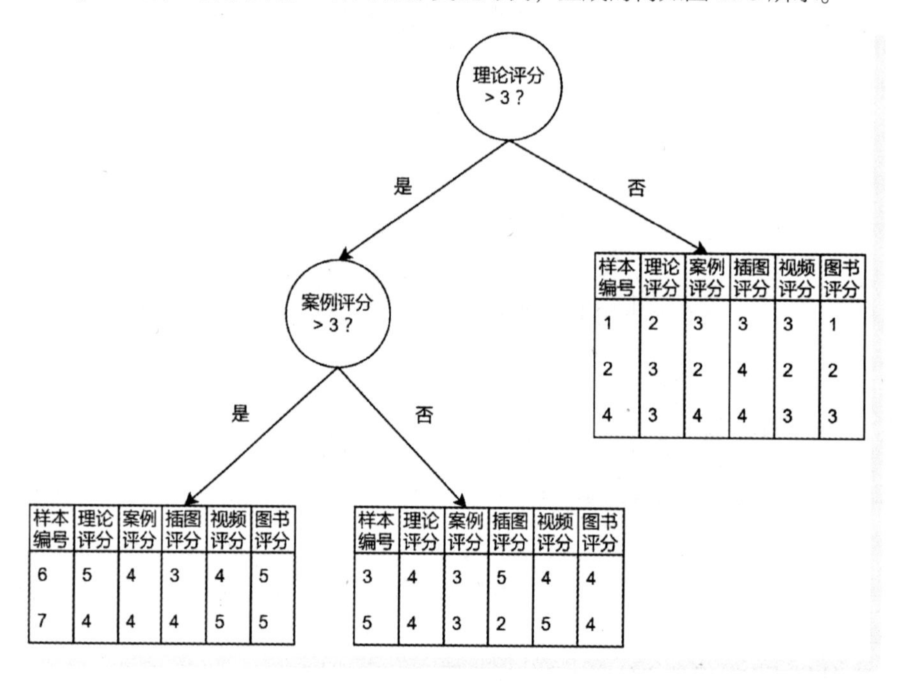

● 图 10-5　以案例评分切分

（3）第 3 次切分

可以按照相同的步骤对第 1 次切分结果的右叶子节点继续进行切分。此时，右叶子节点的样本数据见表 10-16。

表 10-16　右叶子节点的样本数据

样本编号	理论评分	案例评分	插图评分	代码或者视频评分	图书评分
1	2	3	3	3	1
2	3	2	4	2	2
4	3	4	4	3	3

依次遍历特征及特征值，选取最优的 j 和 s，可以得到第 3 次切分的各个特征损失最小的切分点及对应的损失值，见表 10-17。

表 10-17　第 3 次切分各个特征损失最小的切分点及对应的损失值

特征名称	插图评分	代码或者视频评分
切分点	3	2
损失值	0.5	2

从结果可以知道，选择“插图评分”作为切分变量、3 作为切分点，损失值最小，生成的树如图 10-6 所示。

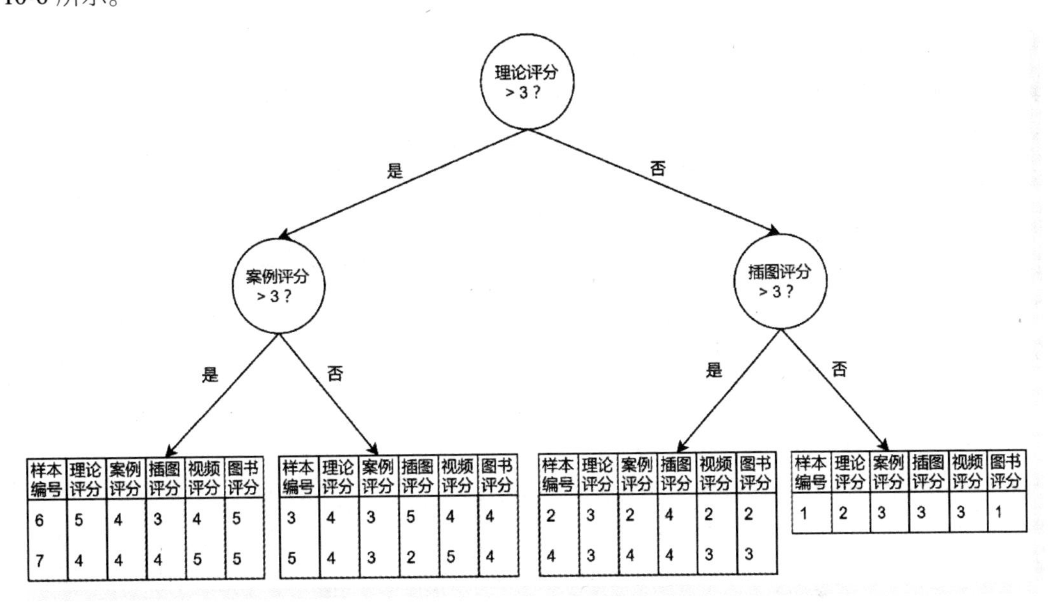

● 图 10-6　以插图评分切分

这样就完成了回归树的生成，每个叶子节点的预测值取样本输出值的均值，如图 10-7 所示。

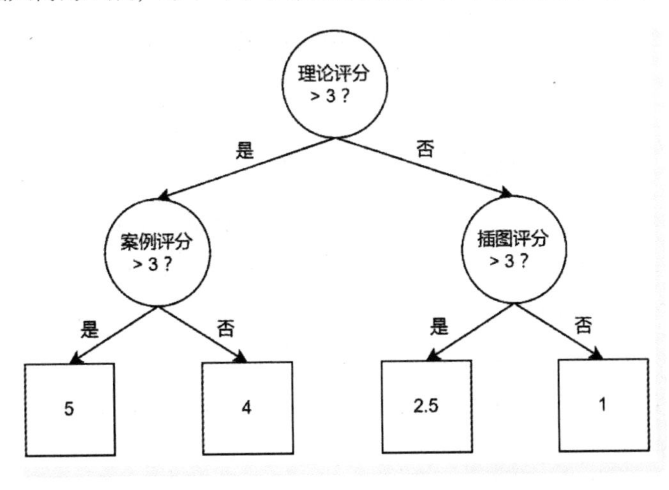

● 图 10-7　图书评分回归树

在前面的几次切分过程中，出现了损失值相同的多个切分变量和切分点，因此最终可能会生成多棵回归树，那么就需要通过剪枝和验证等方法来选择最优的回归树模型。

5. 特点及适用场景

回归树是一种基于决策树的回归方法，通过将数据集分成许多类别来预测输出变量，具有如下一些优点：

1）速度快，计算量相对较小。

2）可以处理多个特征的非线性关系，对非线性数据建模表现良好。

3）不需要对数据进行归一化或标准化处理，可以处理连续型数据，也可以处理离散型数据。

4）模型易于可视化和理解，可以直观地描述数据的结构和特征的重要程度。

5）可以自动执行特征选择，过滤掉不相关或弱相关的特征。

6）善于处理数据集中出现的异常值。

回归树也存在一些缺点：

1）对于高维数据或特征空间较大的数据集，单一回归树的表现较差，容易过拟合。

2）对训练数据的随机性比较敏感，不同的数据集可能会对模型的表现产生较大的影响。

3）回归树模型的预测能力依赖于叶子节点所包含的样本数量，较小的叶子节点可能会导致过拟合。

4）容易忽略特征之间的相关性。

回归树用于处理回归问题，适用于数据具有非线性关系、数据特征空间较大或数据含有离散型变量等场景。

在 PySpark MLlib 中，可以使用 pyspark.ml.regression.DecisionTreeRegressor 类来实现回归树算法。

10.6 分类算法介绍

MLlib 机器学习库的 pyspark.ml.classification 包中提供了很多常见的分类算法，包括逻辑回归分类、决策树分类、支持向量机、朴素贝叶斯算法等。

10.6.1 逻辑回归算法介绍

逻辑回归（Logistic Regression）算法虽然名字中含有“回归”，但是它适用于二分类或多分类问题，它通过最大化似然函数来拟合参数。逻辑回归是一种经典的分类模型，它是一种广义的线性回归模型，用于解决二分类或多分类问题。

我们在评价一本图书的好坏的时候，通常根据图书的评分值来判断，而图书的评分通常与知识的讲解深度成线性关系，属于回归问题，如图 10-8 所示。

如果我们简单地将评分值大于 3 分的书归为好书，评分值低于 3 分的书归为不好的书，此时的回归问题将转换成分类问题。由于只将图书归为好书或者不好的书，因此是一个二分类问题，如图 10-9 所示。

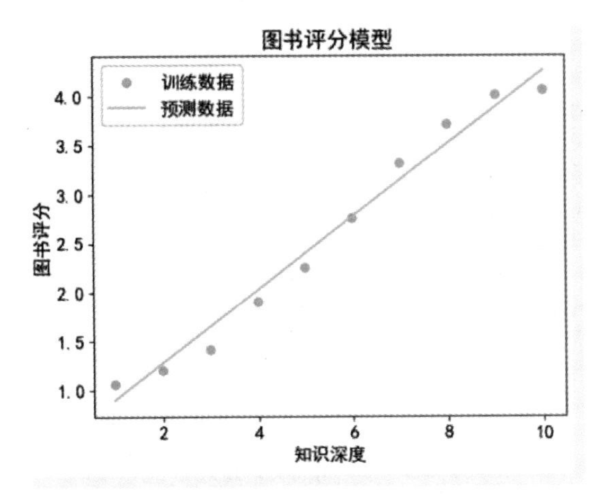

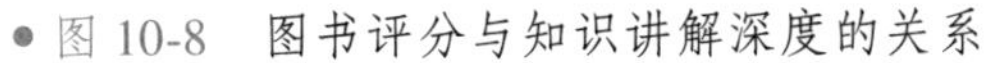
● 图 10-8　图书评分与知识讲解深度的关系

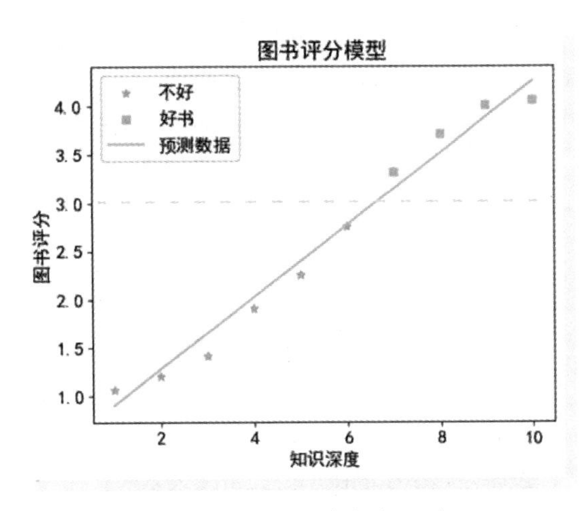

● 图 10-9　图书好坏分类

在线性回归中，因变量是连续变量。如果因变量不是连续的，而是二分类数据，就必须使用逻辑回归。在机器学习中，二分类数据通常被视为伯努利分布。伯努利分布是指在一个随机试验中，只有两种可能的结果，通常表示为 1 或 0，1 表示成功或发生，0 表示失败或未发生。设随机变量 X 只可能取 0 或 1 两个值，它的分布律是：

$$P(X=x)=p^{x}(1-p)^{1-x},x=0,1(0<p<1) \tag{10-45}$$

则称 X 服从以 p 为参数的 0-1 分布，又叫伯努利分布。在图书评分的案例中，我们可以将好书归为 1，不好的书归为 0。

1. Sigmoid 函数

我们希望逻辑回归模型能够将输入变量与一个函数进行关联，函数接受所有的输入并预测输出类别，比如对于输入变量函数的输出值是 0 或者 1。但是这样的函数在对应不同的输入变量时，输出值会在 0 和 1 之间发生跳变，比如突然从 0 跳变成 1。这个瞬间跳跃过程有时很难处理。逻辑回归模型还能够接受另一种具有类似性质的函数，函数的输出是一个概率值，表示对于给定的输入，输出属于类别 1 的概率。这个函数在数学上更容易理解，它就是 Sigmoid 函数，表达式为：

$$\sigma(x)=\frac{1}{1+e^{-x}} \tag{10-46}$$

Sigmoid 函数的曲线如图 10-10 所示。

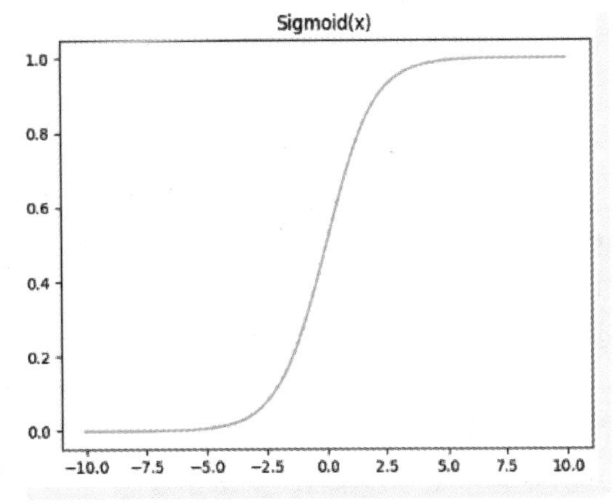

● 图 10-10　Sigmoid 函数曲线（1）

当 $x=0$ 时，Sigmoid 函数的值是 0.5，随着 x 的增大，Sigmoid 函数的值将增大，最终逼近 1，随着 x 的减小，Sigmoid 函数的值将减小，最终逼近 0。如果横坐标的尺度足够大，Sigmoid 函数看起来很像一个阶跃函数，如图 10-11 所示。

通过 Sigmoid 函数，可以得到一个范围在 0~1 之间的概率值。我们可以将任何概率大于或等于 0.5 的数据分入 1 类，将任何概率小于或等于 0.5 的数据分入 0 类。所以，逻辑回归也可以被看成一种概率估计。

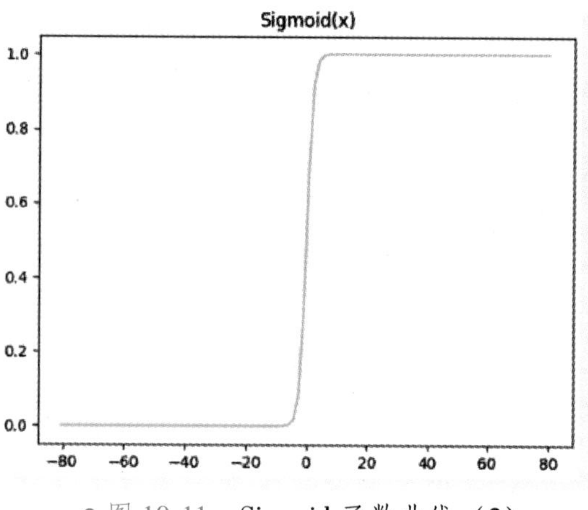

● 图 10-11 Sigmoid 函数曲线（2）

对于多元回归的情况，Sigmoid 函数可以表示为：

$$\sigma(x)=\frac{1}{1+\mathrm{e}^{-(\theta_0x_0+\theta_1x_1+\theta_2x_2+\cdots+\theta_nx_n)}}=\frac{1}{1+\mathrm{e}^{-\theta^{\mathrm{T}}x}} \tag{10-47}$$

逻辑回归模型的概率公式可以表示为：

$$P(y=1|x;\theta)=\sigma(x)=\frac{1}{1+\mathrm{e}^{-\theta^{\mathrm{T}}x}}=\frac{\mathrm{e}^{\theta^{\mathrm{T}}x}}{1+\mathrm{e}^{\theta^{\mathrm{T}}x}} \tag{10-48}$$

$$P(y=0|x;\theta)=1-\sigma(x)=1-\frac{1}{1+\mathrm{e}^{-\theta^{\mathrm{T}}x}}=\frac{1}{1+\mathrm{e}^{\theta^{\mathrm{T}}x}} \tag{10-49}$$

统一起来可以写成：

$$P(y|x;\theta)=\sigma(x)^y(1-\sigma(x))^{1-y} \tag{10-50}$$

2. 最大似然估计

我们通常用概率来描述一个事件发生的可能性，即在参数已知的情况下，事件发生的可能性。而似然性正好相反，它表示在事件已经发生的情况下，参数的可能取值。

似然函数是一个统计学概念，用于评估数据的生成过程中模型参数的可能性，通常用 $L(\boldsymbol{\theta}|X)$ 来表示，是一个关于参数 $\boldsymbol{\theta}$ 的函数，其中，$\boldsymbol{\theta}$ 表示模型的参数，X 表示已经发生的事件。一个参数 $\boldsymbol{\theta}$ 对应一个似然函数的值，当 $\boldsymbol{\theta}$ 发生变化时，$L(\boldsymbol{\theta}|X)$ 也会随之变化。假设我们有观测数据 X 和模型的参数 $\boldsymbol{\theta}$。如果在已知参数 $\boldsymbol{\theta}$ 的情况下，求观测数据 X 出现的概率，则用概率函数表示为 $P(X|\boldsymbol{\theta})$。如果是在已知观测数据 X 的情况下，求参数 $\boldsymbol{\theta}$ 的取值，则用似然函数表示为 $L(\boldsymbol{\theta}|X)$。形式上，似然函数也是一种条件概率函数，可以形式化为：

$$L(\boldsymbol{\theta}|X)=P(X|\boldsymbol{\theta}) \tag{10-51}$$

对于有 N 个样本的数据集，假设每个样本都是相互独立且同分布的，那么它们的联合分布为各边缘分布的乘积，似然函数可以表示为：

$$L(\boldsymbol{\theta})=\prod_{i=1}^{N}P(y|x)=\prod_{i=1}^{N}\sigma(x_i)^{y_i}(1-\sigma(x_i))^{1-y_i} \tag{10-52}$$

当取得某个参数的时候，似然函数的值到达了最大，说明在这个参数下最有可能发生x事件，即这个参数最合理。通常的做法是选择一个合适的估计方法，通过对似然函数进行最大化，来找到一个最优的参数估计值θ_{MLE}，这个方法被称为最大似然估计（Maximum Likelihood Estimation，MLE）。

由于$0<P(X|\theta)<1$，式（10-52）在乘积项较多的情况下，即样本数量N较大的情况下可能会出现下溢现象。同时，乘法运算比较复杂，不利于求最大值。因此，可以将似然函数转换为对数似然进行估计，即对式（10-52）取对数：

$$\begin{aligned}L(\theta) &= \ln\left\{\prod_{i=1}^{N}\sigma(x_i)^{y_i}[1-\sigma(x_i)]^{1-y_i}\right\}\\&= \sum_{i=1}^{N}\ln\{\sigma(x_i)^{y_i}[1-\sigma(x_i)]^{1-y_i}\}\\&= \sum_{i=1}^{N}\ln[\sigma(x_i)^{y_i}] + \sum_{i=1}^{N}\ln\{[1-\sigma(x_i)]^{1-y_i}\}\\&= \sum_{i=1}^{N}\{y_i\ln[\sigma(x_i)] + (1-y_i)\ln[1-\sigma(x_i)]\}\end{aligned} \tag{10-53}$$

对式（10-53）取负数，得到的就是交叉熵损失函数：

$$J(\theta) = -\sum_{i=1}^{N}\{y_i\ln[\sigma(x_i)] + (1-y_i)\ln[1-\sigma(x_i)]\} \tag{10-54}$$

3. 梯度下降法训练

梯度下降法是一种常用的算法，它并不是机器学习算法，而是一种常用于求解的最优化算法。梯度下降法可以用来求解损失函数的最优解，在机器学习和深度学习中广泛应用，其目的是通过迭代降低损失函数，并寻找最优的参数。梯度下降法的基本思想是，在每一步迭代中，通过计算损失函数对参数的梯度（导数），将参数沿着减小的梯度方向（损失函数下降最快的方向）进行更新，直到损失函数收敛于最小值。梯度下降法的更新公式为：

$$\theta_{i+1} = \theta_i - \alpha\frac{\partial J(\theta)}{\partial\theta_i} \tag{10-55}$$

对式（10-54）损失函数进行化简：

$$\begin{aligned}J(\theta) &= -\sum_{i=1}^{N}\{y_i\ln[\sigma(x_i)] + (1-y_i)\ln[1-\sigma(x_i)]\}\\&= -\sum_{i=1}^{N}\left[y_i\ln\left(\frac{1}{1+e^{-\theta^{T}x_i}}\right) + (1-y_i)\ln\left(1-\frac{1}{1+e^{-\theta^{T}x_i}}\right)\right]\\&= -\sum_{i=1}^{N}\left[y_i\ln\left(\frac{1}{1+\frac{1}{e^{\theta^{T}x_i}}}\right) + (1-y_i)\ln\left(\frac{\frac{1}{e^{\theta^{T}x_i}}}{1+\frac{1}{e^{\theta^{T}x_i}}}\right)\right]\\&= -\sum_{i=1}^{N}\left[y_i\ln\left(\frac{e^{\theta^{T}x_i}}{1+e^{\theta^{T}x_i}}\right) + (1-y_i)\ln\left(\frac{1}{1+e^{\theta^{T}x_i}}\right)\right]\end{aligned}$$

$$
\begin{aligned}
&= -\sum_{i=1}^{N}\{y_i\theta^{\mathrm{T}}x_i - y_i\ln(1+\mathrm{e}^{\theta^{\mathrm{T}}x_i}) + (1-y_i)[0-\ln(1+\mathrm{e}^{\theta^{\mathrm{T}}x_i})]\} \\
&= -\sum_{i=1}^{N}[y_i\theta^{\mathrm{T}}x_i - y_i\ln(1+\mathrm{e}^{\theta^{\mathrm{T}}x_i}) - \ln(1+\mathrm{e}^{\theta^{\mathrm{T}}x_i}) + y_i\ln(1+\mathrm{e}^{\theta^{\mathrm{T}}x_i})] \\
&= -\sum_{i=1}^{N}[y_i\theta^{\mathrm{T}}x_i - \ln(1+\mathrm{e}^{\theta^{\mathrm{T}}x_i})]
\end{aligned} \tag{10-56}
$$

对式（10-56）求导数：

$$
\begin{aligned}
\frac{\partial J(\theta)}{\partial\theta_j} &= -\sum_{i=1}^{N}\left[y_i x_i^{(j)} - \frac{\partial\ln(1+\mathrm{e}^{\theta^{\mathrm{T}}x_i})}{\partial\theta_j} * \frac{\partial(1+\mathrm{e}^{\theta^{\mathrm{T}}x_i})}{\partial\theta_j} * \frac{\partial(\theta^{\mathrm{T}}x_i)}{\partial\theta_j}\right] \\
&= -\sum_{i=1}^{N}\left[y_i x_i^{(j)} - \frac{1}{1+\mathrm{e}^{\theta^{\mathrm{T}}x_i}} * \mathrm{e}^{\theta^{\mathrm{T}}x_i} * x_i^{(j)}\right] \\
&= -\sum_{i=1}^{N}\left[\left(y_i - \frac{\mathrm{e}^{\theta^{\mathrm{T}}x_i}}{1+\mathrm{e}^{\theta^{\mathrm{T}}x_i}}\right)x_i^{(j)}\right] \\
&= -\sum_{i=1}^{N}\left[\left(y_i - \frac{1}{1+\mathrm{e}^{-\theta^{\mathrm{T}}x_i}}\right)x_i^{(j)}\right]
\end{aligned} \tag{10-57}
$$

采用梯度下降法进行训练，将式（10-57）带入梯度下降法的公式得到逻辑回归参数的迭代公式：

$$
\theta_{j+1} = \theta_j - \alpha\left\{-\sum_{i=1}^{N}\left[\left(y_i - \frac{1}{1+\mathrm{e}^{-\theta^{\mathrm{T}}x_i}}\right)x_i^{(j)}\right]\right\} \tag{10-58}
$$

式中，α 是学习率，可以自己设定，y_i是第 i 个样本的样本值，$y_i-\frac{1}{1+\mathrm{e}^{-\theta^{\mathrm{T}}x_i}}$是第 i 个样本的样本值与预测值的差，$x_i^{(j)}$ 是第 i 个样本的第 j 个特征。

4. 特点及适用场景

逻辑回归是一种简单但经典、有效的分类模型，具有以下一些优点：

1）逻辑回归是一种基于线性模型的算法，实现比较简单，容易理解和解释。

2）逻辑回归的计算复杂度较低，训练速度较快，可以快速处理大规模数据集。

3）逻辑回归可以得到分类概率，便于进一步分析和应用。

4）逻辑回归的鲁棒性比较强。

逻辑回归也存在一些缺点：

1）逻辑回归仅适用于线性可分数据的分类问题，对非线性数据的分类问题无法处理。

2）对于分类精度要求较高的场景，逻辑回归相较于其他复杂模型的效果差。

3）当特征空间很大时，性能不佳。

逻辑回归适用于二分类或者多分类的问题，在特征空间较小的分类问题上表现不错，可以用于概率预测，比如预测用户对于商品的购买概率等。

在 PySpark MLlib 中，可以使用 pyspark.ml.classification.LogisticRegression 类来实现逻辑回归算法。

10.6.2 支持向量机算法介绍

支持向量机（Support Vector Machine，SVM）是一种常见的有监督的机器学习算法，广泛应用于

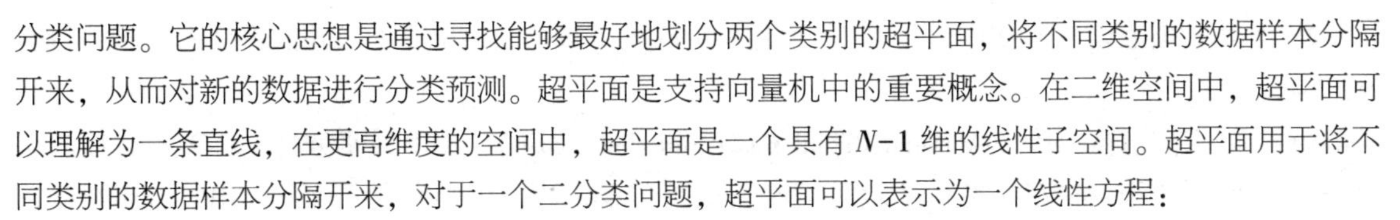

分类问题。它的核心思想是通过寻找能够最好地划分两个类别的超平面，将不同类别的数据样本分隔开来，从而对新的数据进行分类预测。超平面是支持向量机中的重要概念。在二维空间中，超平面可以理解为一条直线，在更高维度的空间中，超平面是一个具有 $N-1$ 维的线性子空间。超平面用于将不同类别的数据样本分隔开来，对于一个二分类问题，超平面可以表示为一个线性方程：

$$\boldsymbol{w}^{\mathrm{T}}\boldsymbol{x}+b=0 \tag{10-59}$$

式中，$\boldsymbol{w}$ 是一个法向量（垂直于超平面的向量），$\boldsymbol{x}$ 是输入样本的特征向量，b 是偏置项。

以二维空间为例，假设需要用一条直线将样本数据按照形状的不同进行划分，圆形分为类别 1，方形分为类别 2，满足这样条件的直线可能会有无数条，如图 10-12 所示。

超平面与最近样本点之间的距离称为边距。可以将两个类分开的最佳超平面是具有最大边距的超平面。支持向量机的目标是找到一个最优的超平面，使得最近样本点到超平面之间具有最大边距，即使得两类样本之间的间隔最大化。只有这些最近样本点与定义超平面和分类器的构造有关，这些点称为支持向量。支持向量机的示意图如图 10-13 所示。

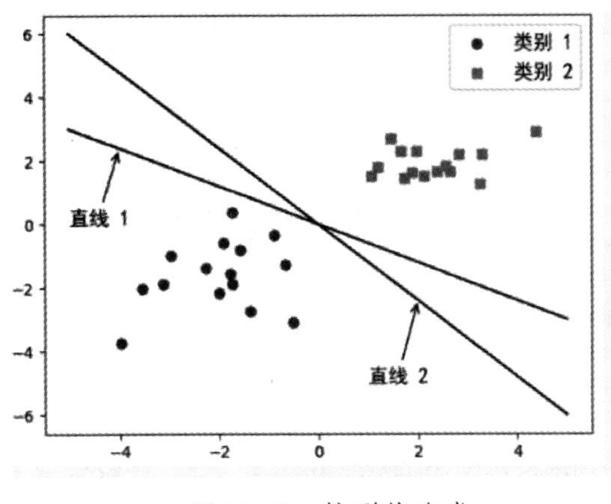

● 图 10-12　按形状分类

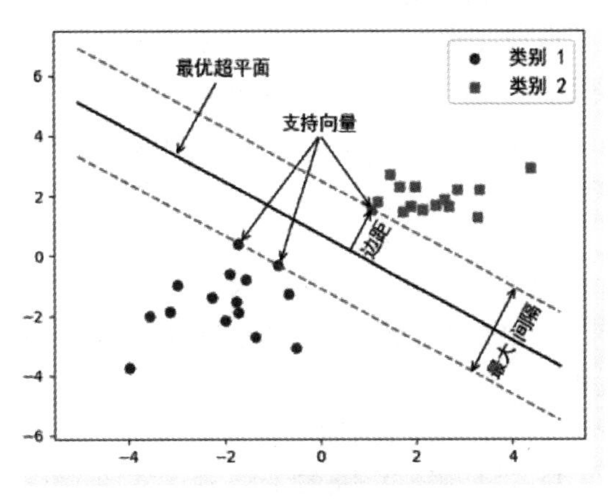

● 图 10-13　支持向量机示意图

1. 核函数

当数据线性可分时，存在唯一的超平面可以将两类样本完全分开。然而，在实际问题中，数据往往是不完全线性可分的。在这种情况下，支持向量机通过使用软间隔或引入核函数来允许一定程度的错误分类或实现非线性分类。核函数可以将输入空间中的数据映射到一个高维特征空间，使得原本线性不可分的问题变得线性可分。比如将一维直线的数据映射到二维平面，如图 10-14 所示。

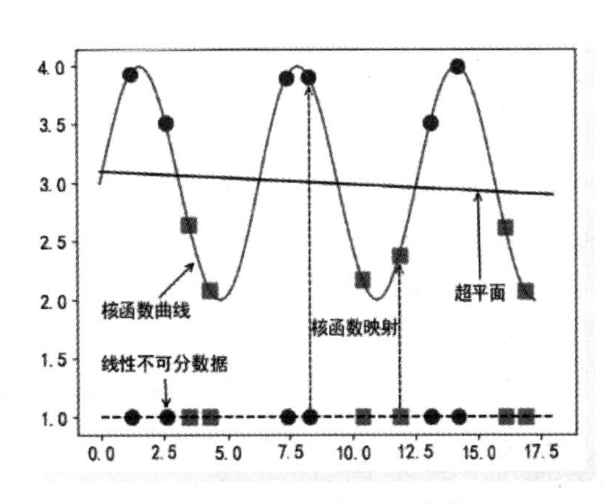

● 图 10-14　核函数映射

支持向量机中使用的一些最常见的核函数如下：

1）线性核函数。线性核函数是最简单的核函数，直接在原始输入空间进行线性计算。

2）多项式核函数。多项式核函数是一个更复杂的核函数，它使用多项式函数将输入数据映射到高维空间。

3）高斯径向基核函数（Gaussian Radial Basis Function，RBF）。RBF 核函数是一种非常流行的核函数，它使用高斯函数将输入数据映射到高维空间，可以映射到无穷维的特征空间。RBF 核函数能够处理较为复杂的非线性关系。

4）Sigmoid 核函数。Sigmoid 核函数是一种非线性核函数，它使用 Sigmoid 函数将输入数据映射到高维空间，是一种不太常见的核函数，在某些场景中可能有效。

核函数的选择取决于问题的性质和数据的分布情况。比如线性核函数对于线性可分数据是一个不错的选择，RBF 核函数对于非线性可分数据是一个不错的选择。可以通过交叉验证等方法来调整核函数的参数，以获得最佳的分类性能。

2. 特点及适用场景

支持向量机是一种强大的监督学习算法，它具有以下优点：

1）高效的非线性分类器。支持向量机通过使用核函数将数据映射到高维特征空间，可以构建非线性决策边界，从而更好地处理复杂的分类问题。

2）适用于高维数据。支持向量机在高维特征空间中进行计算，可以有效地处理具有大量特征的数据集。

3）有效地处理小样本数据。支持向量机基于支持向量进行决策边界的构建，只使用了一部分样本数据，不依赖于整个数据，因此对于小样本数据集也能表现出色。

4）泛化能力强。支持向量机具有正则化参数，可以避免过拟合，帮助达到较好的模型性能和泛化能力。

支持向量机有以下缺点：

1）对大规模数据集的训练较慢。支持向量机对大规模数据集的训练时间较长，并且计算量更大，尤其是在使用复杂核函数时。

2）难以处理具有噪声和重叠类别的数据。支持向量机对噪声和重叠类别敏感，这可能导致模型的性能下降，效率较低。

3）参数选择的挑战。支持向量机有一些参数需要手动调整，如核函数选择、核函数参数、惩罚参数等，有时候很难找到一个合适的核函数，这需要一定的经验和领域知识。

支持向量机适用于二分类问题，也可以通过一对多方法进行多分类问题的处理。特别适用于小样本、高维特征、非线性问题，在图像识别、文本分类、生物信息学、金融风控等许多领域都有广泛的应用。

对于大规模数据集和噪声较多的问题，支持向量机的性能可能不如其他算法，此时可以考虑使用其他更适合的机器学习方法。

在 PySpark MLlib 中，可以使用 pyspark.ml.classification.LinearSVC 类来实现支持向量机算法。

10.7 聚类算法介绍

聚类算法是一组用于将数据点分组到聚类中的算法。聚类是一种无监督学习，其中算法没有任何

可训练的标记数据。聚类算法根据数据点的相似性将数据点分组在一起。MLlib 机器学习库的 pyspark.ml.clustering 包中提供了很多常见的聚类算法，包括 K-means 算法、二分 K 均值算法、高斯混合模型等。

10.7.1 K-means 算法介绍

K-means 是一种简单且常用的聚类算法，是无监督学习的杰出代表之一，K 表示聚类数目，means 表示使用数据点的均值来计算聚类中心。它将数据集分为 K 个簇，使得每个数据点都属于与其最近的簇的中心点。它通过迭代将数据点分配给与其最近的中心点所代表的簇。最终，K-means 算法会收敛到一个局部最优解，每个数据点都被分配到一个簇中，使得簇内的数据点彼此相似，而不同簇之间的数据点差异较大。K-means 算法的示意图如图 10-15 所示。

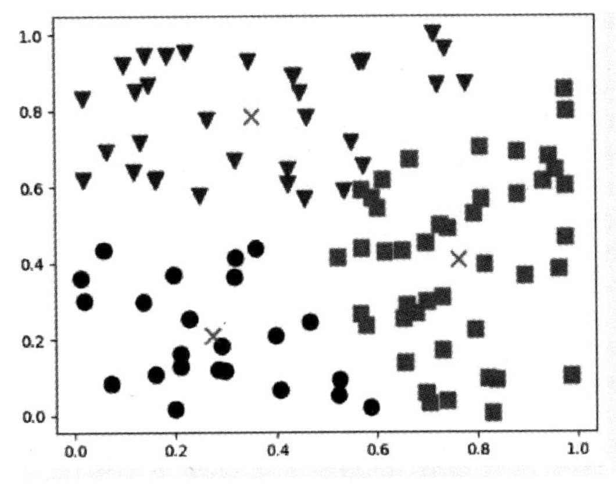

● 图 10-15　聚类算法示意图

1. 欧式距离

K-means 算法通常使用欧氏距离（Euclidean Distance）来计算数据点之间的距离。欧氏距离是一个常用的距离度量方法，它衡量了两个点之间的直线距离。给定两个 n 维的数据点 $x=(x_1,x_2,\cdots,x_n)$ 和 $y=(y_1,y_2,\cdots,y_n)$，欧氏距离的计算公式为：

$$d(x,y)=\sqrt{\sum_{i=1}^{n}(x_i-y_i)^2} \tag{10-60}$$

在 K-means 算法中，给定一组数据点 $x=(x_1,x_2,\cdots,x_n)$ 和簇中心 $c=(c_1,c_2,\cdots,c_k)$，计算数据点 x 与每个簇中心 c 之间的距离，然后将数据点分配给距离最近的簇中心。

K-means 算法的损失函数通常被定义为各个数据点距离所属簇中心点的误差平方和：

$$J=\sum_{i=1}^{N}\|x_i-c_j\|^2 \tag{10-61}$$

式中，N 是样本总数，x_i 表示第 i 个数据点，c_j 表示该数据点所属的簇中心点，$\|x_i-c_j\|$ 表示数据点与簇中心点之间的距离，平方操作是为了避免负数。

2. 收敛过程

K-means 算法的收敛过程是通过迭代更新簇中心和数据点的分配来实现的。具体收敛过程如下：

第 1 步，初始化聚类中心，随机选择 K 个数据点作为初始的簇中心。

第 2 步，给聚类中心分配数据点，计算每个数据点与各个簇中心之间的距离，并将数据点分配给距离最近的簇中心。

第 3 步，移动簇中心，对每个簇，计算簇内所有数据点的平均值，将该平均值作为新的簇中心。

第 4 步，迭代，重复步骤 2 和步骤 3，直到达到停止条件：簇中心的变化小于预定义的阈值或者达到最大迭代次数。

K-means 算法的收敛过程如图 10-16 所示。

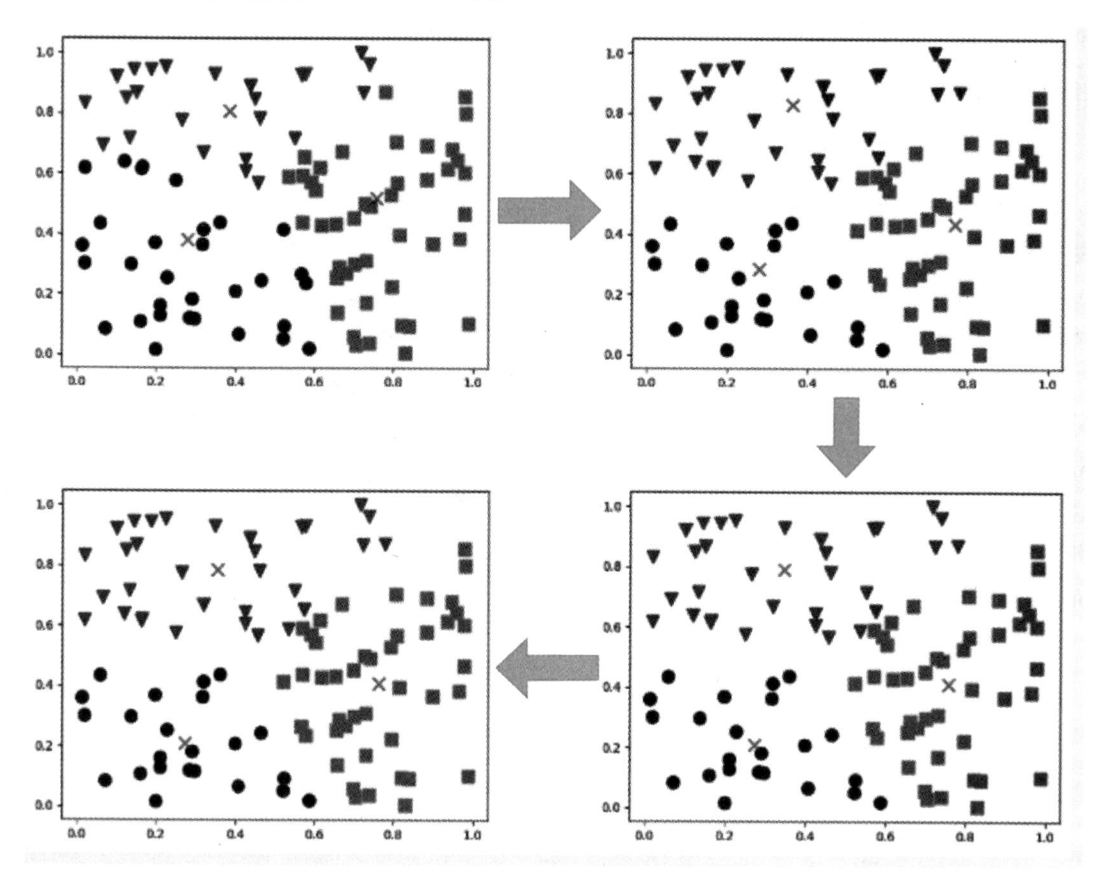

● 图 10-16　K-means 算法收敛过程

3. 特点及适用场景

K-means 算法是一种常用的聚类算法，具有以下优点：

1）简单而高效。K-means 算法实现简单，计算效率高，适用于大规模数据集。

2）收敛速度快。K-means 算法通常具有较快的收敛速度，这是由于迭代更新过程具有一定的数学性质和几何解释。

3）可解释性强。K-means 算法产生的聚类结果相对直观，容易解释和理解。

K-means 算法也有一些明显的缺点：

1）需要预先指定聚类数量 K。K-means 算法需要事先指定聚类数量，K 是超参数，一般需要按经验选择。对于不确定聚类数量的情况，选择合适的 K 值可能会有困难。

2）对异常值和噪声敏感。K-means 算法对异常值和噪声数据敏感，可能会导致错误的聚类结果，聚类结果可能不是全局最优而是局部最优。

3）对初始簇中心敏感。初始簇中心的选择可能会影响最终的聚类结果，不同的初始选择可能会导致不同的结果。

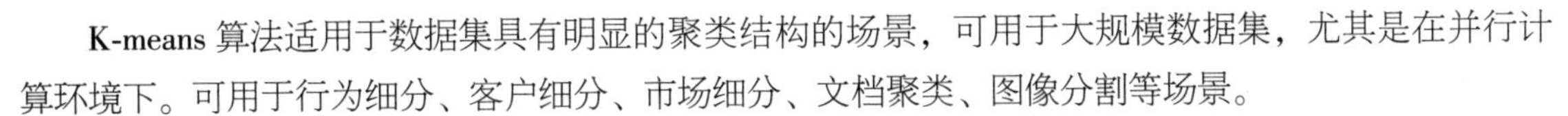

K-means 算法适用于数据集具有明显的聚类结构的场景，可用于大规模数据集，尤其是在并行计算环境下。可用于行为细分、客户细分、市场细分、文档聚类、图像分割等场景。

在 PySpark MLlib 中，可以使用 pyspark.ml.clustering.KMeans 类来实现 K-means 算法。

10.7.2 高斯混合模型介绍

K-means 算法是以簇中心点为中心，计算数据点到簇中心点的欧式距离，并将数据点划分到距离最近的簇中心点所在的簇。K-means 算法中对簇的形状有一定的偏好，K-means 算法的簇可以理解为以簇中心点为中心，以簇中距离中心点最远的点到簇中心的距离为半径的近似圆形或球形区域。K-means 更适合处理形状近似为圆形或球形的簇，因为圆形或球形簇的中心与簇内数据点的平均值比较接近。因此，K-means 算法拟合出来的簇与实际数据分布可能存在很大差异，会经常出现多个圆形或球形的簇混在一起、相互重叠的情况。当数据集包含非圆形或非球形的簇，或具有重叠分布的数据时，K-means 算法可能会表现出一定的局限。

高斯混合模型（Gaussian Mixture Model，GMM）是一种常用的概率模型，用于描述多个高斯分布混合而成的数据分布。高斯混合模型在聚类、密度估计和生成模型等领域具有广泛的应用。高斯混合模型的基本思想是将观测数据看作由多个高斯分布组成的混合分布，每个高斯分布表示一个聚类簇，而混合系数表示每个簇的权重。高斯混合模型通过将多个高斯分布进行线性组合，通过迭代的方式更新参数，使得模型能够更好地拟合数据的概率分布，它不仅考虑数据点所属的簇，还考虑每个数据点在每个簇中的概率，可以灵活地拟合包含多个分布的数据集。高斯混合模型能够适应更复杂和多样化的数据分布，每个数据点可以以不同的概率属于不同的簇，在处理具有非球形簇、重叠分布或复杂数据分布的情况下，相对于 K-means 具有更强的建模能力和灵活性。

1. 单高斯模型

单高斯模型（Single Gaussian Model，SGM），也就是我们通常说的高斯分布或者正态分布，反映了自然界中普遍存在的规律。高斯分布具有很好的数学性质，被广泛应用在许多领域。在单高斯模型中，数据的分布可以由高斯分布的均值和方差来描述。均值决定了数据分布的中心位置，方差则反映了数据点在均值周围的分散程度。高斯分布的概率密度函数为：

$$\phi(x|\theta)=\frac{1}{\sqrt{2\pi}\sigma}e^{-\frac{(x-\mu)^2}{2\sigma^2}} \tag{10-62}$$

高斯分布的概率密度函数具有典型的钟形曲线形状，其概率密度在均值 μ 处达到最大值，随着离均值的距离增大，概率密度逐渐减小。

2. 高斯混合模型

高斯混合模型是由 K 个单高斯模型生成的，每个单高斯模型可以看作一个分类，高斯混合模型的概率分布函数为：

$$P(x\mid\theta)=\sum_{i=1}^{k}\alpha_k\phi(x\mid\theta_k) \tag{10-63}$$

式中，x 为观测数据，α_k是系数，即在混合模型中被划分为 k 类的概率，$\alpha_k\geqslant 0$，$\sum_{i=1}^{k}\alpha_k=1$。

高斯混合模型的参数估计通常使用最大似然估计方法。参数估计的目标是找到最适合样本数据的模型参数，使得样本数据在该模型下的概率最大化。参数估计包括估计每个高斯分量的均值、协方差矩阵和混合系数。高斯混合模型参数估计的一般步骤为：

1）随机选择一组初始均值、协方差矩阵和混合系数，作为初始化参数。

2）使用期望最大化（Expectation-Maximization，EM）算法迭代进行参数估计：

E 步骤，计算每个观测数据点属于每个高斯分量的后验概率。

M 步骤，根据计算得到的后验概率更新高斯混合模型的参数，使似然函数最大化。

3）重复 E 步骤和 M 步骤直到收敛：

在 E 步骤中，使用当前参数估计计算每个高斯分量的后验概率。

在 M 步骤中，使用后验概率更新高斯混合模型的参数。

4）收敛后，得到最优的参数估计。

在参数估计过程中，EM 算法通过迭代优化来最大化样本数据在高斯混合模型下的似然函数。EM 算法保证每次迭代后，似然函数都会增加，直到达到收敛条件。

3. 特点及适用场景

高斯混合模型是一种数据分布的概率模型，具有以下优点：

1）灵活。相比于其他聚类算法，高斯混合模型能够更好地拟合复杂的数据分布，可以用于各种数据集建模，尤其适用于具有多个分布、重叠分布或非球形簇的数据。

2）概率性解释。高斯混合模型提供了每个数据点属于每个分量的概率值，可以更全面地理解数据分布情况。

3）软聚类。高斯混合模型可以进行软聚类，即每个数据点可以属于多个分量，而不仅限于唯一的簇。

4）准确。高斯混合模型通常比较准确，尤其是当数据集能够由混合高斯分布很好地建模时。

高斯混合模型具有以下缺点：

1）计算复杂度高。高斯混合模型的参数估计涉及 EM 算法的迭代过程，计算复杂度较高，特别是当数据集规模较大时。

2）参数选择敏感。高斯混合模型需要事先指定分量的数量，而确定合适的分量数量可能需要一些经验和领域知识。

高斯混合模型适用于聚类分析，特别是对于复杂的数据分布，如客户细分、图像分割、天文学中的星系聚类等。可以用于异常检测，通过估计正常数据的分布，将异常数据视为低概率事件。

在 PySpark MLlib 中，可以使用 pyspark.ml.clustering.GaussianMixture 类来实现高斯混合模型算法。

10.8【实战案例】信用卡欺诈数据分析

信用卡使用给人们带来了便利，越来越多的人使用信用卡进行消费。然而，随着信用卡的广泛使用，信用卡欺诈也日益增多。信用卡欺诈是一种广泛存在的金融犯罪行为，给银行、商家和持卡人带来了严重的经济损失。为了应对这一问题，信用卡欺诈数据分析成为一项重要的任务。通过分析和挖

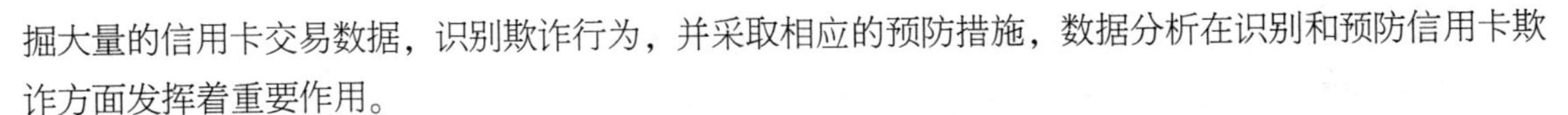
掘大量的信用卡交易数据，识别欺诈行为，并采取相应的预防措施，数据分析在识别和预防信用卡欺诈方面发挥着重要作用。

在本案例中，我们使用信用卡欺诈数据集，数据集 CreditCardFraud.csv 文件总共包含 8 列，原始数据集的列名比较长，为了减小输出的长度，将列名称做了裁剪处理，每列说明见表 10-18。

表 10-18　信用卡欺诈数据集列信息列表

原始列名称	裁剪后的列名	列　说　明
distance_from_home	distance_home	发生交易地点到家的距离
distance_from_last_transaction	distance_last	发生交易地点与上一次交易地点的距离
ratio_to_median_purchase_price	ratio_price	交易购买价格与购买价格中位数的比率
repeat_retailer	repeat_retailer	交易是否来自同一零售商家
used_chip	used_chip	交易是否通过芯片（信用卡）进行
used_pin_number	used_pin	交易是否使用 PIN 码进行
online_order	online_order	交易是否是在线订单
fraud	fraud	交易是否是欺诈

【说明】本案例使用的信用卡欺诈数据集来自 Kaggle 网站，数据集的下载地址是 https://www.kaggle.com/datasets/dhanushnarayananr/credit-card-fraud，许可协议“CC0：公共领域贡献”（CC0：Public Domain）。需要的读者可以自行下载。

10.8.1　数据预览

在做数据分析之前，先进行数据预览，可以帮助我们了解数据集的内容、质量和结构。数据预览并不涉及机器学习算法，可以直接使用 Pandas 进行处理，使用相应的绘图工具做展示。

1. 数据概览

使用 Pandas 加载数据集，并调用相应的方法查看数据的基本信息和统计信息，代码如下：

```
import pandas as pd

pd.set_option('display.precision', 5)
pd.set_option('display.max_columns', 4)
df = pd.read_csv("../../../../../Datasets/CreditCardFraud.csv")

df.info()
print(df.describe())
```

执行代码，输出结果如下：

```
<class 'pandas.core.frame.DataFrame'>
RangeIndex: 1000000 entries, 0 to 999999
```

```
Data columns (total 8 columns):
 #  Column           Non-Null Count    Dtype
---  ------           --------------    -----
 0  distance_home     1000000 non-null  float64
 1  distance_last     1000000 non-null  float64
 2  ratio_price       1000000 non-null  float64
 3  repeat_retailer   1000000 non-null  float64
 4  used_chip         1000000 non-null  float64
 5  used_pin          1000000 non-null  float64
 6  online_order      1000000 non-null  float64
 7  fraud             1000000 non-null  float64
dtypes: float64(8)
memory usage: 61.0 MB
       distance_home  distance_last  ...  online_order         fraud
count  1000000.00000  1000000.00000  ...  1000000.00000  1000000.00000
mean        26.62879        5.03652  ...        0.65055        0.08740
std         65.39078       25.84309  ...        0.47680        0.28242
min          0.00487        0.00012  ...        0.00000        0.00000
25%          3.87801        0.29667  ...        0.00000        0.00000
50%          9.96776        0.99865  ...        1.00000        0.00000
75%         25.74399        3.35575  ...        1.00000        0.00000
max      10632.72367    11851.10456  ...        1.00000        1.00000

[8 rows x 8 columns]
```

从输出结果可以知道，数据集总共有100万行数据记录，都是数值类型的，不存在缺失值，另外还可以了解到一些统计信息，例如均值、中位数、最大值、最小值等。

2. 特征数据预览

基于相关系数矩阵的热力图，可以可视化查看不同特征之间的相关性，代码如下：

```
import matplotlib.pyplot as plt
import pandas as pd
import seaborn as sns

fig, ax = plt.subplots()
fig.subplots_adjust(left=0.17, bottom=0.22)
plt.xticks(rotation=45)
sns.set(rc={"figure.figsize": (10, 5)})

df = pd.read_csv("../../../../../Datasets/CreditCardFraud.csv")

corr = df.corr().round(3)
sns.heatmap(corr, annot=True, cmap="Blues",
        xticklabels=corr.columns, yticklabels=corr.columns)
plt.show()
```

执行代码，输出图形如图10-17所示。

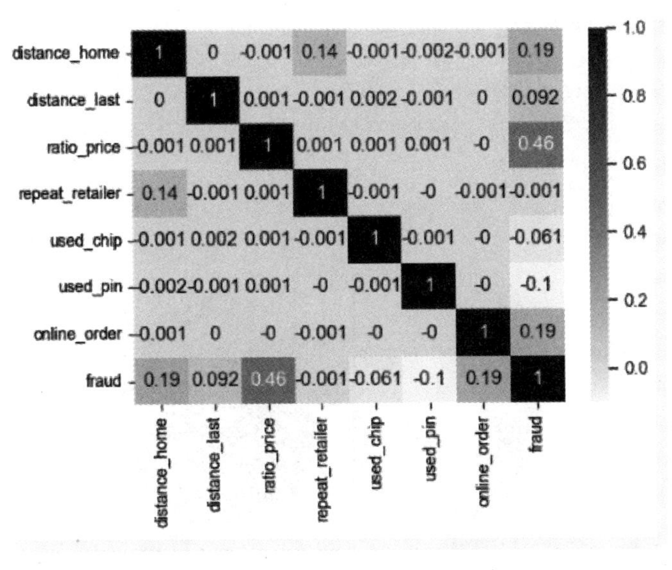

● 图 10-17 相关系数矩阵热力图

从结果可以知道，与是否欺诈相关性较高的特征有交易价格与价格中位数的比率、交易地点与家的距离、交易是否是在线订单等。

为了方便数据探索，可以看看特征之间的关系，通过直方图和散点图，观察一下交易价格与价格中位数的比率、交易地点与家的距离两个特征之间的关系，代码如下：

```
import matplotlib.pyplot as plt
import numpy as np
import pandas as pd
import seaborn as sns

df = pd.read_csv("../../../../../Datasets/CreditCardFraud.csv")

df['Log_ratio'] = np.log10(df['ratio_price'])
df['Log_home'] = np.log10(df['distance_home'])
sns.pairplot(data=df, hue='fraud', markers=['o', 's'],
           vars=['Log_ratio', 'Log_home'])
plt.show()
```

执行代码，输出图形如图 10-18 所示。

从结果可以知道一个明显的特征：在直方图中，欺诈数据呈现双峰特点，而正常交易的数据呈单峰特征。

最后再来观察一下标签值的分布情况，即交易是否欺诈的分布情况，代码如下：

```
import matplotlib.pyplot as plt
import pandas as pd

df = pd.read_csv("../../../../../Datasets/CreditCardFraud.csv")
```

```
labels = ['Genuine', 'Fraud']
explode = [0, 0.2]
colors = ['#66bbff', '#ff9999']
df.value_counts("fraud").plot.pie(labels=labels, colors=colors,
                                  explode=explode, autopct='%1.1f%%')

plt.show()
```

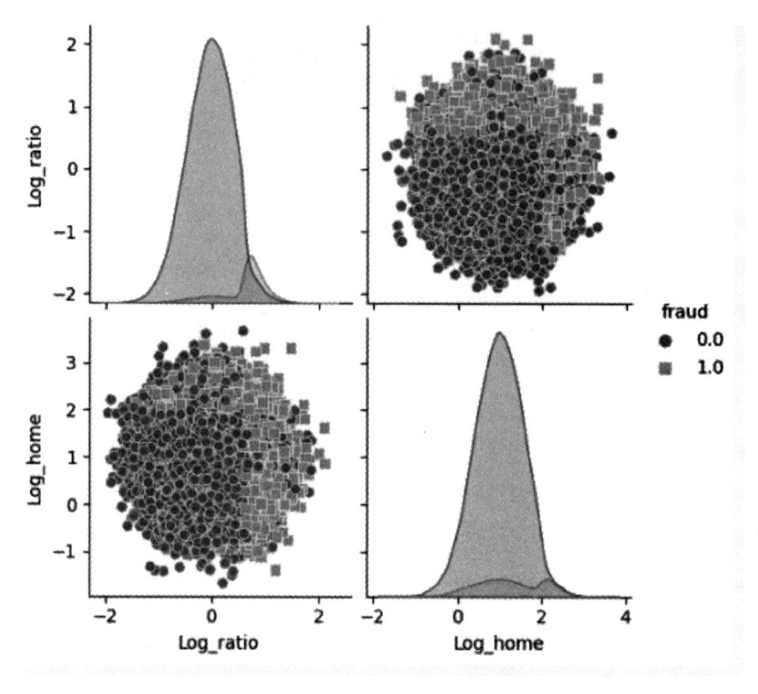

● 图 10-18　特征之间的关系

执行代码，输出的图形如图 10-19 所示。

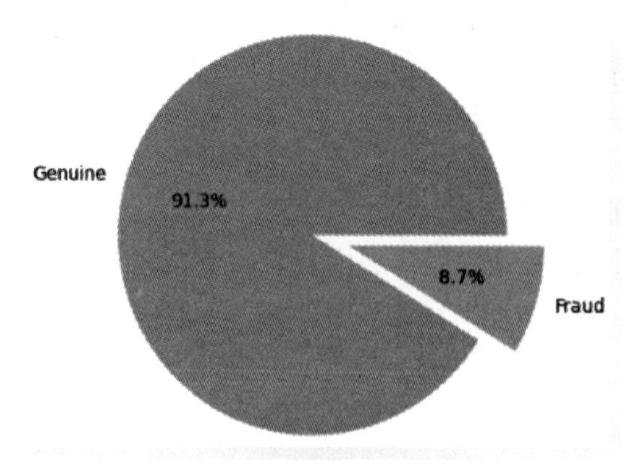

● 图 10-19　标签值分布情况

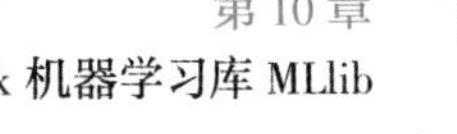

从分布结果可以知道，交易数据中的欺诈行为占比8.7%，这可能给商家和持卡人造成巨大的经济损失和信誉风险。

10.8.2 机器学习训练

在预览完数据基本情况后，就可以用机器学习算法来对数据进行建模和训练。由于数据集中所有字段均无缺失值，并且所有字段都是数值类型，因此不用做太多预处理工作，只需要对数据做归一化处理即可。数据加载及预处理代码如下：

```
from pyspark.ml.feature import VectorAssembler, MinMaxScaler
from pyspark.sql import SparkSession
from pyspark.sql.types import StructType, StructField, FloatType

spark = SparkSession.builder.appName("LogisticRegression") \
    .master("yarn").getOrCreate()
# 定义 schema
schema = StructType([
    StructField("distance_home", FloatType(), True),
    StructField("distance_last", FloatType(), True),
    StructField("ratio_price", FloatType(), True),
    StructField("repeat_retailer", FloatType(), True),
    StructField("used_chip", FloatType(), True),
    StructField("used_pin", FloatType(), True),
    StructField("online_order", FloatType(), True),
    StructField("fraud", FloatType(), True),
])
# 加载原始数据
df = spark.read.option("header", True).schema(schema) \
    .csv("hdfs://node1:8020/input/datasets/CreditCardFraud.csv")
# 使用 VectorAssembler 将所有特征组合成一个向量
vectorAssembler = VectorAssembler(inputCols=df.columns[:-1],
                                  outputCol="vector_features")
vectorDF = vectorAssembler.transform(df)
# 使用 MinMaxScaler 对特征进行归一化处理
minMaxScaler = MinMaxScaler(inputCol="vector_features",
                            outputCol="minmax_features")
minMaxDF = minMaxScaler.fit(vectorDF).transform(vectorDF)
```

1. 使用逻辑回归建模训练

首先，创建一个逻辑回归模型，指定初始参数，将数据按照一定的比例划分成训练集和测试集，对模型进行训练和评估，代码如下：

```
from pyspark.ml.classification import LogisticRegression
from pyspark.ml.evaluation import BinaryClassificationEvaluator

# 创建逻辑回归模型
lr = LogisticRegression(featuresCol='minmax_features',
```

```
                    labelCol='fraud', maxIter=10,
                    regParam=0.9, elasticNetParam=0.9)
# 拆分数据集为训练集和测试集
train, test = minMaxDF.randomSplit([0.8, 0.2], seed=123)
# 训练模型
model = lr.fit(train)
# 获取评估指标
trainingSummary = model.summary
accuracy = trainingSummary.accuracy
precision = trainingSummary.weightedPrecision
recall = trainingSummary.weightedRecall
fMeasure = trainingSummary.weightedFMeasure()
print("Accuracy: %s \nPrecision: %s \nRecall: %s \nF-measure: %s"
    % (accuracy, precision, recall, fMeasure))
# 在测试集上进行评估
evaluator = BinaryClassificationEvaluator(labelCol='fraud')
result = model.transform(test)
areaUnderROC = evaluator.evaluate(result)
# 输出评估结果
print('Area under ROC:', areaUnderROC)
```

执行代码，输出结果如下：

```
Accuracy: 0.9125023127512489
Precision: 0.8326604707763781
Recall: 0.9125023127512489
F-measure: 0.8707549948826427
Area under ROC: 0.5
```

从输出结果可以知道，对于我们指定的参数值，逻辑回归模型还是有不错的表现的，各项评估指标都在0.83以上。可是，最后一项ROC曲线下的面积只有0.5，说明分类器无法正确进行分类，模型相当于对结果进行随机猜测，无法应用于实际工作。

接下来，对模型的参数进行调整，让模型训练出较好的表现。创建参数网格，指定参数的取值范围，采用交叉验证对模型进行训练，找到最好的模型，最后对测试集进行验证。代码如下：

```
from pyspark.ml.tuning import ParamGridBuilder, CrossValidator

# 创建参数网格,并增加各个参数的取值选项
paramGrid = ParamGridBuilder() \
    .addGrid(lr.regParam, [0.01, 0.1]) \
    .addGrid(lr.elasticNetParam, [0.5, 1.0]) \
    .build()
# 创建交叉验证对象,设置参数
crossValidator = CrossValidator(estimator=lr,
                    estimatorParamMaps=paramGrid,
                    evaluator=evaluator,
                    numFolds=2)
# 使用训练数据集拟合模型,获取最优参数组合
```

```
crossValidatorModel = crossValidator.fit(train)
# 获取最佳模型
bestModel = crossValidatorModel.bestModel
# 获取最佳模型的参数
print(bestModel.extractParamMap())
# 获取评估指标
trainingSummary = bestModel.summary
accuracy = trainingSummary.accuracy
precision = trainingSummary.weightedPrecision
recall = trainingSummary.weightedRecall
fMeasure = trainingSummary.weightedFMeasure()
print("Accuracy: %s \nPrecision: %s \nRecall: %s \nF-measure: %s"
      % (accuracy, precision, recall, fMeasure))

# 使用测试数据集评估模型
predictions = crossValidatorModel.transform(test)
auc = evaluator.evaluate(predictions)
print("Area Under ROC:", auc)
```

执行代码，输出结果如下：

```
{
...
Param(parent='LogisticRegression_0c', name='elasticNetParam'): 0.5,
Param(parent='LogisticRegression_0c', name='regParam'): 0.01,
...
}

Accuracy: 0.9366558457941567
Precision: 0.9309208024868706
Recall: 0.9366558457941567
F-measure: 0.9246174724629075
Area Under ROC: 0.972038591897705
```

从结果可以知道，对于我们调整的 2 个参数，当 elasticNetParam = 0.5、regParam = 0.01 的时候，模型的表现还是很不错的，各项评估指标都在 0.92 以上，最后一项 ROC 曲线下的面积也能达到 0.97。

2. 使用随机森林建模训练

一个数据集可以使用多种不同的算法进行建模训练。随机森林是由多个决策树组成的集成学习算法，可以进行特征的重要性分析，有效避免过拟合，提高模型的泛化能力。创建一个随机森林模型，指定初始参数，将数据按照一定的比例划分成训练集和测试集，对模型进行训练和评估，代码如下：

```
from pyspark.ml.classification import RandomForestClassifier
from pyspark.ml.evaluation import MulticlassClassificationEvaluator

# 创建随机森林模型
rf = RandomForestClassifier(featuresCol='minmax_features',
                            labelCol='fraud', numTrees=5, maxDepth=3)
# 拆分数据集为训练集和测试集
```

```
train, test = minMaxDF.randomSplit([0.8, 0.2], seed=123)
# 训练模型
model = rf.fit(train)
# 获取评估指标
trainingSummary = model.summary
accuracy = trainingSummary.accuracy
precision = trainingSummary.weightedPrecision
recall = trainingSummary.weightedRecall
fMeasure = trainingSummary.weightedFMeasure()
print("Accuracy: %s \nPrecision: %s \nRecall: %s \nF-measure: %s"
    % (accuracy, precision, recall, fMeasure))
# 在测试集上进行评估
evaluator = MulticlassClassificationEvaluator(labelCol='fraud')
result = model.transform(test)
fMeasureTest = evaluator.evaluate(result)
# 输出评估结果
print('F-measure-test:', fMeasureTest)
```

执行代码，输出结果如下：

```
Accuracy: 0.964526315657932
Precision: 0.962965119717604
Recall: 0.964526315657932
F-measure: 0.9621341949391108
F-measure-test: 0.9617473357709467
```

从结果可以看出，对于当前信用卡欺诈数据集，随机森林在未进行参数调整的情况下，模型的表现就已经比逻辑回归要好了，各项评估指标都在 0.96 以上。

接下来，再看看对随机森林的参数进行调整，是否会有更好的表现。同样使用交叉验证，对模型的 2 个参数进行调整，代码如下：

```
from pyspark.ml.tuning import ParamGridBuilder, CrossValidator

# 创建参数网格,并增加各个参数的取值选项
paramGrid = ParamGridBuilder() \
    .addGrid(rf.numTrees, [5, 10, 15]) \
    .addGrid(rf.maxDepth, [3, 4, 5]) \
    .build()
# 创建交叉验证对象,设置参数
crossValidator = CrossValidator(estimator=rf,
                                estimatorParamMaps=paramGrid,
                                evaluator=evaluator,
                                numFolds=2)
# 使用训练数据集拟合模型,获取最优参数组合
crossValidatorModel = crossValidator.fit(train)
# 获取最佳模型
bestModel = crossValidatorModel.bestModel
# 获取最佳模型的参数
print(bestModel.extractParamMap())
```

```
# 获取评估指标
trainingSummary = bestModel.summary
accuracy = trainingSummary.accuracy
precision = trainingSummary.weightedPrecision
recall = trainingSummary.weightedRecall
fMeasure = trainingSummary.weightedFMeasure()
print("Accuracy: %s \nPrecision: %s \nRecall: %s \nF-measure: %s"
       % (accuracy, precision, recall, fMeasure))

# 使用测试数据集评估模型
predictions = crossValidatorModel.transform(test)
fMeasureTest = evaluator.evaluate(predictions)
# 输出评估结果
print('F-measure-test:', fMeasureTest)
```

执行代码，输出结果如下：

```
{
...
Param(parent='RandomForestClassifier_b3', name='maxDepth'): 5,
Param(parent='RandomForestClassifier_b3', name='numTrees'): 15,
...
}

Accuracy: 0.9958811687183762
Precision: 0.9958876039619602
Recall: 0.9958811687183762
F-measure: 0.9958841466818098
F-measure-test: 0.9956155895502838
```

从结果可以知道，对于我们调整的 2 个参数，当决策树的数量 numTrees = 15、树的最大深度 maxDepth = 5 的时候，模型的表现很不错，各项评估指标都在 0.995 以上。

10.9 本章小结

本章主要介绍了 Spark 中用于机器学习的 MLlib 库。首先介绍了机器学习的基本概念、评估指标、机器学习的主要流程等，再引入基于大数据的机器学习 MLlib 库。接下来介绍了数据预处理与特征工程相关的方法，列举了不同类型的常用机器学习算法，以及这些算法的原理和推导等。最后，以一个机器学习的案例，对信用卡交易欺诈数据集进行了分析，包括数据预览、简单预处理，并采用了多种机器学习算法建模和调整参数。对于单机环境无法处理的大规模数据集的机器学习，可以采用 MLlib 库来进行建模和训练，充分利用 Spark 的分布式计算资源，提高数据的处理能力。

综合实战：基于协同过滤的图书推荐系统

本章首先介绍协同过滤算法及相似度度量相关方法，然后通过一个综合实战案例，综合运用 Spark SQL、Structured Streaming、Spark MLlib、Kafka、MySQL、Flask、Flask-Admin 等相关技术，实现一个基于协同过滤算法的图书推荐系统。

11.1 项目介绍

书籍是大多数人获得知识的最佳资源。但是，在信息大爆炸的互联网时代，图书无论在种类上还是在数量上都呈现激增状态，在这种情况下，人们很难在数以千万计的图书中快速准确地找到自己想要的，此时，一个高效准确的图书推荐系统变得尤为重要。人工智能通过向我们推荐图书，使挑选图书变得很简单，它基于过去的数据进行计算并推荐，节省了我们分析不同选项的时间和精力，有时机器推荐比想象得要好，因为它们没有情绪偏见。

传统的基于内容的推荐算法主要基于图书的属性和特征进行推荐，但往往无法捕捉到用户的个性化偏好和动态变化。基于协同过滤算法的图书推荐系统能够通过分析用户的行为和图书之间的关联，为用户提供个性化的、更准确的推荐结果，帮助用户更好地发现适合自己的图书。协同过滤算法的优势在于它不依赖于图书的属性信息，而是通过分析用户行为数据来推断用户的喜好和兴趣。它可以利用用户的历史阅读记录、评分、购买行为等，发现用户的隐性偏好，并找到与之匹配的其他用户或图书，从而生成个性化的推荐结果。同时，协同过滤算法也可以利用用户之间的交互行为和图书之间的关联，发现图书之间的相似性和相关性。这样，在用户对某本图书表达了兴趣或相关行为之后，系统可以推荐与该图书相关的其他图书，从而提供更多可能感兴趣的选择。基于协同过滤算法的图书推荐系统还具有灵活性和可扩展性，能够根据用户行为和图书的更新动态调整推荐结果，并适应不断变化的图书市场。

本项目主要通过对图书的评分行为，实时将评分数据发送到 Kafka，通过 Structured Streaming 进行实时数据获取及处理，采用机器学习算法，基于协同过滤算法实时生成图书推荐结果，最后通过 Flask 进行结果展示。

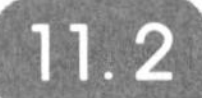

11.2 协同过滤算法

协同过滤算法是一种常用的推荐算法，基于用户行为数据和物品关联性来进行推荐。它的核心思想是利用用户之间的共同偏好或物品之间的相似性来预测用户对未知物品的喜好程度。

11.2.1 协同过滤算法介绍

协同过滤算法可以分为两种类型：基于用户的协同过滤和基于物品的协同过滤。

1. 基于用户的协同过滤算法

基于用户的协同过滤算法（User-based Collaborative Filtering，UserCF）是根据用户之间的相似度进行推荐。它的基本思想是找到和目标用户有相似兴趣和行为模式的其他用户，然后将这些用户喜欢的物品推荐给目标用户。如图 11-1 所示。

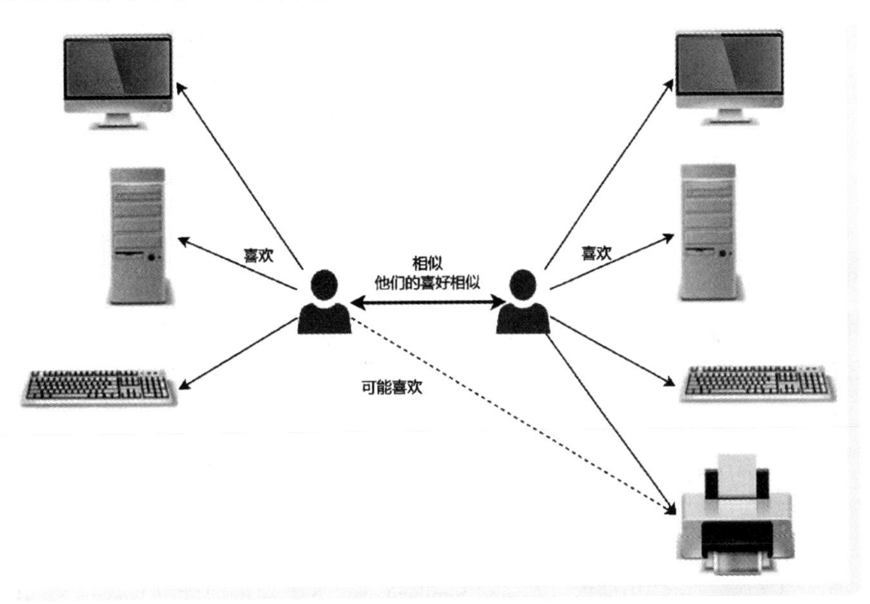

● 图 11-1　基于用户的协同过滤

算法步骤如下：

1）计算用户之间的相似度。常用的相似度度量方法包括余弦相似度和皮尔逊相关系数。通过比较用户对物品的评分或行为，计算用户之间的相似度。

2）找到相似用户。根据用户相似度矩阵，找到与目标用户相似度较高的其他用户。

3）生成推荐结果。根据相似用户的喜好和行为，将他们喜欢的物品推荐给目标用户。

2. 基于物品的协同过滤算法

基于物品的协同过滤算法（Item-based Collaborative Filtering，ItemCF）是根据物品之间的相似性进行推荐。它的基本思想是找到目标用户已经喜欢的物品，然后根据这些物品与其他物品的相似度，推荐与之相似的其他物品。如图 11-2 所示。

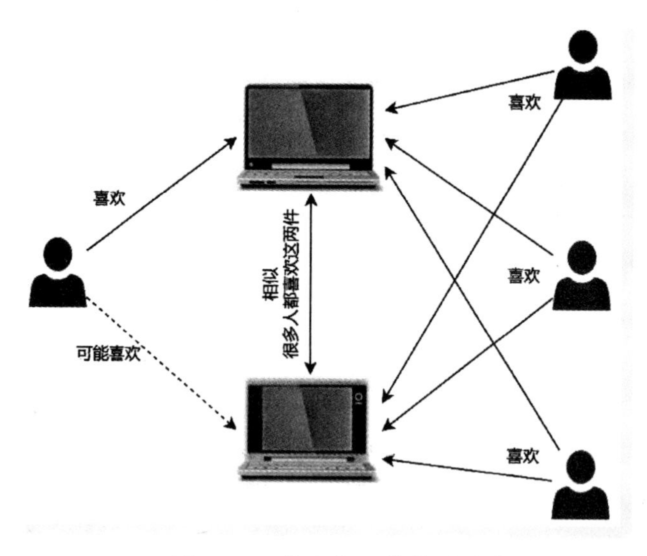

● 图 11-2　基于物品的协同过滤

算法步骤如下：

1）计算物品之间的相似度。常用的相似度度量方法包括余弦相似度和杰卡德相似度。通过比较用户对物品的评分或行为，计算物品之间的相似度。

2）找到相似物品。根据物品相似度矩阵，找到与目标物品相似度较高的其他物品。

3）生成推荐结果。根据相似物品与目标用户已经喜欢的物品的关联性，将相似物品推荐给目标用户。

11.2.2　相似度度量

相似度度量是衡量两个对象之间相似性或相关性的方法。在不同领域和应用中，存在多种相似度度量方法，例如欧式距离、余弦相似度（Cosine Similarity）、杰卡德相似度（Jaccard Similarity）、皮尔逊相关系数（Pearson Correlation Coefficient）。

1. 余弦相似度

余弦相似度是一种常用的用来衡量两个向量之间相似程度的度量方法，反映它们在方向上的相似程度。它根据向量之间的夹角来计算它们之间的相似性，夹角越小，相似度越高。对于两个向量$\boldsymbol{a}$和$\boldsymbol{b}$，余弦相似度的计算公式如下：

$$\cos(\boldsymbol{a},\boldsymbol{b})=\frac{\boldsymbol{a}\cdot\boldsymbol{b}}{|\boldsymbol{a}||\boldsymbol{b}|} \tag{11-1}$$

当夹角为0°时，两个向量同向，余弦值为 1，相似度最高。当夹角为 90°时，两个向量垂直，余弦值为 0。当夹角为 180°时，两个向量反向，余弦值为-1。余弦相似度通常应用于文本挖掘、推荐系

统和信息检索等领域。

2. 杰卡德相似度

杰卡德相似度是一种常用的用来衡量两个集合之间相似程度的度量方法，它计算两个集合的交集大小与并集大小的比值，反映它们的共同元素占总元素的比例。对于两个集合 A 和 B，杰卡德相似度的计算公式为：

$$\text{Jaccard}(A,B)=\frac{A\cap B}{A\cup B} \tag{11-2}$$

杰卡德相似度的取值范围在 0 到 1 之间，值越大表示相似度越高。当两个集合的交集为空集时，杰卡德相似度为 0；当两个集合完全相同时，杰卡德相似度数为 1。杰卡德相似度常用于集合之间的相似性比较，例如在文本挖掘中用于衡量文档之间的相似性、推荐系统中用于计算用户之间的兴趣相似度等。它对于处理大规模数据集和稀疏数据具有较好的适应性，因为它仅关注集合中的元素存在与否，而不考虑具体的权重或数量。

3. 皮尔逊相关系数

皮尔逊相关系数用于衡量两个变量之间的线性相关程度，它衡量了两个变量之间的线性关系强度和方向。要通过皮尔逊相关系数来度量两个用户的相似性，首先要找到两个用户有共同评分的物品集，然后计算这两个向量的相关系数。假设r_{xi}表示用户 x 对物品 i 的评分，$\bar{r}_x$表示用户 x 对所有商品评分的平均值，对于用户 a 和用户 b，皮尔逊相关系数的计算公式为：

$$\begin{aligned}\text{Pearson}(a,b)&=\frac{\text{cov}(a,b)}{\text{std}(a)\cdot\text{std}(b)}\\&=\frac{\sum_{i=1}^{n}(r_{ai}-\bar{r}_a)(r_{bi}-\bar{r}_b)}{\sqrt{\sum_{i=1}^{n}(r_{ai}-\bar{r}_a)^2}\sqrt{\sum_{i=1}^{n}(r_{bi}-\bar{r}_b)^2}}\end{aligned} \tag{11-3}$$

式中，$\text{cov}(a,b)$表示 a 和 b 的协方差，$\text{std}(a)$表示 a 的标准差，$\text{std}(b)$表示 b 的标准差。

11.2.3 交替最小二乘法

交替最小二乘法（Alternating Least Squares，ALS）是一种求解低秩矩阵分解问题的迭代算法，其主要思想是交替固定矩阵 $\boldsymbol{U}$ 或 $\boldsymbol{V}$，更新另一个矩阵，直到达到收敛条件。

在机器学习算法中，ALS 特指使用交替最小二乘法求解的协同过滤算法，它通过观察到的所有用户给物品的打分，来推断每个用户的喜好并向用户推荐适合的物品，用于在推荐系统中进行矩阵分解和推荐生成。它通过交替优化用户和物品的隐含特征向量，从而实现对用户和物品之间的关系进行建模。ALS 算法的基本思想是将用户-物品的评分矩阵分解为用户因子矩阵 $\boldsymbol{U}$ 和物品因子矩阵 $\boldsymbol{V}$ 的乘积，其中用户因子矩阵表示用户在隐含特征空间中的表示，物品因子矩阵表示物品在隐含特征空间中的表示。通过学习这些隐含特征向量，可以捕捉到用户和物品之间的潜在关系，进而进行推荐。ALS 算法的优化过程基于最小二乘法的思想，交替地固定其中一个矩阵，然后通过求解最小化损失函数的最优化问题来更新另一个矩阵。

ALS 算法的优化步骤如下：

1）初始化用户因子矩阵 $\boldsymbol{U}$ 和物品因子矩阵 $\boldsymbol{V}$，可以随机初始化或使用其他方法进行初始化。

2）固定用户因子矩阵 $\boldsymbol{U}$，通过最小化损失函数来更新物品因子矩阵 $\boldsymbol{V}$。这相当于将用户因子矩阵固定，将评分矩阵分解为已知的用户因子矩阵和待学习的物品因子矩阵，使用最小二乘法来求解物品因子矩阵。

3）固定物品因子矩阵 $\boldsymbol{V}$，通过最小化损失函数来更新用户因子矩阵 $\boldsymbol{U}$。这相当于将物品因子矩阵固定，将评分矩阵分解为已知的物品因子矩阵和待学习的用户因子矩阵，使用最小二乘法来求解用户因子矩阵。

4）重复执行步骤 2 和步骤 3，直到达到收敛条件（如迭代次数达到预设值或损失函数变化较小）。

11.3 项目实现

本项目通过网页采集用户对图书的评分信息，将评分信息实时投递到 Kafka，通过 Structured Streaming 实时获取 Kafka 数据流，通过 Spark MLlib 机器学习库对用户的评分信息进行学习并完成图书推荐结果计算。图书推荐结果将实时写回到 Kafka，Flask 应用系统将实时获取图书推荐数据并写入 MySQL 数据库，最后通过网页做推荐结果的展示。系统架构及流程如图 11-3 所示。

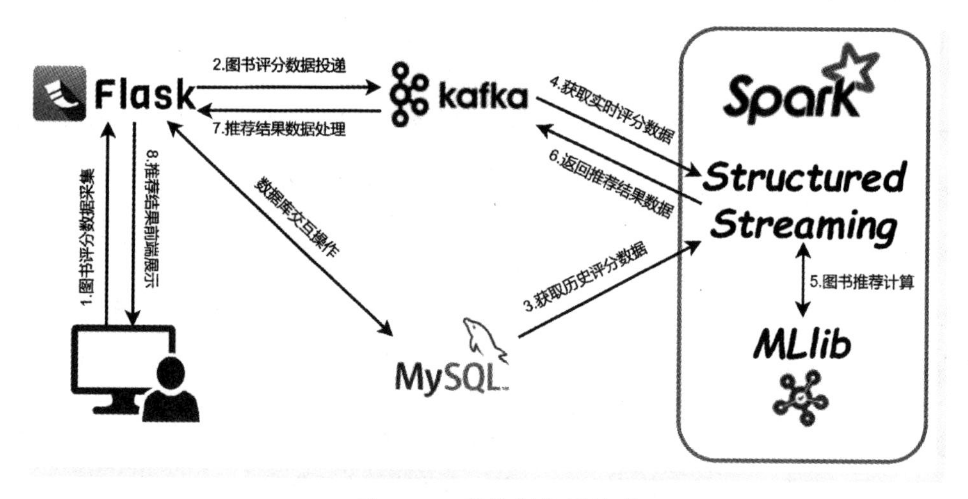

● 图 11-3 系统架构及流程

11.3.1 数据集成

协同过滤算法是一种基于用户历史行为的推荐算法，并且依赖于其他用户对物品的交互行为数据，在推荐算法计算之前，需要加载所有用户对物品的历史行为数据，代码如下：

```
books = spark.read.format("jdbc") \
    .option("url", "jdbc:mysql://node4:3306/books") \
    .option("user", "root").option("password", "root") \
```

```
    .option("query", "select *  from books") \
    .load() \
    .selectExpr("isbn",
                "hash(isbn) as hash_isbn",
                "name",
                "author",
                "publisher",
                "image")
books.cache()

comments = spark.read.format("jdbc") \
    .option("url", "jdbc:mysql://node4:3306/books") \
    .option("user", "root").option("password", "root") \
    .option("query", "select isbn,nickname,score from comments") \
    .load() \
    .selectExpr("isbn",
                "hash(isbn) as hash_isbn",
                "nickname",
                "hash(nickname) as hash_nickname",
                "score")
comments.cache()
```

实时推荐系统的关键是能够快速响应用户的行为，并根据用户最新的当前行为数据实时生成个性化推荐结果。因此，需要实时接收并处理用户的当前行为数据，代码如下：

```
schema = StructType([
    StructField("isbn", StringType()),
    StructField("nickname", StringType()),
    StructField("score", IntegerType()),
    StructField("content", StringType())
])

real = spark.readStream.format("kafka") \
    .option("kafka.bootstrap.servers", "node4:9092") \
    .option("subscribe", "comments").load() \
    .select(from_json(col("value").cast("string"), schema).alias("comment")) \
    .select("comment.*") \
    .selectExpr("isbn",
                "hash(isbn) as hash_isbn",
                "nickname",
                "hash(nickname) as hash_nickname",
                "score") \
    .groupBy("isbn", "hash_isbn", "nickname", "hash_nickname") \
    .agg(avg("score").alias("score"))
```

11.3.2 数据分析

在获得所有用户历史和当前行为数据后，使用交替最小二乘法对所有数据进行学习并生成推荐结果，代码如下：

```
data = comments.union(df)
# 训练协同过滤推荐模型
als = ALS(rank=10,
        maxIter=5,
        regParam=0.01,
        userCol="hash_nickname",
        itemCol="hash_isbn",
        ratingCol="score",
        coldStartStrategy="drop"
        )
# 生成推荐结果
predictions = als.fit(data).recommendForAllUsers(10) \
    .selectExpr("hash_nickname", "explode(recommendations)") \
    .selectExpr("hash_nickname", "col.hash_isbn", "col.rating")
predictions.cache()
# 推荐结果转换成更直观的数据结果
result = df.alias("df1") \
    .join(predictions.alias("df2"),
        col("df1.hash_nickname") == col("df2.hash_nickname"),
        "inner") \
    .join(books.alias("df3"),
        col("df2.hash_isbn") == col("df3.hash_isbn"),
        "left") \
    .selectExpr("df1.nickname",
            "df3.isbn",
            "df3.name",
            "df3.author",
            "df3.publisher",
            "df3.image",
            "df2.rating") \
    .selectExpr("nickname as key", "to_json(struct(*)) AS value") \
    .groupBy("key") \
    .agg(concat(lit("["),
            concat_ws(",", collect_list("value")),
            lit("]")).alias("value"))
result.cache()
```

11.3.3 结果导出

推荐结果生成后，数据需要实时写回 Kafka，以供应用系统获取及后续使用，代码如下：

```
result.write.format("kafka") \
    .option("kafka.bootstrap.servers", "node4:9092") \
    .option("topic", "recommend") \
    .option("key.serializer",
        "org.apache.kafka.common.serialization.StringSerializer") \
    .option("value.serializer",
```

```
        "org.apache.kafka.common.serialization.StringSerializer") \
    .save()
```

Kafka 中的数据并不能很方便地直接做前端展示及重复使用，因此需要将数据持久化保存到数据库中，代码如下：

```
consumer = KafkaConsumer(
    "recommend",
    bootstrap_servers=['node4:9092'],
    value_deserializer=lambda m: json.loads(m.decode('utf-8'))
)
with app.app_context():
    for message in consumer:
        nickname = message.key.decode('utf-8')
        try:
            Recommend.query.where(Recommend.nickname == nickname).delete()
        except Exception as e:
            pass
        # 处理 Kafka 数据
        for rec in message.value:
            instance = Recommend(nickname=rec["nickname"],
                                 isbn=rec["isbn"],
                                 name=rec["name"],
                                 author=rec["author"],
                                 publisher=rec["publisher"],
                                 image=rec["image"],
                                 rating=rec["rating"]
                                 )
            db.session.merge(instance)
        db.session.commit()
```

11.4 数据可视化

对于图书推荐系统，一个可视化的 Web 系统可以提供用户友好的操作界面，方便用户进行图书搜索、查看个性化推荐结果等操作。

11.4.1 Flask 框架介绍

Flask 是一个使用 Python 编写的轻量级 Web 应用框架，它简单、灵活且易于学习和使用。作为一个微型框架，Flask 提供了构建 Web 应用所需的基本功能，同时也允许开发者通过插件和扩展来扩展其功能。

Flask 框架的主要特点和优势有：

1）简洁易用。Flask 的设计目标是保持简洁、轻量级和易于理解。它提供了一个简单而直观的 API，使开发者能够快速上手并构建 Web 应用。

2）路由系统。Flask 使用装饰器来定义 URL 路由和处理函数的关联关系。这使得定义路由变得简单明了，开发者可以通过简单的函数装饰器来指定 URL 规则和对应的处理函数。

3）模板引擎。Flask 集成了 Jinja2 模板引擎，允许开发者构建动态的 HTML 页面。模板引擎提供了灵活的模板语法和模板继承机制，使得页面的构建和渲染变得简单而灵活。

4）扩展性。Flask 提供了大量的扩展库，可以轻松地添加额外的功能和特性。例如数据库访问、身份验证、表单处理、缓存等都可以使用扩展库来实现，使得开发过程更加高效。

5）轻量级。Flask 的核心库非常小巧，没有过多的依赖，因此可以在资源受限的环境中运行。这使得它成为构建简单、高效的 Web 应用的理想选择。

1. Flask 插件介绍

Flask 拥有丰富的插件生态系统，这些插件为开发者提供了各种功能和扩展，可以轻松地集成到 Flask 应用中。以下是一些常用的 Flask 插件：

1）Flask-SQLAlchemy。集成了 SQLAlchemy，提供了对象关系映射功能，简化了与数据库的交互。

2）Flask-WTF。提供了对表单处理的支持，包括表单验证、CSRF 保护等。

3）Flask-Login。处理用户认证和会话管理，方便用户登录、注销等操作。

4）Flask-Cache。提供了缓存功能，可以轻松地对视图函数的输出进行缓存。

5）Flask-Uploads。处理文件上传功能，包括文件存储、文件大小限制等。

6）Flask-Babel。提供国际化和本地化支持，方便应用程序的多语言处理。

7）Flask-Admin。用于创建管理后台，可以快速生成 CRUD（创建、读取、更新、删除）操作界面。

2. Flask-Admin 介绍

Flask-Admin 是一个 Flask 插件，用于快速创建功能强大的管理后台。它提供了一个直观的用户界面，可以方便地管理和操作数据库中的数据。Flask-Admin 简化了管理后台的开发过程，提供了丰富的功能和灵活的定制选项。

Flask-Admin 的主要特性和功能有：

1）数据模型管理。Flask-Admin 支持直接与 SQLAlchemy 或其他 ORM 库集成，可以轻松管理数据模型。可以使用 Flask-Admin 的 ModelView 类来定义每个数据模型的管理界面，并自动处理增、删、改、查等操作。

2）自定义视图。可以根据需求自定义视图，包括列表视图、编辑视图等。可以根据具体需求对每个数据模型进行个性化的管理界面定制。

3）内置过滤器和搜索。Flask-Admin 提供了内置的过滤器和搜索功能，能够快速筛选和搜索数据。可以根据不同的字段进行过滤，并提供搜索框供用户输入关键字进行搜索。

4）权限管理。Flask-Admin 支持基于角色的权限管理，可以为不同的用户角色分配不同的权限。这样可以确保只有具有相应权限的用户可以访问和操作管理后台。

3. Flask-Admin 开发步骤

Flask 和 Flask-Admin 的开发过程通常涉及以下步骤：

1）安装 Flask、Flask-Admin 和相关依赖库，命令如下：

```
pip install flask flask-login flask-wtf flask-admin flask-sqlalchemy
```

2）在应用程序中导入 Flask 和 SQLAlchemy，配置数据库连接并初始化应用程序，代码如下：

```
import os
from flask import Flask
from flask_sqlalchemy import SQLAlchemy

app = Flask(os.path.abspath(os.path.join(os.path.dirname(__file__), "..")))
app.config['SQLALCHEMY_DATABASE_URI'] = 'mysql+pymysql://root:root@node4:3306/books'

db = SQLAlchemy()
db.init_app(app)
```

3）使用 SQLAlchemy 定义数据模型，这些模型将被作为参数传递到 Flask-Admin 视图之中，以允许对其进行管理，代码如下：

```
class Book(db.Model):
    __tablename__ = 'books'
    isbn = db.Column(db.String(128), primary_key=True, nullable=False)
    image = db.Column(db.String(128))
    name = db.Column(db.String(256))
    author = db.Column(db.String(128))
    publisher = db.Column(db.String(256))

class Recommend(db.Model):
    __tablename__ = 'recommends'
    nickname = db.Column(db.String(256), nullable=False)
    isbn = db.Column(db.String(128), nullable=False)
    name = db.Column(db.String(256))
    author = db.Column(db.String(128))
    publisher = db.Column(db.String(256))
    image = db.Column(db.String(128))
    rating = db.Column(db.Float)
    __table_args__ = (
        PrimaryKeyConstraint('nickname', 'isbn'),
        {},
    )
```

4）为每个数据模型创建一个管理视图，并将其注册到 Flask-Admin。可以使用现成的视图类，比如 ModelView，也可根据需要创建自定义视图，代码如下：

```
class BookModelView(ModelView):
    def is_accessible(self):
        return current_user.is_authenticated

    def inaccessible_callback(self, name, **kwargs):
        return redirect(url_for('login', next=request.url))
```

```
    def scaffold_list_columns(self):
        columns = super(BookModelView, self).scaffold_list_columns()
        columns.append('action')
        return columns

    column_list = ['image', 'name', 'author', 'publisher', 'action']
    form_columns = ['isbn', 'image', 'name', 'author', 'publisher']
    column_searchable_list = ['name', 'author']

class RecommendModelView(ModelView):
    def is_accessible(self):
        return current_user.is_authenticated

    def inaccessible_callback(self, name, **kwargs):
        return redirect(url_for('login', next=request.url))

    def get_query(self):
        query = super(RecommendModelView, self).get_query()
        nickname = current_user._get_current_object().username
        if nickname:
            query = query.filter(Recommend.nickname == nickname)

        return query

    admin = Admin(app, name='后台管理', index_view=AdminIndexView())
    admin.add_view(BookModelView(Book, db.session, name="图书信息", category="图书管理"))
    admin.add_view(RecommendModelView(Recommend, db.session, name="猜你喜欢", category="图
书管理"))
```

5）启动应用程序，代码如下：

```
if __name__ == '__main__':
    app.run(host='0.0.0.0', port=8080)
```

程序启动后，可以通过浏览器访问 8080 端口来访问 Flask 应用程序。

11.4.2 推荐结果展示

基于协同过滤的图书推荐系统，需要包含用户信息、图书信息、图书评论信息等内容，每个部分都包含对应的管理功能。

通过用户管理菜单，可以管理系统用户信息，如图 11-4 所示。

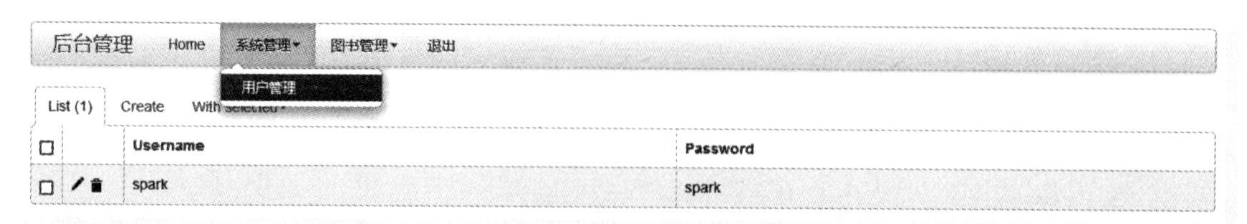

● 图 11-4 用户管理

通过图书信息菜单，可以管理图书信息，如添加、修改、删除图书信息，还可以通过按钮跳转到图书评分信息界面。图书信息包括图片、图书名称、作者、出版社等。如图 11-5 所示。

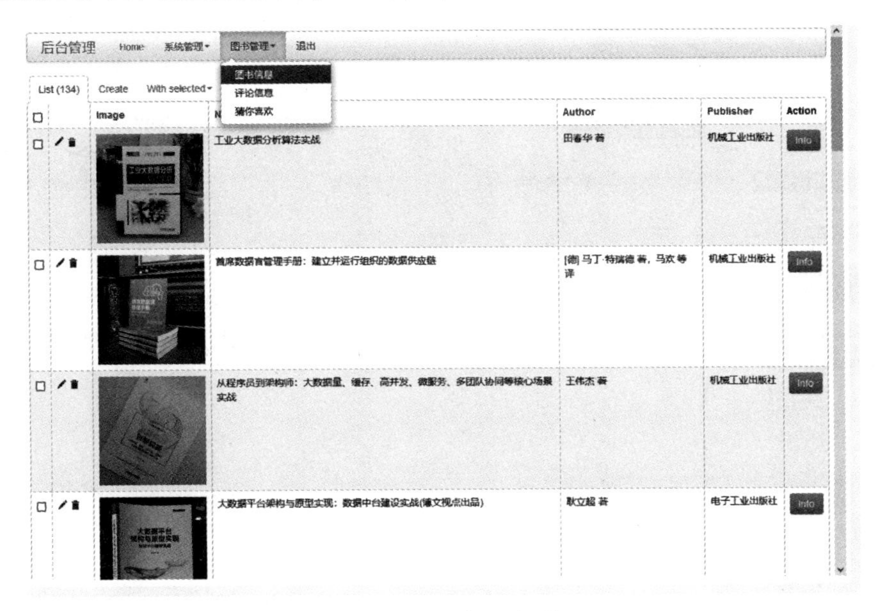

● 图 11-5　图书信息管理

通过评论信息菜单，可以管理图书的评分信息，如添加、修改、删除图书评分信息。图书评分信息包括用户、评分星级、评论内容等。如图 11-6 所示。

后台管理　Home　系统管理▾　图书管理▾　退出

图书信息　评论信息　猜你喜欢

List (639)　Create　With selected▾

Nickname	Score	Co
凤***桐	★★★★★	书质量很好，印刷清晰，孩子很喜欢，物流也很快，值得购买。书质量很好，没有异味东西比我想象中的还要完美，十分给力，值得入手
E***笑	★★★★★	这本新书是最近SRE社区强烈推荐和流行的一本，跟演进式架构名字很像，听说差别还是挺大。一个是面向功能演进，一个是面向运维持续。
p***7	★★★★★	物流很快，包装完好。全书201页，共分18个章节。基于对十余个架构搭建与改造项目的经验总结，介绍了核心场景下的架构设计常见问题
木***0	★★★★★	京东的快递一如既往的快，晚上下单隔天上午就送到了。主要是618活动力度大，屯了很多书，需要很多时间去看，书是好书，就是要坚持，加油，走起，下次活动接着屯。
网***新	★★★★★	京东自营是我买书的不二选择，无论是物流速度，还是书本价格，都一级棒。这本书目前读了第一张，思路清晰，排版简洁。干货满满，非常推荐大家购买，无论是初入江湖的萌新，还是久战沙场的老猿都值得一读。推荐大家购买！
7***y	★★★★★	很专业的一本书，不但为此描述准确，而且讲解很透彻，方方面面配合实例，或者实践代码，讲解的很清楚，整本学习起来很轻松容易，内容又丰富干货，纸张纸质用纸很不错，彩色双色印刷，配合图表，真不错
m***t	★★★★★	疫情期间，从上海调货过来的，物流速度也非常惊人，京东物流真的是一流！这两年微服务和中台火得一塌糊涂，之前仅有微软研究院出过一本云计算架构设计模式的书，感觉总结得还不错，只是细节上讲得还不够透彻。看这本书的介绍，应该是比较体系化地去讲解。书封了塑料膜，还没拆，很满意！
阿***生	★★★★★	整体来说是一本非常不错的书，刚来的时候还带着塑料皮包装呢嗯，因为买的书太多了，所以这本书到现在为止还没有读，等我读完之后再详细的写一篇追评，看大家值不值得购买嗯？因为这本书是从京东自营买的，所以书一定是正版的，而且纸质的质量非常的好，这个大家可以放心，另外呢，物流也是非常的给力，基本上是当天买，第二天就能送到，给赞。
C***D	★★★	看了一下目录 一般吧 内容堆积。。带深入了解
五***c	★★★★★	这次做活动买了几本哈哈很实惠，要是以后多来几次活动就好啦，送货很快，谢谢快递小哥，感谢京东的服务，希望京东越来越好。
I***e	★★★★★	书很厚，快递很快，晚上下单，早上九点就到了。
d***t	★★★★★	听说很厉害的架构书籍，正在拜读，确实写的很好，值得推荐。每条原则都给出了试用环境，有实例说明，通俗易懂。
飞***一	★★★★★	新书，封装的很好，纸质非常好，翻开迎面就是很好闻的油墨味，内容看后再追评。

● 图 11-6　评论信息管理

通过猜你喜欢菜单，可以查看推荐系统推荐给自己的图书列表，推荐信息包括图片、图书名称、作者、出版社、推荐分数等。如图 11-7 所示。

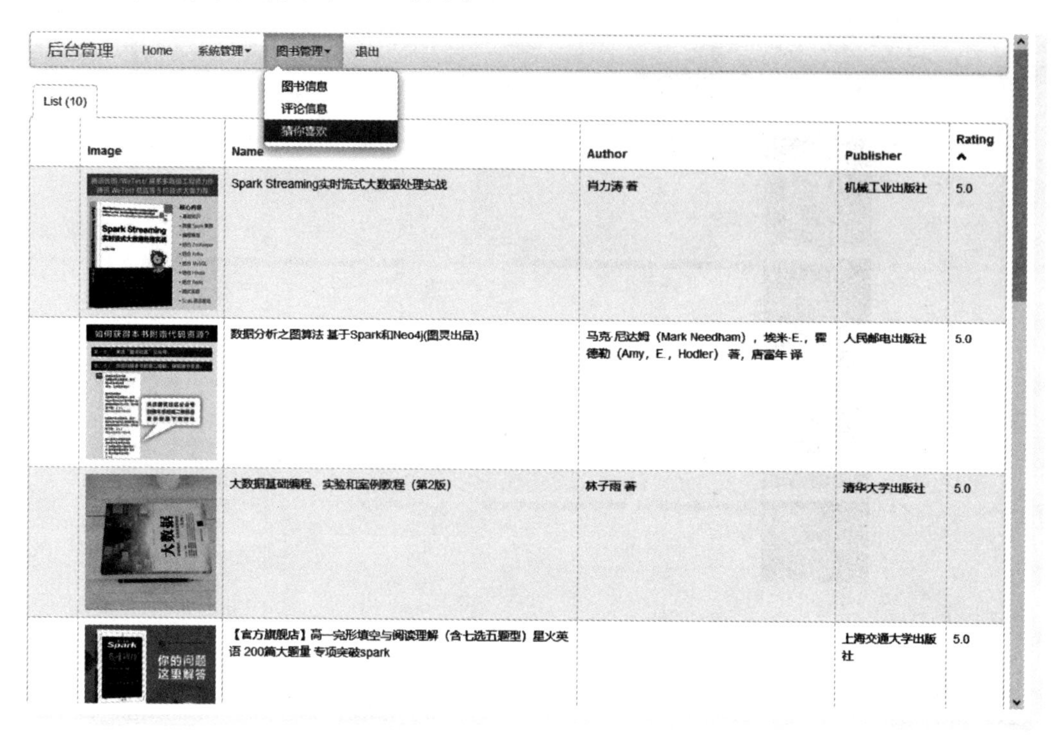

● 图 11-7 推荐结果

11.5 项目部署

基于协同过滤的图书推荐系统涉及的组件主要有 Spark、Kafka、MySQL、Flask，其中 Spark、Kafka、MySQL 在前面的章节中已经安装部署好，可以直接使用。Flask 环境的安装可以通过在 node4 节点上创建新的 Python 虚拟环境并安装相关软件实现，命令如下：

```
$ sudo apt-get install -y python3.8-venv
$ python3 -m venv /home/hadoop/Recommendation
$ source /home/hadoop/Recommendation/bin/activate
$ pip install mysql-connector-python pymysql kafka-python flask flask-login flask-wtf flask-admin flask-bootstrap flask-sqlalchemy
```

推荐系统涉及的应用程序包含基于 Spark Structured Streaming 的实时推荐结果生成的 Spark 代码 BookRecommendation.py，该代码可以直接在 node1 节点通过 spark-submit 命令提交到 Spark 集群运行，命令如下：

```
$ spark-submit --master yarn BookRecommendation.py
```

推荐系统涉及的另一部分应用程序是 Flask 应用程序，直接将文件夹 BookRecommendationSystem 全部上传到 node4 节点，并运行其中的 app.py 脚本，命令如下：

```
$ source /home/hadoop/Recommendation/bin/activate
$ cd BookRecommendationSystem
$ python app.py
```

Flask 应用程序启动完成后，可以通过浏览器访问 http://node4:8080 来访问并操作图书推荐系统。

11.6 本章小结

本章首先介绍了协同过滤算法、相似度度量方法、交替最小二乘法、Flask 轻量级 Web 框架，然后综合运用 Spark SQL、Structured Streaming、Spark MLlib、Kafka、MySQL、Flask 等技术，完成了一个基于协同过滤算法的图书推荐系统。至此，完成了整个基于 PySpark 进行大数据分析实战的介绍。

参 考 文 献

［1］文艾 . Spark 大数据编程实用教程［M］. 北京：机械工业出版社，2020.

［2］汪明 . Python 大数据处理库 PySpark 实战［M］. 北京：清华大学出版社，2021.

［3］林子雨 . Spark 编程基础（Python 版）［M］. 北京：人民邮电出版社，2020.

［4］王晓华 . Spark MLlib 机器学习实践［M］. 2 版 . 北京：清华大学出版社，2017.